Linux Shell 命令行及脚本编程实例详解

刘艳涛 编著

清华大学出版社
北京

内 容 简 介

本书理论结合实践，全面、系统地介绍了 Linux Shell（Bash）脚本编程的语法、命令、技巧等内容。本书偏重于实践教学，在讲解理论知识时，通过一些典型实例让读者了解理论知识在实际环境中的应用，并对易混淆和较难理解的知识点做了重点分析，以加深读者对知识的理解。另外，作者专门为本书录制了高清配套教学视频，以帮助读者高效学习，同时也提供了本书实例源程序以方便读者学习。

本书共 15 章，分为两篇。主要内容包括：Linux 及 Linux Shell 简介、初识 Linux Shell、常用 Shell（Bash）命令、Shell 命令进阶、Shell 编程基础、Shell 的条件执行、Bash 循环、Shell 函数、正则表达式、脚本输入处理、Shell 重定向、管道和过滤器、捕获、sed 和 awk，以及其他 Linux Shell 种类介绍。

本书使用了大量的实例详细地介绍了 Bash 的语法及各种技巧，并以循序渐进的方式讲解了 Linux Shell（Bash）的各种特性，让读者能够迅速上手，并能学以致用。对于初次接触 Linux Shell 的读者，本书是一本很好的自学教材；对于接触过 Linux Shell 的读者，本书可以作为进阶读物或随时查阅的技术手册；另外，本书也可以作为高等学校相关专业的教材和各类培训学校的教材。

本书封面贴有清华大学出版社防伪标签，无标签者不得销售。
版权所有，侵权必究。举报：010-62782989，beiqinquan@tup.tsinghua.edu.cn。

图书在版编目（CIP）数据

Linux Shell 命令行及脚本编程实例详解 / 刘艳涛编著. —北京：清华大学出版社，2015（2022.4重印）
（Linux 典藏大系）
ISBN 978-7-302-37862-4

Ⅰ.①L… Ⅱ.①刘… Ⅲ.①Linux 操作系统–程序设计 Ⅳ.①TP316.89

中国版本图书馆 CIP 数据核字（2014）第 202651 号

责任编辑：夏兆彦
封面设计：欧振旭
责任校对：胡伟民
责任印制：宋 林

出版发行：清华大学出版社
网　　址：http://www.tup.com.cn, http://www.wqbook.com
地　　址：北京清华大学学研大厦 A 座　　邮　编：100084
社 总 机：010-83470000　　邮　购：010-83470235
投稿与读者服务：010-62776969，c-service@tup.tsinghua.edu.cn
质 量 反 馈：010-62772015，zhiliang@tup.tsinghua.edu.cn

印 刷 者：北京富博印刷有限公司
装 订 者：北京市密云县京文制本装订厂
经　　销：全国新华书店
开　　本：185mm×260mm　　印　张：26.5　　字　数：662 千字
版　　次：2015 年 1 月第 1 版　　印　次：2022 年 4 月第 11 次印刷
定　　价：59.80 元

产品编号：059488-01

前　言

在当今的互联网世界，想必最为流行的一个词就是"云计算"了，而且云计算又引领了大数据时代的到来。而 Linux 在推动云计算方面起到了举足轻重的作用。比如，当今最著名的商业云计算平台"亚马逊弹性计算云（EC2）"就是基于 Linux 的。这就需要在 Linux 服务器上进行大量的数据处理和管理工作，以及一些应用的部署和监测，这时就需要命令行和 Shell 脚本的帮助。在 Linux 系统中，我们通常是在命令行下完成一些管理和配置的任务，并通过 Shell 脚本将一些重复或定期的任务自动化，通过短短几行脚本自动地将大部分手头工作搞定，从而节省大量的时间。而且理解 Shell 脚本也可以让你更好地了解操作系统。Shell 脚本还可以和许多外部命令行工具结合起来完成信息查询、文本处理、任务定时自动化以及监测系统之类的工作。当然，伴随着这些便利性的还有巨大的破坏性。比如，稍不留神，你可能就会将整个根目录全部毁掉，或者错误地处理重要的配置文件。这时，了解 Linux 命令行和 Shell 脚本相关的细节、遵循 Linux 使用规范就显得尤其重要了。

本书面向系统管理员，基于 Linux 系统的软件开发和测试人员，以及所有想有效使用 Linux 系统的爱好者。书中系统而全面地介绍了 Shell（Bash）脚本编程的语法、命令和技巧等内容，结合大量的实例进行讲解，你可以将其作为参考，或是作为自己编写脚本时的灵感源泉。

关于"Linux 典藏大系"

"Linux 典藏大系"是清华大学出版社自 2010 年 1 月以来陆续推出的一个图书系列，截止 2013 年，已经出版了 10 余个品种。该系列图书涵盖了 Linux 技术的方方面面，可以满足各个层次和各个领域的读者学习 Linux 技术的需求。该系列图书自出版以来获得了广大读者的好评，已经成为了 Linux 图书市场上最耀眼的明星品牌之一。其销量在同类图书中也名列前茅，其中一些图书还获得了"51CTO 读书频道"颁发的"最受读者喜爱的原创 IT 技术图书奖"。该系列图书在出版过程中也得到了国内 Linux 领域最知名的技术社区 ChinaUnix（简称 CU）的大力支持和帮助，读者在 CU 社区中就图书的内容与活跃在 CU 社区中的 Linux 技术爱好者进行广泛交流，取得了良好的学习效果。

本书特色

1. 视频讲解

为了帮助读者更加高效、直观地学习，编著者为本书重点内容专门录制了配套教学视频,需读者自行下载。

2. 内容全面

本书将理论与实践相结合,全面介绍了 Linux 系统的常用命令及 Shell 脚本编程所需的知识点。书中对 Linux Shell 脚本编程的基本概念、语法、命令、技巧和较难理解的知识点都配合图示和实例进行了详细讲解。

3. 循序渐进

本书从最基本的 Linux Shell 命令开始讲解,逐步深入到 Linux Shell 脚本编程,让读者可以迅速掌握 Linux Shell 的各种特性,并能在实际开发中加以使用。

4. 实例丰富

本书偏重于实践教学,书中的每一个理论知识都给出了具体的典型实例。例如,对每一个 Linux 常用命令、Linux Shell 的相关概念及 Shell 脚本编程的相关知识等,都列举了大量实例供读者了解这些知识点在实际环境中的应用。

5. 经验传授

本书是基于编著者多年的 Linux 系统管理和 Linux 平台程序设计的经验总结而来,书中给出了大量的经验和技巧,尽力消除读者在学习 Linux Shell 编程时可能会遇到的各种障碍,从而更加迅速而高效地掌握 Shell 脚本编程。

本书内容及体系结构

第1篇 Linux Shell基础和使用(第1~4章)

本篇介绍 Linux 命令行和 Linux Shell 的基础知识,包括 Linux 及 Linux Shell 简介、Bash 简介、Bash 启动和退出脚本、Shell 中的变量、Shell 中的扩展、创建和使用别名,以及 Shell 下的常用命令等。这些内容都是学习后续章节所必须要掌握的基础知识。

第2篇 Shell 脚本编程(第5~15章)

本篇主要介绍 Shell 脚本编程所需的知识,包括 Shell 脚本中的注释、Shell 变量进阶、Shell 的算术运算、如何退出脚本、如何调试脚本、Shell 脚本编程风格、Shell 的条件执行、Shell 中的循环和控制语句、Shell 函数、正则表达式、脚本的输入处理、Shell 重定向、管道和过滤器、Shell 中的捕获、sed 和 awk,以及其他 Shell 中的介绍等内容。这些内容几乎涵盖了日常使用 Shell 脚本编程的方方面面。

本书读者对象

- ❑ Linux Shell 编程入门新手;
- ❑ Linux Shell 编程进阶人员;

前 言

- ❑ 广大 Linux 程序设计人员；
- ❑ Linux 系统管理员；
- ❑ 网站管理工程师；
- ❑ Linux 培训机构的学员；
- ❑ Linux Shell 编程爱好者；
- ❑ 需要一本案头必备查询手册的人员。

本书配套资源获取方式

本书涉及的源程序和配套教学视频等学习资料需要读者自行下载。请到清华大学出版社的网站（www.tup.com.cn）上搜索到本书页面，按提示下载。也可到本书服务网站 www.wanjuanchina.net 上的相关版块下载。

关于编著者

本书由刘艳涛主笔编写。其他参与编写的人员有陈冠军、陈浩、黄振东、蒋庆学、李代叙、李世民、李思清、李云龙、李志刚、刘存勇、刘燕珍、龙哲、吕轶、牟春梅、屈明环、石峰、史艳艳、宋宁宁、王德亮、王俊清、王雅宁、翁盛鑫。

您在阅读本书的过程中若有疑问，请发 E-mail 和我们联系。E-mail 地址：bookservice2008@163.com。

编著者

目 录

第 1 篇　Linux Shell 基础和使用

第 1 章　Linux 及 Linux Shell 简介 ... 2
1.1　关于 Linux ... 2
　　1.1.1　什么是 Linux ... 2
　　1.1.2　谁创建了 Linux ... 3
　　1.1.3　Linux 在日常生活中的使用 ... 3
　　1.1.4　Linux Kernel 是什么 ... 3
　　1.1.5　Linux 的理念 ... 4
1.2　什么是 Linux Shell ... 4
1.3　Shell 的种类 ... 5
1.4　怎样使用 Shell ... 6
1.5　Shell 脚本是什么 ... 7
1.6　为什么使用 Shell 脚本 ... 8
1.7　实例：创建你的第一个 Shell 脚本 ... 8
1.8　小结 ... 9

第 2 章　初识 Linux Shell ... 10
2.1　Bash Shell ... 10
　　2.1.1　Bash 简介 ... 10
　　2.1.2　Bash 提供的改进 ... 10
2.2　Shell 在 Linux 环境中的角色 ... 11
　　2.2.1　与登录 Shell 相关的文件 ... 11
　　2.2.2　Bash 启动脚本 ... 11
　　2.2.3　实例：定制自己的 Bash 登录脚本 ... 12
　　2.2.4　Bash 退出脚本 ... 14
　　2.2.5　实例：定制自己的 Bash 退出脚本 ... 14
　　2.2.6　有效的登录 Shell 的路径 ... 15
2.3　Shell 中的变量 ... 15
　　2.3.1　Shell 中变量的类型 ... 15
　　2.3.2　实例：如何定义变量和给变量赋值 ... 17
　　2.3.3　变量命名规则 ... 19
　　2.3.4　实例：使用 echo 和 printf 打印变量的值 ... 19
　　2.3.5　变量的引用 ... 22
　　2.3.6　实例：export 语句的使用 ... 23

2.3.7 实例：如何删除变量 ··· 25
2.3.8 实例：如何检查变量是否存在 ·· 25
2.4 Shell 环境进阶 ·· 26
2.4.1 实例：回调命令历史 ·· 26
2.4.2 实例：Shell 中的扩展 ·· 27
2.4.3 实例：创建和使用别名 ·· 30
2.4.4 实例：修改 Bash 提示符 ·· 31
2.4.5 实例：设置 Shell 选项 ··· 34
2.5 小结 ·· 37

第 3 章 常用 Shell（Bash）命令 ··· 38
3.1 查看文件和目录 ·· 38
3.1.1 ls 命令实例：列出文件名和目录 ··· 38
3.1.2 cat 命令实例：连接显示文件内容 ··· 42
3.1.3 less、more 命令实例：分屏显示文件 ·· 43
3.1.4 head 命令实例：显示文件头部 ·· 46
3.1.5 tail 命令实例：显示文件尾部 ·· 47
3.1.6 file 命令实例：查看文件类型 ·· 48
3.1.7 wc 命令实例：查看文件统计信息 ··· 50
3.1.8 find 命令实例：查找文件或目录 ··· 50
3.2 操作文件和目录 ·· 52
3.2.1 touch 命令实例：创建文件 ·· 52
3.2.2 mkdir 命令实例：创建目录 ·· 53
3.2.3 cp 命令实例：复制文件或目录 ·· 54
3.2.4 ln 命令实例：链接文件或目录 ··· 55
3.2.5 mv 命令实例：重命名文件或目录 ··· 56
3.2.6 rm 命令实例：删除文件或目录 ·· 57
3.3 管理文件或目录权限 ·· 58
3.3.1 ls -l：显示文件和目录权限 ··· 58
3.3.2 chmod 命令实例：修改权限 ··· 59
3.3.3 chown、chgrp 命令实例：修改文件所有者和用户组 ····················· 61
3.3.4 设置 setuid 和 setgid 权限位实例：设置用户和组权限位 ············· 63
3.4 文本处理 ·· 65
3.4.1 sort 命令实例：文本排序 ··· 65
3.4.2 uniq 命令实例：文本去重 ·· 67
3.4.3 tr 命令实例：替换或删除字符 ··· 68
3.4.4 grep 命令实例：查找字符串 ·· 70
3.4.5 diff 命令实例：比较两个文件 ·· 71
3.5 其他常用命令 ·· 73
3.5.1 hostname 命令实例：查看主机名 ··· 73
3.5.2 w、who 命令实例：列出系统登录的用户 ····································· 74
3.5.3 uptime 命令实例：查看系统运行时间 ··· 75
3.5.4 uname 命令实例：查看系统信息 ··· 75
3.5.5 date 命令实例：显示和设置系统日期和时间 ································ 76
3.5.6 id 命令实例：显示用户属性 ·· 78

3.6 小结··79

第4章 Shell命令进阶··81
4.1 文件处理和归档··81
4.1.1 paster命令实例：合并文件··81
4.1.2 dd命令实例：备份和拷贝文件··83
4.1.3 gzip、bzip2命令实例：压缩和归档文件··84
4.1.4 gunzip、bunzip2命令实例：解压缩文件··85
4.1.5 tar命令实例：打包和解包文件··85
4.2 监测和管理磁盘··87
4.2.1 mount、umount命令实例：挂载和卸载存储介质··87
4.2.2 df命令实例：报告文件系统磁盘空间利用率··90
4.2.3 du命令实例：评估文件空间利用率··91
4.3 后台执行命令··92
4.3.1 cron、crontab命令实例：执行计划任务··92
4.3.2 at命令实例：在指定时间执行命令··94
4.3.3 &控制操作符实例：将任务放在后台运行··95
4.3.4 nohup命令实例：运行一个对挂起免疫的命令··96
4.4 小结··97

第2篇 Shell 脚本编程

第5章 Shell编程基础··100
5.1 Shell脚本的第一行"#!"（Shebang）··100
5.2 Shell中的注释··100
5.3 实例：如何设置脚本的权限和执行脚本··101
5.4 Shell变量进阶··102
5.4.1 Bash中的参数扩展··102
5.4.2 Bash的内部变量··106
5.4.3 Bash中的位置参数和特殊参数··109
5.4.4 实例：使用declare指定变量的类型··112
5.4.5 Bash中的数组变量··114
5.5 Shell算术运算··115
5.5.1 Bash的算术运算符··115
5.5.2 数字常量··117
5.5.3 使用算术扩展和let进行算术运算··118
5.5.4 实例：使用expr命令··119
5.6 退出脚本··120
5.6.1 退出状态码··120
5.6.2 实例：使用exit命令··121
5.7 实例：调试脚本··122
5.8 Shell脚本编程风格··125
5.9 小结··126

第6章 Shell 的条件执行 ... 128
6.1 条件测试 ... 128
6.1.1 实例：使用 test 命令 ... 128
6.1.2 if 结构的语法格式 ... 133
6.1.3 实例：if…else…fi 语句 ... 135
6.1.4 实例：嵌套的 if/else 语句 ... 136
6.1.5 实例：多级的 if…elif…else…fi ... 137
6.2 条件执行 ... 139
6.2.1 实例：逻辑与 "&&" ... 139
6.2.2 实例：逻辑或 "||" ... 144
6.2.3 实例：逻辑非 "!" ... 147
6.3 case 语句实例 ... 148
6.4 小结 ... 151

第7章 Bash 循环 ... 152
7.1 for 循环 ... 152
7.1.1 for 循环语法 ... 152
7.1.2 实例：嵌套 for 循环语句 ... 156
7.2 while 循环 ... 157
7.2.1 while 循环语法 ... 157
7.2.2 实例：定义无限 while 循环 ... 160
7.3 until 循环语句实例 ... 162
7.4 select 循环语句实例 ... 163
7.5 循环控制 ... 165
7.5.1 实例：break 语句 ... 165
7.5.2 实例：continue 语句 ... 167
7.6 小结 ... 168

第8章 Shell 函数 ... 170
8.1 函数的定义 ... 170
8.2 函数的参数、变量与返回值 ... 171
8.2.1 实例：向函数传递参数 ... 171
8.2.2 本地变量 ... 173
8.2.3 实例：使用 return 命令 ... 175
8.2.4 实例：函数返回值测试 ... 176
8.3 函数的调用 ... 176
8.3.1 实例：在 Shell 命令行调用函数 ... 176
8.3.2 实例：在脚本中调用函数 ... 177
8.3.3 实例：从函数文件中调用函数 ... 178
8.3.4 实例：递归函数调用 ... 181
8.4 实例：将函数放在后台运行 ... 182
8.5 小结 ... 184

第9章 正则表达式 ... 185
9.1 什么是正则表达式 ... 185
9.1.1 定义 ... 185

目 录

- 9.1.2 正则表达式类型 ... 185
- 9.1.3 POSIX 字符类 ... 186
- 9.1.4 Bash 正则表达式比较操作符 ... 187
- 9.2 正则应用基础 ... 189
  - 9.2.1 实例：使用句点.匹配单字符 ... 189
  - 9.2.2 实例：使用插入符号^匹配 ... 190
  - 9.2.3 实例：使用美元符$匹配 ... 190
  - 9.2.4 实例：使用星号*匹配 ... 190
  - 9.2.5 实例：使用方括号[ ]匹配 ... 191
  - 9.2.6 实例：使用问号?匹配 ... 191
  - 9.2.7 实例：使用加号+匹配 ... 191
- 9.3 小结 ... 192

第 10 章 脚本输入处理 ... 193

- 10.1 参数处理 ... 193
  - 10.1.1 实例：使用 case 语句处理命令行参数 ... 193
  - 10.1.2 实例：使用 shift 命令处理命令行参数 ... 198
  - 10.1.3 实例：使用 for 循环读取多个参数 ... 201
  - 10.1.4 实例：读取脚本名 ... 203
  - 10.1.5 实例：测试命令行参数 ... 204
- 10.2 选项处理 ... 206
  - 10.2.1 实例：使用 case 语句处理命令行选项 ... 207
  - 10.2.2 实例：使用 getopts 处理多命令行选项 ... 209
  - 10.2.3 实例：使用 getopt 处理多命令行选项 ... 214
- 10.3 获得用户输入 ... 221
  - 10.3.1 实例：基本的读取 ... 221
  - 10.3.2 实例：输入超时 ... 222
  - 10.3.3 实例：隐藏方式读取 ... 223
  - 10.3.4 实例：从文件中读取 ... 224
- 10.4 小结 ... 227

第 11 章 Shell 重定向 ... 230

- 11.1 输入和输出 ... 230
  - 11.1.1 标准输入 ... 230
  - 11.1.2 标准输出 ... 232
  - 11.1.3 标准错误 ... 233
- 11.2 重定向 ... 233
  - 11.2.1 文件重定向 ... 234
  - 11.2.2 实例：从文件输入 ... 236
  - 11.2.3 实例：从文本或字符串输入 ... 241
  - 11.2.4 实例：空文件创建 ... 244
  - 11.2.5 实例：/dev/null 丢弃不需要的输出 ... 245
  - 11.2.6 实例：标准错误重定向 ... 246
  - 11.2.7 实例：标准输出重定向 ... 246
  - 11.2.8 实例：标准错误和标准输出同时重定向 ... 247

11.2.9 实例：追加重定向输出 ··· 247
11.2.10 实例：在单命令行进行标准输入输出重定向 ······························ 247
11.3 文件描述符 ··· 249
11.3.1 实例：使用 exec 命令 ·· 249
11.3.2 实例：指定用于输入的文件描述符 ······································· 251
11.3.3 实例：指定用于输出的文件描述符 ······································· 254
11.3.4 实例：关闭文件描述符 ·· 260
11.3.5 实例：打开用于读和写的文件描述符 ···································· 261
11.3.6 实例：在同一脚本中使用 exec 进行输入和输出重定向 ·············· 261
11.4 小结 ··· 264

第 12 章 管道和过滤器 ·· 266
12.1 管道 ··· 266
12.1.1 操作符"|"和">"之间的区别 ··· 266
12.1.2 为什么使用管道 ··· 267
12.1.3 实例：使用管道连接程序 ·· 267
12.1.4 实例：管道中的输入重定向 ··· 269
12.1.5 实例：管道中的输出重定向 ··· 270
12.2 过滤器 ·· 271
12.2.1 实例：在管道中使用 awk 命令 ·· 272
12.2.2 实例：在管道中使用 cut 命令 ··· 273
12.2.3 实例：在管道中使用 grep 命令 ··· 274
12.2.4 实例：在管道中使用 tar 命令 ··· 275
12.2.5 实例：在管道中使用 head 命令 ··· 275
12.2.6 实例：在管道中使用 paste 命令 ·· 276
12.2.7 实例：在管道中使用 sed 命令 ·· 277
12.2.8 实例：在管道中使用 sort 命令 ··· 278
12.2.9 实例：在管道中使用 split 命令 ·· 278
12.2.10 实例：在管道中使用 strings 命令 ···································· 279
12.2.11 实例：在管道中使用 tail 命令 ··· 279
12.2.12 实例：在管道中使用 tee 命令 ··· 280
12.2.13 实例：在管道中使用 tr 命令 ··· 282
12.2.14 实例：在管道中使用 uniq 命令 ······································· 282
12.2.15 实例：在管道中使用 wc 命令 ··· 283
12.3 小结 ··· 283

第 13 章 捕获 ··· 284
13.1 信号 ··· 284
13.1.1 Linux 中的信号 ··· 284
13.1.2 信号的名称和值 ··· 285
13.1.3 Bash 中的信号 ·· 287
13.2 进程 ··· 288
13.2.1 什么是进程 ·· 288
13.2.2 前台进程和后台进程 ··· 289
13.2.3 进程的状态 ·· 290

13.2.4 实例：怎样查看进程 290
   13.2.5 实例：向进程发送信号 294
   13.2.6 关于子 Shell 296
 13.3 捕获 300
   13.3.1 trap 语句 300
   13.3.2 实例：使用 trap 语句捕获信号 303
   13.3.3 实例：移除捕获 308
 13.4 小结 309

第 14 章 sed 和 awk 311
 14.1 sed 编辑器基础 311
   14.1.1 sed 简介 311
   14.1.2 sed 的模式空间 312
 14.2 基本的 sed 编辑命令 313
   14.2.1 追加、更改、插入编辑命令 314
   14.2.2 删除编辑命令 316
   14.2.3 替换编辑命令 316
   14.2.4 打印编辑命令 319
   14.2.5 打印行号编辑命令 319
   14.2.6 读取下一行编辑命令 320
   14.2.7 读和写文件编辑命令 321
   14.2.8 退出编辑命令 325
 14.3 sed 命令实例 326
   14.3.1 实例：向文件中添加或插入行 326
   14.3.2 实例：更改文件中指定的行 328
   14.3.3 实例：删除文件中的行 328
   14.3.4 实例：替换文件中的内容 331
   14.3.5 实例：打印文件中的行 333
   14.3.6 实例：打印文件中的行号 336
   14.3.7 实例：从文件中读取和向文件中写入 336
 14.4 sed 与 Shell 340
   14.4.1 实例：在 sed 中使用 Shell 变量 340
   14.4.2 实例：从 sed 输出中设置 Shell 变量 347
 14.5 awk 基础 348
   14.5.1 awk 简介 348
   14.5.2 awk 基本语法 349
   14.5.3 第一个 awk 命令 350
   14.5.4 使用 awk 打印指定的列 351
   14.5.5 从 awk 程序文件读取 awk 指令 351
   14.5.6 awk 的 BEGIN 和 END 块 352
   14.5.7 awk 中使用正则表达式 352
   14.5.8 awk 的表达式和块 353
   14.5.9 awk 的条件语句 354
   14.5.10 awk 中的变量和操作符 354
   14.5.11 awk 中的特殊变量 355

14.5.12　awk 中的循环结构 ······ 356
　　14.5.13　awk 中的数组 ······ 358
14.6　awk 与 Shell ······ 359
　　14.6.1　实例：在 awk 中使用 Shell 变量 ······ 359
　　14.6.2　实例：从 awk 命令的输出中设置 Shell 变量 ······ 360
14.7　awk 命令实例 ······ 362
　　14.7.1　实例：使用 awk 编写字符统计工具 ······ 362
　　14.7.2　实例：使用 awk 程序统计文件的总列数 ······ 364
　　14.7.3　实例：使用 awk 自定义显示文件的属性信息 ······ 365
　　14.7.4　实例：使用 awk 显示 ASCII 字符 ······ 366
　　14.7.5　实例：使用 awk 来获取进程号 ······ 369
14.8　小结 ······ 371

第 15 章　其他 Linux Shell 种类介绍 ······ 374

15.1　C Shell ······ 374
　　15.1.1　csh 简介 ······ 374
　　15.1.2　csh 的特性 ······ 375
　　15.1.3　csh 的内部变量 ······ 376
　　15.1.4　csh 的内部命令 ······ 376
　　15.1.5　tcsh 在 csh 基础上的新特性 ······ 381
15.2　Korn Shell ······ 389
　　15.2.1　ksh 简介 ······ 389
　　15.2.2　ksh 的特性 ······ 390
　　15.2.3　ksh 的内部变量 ······ 395
　　15.2.4　ksh 的内部命令 ······ 397
　　15.2.5　增强的 ksh-ksh93 ······ 404
15.3　小结 ······ 408

第1篇 Linux Shell 基础和使用

▶▶ 第1章 Linux 及 Linux Shell 简介

▶▶ 第2章 初识 Linux Shell

▶▶ 第3章 常用 Shell（Bash）命令

▶▶ 第4章 Shell 命令进阶

第 1 章　Linux 及 Linux Shell 简介

欢迎来到 Linux Shell 的世界，在我们开始真正的 Linux Shell 之旅前，先让我们简单地了解一下关于 Linux 和 Linux Shell 的历史及其一些相关的基本概念，以便为我们接下来的学习打下一个较好的基础。希望你通过本章的学习，能对 Linux Shell 有一个初步的了解。

1.1　关于 Linux

1.1.1　什么是 Linux

Linux 是自由开源的类 Unix 操作系统。该操作系统的内核由莱纳斯·托瓦兹在 1991 年 10 月 5 日首次发布。

严格来讲，术语 Linux 只表示操作系统的内核本身，但通常采用"Linux 内核"来表达该意思。Linux 则常用来指基于 Linux 内核的完整操作系统，包括 GUI 组件和许多其他实用工具。

Linux 最初是作为支持 Intel x86 架构的个人计算机的一个自由操作系统开发的，目前 Linux 已经被移植到更多的计算机硬件平台。世界上 500 个最快的超级计算机 90%以上运行 Linux 发行版或变种，包括最快的前 10 名超级计算机运行的都是基于 Linux 内核的操作系统。Linux 也被广泛应用在嵌入式系统上，如手机、平板电脑、路由器、电视和电子游戏机等。在移动设备上广泛使用的 Android 操作系统就是基于 Linux 内核的。

Linux 的发展是自由软件和开源软件联盟的最著名的例子之一。只要遵循 GNU 通用公共许可证，任何个人和机构都可以使用、修改和发布 Linux 的底层源代码。通常情况下，Linux 被打包成供桌面应用和服务器应用的 Linux 发行版。一些主流的 Linux 发行版包括 Debian（及其派生版本，例如 Ubuntu 和 Linux Mint）、Red Hat Enterprise Linux（及其派生版本，例如 Fedora 和 CentOS）、openSUSE（及其商业版 SUSE Linux Enterprise Server），还有 Arch Linux。Linux 发行版包含 Linux 内核、配套的实用程序和库，通常还有满足发行版使用目的的大量应用软件。

通常情况下，面向桌面应用的 Linux 发行版包括 X Windows 系统和一个相应的桌面环境，例如 GNOME 或 KDE。一些这样的发行版会包含一个用于较老的或低性能计算机的较少资源集中的桌面，例如 LXDE 或 Xfce。一个用于服务器应用的发行版可能会从标准安装中略去所有的图形环境，而包含其他的一些软件，比如，Apache HTTP 服务和一个 SSH 服务。因为 Linux 是一个自由软件，所以任何人都可以创建一个符合自己应用需求的发行版。

1.1.2 谁创建了 Linux

1991 年，莱纳斯·托瓦兹开始了一个项目，它之后成为了 Linux 内核。它最初是托瓦兹用于访问大学里的 UNIX 服务器的一个终端模拟器。他专门为他当时正在使用的硬件写了一个独立于操作系统的程序，因为他想使用他的 80386 处理器的新计算机的功能。这个程序的开发是在使用 GNU C 编译器的 MINIX 操作系统上完成的，即 Linux 的前身。

如托瓦兹在他的《Just for Fun》书中所写，他最终意识到他编写了一个操作系统内核。1991 年 8 月 25 日他在 Usenet 上发布了这个系统。

1.1.3 Linux 在日常生活中的使用

你可以把 Linux 作为一个服务器操作系统使用，或作为一个你个人计算机上的独立操作系统使用。作为一个服务器操作系统，它为客户端提供不同的服务和网络资源。一个服务器操作系统必须具有以下特性：
- 稳定的；
- 强壮的；
- 安全的；
- 高性能的。

Linux 提供以上所有特性，并且它是自由和开源的。它作为一个杰出的操作系统可以应用于：
- 台式计算机；
- 网站服务器；
- 软件开发工作站；
- 网络监控工作站；
- 工作组服务器；
- 杀手级网络服务，例如 DHCP、防火墙、路由、FTP、SSH、邮件、代理以及代理缓存服务器等等。

1.1.4 Linux Kernel 是什么

如前面所说，Linux 内核，即 Linux 操作系统的核心。它主要由以下模块组成：
- 进程管理；
- 定时器；
- 中断管理；
- 内存管理；
- 模块管理；
- 虚拟文件系统接口；
- 文件系统；
- 设备驱动程序；

❑ 进程间通信；
❑ 网络管理；
❑ 系统引导。

Linux 内核决定了谁将使用这些资源，可以使用多长时间，以及什么时候可以使用这些资源。它在计算机硬件和各种应用程序之间起到了媒介的作用，如图1.1所示。

图 1.1 Linux 内涵

1.1.5 Linux 的理念

如之前所述，Linux 是类 Unix 的操作系统，Unix 的理念是一套基于 Unix 操作系统顶级开发者们的经验提出的软件开发的准则和哲学。因此这些理念也同样适用于 Linux 操作系统。

❑ 小即是美；
❑ 让程序只做好一件事；
❑ 可移植性比效率更重要；
❑ 一切即文件——使用方便而且把硬件作为文件处理是安全的；
❑ 使用 Shell 脚本来提高效率和可移植性；
❑ 避免使用可定制性低下的用户界面；
❑ 所有程序都是数据的过滤器。

1.2 什么是 Linux Shell

Linux Shell 是用户和 Linux 内核之间的接口程序，为用户提供使用操作系统的接口。当从 Shell 向 Linux 传递命令时，内核会做出相应的反应。

❑ Shell 是一个用户程序，或是一个为用户与系统交互提供的环境。
❑ 它是一个执行从标准输入设备（比如键盘或文件）读入的命令的语言解释程序，它拥有自己内建的 Shell 命令集，Shell 也能被系统中其他应用程序所调用。
❑ 当你登录或打开控制台时 Shell 就会运行。
❑ Shell 不是系统内核的一部分，但是它使用系统内核执行程序、创建文件等。

我们可以通过多种方式来访问和使用 Shell：
- 终端—— Linux 桌面提供基于 GUI 的登录系统。一旦登录你就可以通过运行 X 终端（XTerm）、Gnome 终端（GTerm）或 KDE 终端（KTerm）应用程序来访问 Shell。
- 安全 Shell 连接（SSH）——可以通过它远程登录服务器或工作站来访问其 Shell。
- 使用控制台——一些 Linux 系统同样提供基于文本的登录系统。通常情况下，登录系统后就可以直接访问 Shell。

当普通用户成功登录时，系统将执行一个 Shell 程序，Shell 进程会提供一个命令行提示符。作为默认值，普通用户用"$"作提示符，超级用户（root）用"#"作提示符。一旦出现了 Shell 提示符，就可以输入命令名称及命令所需的参数，输入回车后，Shell 将执行这些命令。

在 Shell 执行命令时，Shell 首先检查命令是否是内部命令，若不是再检查是否是一个应用程序（这里的应用程序可以是 Linux 本身的实用程序，如 date 和 cat，也可以是购买的商业程序，如 rtds，或是自由软件，如 emacs），Shell 在搜索路径里寻找这些应用程序（搜索路径是一个存放可执行程序的目录列表）。如果输入的命令不是一个内部命令并且在搜索路径里没有找到这个可执行文件,Shell 将会显示一条错误信息。如果能够成功找到命令，该命令将被分解为系统调用并传给 Linux 内核。

在 Shell 下，你可以使用如下按键组合来编辑和回调命令。
- CTRL+W：删除光标位置前的单词。
- CTRL+U：清空行。
- ↑，↓方向键：查看命令历史。
- Tab：自动补全文件名、目录名和命令等等。
- CTRL + R：搜索先前使用的命令。
- CTRL + C：中止当前命令。
- CTRL + D：退出登录 Shell。
- ESC + T：调换光标前的两个单词。

当用户准备结束登录对话进程时，可以输入 logout 命令、exit 命令或按 CTRL+D 组合键，结束登录。

Linux Shell 的另一个重要特性是它自身就是一个解释型的程序设计语言，Shell 程序设计语言支持绝大多数在高级语言中能见到的程序元素，如函数、变量、数组和程序控制结构等。Shell 编程语言简单易学，任何在提示符中能输入的命令都可以放到一个可执行的 Shell 脚本中。

1.3 Shell 的种类

Linux（以及 Unix 或类 Unix）中的 Shell 有多种类型,其中最常用的种类有 Bourne Shell（sh）、C Shell 和 Korn Shell。这三种 Shell 各有优缺点。

Bourne Shell 是 UNIX 最初使用的 Shell,并且在每种 UNIX 上都可以使用。Bourne Shell 在 Shell 编程方面相当优秀，但是在处理与用户的交互方面不如其他几种 Shell。

Bourne-Again Shell（bash）是 Linux 系统中最常用的 Shell。它是 Bourne Shell 的扩展，

与 Bourne Shell 完全向后兼容，并且在 Bourne Shell 的基础上增加、增强了很多特性，具有很多特色，可以提供如命令补全、命令编辑和命令历史等功能，它还包含了很多 C Shell 和 Korn Shell 中的优点，有灵活和强大的编程接口，同时又有很友好的用户界面。

C Shell（csh）C Shell 是一种比 Bourne Shell 更适于编程的 Shell，它的语法和用法与 C 语言很相似，Linux 为喜欢使用 C Shell 编程的人提供了 TCSH。

TCSH 是与 C Shell 兼容的增强版本。它包括命令行编辑、可编程单词补全、拼写校正、历史命令替换、作业控制和类似 C 语言的语法。

Korn Shell（ksh）集合了 C Shell 和 Bourne Shell 的优点，并和 Bourne Shell 完全兼容。Linux 系统提供了 ksh 的扩展，它支持任务控制，可以在命令行上挂起、后台执行、唤醒或终止程序。

Linux 中还包括了一些其他的 Shell 类型，如比较流行的 ash 和 zsh 等。但无论哪一种 Shell，它最主要的功用都是解译使用者在命令行提示符中输入的指令。在 MS-DOS 中，也有一种 Shell，它的名字是 COMMAND.COM，它也用于同样的工作，只是它显然没有 Linux Shell 这样强大。每种 Shell 都有它的用途及各自的命令语法和提供不同的内建功能。有些 Shell 是有专利的，有些则可从互联网上直接免费获得。

我们可以使用如下命令查看系统中所有可用的 Shell：

```
-bash-3.2$ cat /etc/shells
/bin/sh
/bin/bash
/sbin/nologin
/bin/tcsh
/bin/csh
/bin/ksh
```

我们看到此文件中包含了多行，每行都是一种 Shell，它代表此系统支持多种 Shell。

用户登录到 Linux 系统时，由/etc/passwd 这个文件决定用户将要使用哪种 Shell，比如我们来查看 root 账号在/etc/passwd 这个文件中的定义：

```
-bash-3.2$ grep root /etc/passwd
root:x:0:0:System Admin:/root:/bin/bash
```

我们可以看到在输出结果中，以冒号":"分隔的最后一个字段就是定义此账号在登录后所使用的 Shell，由此可知此实例中，root 账号所使用的 Shell 是 bash。

我们还可以使用如下命令来查看账号当前使用的 Shell 的类型：

```
-bash-3.2$ echo $SHELL
/bin/bash
```

或是

```
-bash-3.2$ ps -p $$
  PID TTY          TIME CMD
23579 pts/0    00:00:00 bash
```

1.4 怎样使用 Shell

要使用 Shell，你只需简单地输入命令即可，命令即是一个用于执行特定任务的计算机

程序。

如果你的系统启动后进入的是文本模式，那么当你登录系统后就可以直接使用 Shell，你可以在登录后的 Shell 中输入命令并执行。如果你的系统是以图形界面的模式启动的，例如 GNOME 桌面或是 KDE 桌面，那么你可以在图形界面中单击"应用程序->系统工具->终端"来打开一个 Shell。或者，你可以按 Ctrl+Alt+F1 组合键切换到虚拟控制台并使用你的用户名和密码登录。若想切换回图形界面模式，可以简单地按 Alr+F7 组合键。

Linux 终端提供了一个让你简单地与 Shell（例如 bash）交互的手段。Shell 不过是一个解释并执行你在命令行提示符中输入的命令的程序。当启动 GNOME、KDE 或 X Window 终端时，这些应用程序启动你的系统账号中所指定的默认 Shell。你可以随时切换到不同的 Shell。接下来，我们来简单了解一下 Gnome 终端的使用和配置。

Gnome 终端程序是完全可以配置的，你可以通过设置如下选项来定义一些属性：
- 前景和背景色；
- 窗口标题；
- 字体大小和类型；
- 回滚缓冲区等。

1.5 Shell 脚本是什么

Shell 脚本就像早期 dos 年代的.bat，最简单的功能就是将许多指令汇整在一起，让使用者很容易地就能够一个操作执行多个命令，主要是方便管理员进行设置或者管理用的。但是它比 Windows 下的批处理更强大，它提供了数组、循环、条件以及逻辑判断等重要功能，让使用者可以直接以 Shell 来写程序，比用其他编程语言编写的程序效率更高，毕竟它使用了 Linux/Unix 下的命令。

Shell 脚本是利用 Shell 的功能所写的一个程序，这个程序是纯文本文件格式，将一些 Shell 的语法与指令写在里面，然后用正则表达式、管道命令以及数据流重定向等功能，以实现我们所需要的功能。

Shell 脚本是 Linux/Unix 编程环境的基本组成部分。

Shell 脚本一般由以下几部分构成：
- Shell 关键字——例如 if…else，for do…done。
- Shell 命令——例如 export，echo，exit，pwd，return。
- Linux 命令——例如 date，rm，mkdir。
- 文本处理功能——例如 awk，cut，sed，grep。
- 函数——通过函数把一些常用的功能放在一起。例如，/etc/init.d 目录中的大部分或全部系统 Shell 脚本所使用的函数都包含在文件/etc/init.d/functions 中。
- 控制流语句——例如 if…then…else 或执行重复操作的 Shell 循环。

每个 Shell 脚本都有它的用途，例如，备份文件系统和数据库到网络存储服务器。Shell 脚本可以像 Linux 下的一个命令一样被执行。

1.6 为什么使用 Shell 脚本

Shell 脚本的应用知识对于每一个想熟练地管理 Linux 操作系统的人是必须的,即使你可能从来不必写脚本。比方说在 Linux 机器启动时,它执行/etc/rc.d 目录中的 Shell 脚本来加载系统配置和运行服务,那么详细地理解这些启动脚本,对于我们分析系统的行为或是可能修改这些脚本将是很重要的。

学习编写 Shell 脚本并不难,因为它的语法简单易懂,类似于直接调用命令行的功能并串联在一起,并且只有几种规则需要学习。大部分简短的脚本可以第一次就正确执行,即使要调试长的脚本也是简单的。

总的来说,我们使用 Shell 具有如下一些原因:
- 使用简单;
- 节省时间。可以把冗长的重复的一连串命令合并成一条简单的命令;
- 可以创建你自己的自动化工具和应用程序;
- 使系统管理任务自动化;
- 因为脚本经过很好的测试,所以使用脚本做类似配置服务或系统管理任务时,发生错误的机会将大大减少。

我们经常会用到 Shell 脚本的实例有:
- 监控你的 Linux 系统;
- 备份数据和创建快照;
- 创建邮件告警系统;
- 查找耗尽系统资源的进程;
- 查找是否所有的网络服务都正常运行等等。

1.7 实例:创建你的第一个 Shell 脚本

要想成功地写一个 Shell 脚本,你需要做以下三件事情:
- 写一个脚本;
- 允许 Shell 执行它;
- 把它放到 Shell 可以找到的地方。

一个 Shell 脚本就是一个包含 ASCII 文本的文件,因此可以使用一个文本编辑器来创建一个脚本。文本编辑器是一个类似于读写 ASCII 文本文件的文字处理机的程序。有很多种文本编辑器可在 Linux 系统上使用,它们既可以用于命令行环境也可以用于图形界面环境,你可以根据喜好来选择适合你的文本编辑器。

现在,打开你的文本编辑器并编写包含如下内容的第一个 Shell 脚本:

```
#!/bin/bash
#My first script

ls -l .*
```

保存你的文件,在这里,我们就索性将其命名为 my_first。

脚本的第一行是很重要的。它是一个告诉 Shell 使用什么程序解释脚本的特别指示。在本例中使用的是/bin/bash。其他脚本语言比如 Perl、awk、python 等也同样使用这个机制。

脚本的第二行是一个注释。每一行中出现在"#"符号后的任何内容都将被 bash 忽略。一旦你的脚本变得很大且很复杂时，注释将是极其重要的。它们被程序员用于解释代码的用途，以便其他程序员可以弄清楚。

脚本的最后一行是 ls 命令，它将列出当前目录中所有以点开头的文件和目录（即，所有隐藏文件和目录）。

默认情况下，Linux 是不允许文件执行的（从安全上来说，这是一件非常好的事情）。下一步我们需要做的就是允许 Shell 执行你的脚本。我们使用 chmod 命令来完成此操作，如下所示：

```
-bash-3.2$ chmod 755 my_script
```

"755"将给你读写和执行的权限，其他人将只有读和执行的权限。如果你希望你的脚本是私有的（即，只有你可以读写和执行），则请使用"700"替代。现在你就可以运行你的脚本了，只需在命令行提示符中调用脚本的文件名，如下所示：

```
-bash-3.2$ ./my_script
```

你将看到脚本的运行结果，如果脚本没有成功运行，请检查实际保存脚本的路径，然后切换到正确的目录，并尝试重新运行脚本。

1.8 小　　结

我们来总结一下，这一章我们都学习了哪些知识。

- Linux 是自由开源的类 Unix 操作系统。该操作系统的内核是由莱纳斯·托瓦兹在 1991 年 10 月 5 日首次发布。
- Linux 既可以作为服务器操作系统使用，也可以作为个人计算机的独立操作系统使用。
- Linux 内核，即 Linux 操作系统的核心。它的主要模块分以下几个部分：存储管理、CPU 和进程管理、文件系统、设备管理和驱动、网络通信，以及系统的初始化（引导）和系统调用等。
- Linux 的主要理念：一个程序只做一件事并做好、一切皆文件、小即是美、在文本文件中存储配置和数据、可移植性高于效率、简单美观。
- Linux Shell 是用户和 Linux 内核之间的接口程序，为用户提供使用操作系统的接口。
- Linux 中最常用的 Shell 有 Bourne Shell（sh）、C Shell（csh）和 Korn Shell（ksh）。
- 如果你的系统启动后进入的是文本模式，那么当你登录系统后就可以直接使用 Shell。
- Shell 脚本是使用纯文本文件，集合了一些 Shell 的语法和指令，并用正则表示法或管道命令以及数据流重导向等功能，达到我们想要的处理目的的程序。
- Shell 脚本具有使用简单、节省时间、使系统管理自动化等特点。

第 2 章 初识 Linux Shell

你是否曾考虑过，你是如何能在 Shell 中的任何目录运行一个标准的命令行功能（如 cp），而不管这个命令是否存在于哪个目录？Shell 是怎么知道这个命令存放在哪，并且是否存在的呢？

这些问题可能使刚接触 Linux Shell 环境的人感到困惑。所以在这一章中我们将认识和了解 Linux Shell 及 Shell 环境相关的一些概念。

注意：我们已经知道 Linux Shell 的类型有多种，但本书中介绍的所有 Linux Shell 相关的概念和实例都是以最常用的 Bash Shell 为基础进行讲解的。

2.1 Bash Shell

2.1.1 Bash 简介

Bash 是一个与 Bourne Shell 兼容的、执行从标准输入设备或文件读取的命令的命令语言解释器。Bash 是 Bourne-Again Shell 的缩写。

Bash 与原来的 Unix sh Shell 向后兼容，并且融合了一些有用的 Korn Shell 和 C Shell 的特性。它相对于 sh 在编程和交互式使用两方面都做了功能改进。另外，大部分的 sh 脚本可以在不做修改的情况下由 Bash 直接运行。

Bash 具有很好的移植性。它使用在构建时发现编译平台特征的配置系统，因此可以构建在几乎任一种 Unix 版本上。

2.1.2 Bash 提供的改进

Bash 的语法是 Bourne Shell 语法的一个改进版本。在大多数情况下，Bourne Shell 脚本可以被 Bash 正常地运行。下面列出了 Bash 提供的一部分改进：

- 命令行编辑。
- 命令行补全。
- 不限制命令行历史大小。
- 不限制大小的数组。
- Bash 启动文件——你可以运行 Bash 作为一个交互式登录 Shell，或作为一个交互式非登录 Shell。
- 条件表达式。

- 目录堆栈——访问目录的历史记录。
- 限制性 Shell——更多的 Shell 执行的控制模式。
- Bash POSIX 模式——使 Bash 行为更接近 POSIX 标准的规定。

2.2 Shell 在 Linux 环境中的角色

Linux 环境由以下几部分构成：
- 内核——Linux 操作系统的核心。
- Shell——为用户和内核提供一个交互的接口。
- 终端模拟器——它允许用户输入命令并在屏幕上回显命令的运行结果。
- Linux 桌面和窗口管理器——Linux 桌面是各种软件应用程序的集合。它包括文件管理器、窗口管理器、终端模拟器等等。

由此可见，Shell 在 Linux 环境中扮演了非常重要的角色，包括读取命令行、解释它的含义并执行、通过输出返回执行结果等等。

2.2.1 与登录 Shell 相关的文件

当 Linux 系统的运行级别为 3 时，用户可以从本地登录到系统控制台，或在系统运行级别为 5 时，直接以图形界面方式登录。在这两种情况下登录时你都需要输入用户名和密码。用户登录时 Bash 将会使用以下初始化文件和启动脚本：
- /etc/profile——系统级的初始化文件，定义了一些环境变量，由登录 Shell 调用执行。
- /etc/bash.bashrc 或 /etc/bashrc——其文件名根据不同的 Linux 发行版而异，每个交互式 Shell 的系统级的启动脚本，定义了一些函数和别名。
- /etc/bash.logout——系统级的登录 Shell 清理脚本，当登录 Shell 退出时执行。部分 Linux 发行版默认是没有此文件的。
- $HOME/.bash_profile、$HOME/.bash_login、$HOME/.profile——用户个人初始化脚本，由登录 Shell 调用执行。这三个脚本只有一个会被执行，按照此顺序查找，第一个存在的将被执行。
- $HOME/.bashrc——用户个人的每个交互式 Shell 的启动脚本。
- $HOME/.bash_logout——用户个人的登录 Shell 清理脚本，当登录 Shell 退出时执行。
- $HOME/.inputrc——用户个人的由 readline 使用的启动脚本，定义了处理某些情况下的键盘映射。

2.2.2 Bash 启动脚本

通过上一小节的介绍我们了解到，在用户登录时自动执行的脚本主要用于设置一些环境，例如设置 JAVA_HOME 的路径。其中的一些脚本被登录 Shell 调用，登录 Shell 是你登录系统时最先执行的 Shell。它设置一些环境，然后把这些环境授予非登录 Shell。

当用户登录时，登录 Shell 会调用如下脚本：
- /etc/profile——当用户在运行级别 3 登录系统时首先运行。
- /etc/profile.d——当/etc/profile 运行时，会调用该目录下的一些脚本。
- $HOME/.bash_profile、$HOME/.bash_login 和$HOME/.profile——在/etc/profile 运行后，第一个存在的被运行。
- $HOME/.bashrc——上述脚本的中一个运行后即调用此脚本。
- /etc/bashrc 或/etc/bash.bashrc——由$HOME/.bashrc 调用运行。

当一个交互式的非登录 Shell 启动时，Bash 将读取并运行如下脚本：
- $HOME/.bashrc——如果此文件存在即被运行。
- /etc/bashrc——将被$HOME/.bashrc 调用运行。
- /etc/profile.d——此目录下的脚本将被/etc/bashrc 或/etc/bash.bashrc 调用运行。

Bash 启动脚本主要设置的环境有：
- 设置环境变量 PATH 和 PS1（我们将在 2.3.1 小节中介绍这两个变量）；
- 通过变量 EDITOR 设置默认的文本编辑器；
- 设置默认的 umask（文件或目录的权限属性）；
- 覆盖或移除不想要的变量或别名；
- 设置别名；
- 加载函数。

2.2.3 实例：定制自己的 Bash 登录脚本

本小节我们将以一个实际的.bash_profile 脚本为例，来学习如何定制一个自己的 Bash 登录脚本。首先我们在自己 Linux 账号的 home 目录下创建一个名称为.bash_profile 的文件，然后使用文本编辑器打开并编辑此文件。我们以 vi 文本编辑器为例，其内容如下：

```
$ vi ~/.bash_profile
# .bash_profile
# Custom Command Prompt
export
PS1="\n\e[1;32m[\e[0;31m\u\e[0;34m@\e[0;31m\h\e[1;32m]\e[1;32m[\e[0;34m\w\e[1;32m]$ "

# Get the aliases and functions
if [ -f ~/.bashrc ]; then
    . ~/.bashrc
fi

# User specific environment and startup programs
PATH=$PATH:$HOME/bin:/usr/bin:/usr/local/bin:/usr/sbin:/usr/local/sbin:/sbin
export PATH
unset USERNAME
umask 022

# Custom DJRavine Modification
login_pwd='pwd';
login_date='date';
```

```
login_users='users';
login_uptime='uptime';
server_ip='/sbin/ifconfig | grep 'inet addr:'| grep -v '127.0.0.1' | head
-1 | cut -d: -f2 | awk '{ print $1}'';
disk_available=$(df -h --block-size=1024 | awk '{sum += $4;} END {print
sum;}');
disk_used=$(df -lh --block-size=1024 | awk '{sum += $3;} END {print sum;}');
disk_size=$(df -lh --block-size=1024 | awk '{sum += $2;} END {print sum;}');
disk_available_gb=$(echo "scale=2; $disk_available/(1024^2)" | bc)
disk_used_gb=$(echo "scale=2; $disk_used/(1024^2)" | bc)
disk_size_gb=$(echo "scale=2; $disk_size/(1024^2)" | bc)
red="\033[31m"
blue="\033[34m"
green="\033[32m"
echo -e " "
echo -e "${blue}+--------------------------------------------------"
echo -e " ${green}                    Welcome!                     "
echo -e "${blue}+--------------------------------------------------"
echo -e " ${green}Server IP: ${red}"$server_ip
echo -e " ${green}Date: ${red}"$login_date
echo -e " ${green}Users: ${red}"$login_users
echo -e " ${green}Directory: ${red}"$login_pwd
echo -e " ${green}Uptime: ${red}"$login_uptime
echo -e "${blue}+--------------------------------------------------"
df -lh | column -c 6 | awk '{ printf " \033[22;32m%s\t%s\t\033[22;31m%s\
t%s\t%s\n", $1, $6, $2, $3, $4,$5 }'
echo -e " ${green}Total Disk Space: ${red}${disk_size_gb} GB"
echo -e " ${green}Total Free Space: ${red}${disk_available_gb} GB"
echo -e " ${green}Total Used Space: ${red}${disk_used_gb} GB"
echo -e "${blue}+--------------------------------------------------"
```

编辑完成后保存并退出文本编辑器。

再创建一个名称为.bashrc 的文件，使用文本编辑器打开并编辑此文件，内容如下：

```
$ vi ~/.bashrc
alias l.='ls -d .* --color=tty'
alias ll='ls -l --color=tty'
alias ls='ls --color=tty'
alias vi='vim'
```

编辑完成后保存并退出文本编辑器，重新登录系统，将会看到类似如下的输出结果：

```
+--------------------------------------------------
                    Welcome!
+--------------------------------------------------
 Server IP: X.X.X.X
 Date: Wed Jul 10 17:10:56 CST 2013
 Users: root yantaol
 Directory: /home/yantaol
 Uptime: 17:10:56 up 2 days, 17:10, 3 users, load average: 0.03, 0.03, 0.00
+--------------------------------------------------
 Filesystem    Mounted  Size   Used   Avail
 /dev/hde1     /        15G    8.0G   5.8G
 /dev/hde3     /local   208G   151G   46G
 tmpfs  /dev/shm        1.9G   0      1.9G
 Total Disk Space: 223.54 GB
 Total Free Space: 53.21 GB
 Total Used Space: 158.90 GB
+--------------------------------------------------
```

```
 yantaol@hostname][~]$ which l.
alias l.='ls -d .* --color=tty'
        /bin/ls
yantaol@hostname][~]$ which vi
alias vi='vim'
        /usr/bin/vim
```

2.2.4　Bash 退出脚本

当登录 Shell 退出时，如果$HOEM/.bash_logout 脚本存在的话，Bash 会读取并执行此脚本的内容。此脚本主要有如下用途：
- 使用 clear 命令清理你的终端屏幕输出；
- 移除一些临时文件；
- 自动运行一些命令或脚本等。

2.2.5　实例：定制自己的 Bash 退出脚本

编辑文件~/.bash_logout，其内容如下：

```
# .bash_logout

#clear the termimal screen
clear

# clear mysql command history
echo "Clear mysql command history"
/bin/rm $HOME/.mysql_history

echo "Backup files to NAS server"
# backup files to NAS server
~/bin/backup.sh
```

编辑完成后保存并退出文本编辑器。此时我们在命令行提示符下运行 exit 命令，将会得到如下输出结果：

```
yantaol@hostname][~]$ exit
logout

Clear mysql command history
Backup files to NAS server
```

如果文件~/.mysql_history 和~/bin/backup.sh 在你的 home 目录下不存在，当运行 exit 时，会看到类似如下的输出结果：

```
$ exit
logout

Clear mysql command history
/bin/rm: cannot remove '/home/yantaol/.mysql_history': No such file or directory
Backup files to NAS server
-bash: /home/yantaol/bin/backup.sh: No such file or directory
```

2.2.6 有效的登录 Shell 的路径

/etc/shells 是一个包含有效的登录 Shell 全路径名的文本文件。这个文件会被 chsh 命令（变更你的登录 Shell）所使用也可被其他程序查询使用，比如 ftp 服务。查看/etc/shells 的内容：

```
$ cat /etc/shells
```

会看到类似如下的输出结果：

```
/bin/sh
/bin/bash
/sbin/nologin
/bin/tcsh
/bin/csh
/bin/ksh
```

你也可以使用 which 命令显示 shell 的全路径：

```
$ which bash
/bin/bash
```

2.3 Shell 中的变量

变量是任何程序或脚本的重要组成部分。变量为程序或脚本访问内存中的可被修改的一块数据提供了简单的方式。

Linux Shell 中的变量可以被指定为任意的数据类型，比如文本字符串或是数值。你也可以通过修改 Shell 中的变量来改变 Shell 的样式。

接下来就让我们来了解和学习一下 Shell 中的变量。

2.3.1 Shell 中变量的类型

Shell 中有两种变量的类型：系统变量（环境变量）和用户自定义的变量（本地变量或 Shell 变量）。

系统变量是由 Linux Bash Shell 创建和维护的变量。你可以通过修改系统变量，如 PS1、PATH、LANG、HISTSIZE 和 DISPLAY 等，配置 Shell 的样式。

常用的系统变量（环境变量）如表 2.1 所示。

表 2.1 常用系统变量表

系 统 变 量	含 义
BASH_VERSION	保存 Bash 实例的版本
DISPLAY	设置 X display 名字
EDITOR	设置默认的文本编辑器
HISTFILE	保存命令历史的文件名
HISTFILESIZE	命令历史文件所能包含的最大行数

续表

系统变量	含义
HISTSIZE	记录在命令历史中的命令数
HOME	当前用户的主目录
HOSTNAME	你的计算机的主机名
IFS	定义 Shell 的内部字段分隔符，一般是空格符、制表符和换行符
PATH	搜索命令的路径。它是以冒号分隔的目录列表。Linux 下的标准命令之所以能在 Shell 命令行下的任何路径直接使用，就是因为这些标准命令所在目录的路径定义在了 PATH 变量中，Shell 会在 PATH 环境变量指定的全部路径中搜索任何匹配的可执行文件
PS1	你的提示符设定
PWD	当前工作目录。由 cd 命令设置
SHELL	设置登录 Shell 的路径
TERM	设置你的登录终端的类型
TMOUT	用于设置 Shell 内建命令 read 的默认超时时间，单位为秒。在交互式的 Shell 中，此变量的值作为发出命令后等待用户输入的秒数，如果没有用户输入将会自动退出

当然，你可以添加上述变量到你账号的 home 目录下的初始化文件中，比如 ~/.bash_profile 文件。这样在你每次登录系统时，这些变量会被自动设置为你需要的值。

如果要查看当前 Shell 的所有系统变量，可以在控制台或终端输入如下命令：

```
$ env
```

或者

```
$ printenv
```

你将会看到类似如下的输出结果：

```
HOSTNAME=hostname
SHELL=/bin/bash
TERM=vt100
HISTSIZE=1000
USER=yantaol
LS_COLORS=no=00:fi=00:di=01;34:ln=01;36:pi=40;33:so=01;35:bd=40;33;01:c
d=40;33;01:or=01;05;37;41:mi=01;05;37;41:ex=01;32:*.cmd=01;32:*.exe=01;3
2:*.com=01;32:*.btm=01;32:*.bat=01;32:*.sh=01;32:*.csh=01;32:*.tar=01;31:
*.tgz=01;31:*.arj=01;31:*.taz=01;31:*.lzh=01;31:*.zip=01;31:*.z=01;31:*.Z
=01;31:*.gz=01;31:*.bz2=01;31:*.bz=01;31:*.tz=01;31:*.rpm=01;31:*.cpio=0
1;31:*.jpg=01;35:*.gif=01;35:*.bmp=01;35:*.xbm=01;35:*.xpm=01;35:*.png=0
1;35:*.tif=01;35:
MAIL=/var/spool/mail/yantaol
PATH=/usr/local/bin:/bin:/usr/bin
INPUTRC=/etc/inputrc
PWD=/home/yantaol
LANG=en_US.iso88591
KDE_IS_PRELINKED=1
KDEDIRS=/usr
HOME=/home/yantaol
LOGNAME=yantaol
CVS_RSH=ssh
_=/usr/bin/printenv
```

用户自定义的变量，即由用户创建和维护的变量。这一类型的变量可以使用任何有效的变量名来定义。

如果要查看当前 Shell 中的所有用户自定义变量和系统变量，可以在控制台或终端上使用 env 命令查看，如下所示：

```
$ env
```

你将会看到类似如下的输出结果：

```
BASH=/bin/bash
BASH_ARGC=()
BASH_ARGV=()
BASH_LINENO=()
BASH_SOURCE=()
BASH_VERSINFO=([0]="3" [1]="2" [2]="25" [3]="1" [4]="release" [5]="i686-redhat-linux-gnu")
BASH_VERSION='3.2.25(1)-release'
COLUMNS=126
CVS_RSH=ssh
DIRSTACK=()
HISTFILE=/home/yantaol/.bash_history
HISTFILESIZE=1000
HISTSIZE=1000
HOME=/home/yantaol
HOSTNAME=hostname
HOSTTYPE=i686
IFS=$' \t\n'
INPUTRC=/etc/inputrc
LANG=en_US.iso88591
LESSOPEN='|/usr/bin/lesspipe.sh %s'
LINES=40
LOGNAME=yantaol
LS_COLORS='no=00:fi=00:di=01;34:ln=01;36:pi=40;33:so=01;35:bd=40;33;01:cd=40;33;01:or=01;05;37;41:mi=01;05;37;41:ex=01;32:*.cmd=01;32:*.exe=01;32:*.com=01;32:*.btm=01;32:*.bat=01;32:*.sh=01;32:*.csh=01;32:*.tar=01;31:*.tgz=01;31:*.arj=01;31:*.taz=01;31:*.lzh=01;31:*.zip=01;31:*.z=01;31:*.Z=01;31:*.gz=01;31:*.bz2=01;31:*.bz=01;31:*.tz=01;31:*.rpm=01;31:*.cpio=01;31:*.jpg=01;35:*.gif=01;35:*.bmp=01;35:*.xbm=01;35:*.xpm=01;35:*.png=01;35:*.tif=01;35:'
PATH=/usr/local/bin:/bin:/usr/bin
PIPESTATUS=([0]="0")
PS1='\s-\v\$ '
PS2='> '
PS4='+ '
PWD=/home/yantaol
SHELL=/bin/bash
SHLVL=1
SUPPORTED=en_US.UTF-8:en_US:en:zh_CN.UTF-8
TERM=vt100
USER=yantaol
_=set
consoletype=pty
myvar=showset
```

2.3.2 实例：如何定义变量和给变量赋值

在 Shell 中，当你第一次使用某变量名时，实际上就定义了这个变量。在 Shell 中创建和设置变量是很简单的，其语法如下：

```
varName=varValue
```

我们看到可以使用赋值操作符"="给变量赋值。输入的次序是：变量名、赋值操作符和赋予的值，varName 即是变量名，varValue 是赋予 varName 的值。如果没有给出 varValue，则变量 varName 被赋予一个空字符串。

在赋值操作符"="的周围，不要有任何空格，比如下面的变量定义将会得到 command not found 的错误：

```
varName = varValue
varName =varValue
varName=  varValue
```

可以把任意字符集合赋值给一个变量。如下所示，将字符串 yantaol 赋值给 username：

```
$ username=yantaol
```

或者

```
$ username="yantaol"
```

将一个数字赋值给变量：

```
$ var=1
```

需要注意 Shell 的默认赋值是字符串赋值，比如接下来做一下操作：

```
$ var=$var+1
$ echo $var
1+1
```

你将看到此时变量的值是"1+1"，而不是我们预想中的值"2"。在 Bash 中，如果要将算术表达式的数值赋值给一个变量，可以使用 let 命令，如下所示：

```
$ let var=2+1
$ echo $var
3
```

将一个变量的值直接赋值给另一个变量，如下所示：

```
$ a=3
$ b=$a
$ echo $b
3
```

将命令的执行结果赋值给变量，如下所示：

```
$ var=`pwd`
$ echo $var
/home/yantaol
```

或者也可以使用$(...)来实现同样的功能：

```
$ var=$(pwd)
$ echo $var
/home/yantaol
```

将 Bash 的内置命令 read 读入的内容赋值给变量：

```
$ echo -n "Enter var:"; read var
Enter var:123
$ echo $var
123
```

在上例中,"echo -n "Enter var:""语句是打印内容"Enter var:"并且不换行,紧接着从标准输入读入内容,这里我们输入"123"回车,read 命令将读入的内容赋值给 var,即在输出结果中看到的,var 的值是 123。

2.3.3 变量命名规则

变量名必须以字母或下划线字符"_"开头,后面跟字母、数字或下划线字符,第一个字符不能为数字。不要使用?、*和其他特殊字符命名你的变量。

有效的 Shell 变量名示例如下:

```
USERNAME
LD_LIBRARY_PATH
_var
var1
```

注意,类似如下的变量名是无效的:

```
?var=123
user*name=yantaol
```

变量名是大小写敏感的,比如我们定义如下几个变量:

```
$ var=123
$ Var=1
$ vAR=2
$ VAR=3
```

它们都是不同的变量,如下所示:

```
$ echo $var
123
$ echo $Var
1
$ echo $vAR
2
$ echo $VAR
3
```

2.3.4 实例:使用 echo 和 printf 打印变量的值

想必通过前几小节的实例,你已经了解到可以使用 echo 命令显示变量的值,这里还有一种显示变量值的方法,就是使用 printf 命令,如下所示:

```
$ var=123
$ printf "%s\n" $var
123
```

printf 命令提供了一个类似于 printf()系统接口(C 函数)的打印格式化文本的方法。它作为 echo 命令的替代,提供了更多的特性。

printf 命令的语法格式如下：

```
printf <FORMAT> <ARGUMENTS…>
```

printf 命令就是根据指定的格式<FORMAT>打印<ARGUMENTS…>的内容。文本格式在<FORMAT>中指定，紧接着是需要格式化的所有参数。

由此，一个典型的 printf 命令调用如下所示：

```
printf "FirstName: %s\nLastName: %s" "$FIRSTNAME" "LASTNAME"
```

其中"FirstName: %s\nLastName: %s"" $FIRSTNAME"是格式规范，而后面的两个变量则是作为参数传入。格式用字符串中的%s 是指示打印参数的格式类型的分类符，这些分类符有不同的名字，如表 2.2 所示。

表 2.2 分类符表

分 类 符	描 述
%b	打印相关参数并解释其中带有反斜杠"\"的特殊字符
%q	以 Shell 引用的格式打印相关参数，使其可以在标准输入中重用
%d	以带符号十进制数的格式打印相关参数
%i	与%d 相同
%o	以无符号八进制数的格式打印相关参数
%u	以无符号十进制数的格式打印相关参数
%x	以无符号小写十六进制数的格式打印相关参数
%X	与%x 相同，只是十六进制数为大写
%f	以浮点数的格式解析并打印相关参数
%e	以双精度浮点数<N>±e<N>的格式打印相关参数
%E	与%e 相同，只是用大写字母 E
%g	以%f 或%e 的格式打印相关参数
%G	以%f 或%E 的格式打印相关参数
%c	以字符的格式打印相关参数，并且只打印参数中的第一个字符
%s	以字符串的格式打印相关参数
%n	指定打印的字符个数
%%	表示打印一个字符"%"

在 printf 命令的格式用字符串<FORMAT>中还可以使用一些转义字符，如表 2.3 所示。

表 2.3 转义字符表

转义符	描 述
\"	打印双引号
\NNN	用八进制的值表示一个 ASCII 字符，例如\101，即 65，表示字符"A"
\\	打印一个反斜杠"\"
\a	发出告警音
\b	删除前一个字符
\f	换页符，在某些实现中会清屏，有些会换行
\n	换行
\r	从行头开始，和换行不一样，仍在本行
\t	Tab 键
\v	竖直 tab，和\f 相似，不同机器显示有所不同，通常会引起换行 VERTICAL TAB or CTRL-K
\xHH	用十六进制的值表示一个 ASCII 字符，例如/x41，即 65，表示字符"A"

接下来让我们通过一些实例,了解一下如何使用 printf 命令格式化打印变量的值。

```
$ var=shell
$ printf "%s\n" $var
shell
$ printf "%1s\n" $var              #如果指定的长度小于参数实际的长度,则打印完整的字符串
shell
$ printf "%1.1s\n" $var            #原点符右边的数字指示打印参数中字符的个数
s
$ printf "%1.2s\n" $var
sh
$ printf "%2.6s\n" $var
shell
$ printf "%5.6s\n" $var
shell
$ printf "%6.6s\n" $var
 shell
$ printf "%10.4s\n" $var           #如果指定打印的字符串长度超过输出的实际长度,则左边用
                                    空格补全
      shel
$ printf "%10.2s\n" $var
        sh
$ printf "%c\n" $var
s
$ var=100
$ printf "%d\n" $var
100
$ printf "%i\n" $var
100
$ printf "%u\n" $var
100
$ printf "%o\n" $var
144
$ printf "%s%%\n" $var
100%
$ var=123
$ printf "%x\n" $var
7b
$ printf "%X\n" $var
7B
$ var=12345678
$ printf "%e\n" $var
1.234568e+07
$ printf "%E\n" $var
1.234568E+07
$ printf "%g\n" $var
1.23457e+07
$ printf "%G\n" $var
1.23457E+07
$ var=123.45678
$ printf "%5.1f\n" $var            #打印的数值长度为 5,保留小数点后 1 位数字
123.5
$ printf "%6.2f\n" $var
123.46
$ printf "%7.3f\n" $var
123.457
$ printf "%9.3f\n" $var            #打印的数值长度为 9,数值实际长度为 7,保留小数点后 3 位,
                                    左面用空格补全
  123.457
$ printf "%10.3f\n" $var
```

```
  123.457
$ var="abc def ghi 'l\mn"
$ printf "%q\n" "$var"
abc\ def\ ghi\ \'l\\mn
```

与 printf 命令不同，echo 命令没有提供格式化选项，因此 echo 命令也比 printf 命令更简单易用，当你知道所要显示的变量的内容不会引起问题时，echo 命令是一个很好的显示简单输出的命令。

echo 命令也提供转义字符的功能，可以使用的转义字符与 printf 命令中的基本相同，但需使用"-e"选项激活转义字符功能。

下面我们通过一些实例来了解如何使用 echo 命令打印变量的值。

```
$ var=10
$ echo "The number is $var"
The number is 10
$ echo -e "Username: $USER\tHome directory: $HOME\n"
Username: yantaol      Home directory: /home/yantaol
```

有时，你需要使用${}避免一些歧义。例如：

```
$ LOGDIR="/var/log/"
$ echo "The log file is $LOGDIRmessages"
```

其输出结果如下所示：

```
The log file is
```

Bash 将尝试查找一个叫做 LOGDIRmessages 的变量，而不是$LOGDIR。为了避免这种歧义，在这里我们就需要使用${}语法，如下所示：

```
$ echo "The log file is ${LOGDIR}messages"
The log file is /var/log/messages
```

2.3.5 变量的引用

当引用一个变量时，通常最好是用双引号将变量名括起来。例如，"$variable"。这样可以防止被引用的变量值中的特殊字符（除：$、'和\）被解释为其他错误含义。

使用双引号可以防止变量值中由多个单词组成的字符串分离。一个用双引号括起来的变量使它自身变成一个单一词组，即使它的值中包含空格。我们用一个实例来了解一下双引号在引用变量中的作用，如下所示：

```
$ LIST="one two three"
$ for var in $LIST        #将变量 LIST 的值分成了 3 个参数传递给了 for 循环
> do
>     echo "$var"
> done
one
two
three
$ for var in "$LIST"      #将变量 LIST 的值作为一个整体传入 for 循环
> do
>     echo "$var"
> done
one two three
```

我们再看一个更复杂点的例子：

```
var1="a variable containing five words"
COMMAND This is $var1      #执行带有 7 个参数的 COMMAND 命令："This" "is" "a"
                            "variable" "containing" "five" "words"

COMMAND "This is $var1"#执行带有一个参数的 COMMAND 命令："This is a variable
                            containing five words"


var2=""                                  #赋予一个空字符串

COMMAND $var2 $var2 $var2                #相当于无参数执行 COMMAND 命令
COMMAND "$var2" "$var2" "$var2"          #执行带有 3 个空参数的 COMMAND 命令
COMMAND "$var2 $var2 $var2 "             #执行带有 1 个参数（两个空格）的 COMMAND 命令
```

> **注意**：只有在变量的值中包含空格或要保留其中的空格时，将变量用双引号括起才是必要的。

下面我们来看一下使用 echo 命令打印一些奇怪的变量值，如下所示：

```
$ var="'(]\\{}\$\""
$ echo $var
'(]\{}$"
$ echo "$var"         #在这里，使用双引号和不用双引号打印的值没有区别
'(]\{}$"
$ IFS='\'             #我们在 2.3.1 小节中讲过，IFS 是 Bash 的内部变量，此变量定义 Shell
                       的内部字段分隔符
$ echo $var           #不加双引号的情况下，其打印的值中反斜杠"\"被转换成了空格
'(] {}$"
$ echo "$var"
'(]\{}$"
$
$ var2="\\\\""
$ echo $var2
"
$ echo "$var2"
\\"
$ var3='\\\\'
$ echo "$var3"
\\\\
$
$ echo "$(echo '"')"    #$(echo '"')相当于'echo '"''
"
$ var4="Two words"
$ echo "\$var4 = "$var4""
$var4 = Two words
```

单引号的操作类似于双引号，但是它不允许引用变量，因为在单引号中字符"$"的特殊含义将会失效。每个特殊的字符，除了字符'，都将按字面含义解释。

2.3.6 实例：export 语句的使用

在前面章节（主要参见 2.2.2 小节）的学习中，我们了解到用户登录系统后，系统将启动一个登录 Shell。在这个 Shell 中，可以声明一些变量，也可以创建并运行 Shell 脚本程

序。运行 Shell 脚本时，系统将创建一个子 Shell，当此 Shell 脚本运行完毕时，这个子 Shell 将终止，环境将返回到执行该脚本运行之前的 Shell。默认情况下，所有用户定义的变量只在当前 Shell 内有效，它们不能被后续的 Shell 引用，要使某个变量可以被子 Shell 引用，可以使用 export 命令将变量进行输出。

Bash 的内置命令 export 会将指定给它的变量或函数自动输出到后续命令的执行环境。export 命令的语法如下所示：

```
export [-fnp] [变量或函数名称]=[变量设置值]
```

-f 选项表示 export 一个函数；-n 选项表示将 export 属性从指定变量或函数上移除；-p 选项打印当前 Shell 所有输出的变量，与单独执行 export 命令结果相同。

接下来我们用实例来了解一下 export 命令的用途，比如，我们创建一个变量 JAVA_HOME，然后给它赋予一个值"/usr/local/jdk"，如下所示：

```
$ JAVA_HOME=/usr/local/jdk
```

使用 echo 命令显示变量的值：

```
$ echo $JAVA_HOME
/usr/local/jdk
```

现在，我们运行一个新的子 Shell：

```
$ bash
```

再使用 echo 命令显示变量 JAVA_HOME 的值：

```
bash-3.2$ echo $JAVA_HOME
```

你将会得到一个空行，因为变量 JAVA_HOME 没有被输出到新的子 Shell。下面我们看一下使用 export 命令后的结果。我们先退出子 Shell，如下所示：

```
bash-3.2$ exit
exit
```

然后运行 export 命令，将变量 JAVA_HOME 输出到后续命令的执行环境：

```
$ export JAVA_HOME
```

现在，运行一个新的子 Shell，再使用 echo 命令显示变量 JAVA_HOME 的值：

```
bash-3.2$ bash
bash-3.2$ echo $$
30798
bash-3.2$ echo $JAVA_HOME
/usr/local/jdk
```

再运行一个新的子 Shell，变量 JAVA_HOME 仍然有效：

```
bash-3.2$ bash
bash-3.2$ echo $$
31812
bash-3.2$ echo $JAVA_HOME
/usr/local/jdk
```

> 注意：系统变量会自动输出到后续命令的执行环境。

2.3.7 实例：如何删除变量

Bash 下使用 unset 命令来删除相应的变量或函数。unset 命令会把变量从当前 Shell 和后续命令的环境中删除。其命令的语法如下：

```
unset [-fv] [变量或函数名称]
```

-f 选项表示删除一个已定义的函数；-v 选项表示删除一个变量。

下面我们学习一下 unset 命令的使用：

```
bash-3.2$ export JAVA_HOME= /usr/local/jdk
bash-3.2$ unset JAVA_HOME
bash-3.2$ echo $JAVA_HOME
```

> 注意：使用 unset 命令不能删除一个只读的变量，否则将会出现类似如下的错误：

```
$ readonly JAVA_HOME=/usr/local/jdk
$ echo $JAVA_HOME
/usr/local/jdk
$ unset JAVA_HOME
-bash: unset: JAVA_HOME: cannot unset: readonly variable
```

2.3.8 实例：如何检查变量是否存在

你可以使用类似如下的语法，来检查一个变量是否存在：

```
${varName? Error: The variable is not defined}
```

上述语句的含义是如果变量 varName 已定义且不为空，则此语句就相当于$varName；如果变量 varName 的值是空，则此语句的值也是空；但如果 varName 是未定义的，则此语句将返回一个错误，并显示问号"？"定义的错误信息" Error: The variable is not defined"。

或者，也可以使用下面这个语句：

```
${varName:? Error: The variable is not defined}
```

此语句和上一条语句的唯一区别是：如果变量 varName 的值是空，此语句也将返回一个错误。

这两个语句对于脚本的完整性检查是有用的，如果使用这两个语句检查的变量未定义，那么脚本将会停止执行。

下面我们用一个实例来演示，如何使用上述格式的语句检查一个变量是否存在，如下所示：

```
$ JAVA_HOME=/usr/local/jdk      #定义一个变量 JAVA_HOME，并赋予值"/usr/local/jdk"
$ echo ${JAVA_HOME? ERROR: The variable is not defined}
                                #检查变量是否存在，并打印变量的值
/usr/local/jdk
$ unset JAVA_HOME               #删除变量 JAVA_HOME
$ echo ${JAVA_HOME:? ERROR: The variable is not defined}
```

```
                                              #检查变量是否存在，并打印变量的值
-bash: JAVA_HOME: ERROR: The variable is not defined
```

Bash 中还有一种更常用的检查变量是否存在的方法，即使用 if 语句判断变量是否存在。我们将在后面的条件测试章节中，对使用 if 语句进行条件判断做详细地讲解。

2.4 Shell 环境进阶

通过前几节的学习，想必你对 Linux Shell 环境已经有了基本的了解，现在你应该已经知道了本章开始提出的关于标准命令为什么从 Shell 中的任何路径都可以访问的问题的答案。没错，这是因为 Shell 会在 PATH 环境变量指定的全部路径中搜索任何可执行的文件，一旦找到与输入相匹配的命令就执行。

那么，接下来就让我们更进一步地了解和学习 Shell 环境相关的知识。

2.4.1 实例：回调命令历史

Bash 将命令历史保存在缓冲区或是默认文件~/.bash_history 中。历史命令缓冲区中可以保存很多命令，其保存命令的多少由环境变量 HISTSIZE 定义。

可以使用 history 命令显示你在命令行提示符下输入的命令列表，如下所示：

```
$ history
    6  exit
    7  rm -f .tcshrc
    8  ln -sf /opt/swe/tools/in/env/tcshrc .tcshrc
    9  ls -al. tcs
   10  ls -al .tcshrc
   11  exit
   12  exit
   13  hostname
   14  history
   15  ps -ef|grep sgd
   16  id
   17  exit
   18  pwd
   19  pwd
   20  cd /svn/
   21  ls
……
```

在上例中可以看到，history 命令可以显示历史命令列表的行号。

可以在命令行提示符下使用↑和↓方向键找到之前执行过的命令。在命令行提示符下，按 Ctrl+r 组合键后输入相应的关键字可以搜索历史命令，比如，按 Ctrl+r 组合键后输入 export，将会看到类似如下所示：

```
(reverse-i-search)'export':export LD_LIBRARY_PATH=$LD_LIBRARY_PATH:/usr/local/sasl2/lib
```

在 Shell 命令行提示符下，可以简单地输入!!，来重复执行上一条执行过的命令，如下所示：

```
$ uptime
 13:00:28 up 2 days, 13:00,  4 users,  load average: 0.00, 0.01, 0.00
$ !!
uptime
 13:00:32 up 2 days, 13:00,  4 users,  load average: 0.00, 0.01, 0.00
```

你还可以回调最近一次执行的以指定字符开头的命令，如下所示：

```
$ !up
uptime
 13:24:08 up 2 days, 13:23,  4 users,  load average: 0.00, 0.01, 0.00
```

甚至你可以使用由 history 命令列出的列表的行号来重新调用相应的历史命令，如下所示：

```
$ history
……
  990  uptime
  991  uptime
  992  man svn
  993  history
  994  pwd
  995  history
……
$ !991
uptime
 13:32:39 up 2 days, 13:32,  4 users,  load average: 0.09, 0.06, 0.02
$ !994
pwd
/home/yantaol
```

2.4.2 实例：Shell 中的扩展

Shell 中扩展的方式有 8 种，它们分别是（按扩展的先后顺序排序）：大括号扩展、波浪号扩展、参数和变量扩展、命令替换、算术扩展、进程替换、单词拆分和文件名扩展。

参数和变量扩展我们将在 5.4.2 小节做详细的介绍，算术扩展将在 5.5.3 小节做详细介绍，还有进程替换依赖于操作系统的支持，我们这里就不做详细介绍，所以本小节我们主要介绍大括号扩展、波浪号扩展、命令替换和文件名扩展。

大括号扩展是一种能够生成任意字符串的机制。进行大括号扩展的模式在形式上有一个可选的前缀，其后是一组包含在大括号内的用逗号分隔的字符串或是序列表达式，最后是一个可选的后缀。例如：

```
$ echo a{b,c,d}e
abe ace ade
```

从上面的实例即可以看出，前缀部分在包含在大括号中的每个字符串的前面，而后缀将会附加到每个结果字符串的尾部，整个扩展将从左向右进行。

我们再看几个大括号内是序列表达式的例子：

```
$ echo {a..z}              #按字母表顺序显示 a~z 的字母
abcdefghijklmnopqrstuvwxyz
$ echo {0..10}             #显示 0~10 的数字
0 1 2 3 4 5 6 7 8 9 10
```

```
$ echo {5..-3}              #按顺序显示 5～-3 的数字
5 4 3 2 1 0 -1 -2 -3
$ echo {g..a}
g f e d c b a
$ echo {1..3}{a..c}
1a 1b 1c 2a 2b 2c 3a 3b 3c
```

大括号扩展也可以是嵌套的。每个扩展字符串的结果是不排序的，依然按照从左到右的顺序依次扩展，例如：

```
$ echo a{{b,c,d}a,{e,f,g}b,h}i
abai acai adai aebi afbi agbi ahi
$ echo {a,b{1..3},c}
a b1 b2 b3 c
```

大括号扩展可以和许多命令配合使用，可以使你的命令更简化，比如我想在主目录下创建三个目录，我可以使用类似如下语句：

```
$ mkdir ~/{dir1,dir2,dir3}    #在 home 下创建 dir1、dir2、dir3 三个子目录
```

关于 mkdir 命令我们会在后面 3.2 节中做详细介绍，你也可以使用 man 参考手册查看了解此命令。

在 Bash 4.0 中还提供了一些大括号扩展的新功能，比如，在序列表达式中指定一个增量<INCR>，其格式如下所示：

```
{<START>..<END>..<INCR>}
```

<STSRT>和<END>是整数或者单个字符，增量<INCR>是一个整数。扩展后每个量之间的差值就是指定的增量，如下所示：

```
$ echo {1..10..2}
1 3 5 7 9
$ echo {10..1..-2}
10 8 6 4 2
$ echo {a..h..3}
a d g
$ echo {h..a..-3}
h e b
```

如果<START>和<END>是整数并且有前导 0 时，Bash 4.0 会试图让每个生成的量都含有同样多的位数，如果位数不同就在前面补零，如下所示：

```
$ echo {0001..10..3}
0001 0004 0007 0010
```

大括号扩展在其他所有扩展之前进行，在其他扩展中的特殊字符都被保留下来。为了防止被认为是大括号扩展的一部分，"{"或者","可以用反斜杠转义。为了避免与参数扩展冲突，大括号扩展不会识别字符串中的"${"。

波浪号扩展可用来指代你自己的主目录，或其他人的主目录。如下所示：

```
$ cd ~              #进入你自己的主目录
$ pwd
/home/yantaol
$ cd ~fred          #进入用户 fred 的主目录
$ pwd
/home/fred
```

如果一个单词以未被引用的波浪号"~"开头,则直到第一个未被引用的斜杠的所有字符都被看作是波浪号前缀。如果波浪号前缀里面的字符都没有被引用,则波浪号后面的所有字符就被当成一个可能存在的登录用户名。如果这个登录用户名是个空字符串,波浪号就被替换成 Shell 变量 HOME 的值,若没有设置 HOME 变量,则替换成执行该 Shell 的用户的主目录。否则波浪号前缀就被替换成指定的登录用户名的主目录。

如果波浪号前缀是"~+",则它会被 Shell 变量 PWD 的值代替,如下所示:

```
$ echo ~+
/tmp
$ echo $PWD
/tmp
```

如果波浪号前缀是"~-",则它会被 Shell 变量 LODPWD 的替代(如果这个变量已经设置),如下所示:

```
$ echo ~-
/home/yantaol
$ echo $OLDPWD
/home/yantaol
```

命令替换是用命令的输出替换命令本身,命令替换有如下两种形式:

```
$(COMMAND)
```

或者

```
'COMMAND'
```

Bash 进行这个扩展时,先执行命令,然后用命令的标准输出结果取代命令替换,命令的标准输出结果中最后面的换行符会被删除。如下所示:

```
$ echo $(uptime)
17:10:35 up 2 days, 11:07, 0 users, load average: 0.00, 0.00, 0.00
$ echo 'uptime'
17:10:40 up 2 days, 11:07, 0 users, load average: 0.00, 0.00, 0.00
```

命令替换可以嵌套。使用反引号形式""进行嵌套时,里面的反引号需要用反斜杠"\"转义。

如果 Bash 中没有设置-f 选项,就会支持文件名扩展。Bash 支持以下三种通配符来实现文件名扩展:

- *——匹配任何字符串,包括空字符串。
- ?——匹配任意单个字符。
- [...]——匹配方括号内的任意字符。

比如,显示/etc 目录下的所有配置文件:

```
$ ls /etc/*.conf
```

或是列出所有以字母 a 或 b 开头的配置文件:

```
$ ls /etc/[ab]*.conf
```

显示所有 jpg 文件(image1.jpg、image2.jpg..image9.jpg):

```
$ls image?.jpg
```

2.4.3 实例：创建和使用别名

在 Linux 系统环境下，我们通常需要使用命令行处理一些任务，并且会很频繁地使用某些命令语句。为了节省时间，我们可以在文件~/.bashrc 中为这些命令语句创建一些别名。

注意：一旦修改了~/.bashrc 文件，你必须重新登录 Shell 后，新的设置才会生效。

Bash 的内置命令 alias 用于创建一个别名，创建别名的语法如下所示：

```
alias name='command'
```

- name——用户定义的用于别名的任意简短的名字。
- command——任意 Linux 命令。

我们来看一个比较常用的别名的实例：

```
alias ll='ls -l'
```

我们在命令行输入此命令后，则接下来我们每次输入 ll 后回车，Bash 就会自动将其替换为 ls –l 来执行。

注意：在命令行执行这个命令时，会创建一个临时的别名。就是说，这个别名只在你退出此 Shell 之前有效。

接下来来看一些比较有用的别名的实例，你可以将下面这些别名放到你自己的~/.bashrc 文件中。

打开当前目录下最后被修改的文件：

```
alias Vim='vim 'ls -t | head -1''
```

找出当前目录下，5 个最大的文件：

```
alias findbig='find . -type f -exec ls -s {} \; | sort -n -r | head -5'
```

列出当前目录下的所有文件，包括隐藏文件，并附加指示符和颜色标识：

```
alias ls='ls -aF --color=always'
```

清除全部历史命令记录和屏幕：

```
alias hcl='history -c; clear'
```

使 cp、mv 等命令交互式地执行并解释执行了哪些操作：

```
alias cp='cp -iv'
alias mv='mv -iv'
alias rm='rm -iv'
```

简化经常执行的命令：

```
alias x='exit'
```

查看磁盘空间使用情况：

```
alias dus='df -h'
```

切换到不同目录：

```
alias ..='cd ..'
alias ...='cd ../..'
```

上面我们讲述了如何创建一个别名，那么能否查看当前环境下所有的别名呢？答案是肯定的，直接使用命令 alias 不带任何参数即列出所有别名，如下所示：

```
$ alias
alias ..='cd ..'
alias ...='cd ../..'
alias Vim='vi 'ls -at|head -1''
alias findbig='find . -type f -exec ls -s {} \; | sort -n -r | head -5'
```

如何查看一个特定的别名呢？如下所示：

```
$ alias dus
alias dus='df -h'
```

当你想调用实际的命令而暂时停止使用别名时，你需要使用如下方法：

```
$ \aliasname
```

比如，别名 alias cp='cp -iv'，将会请你确认是否要覆盖一个已存在的文件。当你要复制很多你已经确认要覆盖的文件时，这些询问将是很令人烦恼的。这时你可能就想临时地使用正常的 cp 命令替代这个 cp 别名。你就可以使用类似如下的方法：

```
$ \cp* ~/backup/files/
```

如果我们想删除一个别名呢？Bash 的内建命令 unalias 提供了这个功能，删除一个特定的别名如下所示：

```
$ unalias dus
$ alias dus
bash: alias: dus: not found
```

使用命令 unalias 加 -a 选项将删除当前环境中的所有别名：

```
$ unalias -a
$ alias
```

注意：虽然别名的使用简单而方便，但你要非常谨慎地使用别名替换标准命令。

2.4.4 实例：修改 Bash 提示符

我们在前面的章节中提到过环境变量 PS1，设置此变量即可用于定制你自己的 Bash 提示符。显示你当前提示符的设置，如下所示：

```
$ echo $PS1
\u@\h \w\n$
```

在此例中，变量 PS1 的值显示了如下信息：

- \u——当前用户的用户名。
- \h——主机名。
- \w——当前工作目录的全路径。
- \n——新的一行。
- \$——如果当前用户 UID 是 0，则显示符号"#"，否则显示符号"$"。

下面就来看一下，还有哪些带有反斜杠的特殊字符可以用于定制你的 Bash 提示符：

- \a——一个 ASCII 码报警符（07）。
- \d——"星期 月 日"格式的日期（比如 "Wed Aug 07"）。
- \e——一个 ASCII 码转义符（033）。
- \H——长主机名。
- \j——由当前 Shell 管理的任务数。
- \l——Shell 的终端设备的文件名。
- \r——回车。
- \s——Shell 的名字（比如：bash）。
- \t——24 时制"HH:MM:SS"格式的当前时间（比如：22:59:25）。
- \T——12 时制"HH:MM:SS"格式的当前时间（比如：11:01:32）。
- \@——12 时制"HH:MM AM/PM"格式的当前时间（比如：11:00 PM）。
- \A——24 时制"HH:MM "格式的当前时间（比如：23:02）。
- \v——Bash 的版本（比如：4.1）。
- \V——Bash 的发型号，版本+补丁级别（比如：4.1.10）。
- \W——当前工作目录的去掉前导目录后的目录名，如果是变量$HOME 所指定的目录则用符号"~"代替。
- \!——上一个被执行命令的历史编号。
- \#——这个命令的命令编号。
- \nnn——与八进制数 nnn 相对应的 ASCII 码。
- \\——一个反斜杠字符。
- \[——开始一个非打印字符序列，可用于将终端控制序列嵌入到提示符中。
- \]——结束非打印字符序列。

你已经知道了上述这些特殊字符的含义，接下来你就可以使用这些特殊字符的组合来定制你自己的提示符了。

比如，定制一个可以显示当前时间的提示符：

```
$ export PS1="[\t] \u@\h\n\$ "
[23:42:31] yantaol@server
$
```

你也可以在提示符中显示一个命令的输出，我们来看一个在提示符中显示内核版本的例子：

```
$ export PS1="'uname -r'|\u@\h\n\$ "
2.6.18-194.el5|yantaol@server
$
```

让 Bash 提示符显示当前用户的进程数：

```
$ export PS1="\u@\h [$(ps -ef | grep 'whoami' | grep -v grep | wc -l)]> "
```

你同样可以将上述语句加入到你所用账号的~/.bashrc中，使其登录后自动生效。

你还可以让Bash提示符带有颜色，我们来看一个设置Bash提示符带有前景色的实例：

```
$ export PS1="\e[0;34m\u@\h \w\n\$\e[m "
```

此定义中的几个特殊字符的含义如下所示：

- \e[——指示颜色提示符的开始。
- 0;34m——颜色代码，此代码代表的是蓝色，编码格式是x;ym。
- \e[m——指示颜色提示符的结束。

部分颜色代码如下所示：

- 0;30——黑色。
- 0;34——蓝色。
- 0;32——绿色。
- 0;36——青色。
- 0;31——红色。
- 0;35——紫色。
- 0;33——褐色。

比如，你想让使用root登录时提示符显示为红色，你就可以将如下语句加入到文件/root/.bashrc的底部：

```
export PS1="\e[0;31m[\u@\h \W]\\$ \e[m"
```

注意：如果你想每次登录时自动设置你的Shell提示符，就需要将环境变量PS1放在你的~/.bashrc文件中，并使用export命令将其输出到其他子命令。

你同样可以使用tput命令修改提示符的设置。例如，使用tput命令显示红色的提示符：

```
export PS1="\['tput setaf 1'\]\u@\h \W]\\$ \['tput sgr0'\]"
```

下面是部分简单易用的tput命令行选项的列表：

- tput bold——设置粗体模式。
- tput rev——显示反转颜色。
- tput sgr0——关闭所有属性。
- tput setaf——设置前景色，颜色代码的信息请见表2.4。
- tput setab——设置背景色，颜色代码的信息请见表2.4。

用于tput命令的各种颜色代码如表2.4所示。

表2.4 颜色代码信息

颜色代码	颜色	颜色代码	颜色
0	黑色	4	蓝色
1	红色	5	洋红色
2	绿色	6	青色
3	黄色	7	白色

我们再看一个使用 tput 命令改变 Bash 提示符颜色的例子：

```
$ export PS1="\['tput bold''tput setb 2''tput setaf 7'\]\u@\h:\w $ \['tput sgr0'\]"
```

上例中，是将 Bash 提示符中的所有字体加粗，背景设为绿色，前景设为白色。

我们再看一个更复杂一些的变量 PS1 的设置，让你的 Bash 提示符看上去更专业：

```
$ export PS1="'tput setaf 7'\342\224\214\342\224\200\$([[ \$? != 0 ]] && echo \"['tput setaf 1'X'tput setaf 7']\342\224\200\")[$(if [[ ${EUID} == 0 ]]; then echo ''tput setaf 1'\h'; else echo ''tput setaf 3'\u'tput setaf 7'@'tput setaf 2'\h'; fi)'tput setaf 7']\342\224\200['tput setaf 2'\w'tput setaf 7']\n'tput setaf 7'\342\224\224\342\224\200\342\224\200\342\225\274'tput sgr0'"
```

> 注意：此例中的 Bash 提示符，你需要将你所用终端的字符集编码设为 UTF-8 才能正常显示，否则可能显示的是乱码。

2.4.5 实例：设置 Shell 选项

本小节主要介绍如何使用 Bash 的内置命令 set 和 shopt 控制 Bash 的行为。

你可以通过开启或关闭 Bash 的相关选项控制 Bash 的行为，不同的选项使用不同的开启和关闭的方法。Bash 内置命令 set 控制一组选项，而 Bash 内置命令 shopt 控制另一组选项。

下面我们查看一下命令 set 可以设置哪些 Bash 选项，如下所示：

```
$ set -o
allexport       off
braceexpand     on
emacs           on
errexit         off
errtrace        off
functrace       off
hashall         on
histexpand      on
history         on
ignoreeof       off
interactive-comments    on
keyword         off
monitor         on
noclobber       off
noexec          off
noglob          off
nolog           off
notify          off
nounset         off
onecmd          off
physical        off
pipefail        off
posix           off
privileged      off
verbose         off
vi              off
xtrace          off
```

关于各 Bash 选项的详细信息，请参考 set 命令参考手册。

从命令的输出中我们可以看出，只使用命令 set -o 不跟任何选项将列出由命令 set 控制的每个 Bash 选项及其当前状态（开启或关闭）。

如果我们要开启一个 Bash 选项，输入类似如下的命令：

```
$ set -o freature-name
```

关闭此选项：

```
$ set +o freature-name
```

从上述实例你应该已经知道，使用命令 set -o 或 set +o 后跟选项名可以开启和关闭特定的 Bash 选项。

例如，我们开启 ignoreeof 选项，此选项可以使退出登录 Shell 的 Crtl+d 按键失效，如下所示：

```
$ set -o ignoreeof
```

现在，尝试按 Ctrl+d 组合键，类似如下：

```
$ Use "logout" to leave the shell.
```

再将此选项关闭，输入如下：

```
$ set +o ignoreeof
```

现在，再尝试按 Ctrl+d 组合键，你就可以正常退出 Shell 了。

查看由 Bash 内置命令 shopt 控制的 Bash 选项及其状态，如下所示：

```
$ shopt
cdable_vars        off
cdspell            off
checkhash          off
checkwinsize       off
cmdhist            on
dotglob            off
execfail           off
expand_aliases     on
extdebug           off
extglob            off
extquote           on
failglob           off
force_fignore      on
gnu_errfmt         off
histappend         off
histreedit         off
histverify         off
hostcomplete       on
huponexit          off
interactive_comments   on
lithist            off
login_shell        on
mailwarn           off
no_empty_cmd_completion off
nocaseglob         off
```

```
nocasematch       off
nullglob          off
progcomp          on
promptvars        on
restricted_shell       off
shift_verbose     off
sourcepath        on
xpg_echo          off
```

关于各选项的详细信息，请参考 shopt 命令参考手册。

使用 shopt 命令开启和关闭 Bash 选项的语法如下所示：

```
shopt -s feature-name    #开启一个 Bash 选项
shopt -u feature-name    #关闭一个 Bash 选项
```

shopt 命令中有一个 cdspell 选项，它用于监测 cd 命令中目录名的拼写错误并纠正。错误检查包括调换的字符、缺少的字符和重复的字符。比如，我们输入一个命令：

```
$ cd /var/lid
```

将会得到类似如下输出：

```
-bash: cd: /var/lid: No such file or directory
```

现在，开启 cdspell 选项，然后再输入一次同样的命令，如下所示：

```
$ shopt -s cdspell
$ cd /var/lid
/var/lib
$ pwd
/var/lib
```

注意：选项 cdspell 只在交互式 Shell 中有效。

当然，你可以使用命令 shopt 和 set 为你自己定制一个 Bash 环境，编辑你的~/.bashrc 文件，可以添加类似如下的命令：

```
#纠正目录拼写
shopt -q -s cdspell

#当终端窗口大小改变时，确保显示得到更新
shopt -q -s checkwinsize

#开启扩展模式匹配特性
shopt -q -s extglob

#退出时追加而不是重启命令历史
shopt -s histappend

#使 Bash 尝试保存历史记录中多行命令的所有行
shopt -q -s cmdhist

#得到后台任务结束的及时通知
set -o notify
```

你同样可以定制系统范围的 Bash 环境。默认情况下，文件/etc/profile 作为 Bash 的系统范围用户参数文件。你可以强制设置对所有用户使用这个文件，然而，在 CentOS、Fedora

和 Redhat 企业级 Linux 下推荐的方法是使用目录/etc/profile.d 中的文件。

2.5 小　　结

下面我们总结一下本章所学的主要知识：
- Bash 是大多数 Linux 系统的默认 Shell，它与原来的 Unix sh shell 向后兼容，并且融合了一些有用的 Korn Shell 和 C Shell 的特性。
- 用户登录时，登录 Shell 调用的初始化文件和脚本的次序依次是：/etc/profile、/etc/profile.d 目录下的脚本、$HOME/.bash_profile、$HOME/.bashrc 和/etc/bashrc。
- 一旦修改了~/.bashrc 文件，你必须重新登录 Shell 后，新的设置才会生效。
- 当登录 Shell 退出时，如果$HOEM/.bash_logout 脚本存在的话，Bash 会读取并执行此脚本的内容。
- Shell 中有两种变量的类型：系统变量（环境变量）和用户自定义的变量（本地变量或 Shell 变量）。
- Bash 中定义变量和赋值的方法是：varName=varValue，在赋值操作符"="的周围，不要有任何空格。
- Bash 变量名必须以字母或下划线字符"_"开头，后面跟字母、数字或下划线字符，第一个字符不能为数字。
- 当引用一个变量时，通常最好是用双引号将变量名括起来，这样可以防止被引用的变量值中的特殊字符（除：$、'和\）被解释为其他错误含义。
- Bash 的内置命令 export 会将指定给它的变量或函数自动输出到后续命令的执行环境。
- Bash 中使用 unset 命令删除相应的变量或函数。
- 使用 history 命令可以显示你在命令行提示符下输入的命令列表。
- Shell 中扩展的方式有 8 种，它们分别是（按扩展的先后顺序排序）：大括号扩展、波浪号扩展、参数和变量扩展、命令替换、算术扩展、进程替换、单词拆分和文件名扩展。
- Bash 的内置命令 alias 用于创建一个别名。
- 如果你想每次登录时自动设置你的 Shell 提示符，你需要将环境变量 PS1 放在你的~/.bashrc 文件中，并使用 export 命令将其输出到其他子命令。
- Bash 的内置命令 set 和 shopt 可以用于设置 Shell 选项。

第 3 章 常用 Shell（Bash）命令

在前一章中，我们学习了 Shell 变量和 Shell 环境相关的一些知识。想必你对 Linux Shell 已经有了一个初步的认识。

在这一章，我们将学习一些常用的 Shell 命令，应用好这些命令，将使你在 Linux 下执行一些任务具有事半功倍的效果。

3.1 查看文件和目录

3.1.1 ls 命令实例：列出文件名和目录

ls 命令是 Linux 中最常用的命令之一。我相信 ls 命令可能是你进入 Linux 命令行提示符时第一个输入的命令。虽然你还没有意识到，你可能每天都在频繁地使用 ls 命令。

在命令行提示符下，直接输入 ls 命令，不带任何选项，将列出当前目录下所有文件和目录，但不会显示详细的信息，比如，文件类型、大小、修改日期和时间、权限等等：

```
$ ls
acpid            conman.old   libvirt        pm                secure.1       wtmp
anaconda.log     cron         mail           ppp               secure.2       xferlog
anaconda.syslog  cron.1       maillog        prelink           secure.3       xferlog.1
audit            cron.2       maillog.1      rpmpkgs           secure.4       xferlog.2
boot.log         cron.3       maillog.2      rpmpkgs.1         spooler        xferlog.3
boot.log.1       cron.4       maillog.3      rpmpkgs.2         spooler.1      xferlog.4
boot.log.2       cups         maillog.4      rpmpkgs.3         spooler.2      Xorg.0.log
boot.log.3       dmesg        messages       rpmpkgs.4         spooler.3      Xorg.0.log.old
boot.log.4       faillog      messages.1     sa                spooler.4      xrdp
brcm-iscsi.log   gdm          messages.2     samba             tallylog       yum.log
btmp             httpd        messages.3     scrollkeeper.log  tomcat5        yum.log.1
conman           lastlog      messages.4     secure                           virusReport
```

使用-1 选项，将每行显示一条记录：

```
$ ls -1
acpid
anaconda.log
anaconda.syslog
audit
boot.log
boot.log.1
boot.log.2
boot.log.3
boot.log.4
```

使用-l 选项，将以长列表格式显示文件和目录，包括文件类型、大小、修改日期和时间、权限等信息：

```
$ ls -l
total 50716
-rw-r-----  1 root root        21630 Aug 19 00:01 acpid
-rw-------  1 root root       381429 Oct  7  2012 anaconda.log
-rw-------  1 root root        24902 Oct  7  2012 anaconda.syslog
drwxr-x---  2 root root         4096 Aug 18 22:26 audit
-rw-------  1 root root            0 Aug 18 04:02 boot.log
-rw-------  1 root root            0 Aug 11 04:02 boot.log.1
-rw-------  1 root root            0 Aug  4 04:02 boot.log.2
-rw-------  1 root root            0 Jul 28 04:02 boot.log.3
-rw-------  1 root root            0 Jul 21 04:02 boot.log.4
```

从上面的输出中可以看到每行有 7 个字段，那么每个字段的含义是什么呢？下面就来介绍一下。

- 第一个字符——文件类型。在上面的例子中，第一个字符有的是连字符"-"，有的是字母"d"。使用 ls –l 命令的输出中，第一个字符可能有如下几种，其代表的含义也如下所示。

-——普通文件。

d——目录。

s——套接字文件。

l——链接文件。

- 字段 1：文件权限。接下来的 9 个字符指示文件的权限。每 3 个字符分别涉及所有者、用户组和其他用户的读、写、执行权限。例如，rw-r-----表示所有者有读和写的权限，用户组有读的权限，而其他用户没有任何权限。
- 字段 2：链接数。1 表示只有一个链接到此文件。
- 字段 3： 所有者。在上例中，文件的所有者均为 root。
- 字段 4：用户组。在上例中，文件的用户组也均为 root。
- 字段 5：文件大小。默认输出的大小单位是字节。
- 字段 6：文件最近一次被修改的日期时间。例如上例中，文件 acpid 的修改时间是 Aug 19 00:01。
- 字段 7：文件名。

使用-lh 选项可以将文件大小显示为符合人类阅读习惯的格式：

```
$ ls -lh
total 50M
-rw-r-----  1 root root   22K Aug 19 00:01 acpid
-rw-------  1 root root  373K Oct  7  2012 anaconda.log
-rw-------  1 root root   25K Oct  7  2012 anaconda.syslog
drwxr-x---  2 root root  4.0K Aug 18 22:26 audit
-rw-------  1 root root     0 Aug 18 04:02 boot.log
-rw-------  1 root root     0 Aug 11 04:02 boot.log.1
-rw-------  1 root root     0 Aug  4 04:02 boot.log.2
-rw-------  1 root root     0 Jul 28 04:02 boot.log.3
-rw-------  1 root root     0 Jul 21 04:02 boot.log.4
-rw-------  1 root root  1.1M Aug 18 04:02 cron.1
-rw-------  1 root root  952K Aug 11 04:02 cron.2
-rw-------  1 root root  856K Aug  4 04:02 cron.3
-rw-------  1 root root  1.1M Jul 28 04:02 cron.4
```

使用-F 选项，将使用不同的特殊字符归类不同的文件类型：

```
$ ls -F /lib
bdevid/                          libgmodule-2.0.so@
cpp@                             libgmodule-2.0.so.0@
dbus-1/                          libgmodule-2.0.so.0.1200.3*
firmware/                        libgobject-2.0.a
```

如上例中所示：
- /——表示目录。
- 无特殊字符——表示普通文件。
- @——表示链接文件。
- *——表示可执行文件。

注意：你也可以使用 ls --color=auto 命令，将不同的文件类型显示为不同的颜色，或将 --color 与-F 选项联合使用。

联合使用-ld 选项，可以以长列表格式列出某个目录的信息：

```
$ ls -ld /var/log
drwxr-xr-x 16 root root 4096 Aug 21 04:02 /var/log
```

使用-R 选项，将递归地列出子目录的内容：

```
$ ls -R /etc/sysconfig/
/etc/sysconfig/:
apmd             crond            irqbalance       network-scripts   smartmontools
apm-scripts      desktop          kernel           nfs               snmpd.options
atd              dund             keyboard         ntpd              snmptrapd.options
auditd           firstboot        krb524           pand              syslog
authconfig       grub             kudzu            pm-action         sysstat
autofs           hidd             libvirtd         prelink           sysstat.ioconf
bluetooth        httpd            libvirt-guests   raid-check        system-config-securitylevel
cbq              hwconf           lincase          rawdevices        system-config-users
cfenvd           i18n             lm_sensors       readonly-root     tomcat5
cfexecd          init             mkinitrd         rhn               udev-stw
cfservd          ip6tables-config modules          samba             vncservers
clock            ipmi             nasd             samba.rpmnew      wpa_supplicant
conman           iptables         netconsole       saslauthd         xinetd
console          iptables-config  network          selinux           yppasswdd
cpuspeed         irda             networking       sendmail

/etc/sysconfig/apm-scripts:
apmscript

/etc/sysconfig/cbq:
avpkt  cbq-0000.example

/etc/sysconfig/console:

/etc/sysconfig/mkinitrd:
multipath

/etc/sysconfig/modules:
other.modules  udev-stw.modules

/etc/sysconfig/networking:
```

```
devices  profiles

/etc/sysconfig/networking/devices:

/etc/sysconfig/networking/profiles:
default

/etc/sysconfig/networking/profiles/default:

/etc/sysconfig/network-scripts:
ifcfg-eth0   ifdown-ipv6    ifdown-tunnel   ifup-ipv6    ifup-routes   network-functions
ifcfg-lo     ifdown-isdn    ifup            ifup-ipx     ifup-sit      network-functions-ipv6
ifdown       ifdown-post    ifup-aliases    ifup-isdn    ifup-sl
ifdown-bnep  ifdown-ppp     ifup-bnep       ifup-plip    ifup-tunnel
ifdown-eth   ifdown-routes  ifup-eth        ifup-plusb   ifup-wireless
ifdown-ippp  ifdown-sit     ifup-ippp       ifup-post    init.ipv6-global
ifdown-ipsec ifdown-sl      ifup-ipsec      ifup-ppp     net.hotplug

/etc/sysconfig/rhn:
sources
```

联合使用-ltr 选项，将以长列表格式按文件或目录的修改时间倒序地列出文件和目录：

```
$ ls -ltr
total 51880
drwxr-xr-x  2 root root      4096 Jul 12  2007 conman.old
drwxr-xr-x  2 root root      4096 Jul 12  2007 conman
drwx------  2 root root      4096 Jan 22  2009 ppp
drwx------  2 root root      4096 Aug 31  2010 httpd
drwxr-xr-x  2 root root      4096 Oct  7  2012 mail
drwxr-xr-x  2 root root      4096 Oct  7  2012 pm
-rw-------  1 root root     24902 Oct  7  2012 anaconda.syslog
-rw-------  1 root root    381429 Oct  7  2012 anaconda.log
-rw-------  1 root root         0 Oct  7  2012 tallylog
drwx------  5 root root      4096 Oct  7  2012 libvirt
```

联合使用-ls 选项，将以长列表格式按文件大小顺序列出文件和目录：

```
$ ls -ls
total 51884
-rw-r--r--  1 root root  115383508 Aug 21 10:04 lastlog
-rw-------  1 root root    9560095 Jul 28 04:02 maillog.4
-rw-------  1 root root    9557915 Aug 18 04:02 maillog.1
-rw-------  1 root root    8423447 Aug 11 04:02 maillog.2
-rw-------  1 root root    7380013 Aug  4 04:02 maillog.3
-rw-------  1 root root    4464058 Aug 21 10:28 maillog
-rw-------  1 root root    1413012 Aug 11 04:00 messages.2
-rw-------  1 root root    1403975 Aug 18 04:00 messages.1
-rw-------  1 root root    1402187 Aug  4 03:58 messages.3
-rw-------  1 root root    1388015 Jul 28 04:00 messages.4
```

使用-a 选项，将列出包括隐藏文件或目录在内的所有文件和目录，包括"."（当前目录）和".."（父目录）：

```
$ ls -a
.  ..  .bash_history  .bash_logout  .bash_profile  .bashrc
```

使用-A 选项，将列出包括隐藏文件或目录（不包含"."和".."）在内的所有文件和目录：

```
$ ls -A
.bash_history  .bash_logout  .bash_profile  .bashrc
```

使用-i 选项，将显示文件或目录的 inode 编号，有时在系统维护操作时，你可能想知道文件的 inode 编号：

```
$ ls -i /etc/
1279950 a2ps.cfg                    1278405 man.config
1280419 a2ps-site.cfg                1343677 maven
1279260 acpi                         1311078 mc
1278826 adjtime                      1278112 mgetty+sendfax
```

🔔 注意：在 find 命令中，你可以使用 inode 编号移除文件名中含有特殊字符的文件。

使用-n 选项，其输出的内容类似于-l 选项，指示显示 uid 和 gid，替代显示所有者和用户组：

```
$ ls -n
total 51964
-rw-r-----  1 0 0      21630 Aug 19 00:01 acpid
-rw-------  1 0 0     381429 Oct  7  2012 anaconda.log
-rw-------  1 0 0      24902 Oct  7  2012 anaconda.syslog
drwxr-x---  2 0 0       4096 Aug 18 22:26 audit
-rw-------  1 0 0          0 Aug 18 04:02 boot.log
-rw-------  1 0 0          0 Aug 11 04:02 boot.log.1
-rw-------  1 0 0          0 Aug  4 04:02 boot.log.2
-rw-------  1 0 0          0 Jul 28 04:02 boot.log.3
-rw-------  1 0 0          0 Jul 21 04:02 boot.log.4
```

3.1.2 cat 命令实例：连接显示文件内容

cat 命令也是 Linux 系统中最常使用的命令之一。cat 命令让我们可以查看文件的内容、连接文件、创建一个或多个文件和重定向输出到终端或文件。

cat 命令的语法如下所示：

```
$ cat [OPTION] [FILE]…
```

使用 cat 命令查看文件/etc/group 的内容：

```
$ cat /etc/group
root:x:0:root
bin:x:1:root,bin,daemon
```

显示多个文件的内容：

```
$ cat /etc/redhat-release /etc/issue
Scientific Linux SL release 5.5 (Boron)
Scientific Linux SL release 5.5 (Boron)
Kernel \r on an \m
```

使用-n 选项，可以显示文件内容的行号：

```
$ cat -n /etc/fstab
    1  LABEL=/              /              ext3    defaults    1 1
    2  LABEL=/local         /local         ext3    defaults    1 2
    3  tmpfs                /dev/shm       tmpfs   defaults    0 0
```

```
    4 devpts              /dev/pts            devpts   gid=5,mode=620  0 0
    5 sysfs               /sys                sysfs    defaults        0 0
    6 proc                /proc               proc     defaults        0 0
    7 LABEL=SWAP-hda2     swap                swap     defaults        0 0
```

-b 选项和-n 选项类似，但只标识非空白行的行号。

使用-e 选项，将在每一行的结尾显示"$"字符。这个选项在需要将多行内容转换成一行时是很有用的。

```
$ cat -e /etc/fstab
LABEL=/              /                  ext3     defaults        1 1$
LABEL=/local         /local             ext3     defaults        1 2$
tmpfs                /dev/shm           tmpfs    defaults        0 0$
devpts               /dev/pts           devpts   gid=5,mode=620  0 0$
sysfs                /sys               sysfs    defaults        0 0$
proc                 /proc              proc     defaults        0 0$
LABEL=SWAP-hda2      swap               swap     defaults        0 0$
```

当你只输入 cat 命令，而没有任何参数时，它只是接收标准输入的内容并在标准输出中显示（关于标准输入输出的内容，将在 11.1 节中介绍）。所以在你输入一行内容并回车后，会在接下来的一行显示相同的内容。你也可以重定向（重定向的内容将在第 11 章做详细介绍）标准输出到一个新文件，类似如下所示：

```
$ cat >test
```

这时会等待用户的输入，输入需要的内容后，按 Ctrl+D 组合键退出。输入的内容将会写入到文件 test 中。

```
$ cat >test
hello everyone!

$ cat test
hello everyone!
```

使用 cat 命令并利用重定向，还可以连接多个文件的内容到一个新文件，如下所示：

```
$ cat test
hello everyone!

$ cat test1
hello world!

$ cat test test1 > test2

$ cat test2
hello everyone!
hello world!
```

注意：Linux 下还有一个 tac 命令，从命令的名字你可能已经想到，tac 命令与 cat 命令相反，它将以倒序的形式（先显示文件的最后一行）显示文件的内容。

3.1.3　less、more 命令实例：分屏显示文件

more 命令在你使用小的 xterm 窗口时，或是想不使用文本编辑器而只是简单地阅读一

个文件时是很有用的。more 命令是一个用于一次翻阅一整屏文件的过滤器。

使用 more 命令查看一个文件：

```
$ more /etc/inittab
```

它会自动地清空屏幕并显示文件的开始部分：

```
#
# inittab       This file describes how the INIT process should set up
#               the system in a certain run-level.
#
# Author:       Miquel van Smoorenburg, <miquels@drinkel.nl.mugnet.org>
#               Modified for RHS Linux by Marc Ewing and Donnie Barnes
#

# Default runlevel. The runlevels used by RHS are:
#   0 - halt (Do NOT set initdefault to this)
#   1 - Single user mode
#   2 - Multiuser, without NFS (The same as 3, if you do not have networking)
#   3 - Full multiuser mode
#   4 - unused
#   5 - X11
#   6 - reboot (Do NOT set initdefault to this)
#
```

如果你按空格键，more 会将文件向下移动一个你当前终端窗口的高度，来为你显示下一页的内容。

使用-num（num 是一个整数）选项，可以指定一次显示的行数：

```
$ more -5 /etc/inittab
#
# inittab       This file describes how the INIT process should set up
#               the system in a certain run-level.
#
# Author:       Miquel van Smoorenburg, <miquels@drinkel.nl.mugnet.org>
--More--(11%)
```

你也可以通过管道流将 cat 命令显示的内容输出到 more 命令。比如，有时你想输出一个文件的全部内容，但要慢慢地查看它：

```
$ cat README | more
```

与 more 命令相比，我个人更喜欢使用 less 命令查看文件。less 命令与 more 命令类似，但 less 命令向前和向后翻页都支持，而且 less 命令不需要在查看前加载整个文件，即 less 命令查看文件更快速。当你尝试使用 Vim 编辑器和 less 打开同一个大的 log 文件，你会发现速度是不同的。

使用 less 命令查看一个文件：

```
$ less /etc/fstab
LABEL=/                 /                       ext3    defaults        1 1
LABEL=/local            /local                  ext3    defaults        1 2
tmpfs                   /dev/shm                tmpfs   defaults        0 0
devpts                  /dev/pts                devpts  gid=5,mode=620  0 0
sysfs                   /sys                    sysfs   defaults        0 0
proc                    /proc                   proc    defaults        0 0
LABEL=SWAP-hda2         swap                    swap    defaults        0 0
/etc/fstab (END)
```

当你用less命令打开了一个文件后,你可以使用搜索功能,搜索指定的关键字。默认情况下,所有匹配的关键字将会自动地高亮显示。

向前搜索:
- /——在less命令打开的文件中,输入字符"/"后跟要搜索的关键字,然后输入回车,显示内容的第一行将自动跳转到关键字第一次出现的位置,并高亮显示所有搜索到的关键字。
- n——输入字母"n",显示内容的第一行将向前跳转到下一个匹配。
- N——输入字母"N",显示内容的第一行将向回跳转到前一个匹配。

向后搜索:
- ?——与字符"/"的功能相反,在问号"?"后输入要搜索的关键字,然后输入回车,将向回搜索关键字。
- n——向回搜索下一个匹配。
- N——向前搜索下一个匹配。

在使用less命令浏览较大的文件时,可以使用如下屏幕导航命令:
- Ctrl+F——向前翻一个窗口的内容。
- Ctrl+B——向回翻一个窗口的内容。
- Ctrl+D——向前翻半个窗口的内容。
- Ctrl+U——向回翻半个窗口的内容。
- G——跳转到文件的末尾。
- G——跳转到文件的开头。
- q or ZZ——退出less。

你可以使用less命令打开多个文件:

```
$ less file1
```

当你查看文件file1时,使用":e"可以打开第二个文件file2:

```
$ less file1
#some lines
```

这时你输入":e",内容将变为:

```
#some lines
Examine:
```

然后你输入文件名file2:

```
#some lines
Examine: file2
```

然后输入回车:

```
#this is file2
#some lines
file2 (file 2 of 2)  (END)
```

当你使用less命令打开了两个以上文件时,可以使用如下的关键字切换文件。
- :n: 跳转到下一个文件。
- :p: 跳转到前一个文件。

less 命令允许你在文件的特定位置做一个标记，当需要时，可以使用这个标记再次返回到标记的位置。

- m：后跟任意小写字母，使用这个字母标记当前位置。
- '（单引号）：后跟任意小写字母，返回到这个小写字母标记的位置。

使用 less 查看一个文件，并输入"m"，将在窗口底部看到类似如下内容：

```
#some lines
mark:
```

此时输入一个小写字母将在当前位置做一个标记，当想再次回到此标记位置时，输入单引号字符"'"，将在窗口底部看到类似如下内容：

```
#some lines
goto mark:
```

此时输入我们刚才用做标记的字母，窗口的内容将跳转到我们之前标记的位置。

一旦你已经使用 less 命令打开了一个文件，在此之后添加到此文件的内容将不会自动显示出来。然而，你可以在 less 中输入大写字母"F"显示新写入的内容。输入大写字母"F"，在窗口的底部会显示类似如下内容：

```
#some lines
Waiting for data... (interrupt to abort)
```

3.1.4 head 命令实例：显示文件头部

head 命令用于打印指定输入的开头部分内容。默认情况下，打印每个指定输入的前 10 行内容。

使用-n 选项可以指定打印文件的前 N 行，如下所示：

```
$ head -n 5 /etc/inittab
#
# inittab       This file describes how the INIT process should set up
#               the system in a certain run-level.
#
# Author:       Miquel van Smoorenburg, miquels@drinkel.nl.mugnet.org
```

你也可以不使用-n 选项，而只是简单地在连字符"-"后跟一个正整数来指定要打印的行数，类似如下所示：

```
$ head -5 /etc/inittab
#
# inittab       This file describes how the INIT process should set up
#               the system in a certain run-level.
#
# Author:       Miquel van Smoorenburg, <miquels@drinkel.nl.mugnet.org>
```

使用-n 选项时，如果在正整数参数 N 前加一个连字符"-"，将打印输出除最后 N 行以外的所有行。类似如下所示：

```
$ cat -n /proc/meminfo
     1  MemTotal:       3850316 kB
     2  MemFree:        2874464 kB
     3  Buffers:         180964 kB
```

```
  4 Cached:           674652 kB
  5 SwapCached:            0 kB
  6 Active:           233200 kB
  7 Inactive:         652108 kB
  8 HighTotal:       2973316 kB
  9 HighFree:        2256976 kB
 10 LowTotal:         877000 kB
 11 LowFree:          617488 kB
 12 SwapTotal:       4192956 kB
 13 SwapFree:        4192956 kB
 14 Dirty:               292 kB
 15 Writeback:             0 kB
 16 AnonPages:         29684 kB
 17 Mapped:            19136 kB
 18 Slab:              75016 kB
 19 PageTables:         3132 kB
 20 NFS_Unstable:          0 kB
 21 Bounce:                0 kB
 22 CommitLimit:     6118112 kB
 23 Committed_AS:     339852 kB
 24 VmallocTotal:     116728 kB
 25 VmallocUsed:       11856 kB
 26 VmallocChunk:     100612 kB
 27 HugePages_Total:       0
 28 HugePages_Free:        0
 29 HugePages_Rsvd:        0
 30 Hugepagesize:       2048 kB
$ head -n -20 /proc/meminfo
MemTotal:        3850316 kB
MemFree:         2874340 kB
Buffers:          180968 kB
Cached:           674652 kB
SwapCached:            0 kB
Active:           233204 kB
Inactive:         652108 kB
HighTotal:       2973316 kB
HighFree:        2256852 kB
LowTotal:         877000 kB
```

你也可以使用-c 选项打印文件的前 N 个字节的数据，类似如下所示：

```
$ head -c 10 /etc/inittab
#
# initta$
```

> 注意：-c 选项和选项-n 类似，在正整数 N 前加上连字符"-"，将打印除最后 N 字节以外的全部字节。

3.1.5 tail 命令实例：显示文件尾部

tail 命令与 head 命令相反，它打印指定输入的结尾部分的内容。默认情况下，它打印指定输入的最后 10 行内容。

使用-n 选项可以指定打印文件的最后 N 行，如下所示：

```
$ tail -n 10 /etc/inittab
# Run gettys in standard runlevels
1:2345:respawn:/sbin/mingetty tty1
```

```
2:2345:respawn:/sbin/mingetty tty2
3:2345:respawn:/sbin/mingetty tty3
4:2345:respawn:/sbin/mingetty tty4
5:2345:respawn:/sbin/mingetty tty5
6:2345:respawn:/sbin/mingetty tty6

# Run xdm in runlevel 5
x:5:respawn:/etc/X11/prefdm -nodaemon
```

使用-f 选项可以即时打印文件中新写入的行。此命令类似如下所示：

```
$ tail -f /var/log/messages
```

注意：使用这个选项对于监控日志文件是非常有用的。

--pid 选项和-f 选项同时使用，可以在特定的进程结束时终结 tail 命令，命令类似如下所示：

```
$ tail -f /tmp/debug.log --pid= 24184
```

有时，你有意想使用 tail 命令打开一个稍后才会创建或即使不可用的文件。这时，你可以使用--retry 选项持续尝试打开这个文件。此命令类似如下所示：

```
$ tail -f /tmp/debug.log --retry
tail: warning: --retry is useful only when following by name
tail: cannot open '/tmp/debug.log' for reading: No such file or directory
```

如果不加--retry 选项，输出将类似如下所示：

```
$ tail -f /tmp/debug.log
tail: cannot open '/tmp/debug.log' for reading: No such file or directory
tail: no files remaining
$
```

3.1.6 file 命令实例：查看文件类型

file 命令用于接收一个文件作为参数并执行某些测试，以确定正确的文件类型。

下面这个例子是使用 file 命令确定一个文件类型的基本方法：

```
$ file /etc/inittab
/etc/inittab: ASCII English text

$ file /etc/init.d/network
/etc/init.d/network: Bourne-Again shell script text executable

$ file /usr/bin/file
/usr/bin/file: ELF 32-bit LSB executable, Intel 80386, version 1 (SYSV),
for GNU/Linux 2.6.9, dynamically linked (uses shared libs), for GNU/Linux
2.6.9, stripped

$ file /etc
/etc: directory
```

使用-i 选项，可以 MIME 类型的格式显示文件类型的信息：

```
$ file -i /etc/inittab
/etc/inittab: text/plain; charset=us-ascii
```

```
$ file -i /etc/init.d/network
/etc/init.d/network: application/x-shellscript

$ file -i /usr/bin/file
/usr/bin/file: application/x-executable, for GNU/Linux 2.6.9, dynamically
linked (uses shared libs), for GNU/Linux 2.6.9, stripped

$ file -i /etc
/etc: application/x-not-regular-file
```

使用-N 选项,输出的队列可以以在文件名之后无空白填充的形式显示,其格式对比如下:

```
$ file -N *
a2ps.cfg: ASCII English text
a2ps-site.cfg: ASCII English text
acpi: directory
adjtime: ASCII text
aliases: ASCII English text
aliases.db: writable, regular file, no read permission
aliases.ORIG: ASCII English text
alsa: directory
alternatives: directory
anacrontab: ASCII text
ant.conf: ASCII text
ant.d: directory
anthy-conf: ASCII text
asound.state: ASCII text, with very long lines
at.deny: writable, regular file, no read permission
audisp: directory
audit: directory
auto.agl: ASCII text
autofs_ldap_auth.conf: writable, regular file, no read permission

$ file *
a2ps.cfg:                          ASCII English text
a2ps-site.cfg:                     ASCII English text
acpi:                              directory
adjtime:                           ASCII text
aliases:                           ASCII English text
aliases.db:                        writable,regular file,
no read permission
aliases.ORIG:                      ASCII English text
alsa:                              directory
alternatives:                      directory
anacrontab:                        ASCII text
ant.conf:                          ASCII text
ant.d:                             directory
anthy-conf:                        ASCII text
asound.state:                      ASCII text, with very
long lines
at.deny:                           writable, regular file,
no read permission
audisp:                            directory
audit:                             directory
auto.agl:                          ASCII text
autofs_ldap_auth.conf:                    writable, regular
file, no read permission
```

3.1.7 wc 命令实例：查看文件统计信息

wc 命令用于查看文件的行数、单词数和字符数等信息。其语法类似如下所示：

```
$ wc filename
 X Y Z /etc/inittab
```

X：表示行数。
Y：表示单词数。
Z：表示字节数。
filename：表示文件名。

```
$ wc /etc/inittab
 53 229 1666 /etc/inittab
```

上述输出表示/etc/inittab 文件中，有 53 行、229 个单词和 1666 个字节。

使用-l 选项，可以只统计文件的行数信息，如下所示：

```
$ wc -l /etc/inittab
53 /etc/inittab
```

使用-w 选项，可以只统计文件的单词数信息，如下所示：

```
$ wc -w /etc/inittab
229 /etc/inittab
```

使用-c 选项，可以只统计文件的字节数信息，如下所示：

```
$ wc -c /etc/inittab
1666 /etc/inittab
```

使用-L 选项，可以统计文件中最长的行的长度，如下所示：

```
$ wc -L /etc/inittab
77 /etc/inittab
```

3.1.8 find 命令实例：查找文件或目录

find 命令是 Linux 系统中最重要也是最常用的命令之一。find 命令用于根据你指定的参数搜索和定位文件和目录的列表。find 命令可以在多种情况下使用，比如你可以通过权限、用户、用户组、文件类型、日期、大小和其他可能的条件来查找文件。

简单地使用 find 命令查找指定目录下的某个文件的方法如下所示：

```
# find /etc -name inittab
/etc/inittab
```

注意：此处的命令行提示符是"#"号，表示当前用户账号是 root。

在当前目录下，查找名称为 inittab 的文件：

```
# find . -name inittab
./inittab
```

找出当前目录下，文件名不区分大小写是 example 的所有文件：

```
$ find . -iname example
./example
./Example
```

找出当前目录下，目录名是 tmp 的目录：

```
$ find . -type d -name tmp
./tmp
```

找出当前目录下所有 php 文件：

```
$ find . -type f -name "*.sh"
./login.php
./index.php
```

找出当前目录下，文件权限是 777 的所有文件：

```
$ find . -type f -perm 0777
```

找出当前目录下，文件权限不是 777 的所有文件：

```
$ find . -type f ! -perm 777
```

找出/etc/目录下所有只读文件：

```
# find . -type f ! -perm /a+w
```

找出你账号的主目录下的所有可执行文件：

```
$ find ~ -type f -perm /a+x
```

找出/tmp 目录下的.log 文件并将其删除：

```
$ find /tmp/ -type f -name "*.log" -exec rm -f {} \;
```

找出当前目录下的所有空文件：

```
$ find . -type f -empty
```

找出当前目录下的所有空目录：

```
$ find . -type d -empty
```

找出/tmp 目录下的所有隐藏文件：

```
$ find /tmp/ -type f -name ".*"
```

找出/tmp 目录下，所有者是 root 的文件和目录：

```
$ find /tmp/ -user root
```

找出/tmp 目录下，用户组是 developer 的文件和目录：

```
$ find /tmp/ -group developer
```

找出你账号的主目录下，3 天前修改的文件：

```
$ find ~ -type f -mtime 3
```

找出你账号的主目录下，30 天以前修改的所有文件：

```
$ find ~ -type f -mtime +30
```
找出你账号的主目录下，3 天以内修改的所有文件：
```
$ find ~ -type f -mtime -3
```
找出你账号的主目录下，30 天以前 60 天以内修改的所有文件：
```
$ find ~ -type f -mtime +30 -mtime -60
```
找出/etc 目录下，一小时以内变更过的文件：
```
# find /etc -type f -cmin -60
```
找出/etc 目录下，一小时以内访问过的文件：
```
# find /etc -type f -amin -60
```
找出你账号的主目录下，大小是 50MB 的所有文件：
```
$ find ~ -type f -size 50MB
```
找出你账号的主目录下，大于 50MB 小于 100MB 的所有文件：
```
$ find ~ -type f -size +50MB -size -100MB
```
找出你账号的主目录下，大于 100MB 的文件并将其删除：
```
$ find ~ -type f -size +100MB -exec rm -rf {} \;
```

3.2 操作文件和目录

3.2.1 touch 命令实例：创建文件

在 Linux 中，每个文件都关联一个时间戳，并且每个文件都会存储最近一次访问的时间、最近一次修改的时间和最近一次变更的时间等信息。所以，无论何时我们创建一个新文件，访问或修改一个已存在的文件，文件的时间戳都会自动地更新。

touch 命令就可用于创建、变更和修改文件的时间戳。它是 Linux 操作系统的标准程序。touch 命令有如下选项。

- -a：只改变访问时间。
- -c：不创建任何文件。
- -m：只改变修改时间。
- -r：使用指定文件的时间替代当前时间。
- -t：使用 [[CC]YY]MMDDhhmm[.ss] 替代当前时间。

使用 touch 命令创建一个名称是 effyl 的新的空文件（0 字节）：
```
$ touch effyl
```
使用 touch 命令，你同样可以创建多个文件。例如，如下命令将创建名称分别为 sheffyl、myeffyl 和 lueffyl 的三个文件：
```
$ touch sheffyl myeffyl lueffyl
```

使用-a 选项，可以改变或更新文件的最新访问时间。如下命令更新文件的访问时间，如果文件 effyl 不存在，它将创建一个以 effyl 命名的新的空文件：

```
$ touch -a effyl
```

使用-c 选项，可以避免创建一个新文件，并用当前时间更新文件的时间戳：

```
$ touch -c effyl
```

使用-m 选项，可以只改变文件的修改时间，而访问时间不变：

```
$ touch -m effyl
```

你可以同时使用-c 和-t 选项，来明确设置文件的时间，命令格式如下所示：

```
$ touch -c -t YYMMDDHHMM filename
```

例如，我们将文件 effyl 的修改时间和访问时间设置为 12 年 12 月 13 日 10 点 30 分：

```
$ touch -c -t 1212131030 effyl
```

如果想使用文件 myeffyl 的时间戳更新文件 effyl 的时间戳，那么可以使用-r 选项：

```
$ touch -r myeffyl effyl
```

3.2.2 mkdir 命令实例：创建目录

mkdir 命令用于创建一个新目录。最基本的 mkdir 命令的使用方法如下所示：

```
$ mkdir <dirname>
```

上述命令将用给定的目录名在当前目录下创建一个目录。

你并不一定要在一个目录下来创建这个目录的新目录。你可以使用相对或绝对路径来创建它们。我们假设你在你账号的主目录，并且刚创建了一个目录 backup（/home/yantaol/backup）。现在你想在 backup 中创建一个名为 old 的目录，那么你既可以使用相对路径，类似如下所示：

```
$ mkdir backup/old
```

也可以使用绝对路径，类似如下所示：

```
$ mkdir /home/yantaol/backup/old
```

使用-p 选项，mkdir 命令会自动创建所有还不存在的父目录，比如我想在我账号的主目录的 backup 目录下创建一个 old 目录，但是 backup 目录还不存在，就可以使用如下命令来创建 old 目录：

```
$ mkdir -p backup/old
```

或

```
$ mkdir -p /home/yantaol/backup/old
```

上述命令会自动创建目录 backup。如果在上述情况中，不使用-p 选项，将会出现类似如下错误：

```
$ mkdir backup/old
mkdir: cannot create directory 'backup/old': No such file or directory
```

> 注意：当你需要递归地创建目录时，使用-p 选项将是一个很简便的方法。

使用-p 选项，同样可以在要创建的目录已经存在的情况下，阻止错误的发生。比如，你要创建目录 backup，但这个目录已经存在，系统将会显示类似如下错误信息：

```
$ mkdir backup
mkdir: cannot create directory 'backup': File exists
```

但如果你使用-p 选项，将阻止错误信息的输出，类似如下所示：

```
$ mkdir -p backup
$
```

使用-m 选项，你可以设置你将要创建的目录的权限。例如，你想创建一个任何人都有读写访问权限的目录：

```
$ mkdir -p -m 777 backup/old
```

或

```
$ mkdir -p -m a=rwx backup/old
```

3.2.3 cp 命令实例：复制文件或目录

在 Linux 下，我们可以使用 cp 命令复制文件和目录。cp 命令用于将文件从一个地方复制到另一个地方。原来的文件保持不变，新文件可能保持原名或用一个不同的名字。

使用 cp 命令复制文件和目录的语法有以下几种：

```
$ cp [OPTION] SOURCE DEST                  #复制源文件到目标文件
$ cp [OPTION] SOURCE... DIRECTORY          #复制一个或多个源文件到一个目录
$ cp [OPTION] -t DIRECTORY SOURCE... #同上
```

例如，在当前目录下，创建一个文件 file.txt 的副本，取名为 newfile.txt。如下所示：

```
$ cp file.txt newfile.txt
```

复制当前目录下的文件 file.txt 到/tmp 目录下：

```
$ cp file.txt /tmp/
```

复制当前目录下的所有文件到/tmp 目录：

```
$ cp * /tmp
```

使用-p 选项，可以使复制一个文件到新文件时，保留源文件的所有者、用户组、权限、修改和访问时间，以及一些扩展属性等信息：

```
$ cp -p filename /path/to/new/location/myfile
```

使用-R 或-r 选项，可以递归地复制一个目录，即将一个目录及其下的所有文件和子目录都复制到另一个目录：

```
$ cp -R * /home/yantaol/backup
```

还有比较常用的归档模式复制：

```
$ cp -a * /home/yantaol/backup
```

- -a：存档模式。相当于-dpR。
- -d：保留软链接。
- -p：保留权限、所有权和时间戳等信息。
- -R：递归地复制目录。

3.2.4　ln 命令实例：链接文件或目录

ln 命令用于创建软链接或硬链接。我们在 3.1.1 小节介绍 ls 命令时，讲述了 ls-l 命令列出的每一条目的第一个字符指示文件类型，当一个字符是"l"（小写的 L）时，即表示它是一个软链接。

- 软链接又称符号链接，是一类特殊的文件，这个文件包含了另一个文件或目录的路径名（绝对路径或相对路径）。在对符号文件进程读或写操作时，系统会自动把该操作转换为对源文件或目录的操作，但输出链接文件时，系统仅仅删除链接文件，而不删除源文件或目录本身。软链接可以链接不同文件系统的文件。
- 硬链接可以理解为一个文件的一个或多个文件名。它引用的是文件在文件系统中的物理索引（也称为 inode）。当你移动或删除原始文件时，硬链接不会被破坏，因为它所引用的是文件的物理数据而不是文件在文件结构中的位置。硬链接的文件不需要用户有访问原始文件的权限，也不会显示原始文件的位置，这样有助于文件的安全。如果你删除的文件有相应的硬链接，那么这个文件依然会被保留，直到所有对它的引用都被删除，即硬链接数为 0。硬链接只能链接同一文件系统中的文件。

使用-s 选项，可以创建一个软链接：

```
$ ln /full/path/of/original/file /full/path/of/symbolic/link/file
```

ln 命令不使用任何选项，默认将创建一个硬链接：

```
$ ln -s /full/path/of/original/file /full/path/of/hard/link/file
```

在目录/home/yantaol/lib 下创建一个软链接 library.so，链接到/home/yantaol/src/library.so：

```
$ ln -s /home/yantaol/src/library.so /home/yantaol/lib

$ ls -l /home/yantaol/lib/ library.so
lrwxrwxrwx 1 yantaol yantaol 29 Sep  4 19:27 /home/yantaol/lib/library.so
-> /home/yantaobl/src/library.so
```

创建目录的软链接和创建文件的软链接类似：

```
$ mkdir /home/yantaol/src

$ cd /tmp
```

```
$ ln -s /home/yantaol/src source

$ ls -l source
lrwxrwxrwx 1 yantaol yantaol 18 Sep  4 19:38 source -> /home/yantaol/src
```

在当前目录下,创建文件 src_original.txt 的硬链接,名称为 dst_link.txt。两个文件的 inode 编码应该相同:

```
$ ln src_original.txt dst_link.txt

$ ls -i src_original.txt
1638423 src_original.txt

$ ls -i dst_link.txt
1638423 dst_link.txt
```

注意:Linux 不允许给目录创建硬链接。

当你创建一个软链接时,如果已经存在一个与此软链接同名的文件,那么你可以使用 --backup 选项,让 ln 命令在创建这个新链接之前,先备份已经存在的同名文件:

```
$ ln -s source.txt dst.txt
ln: creating symbolic link 'dst.txt' to 'source.txt': File exists

$ ln --backup -s source.txt dst.txt

$ ls -l dst.txt*
lrwxrwxrwx 1 yantaobl cc_rdr_tdd_03 10 Sep  4 19:48 dst.txt -> source.txt
-rw-r--r-- 1 yantaobl cc_rdr_tdd_03  0 Sep  4 19:48 dst.txt~
```

注意:如果你不想备份而是覆盖已经存在的文件,则使用 -f 选项。

3.2.5　mv 命令实例:重命名文件或目录

mv 命令用于将文件和目录从一个位置移到另外一个位置。除了移动文件,mv 命令还可用于修改文件或目录的名字。

mv 命令的基本语法如下所示:

```
$ mv SOURCE... DIRECTORY
```

比如,将当前目录下的文件 source.txt 移到目录 /tmp 下:

```
$ mv source.txt /tmp
```

或将目录 dir1、dir2 移到目录 dir_dist 下:

```
$ mv dir1 dir2 dir_dist
```

使用 mv 命令将当前目录下的文件 old.txt 更名为 new.txt:

```
$ mv old.txt new.txt
```

或者将目录 oldDir 更名为 newDir:

```
$ mv oldDir newDir
```

默认情况下，如果目标文件或目录已存在，mv 命令并不会提示你任何信息，而是直接将其重写覆盖。为了避免这个问题，可以使用-i 选项，让 mv 命令在重写覆盖目标文件或目录之前给出提示信息。这样你可以通过输入字符"y"或"n"来接受或拒绝此操作。

比如我准备将文件 old.txt 更名为 new.txt，但是文件 new.txt 已经存在，在使用-i 选项时将看到类似如下结果：

```
$ mv -i old.txt new.txt
mv: overwrite 'new.txt'?
```

使用 mv 命令，也可以同时移动多个文件或目录。比如，我想将当前目录下的所有文件移到目录/tmp 下：

```
$ mv * /tmp/
```

然而，如果想只从源目录中移动那些在目标目录中不存在的文件到目标目录，可以使用-u 选项。下面的实例，就是只将目录 dir1 中的文件 file2 和 file3 移到目录 dir2，因为文件 file1 已经存在于目录 dir2 中了：

```
$ ls dir1/
file1  file2  file3

$ ls dir2/
file1

$ mv -u dir1/* dir2/

$ ls dir1/
file1

$ ls dir2/
file1  file2  file3
```

3.2.6 rm 命令实例：删除文件或目录

rm 命令用于删除指定的文件和目录。其语法如下所示：

```
$ rm [OPTIONS]… FILE…
```

在下面这个实例中，我们使用 rm 命令删除文件 file1.txt、file2.txt 和 file3.txt，假设这 3 个文件都在当前目录下：

```
$ rm file1.txt file2.txt file3.txt
```

注意：接下来的这些实例，在执行后可能会导致你的系统崩溃或数据丢失，所以请谨慎运行这些实例，并清楚你在做什么。

星号"*"可以表示所有文件名，所以使用星号"*"可以删除所有文件。比如，删除当前目录下的所有文件：

```
$ rm *
```

删除你当前账号主目录下的 temp 目录中的所有文件：

```
$ rm ~/temp/*
```

使用-i 选项,可以让 rm 命令在删除每一个文件和目录前提示用户确认:

```
$ rm -i *
```

删除当前目录下所有以".doc"为后缀的文件:

```
$ rm *.doc
```

删除当前目录下所有文件名中包含"movie"字符串的文件:

```
$ rm *movie*
```

删除当前目录下所有以小写字母"a"开头的文件:

```
$ rm a*
```

问号"?"用于匹配一个字符,比如,"???"可以表示任何只含有 3 个字符的文件名。下面的例子,就是用于删除当前目录下整个文件名(包括扩展名)只有 3 个字符的所有文件:

```
$ rm ???
```

删除当前目录下文件扩展名有两个字符的所有文件:

```
$ rm *.??
```

方括号"[]"可以用于匹配括号内的任意一个字符。例如,如下语句将使用 rm 命令删除当前目录下文件名中含有字母 a,或字母 b,或字母 c 的所有文件:

```
$ rm * [abc] *
```

删除当前目录下文件名中包含数字 0~9 的所有文件。即,文件名中至少有一个数字的文件:

```
$ rm * [0-9]*
```

删除当前目录下文件扩展名是字母 c 或 h 的所有文件:

```
$ rm *.[ch]
```

删除/tmp 目录下的所有文件及其子目录:

```
$ rm -rf /tmp/*
```

- -f:删除前不提示用户确认,并忽略不存在的文件。
- -r(或 -R):递归地删除目录及其下的内容。

3.3 管理文件或目录权限

3.3.1 ls -l:显示文件和目录权限

在 3.1.1 小节中,我们学习了 ls -l 命令的输出,已经知道了它的输出结果中第一列的第一个字符表示文件的类型（目录、文件或链接），从第 2~10 这 9 个字符即指示文件的 3 种用户类型的权限。

```
-rwxr-xr-x  1 yantaol yantaol        759 Jun  4 09:53 test.sh
```

如上例所示，每个文件或目录都有 3 个用户权限组。

- 所有者权限（第一组的 3 个字符 rwxr-xr-x）：只应用于文件或目录的所有者，它们将不影响其他用户的行为。
- 用户组权限（第二组的 3 个字符 rwxr-xr-x）：只应用于已经指定给文件或目录的组，它们将同样不影响其他用户的行为。
- 其他用户权限（第三组的 3 个字符 -rwxr-xr-x）：只应用于系统中的所有其他用户。

每个文件或目录还有三个基本的权限类型：

- r：读权限。指用户的读文件内容或列出目录内容的权限。
- w：写权限。指用户的写或修改文件或目录的权限。
- x：执行权限。指用户执行文件或进入目录的权限。

我们来看一个例子：

```
$ ls -dl /etc
drwxr-xr-x 121 root root 20480 Sep 10 08:35 /etc
```

目录 /etc 的权限是 rwxr-xr-x。该目录的所有者是 root，用户组也同样是 root。所有者权限是 rwx，这些权限允许用户 root 对该目录的读、写和执行访问。

用户组权限是 r-x。这里没有给写权限，所以用户组 root 的成员只能查看和列出目录中的内容。他们不能在该目录中创建文件或子目录，同样不能删除任何文件或对目录内容做改动。

其他用户权限同样是 r-x。其他用户也只能查看和列出目录中的内容。

我们假设如果你看到一个目录的权限是 drw-r--r--，那么该目录的所有者可以列出和修改该目录的内容，但是不能进入到这个目录，因为没有执行权限。需要进入目录并列出目录中的内容必须有读和执行（r-x）的权限。用户组的成员和其他用户也会有同样的问题，他们可以列出目录的内容，但是不能进入目录，因为没有执行（x）的权限。

我们再来看几个权限的例子。

- -r--r--r--：这个表示所有者、用户组成员和其他用户对文件都只有读权限。
- -rw-rw-rw：这个表示所有者、用户组成员和其他用户对文件有读和写的权限。
- -rwxrwxrwx：这个表示所有者、用户组成员和其他用户有所有权限，他们全部可以读、写和执行此文件。

3.3.2 chmod 命令实例：修改权限

chmod 命令用于修改文件或目录的权限。chmod 命令根据相应的模式修改每个给定文件的权限。这里的模式有两种：一种是符号表达式模式，另一种是八进制位模式。

使用符号表达式模式的格式如下所示：

```
$ chmod [OPTION]…[ugoa][[+-=][rwxug]][,…] FILE…
```

字母"ugoa"的组合控制哪些用户对文件的访问权限将被改变。
- u：指文件或目录的所有者。
- g：指文件或目录的用户组的成员。
- o：指不在文件或目录的用户组中的其他用户。
- a：指所有用户，即（ugo）。

> 注意：如果使用 chmod 命令的符号表达式模式时，不给出"ugoa"的组合，则得到的结果和使用"a"相同。

操作符"+-="表示权限的授予或撤销。
- +：选定的权限将被添加。
- -：选定的权限将被移除。
- =：文件只拥有选定的权限。

下面我们来看几个使用符号表达式模式的 chmod 命令实例：

移除用户组成员的写权限：

```
$ ls -l example.sh
-rwxrwxr-- 1 yantaol yantaol 0 Sep 10 18:40 example.sh

$ chmod g-w example.sh

$ ls -l example.sh
-rwxr-xr-- 1 yantaol yantaol 0 Sep 10 18:40 example.sh
```

赋予其他用户执行文件的权限：

```
$ chmod o+x example.sh

$ ls -l example.sh
-rwxr-xr-x 1 yantaol yantaol 0 Sep 10 18:40 example.sh
```

只给文件的所有者写权限：

```
$ chmod u=w example.sh

$ ls -l example.sh
--w-r-xr-x 1 yantaol yantaol 0 Sep 10 18:40 example.sh
```

用文件的用户组权限替换文件的所有者权限：

```
$ chmod u=g example.sh

$ ls -l example.sh
-r-xr-xr-x 1 yantaol yantaol 0 Sep 10 18:40 example.sh
```

赋予所有人对文件读、写和执行的权限：

```
$ chmod ugo+rwx example.sh
```

chmod 命令的数字模式是用数字来表示读（4）、写（2）和执行（1）的权限，而每个用户权限组的值就是表示读、写和执行权限的这 3 个数字（4、2、1）组合的相加得到的八进制数（0~7）。各数字所表示的权限如下所示：

4：r（读权限）。

2：w（写权限）。
1：x（执行权限）。
表示 rwx 权限就是 4+2+1=7。
表示 rw-权限就是 4+2+0=6。
表示 r--权限就是 4+0+0=4。
表示 r-x 权限就是 4+0+1=5。
赋予所有人对文件的读、写和执行权限：

```
$ chmod 777 example.sh

$ ls -l example.sh
-rwxrwxrwx 1 yantaol yantaol 0 Sep 10 18:40 example.sh
```

赋予文件的所有者和用户组成员读写权限，其他用户只读权限：

```
$ chmod 664 example.sh

$ ls -l example.sh
-rw-rw-r-- 1 yantaol yantaol 0 Sep 10 18:40 example.sh
```

使用-R 选项，chmod 命令可以递归地修改目录的权限。比如递归地将当前目录及其下的所有文件和子目录的权限修改为 775：

```
$ chmod -R 775
```

然而，如果你只想修改当前目录下的所有子目录的权限，而不修改文件的权限，你可以将 chmod 命令与 find 命令结合使用：

```
$ find . -type d -exec chmod -R 775 {} \;
```

3.3.3　chown、chgrp 命令实例：修改文件所有者和用户组

chown 命令用于修改文件或目录的所有者和用户组信息。其语法如下所示：

```
$ chown [OPTION]... [OWNER][:[GROUP]] FILE
```

比如，我们将文件 example.sh 的所有者修改为 root：

```
# ls -l example.sh
-rw-rw-r-- 1 yantaol yantaol 0 Sep 10 18:40 example.sh

# chown root example.sh

# ls -l example.sh
-rw-rw-r-- 1 root yantaol 0 Sep 10 18:40 example.sh
```

注意：当前的命令行提示符是"#"号，表示当前用户账号是 root。

将文件 example.sh 的用户组也修改为 root：

```
# chown :root example.sh

# ls -l example.sh
-rw-rw-r-- 1 root root 0 Sep 10 18:40 example.sh
```

同时修改文件 example.sh 的所有者和用户组：

```
# chown yantaol:yantaol example.sh

# ls -l example.sh
-rw-rw-r-- 1 yantaol yantaol 0 Sep 10 18:40 example.sh
```

修改软链接文件的所有者和用户组信息，我们看一下会有什么样的结果：

```
# ls -l tmpfile_symlnk
lrwxrwxrwx 1 root root 7 Sep 11 11:33 tmpfile_symlnk -> tmpfile

# ls -l tmpfile
-rw-r--r-- 1 root    root         0 Sep 11 11:33 tmpfile

# chown yantaol:yantaol tmpfile_symlnk

# ls -l tmpfile_symlnk
lrwxrwxrwx 1 root root 7 Sep 11 11:33 tmpfile_symlnk -> tmpfile

# ls -l tmpfile
-rw-r--r-- 1 yantaol yantaol 0 Sep 11 11:33 tmpfile
```

> **注意**：默认情况下，当你使用 chown 命令修改软链接文件时，它实际修改的是软链接所指向的文件。

使用 **-h** 选项，可以强制地修改软链接的所有者和用户组信息，而不是修改软链接所指向的文件的所有者和用户组信息：

```
# ls -l tmpfile_symlnk
lrwxrwxrwx 1 root root 7 Sep 11 11:33 tmpfile_symlnk -> tmpfile

# ls -l tmpfile
-rw-r--r-- 1 yantaol yantaol 0 Sep 11 11:33 tmpfile

# chown -h yantaol:yantaol tmpfile_symlnk

# ls -l tmpfile_symlnk
lrwxrwxrwx 1 yantaol yantaol 7 Sep 11 11:33 tmpfile_symlnk -> tmpfile

# ls -l tmpfile
-rw-r--r-- 1 yantaol yantaol 0 Sep 11 11:33 tmpfile
```

使用 **--from** 选项，可以仅在文件或目录的当前的所有者或用户组匹配所指定的用户或组时，才修改此文件或目录的所有者或用户组：

```
# ls -l tmpfile
-rw-r--r-- 1 yantaol yantaol 0 Sep 11 11:33 tmpfile

# chown --from=guest root:root tmpfile

# ls -l tmpfile
-rw-r--r-- 1 yantaol yantaol 0 Sep 11 11:33 tmpfile

# chown --from= yantaol root:root tmpfile

# ls -l tmpfile
-rw-r--r-- 1 root root 0 Sep 11 11:33 tmpfile

# chown --from=:root yantaol:yantaol tmpfile
```

```
# ls -l tmpfile
-rw-r--r-- 1 yantaol yantaol 0 Sep 11 11:33 tmpfile
```

使用-R 选项，chown 命令可以递归地修改目录下的文件及其子目录的所有者和用户组信息。比如，修改/root 目录下的所有文件和子目录的所有者和用户组信息：

```
# chown -R root:root /root
```

如果使用 chown 命令递归地修改指向某个目录的软链接的所有者和用户组，让我们来看一下会发生什么情况：

```
# ls -l linux_symlnk
lrwxrwxrwx 1 root root 5 Sep 11 14:40 linux_symlnk -> linux

# ls -dl linux
drwxr-xr-x 5 root root 4096 Sep 11 14:40 linux

# ls -l linux_symlnk/
total 12
drwxr-xr-x 2 root root 4096 Sep 11 14:40 lib
drwxr-xr-x 2 root root 4096 Sep 11 14:40 os
drwxr-xr-x 2 root root 4096 Sep 11 14:40 src

# chown -R yantaol:yantaol linux_symlnk

# ls -l linux_symlnk
lrwxrwxrwx 1 yantaol yantaol 5 Sep 11 14:40 linux_symlnk -> linux

# ls -dl linux
drwxr-xr-x 5 root root 4096 Sep 11 14:40 linux

# ls -l linux_symlnk/
total 12
drwxr-xr-x 2 root root 4096 Sep 11 14:40 lib
drwxr-xr-x 2 root root 4096 Sep 11 14:40 os
drwxr-xr-x 2 root root 4096 Sep 11 14:40 src
```

我们看到软链接的所有者和用户组已被修改，但是软链接所指向的目录并没有被修改。这是因为默认情况下，chown 命令不能横越软链接。如果想递归地修改软链接所指向的目录的所有者或用户组，需要使用-H 选项：

```
# chown -R -H yantaol:yantaol linux_symlnk
```

chgrp 命令与 chown 命令类似，但 chgrp 命令只用于修改文件或目录的用户组（不能修改所有者）。其语法如下所示：

```
$ chgrp [OPTION]... GROUP FILE...
```

3.3.4 设置 setuid 和 setgid 权限位实例：设置用户和组权限位

setuid（设置用户标识）是允许用户以文件所有者的权限执行一个程序的权限位。
setgid（设置组标识）是允许用户以用户组成员的权限执行一个程序的权限位。
任意用户可以以所有者的权限，执行一个设置了 setuid 的脚本。同样，任意用户可以以用户组成员的权限，执行一个设置了 setgid 的脚本。

🔔 **注意**：在类 Unix 系统中，理解 setuid 和 setgid 权限位的原理是重要的，特别是知道它们为什么被使用，更重要的是避免不当地使用它们。当你设置 setuid 或 setgid 权限位时，一定要非常谨慎，这些权限位可能导致安全风险。例如，用户通过执行一个设置了 setuid 权限位并且所有者是 root 的程序，可以获得超级用户的权限。

与其他权限位类似，可以使用 chmod 命令设置 setuid 和 setgid 权限位。

查看一个文件是否有 setuid 和 setgid，可以使用 ls -l 命令或 stat 命令。如果有字母 "s" 在所有者权限组表示设置了 setuid，有字母 "s" 在用户组权限组则表示设置了 setgid。例如，passwd 命令的权限：

```
$ ls -l /usr/bin/passwd
-rwsr-xr-x 1 root root 23324 Aug 11  2010 /usr/bin/passwd

$ stat /usr/bin/passwd
  File: '/usr/bin/passwd'
  Size: 23324           Blocks: 48         IO Block: 4096   regular file
Device: 2101h/8449d     Inode: 532483      Links: 1
Access: (4755/-rwsr-xr-x)  Uid: (    0/    root)   Gid: (    0/    root)
Access: 2013-09-09 04:02:12.000000000 +0800
Modify: 2010-08-11 19:52:23.000000000 +0800
Change: 2012-10-07 18:39:40.000000000 +0800
```

使用 chmod 命令的符号表达式模式设置 setuid：

```
# chmod u+s example.sh

# ls -l example.sh
-rwsr-xr-x 1 root root 0 Sep 10 18:40 example.sh
```

🔔 **注意**：当前的命令行提示符是 "#" 号，表示当前用户账号是 root。

使用 chmod 命令的符号表达式模式设置 setgid：

```
# chmod g+s example.sh

# ls -l example.sh
-rwsr-sr-x 1 root root 0 Sep 10 18:40 example.sh
```

使用 chmod 命令的数字模式设置 setuid 的方法是，在 3 个权限位的前面加数字 4：

```
# chmod 4755 example.sh

# ls -l example.sh
-rwsr-xr-x 1 root root 0 Sep 10 18:40 example.sh
```

使用 chmod 命令的数字模式设置 setgid 的方法是，在 3 个权限位的前面加数字 2：

```
# chmod 2755 example.sh

# ls -l example.sh
-rwxr-sr-x 1 root root 0 Sep 10 18:40 example.sh
```

使用 chmod 命令移除 setuid 和 setgid 权限位的方法是，在 3 个权限位的前面加数字 0：

```
# chmod 0755 example.sh

# ls -l example.sh
-rwxr-xr-x 1 root root 0 Sep 10 18:40 example.sh
```

3.4 文本处理

3.4.1 sort 命令实例：文本排序

sort 命令用于将文本文件的行排序。默认情况下，sort 命令是按照字符串的字母顺序排序。

现在有一个包含如下内容的文件：

```
$ cat example.txt
abc
def
ghi
jkl
mno
def
```

不使用任何选项，sort 命令简单地将文件内容按字母顺序排序：

```
$ sort example.txt
abc
def
def
ghi
jkl
mno
```

使用-u 选项，sort 命令可以移除所有重复的行：

```
$ sort -u example.txt
abc
def
ghi
jkl
mno
```

上例中，重复的记录"def"被移除。

现在有一个文件，里面的内容都是数字：

```
$ cat example.txt
20
10
35
100
69
83
```

直接简单地使用 sort 命令，将得到如下结果：

```
$ sort example.txt
10
100
20
35
69
83
```

在上例中，100 被直接排到了 10 的下面，而不是按照数字的大小排在末尾。这与 sort 命令的默认排序机制有关。

使用-n 选项，可以使 sort 命令将数字按数值的大小排序：

```
$ sort -n example.txt
10
20
35
69
83
100
```

使用-r 选项，可以使 sort 命令以倒序方式排序：

```
$ sort -n -r example.txt
100
83
69
35
20
10
```

sort 命令可以同时将多个文件的内容排序：

```
$ sort file1 file2
```

如果一个文件有多个列（下例中，每列以逗号","分隔），如下所示：

```
$ cat example.txt
abc,20
def,10
ghi,35
jkl,100
mno,69
def,83
```

默认情况下，sort 命令按文件第一列的字符串字母顺序将文件内容排序：

```
$ sort example.txt
abc,20
def,10
def,83
ghi,35
jkl,100
mno,69
```

指定 sort 命令按照第二列的字符串顺序将文件内容排序：

```
$ sort -t ',' -k2,2 example.txt
def,10
jkl,100
abc,20
ghi,35
mno,69
def,83
```

上例中，-t 选项用于指定列的分隔符，上例中的列分隔符是逗号","；-k 选项用于指定进行排序的列，这里我们指定的是第二列。

指定 sort 命令按照第二列的数值顺序将文件内容排序：

```
$ sort -t ',' -k2n,2 example.txt
def,10
abc,20
ghi,35
mno,69
def,83
jkl,100
```

指定 sort 命令按照第二列的数值顺序的倒序将文件内容排序：

```
$ sort -t ',' -k2nr,2 example2.txt
jkl,100
def,83
mno,69
ghi,35
abc,20
def,10
```

3.4.2 uniq 命令实例：文本去重

uniq 命令用于移除或发现文件中重复的条目。

现在有一个文件，其内容如下所示：

```
$ cat example.txt
aaa
aaa
bbb
bbb
bbb
ccc
```

使用 uniq 命令，不带有任何选项时，它将移除文件中重复的行并显示单一行：

```
$ uniq example.txt
aaa
bbb
ccc
```

使用 -c 选项，可以统计重复行出现的次数：

```
$ uniq -c example.txt
2 aaa
3 bbb
1 ccc
```

使用 -d 选项，只显示文件中有重复的行并只显示一次：

```
$ uniq -d example.txt
aaa
bbb
```

使用 -D 选项，与 -d 选项类似，但它显示文件中所有重复的行：

```
$ uniq -D example.txt
aaa
aaa
bbb
bbb
bbb
```

使用-u 选项，只显示文件中不重复的行：

```
$ uniq -u example.txt
ccc
```

现在我们将示例文件修改成如下内容：

```
$ cat example.txt
aaa bbb
aaa ccc
bbb aaa
bbb ccc
ccc ccc
```

使用-w 选项，可以限制 uniq 命令只比较每行的前 N 个字符。例如，下面的实例中，限制 uniq 命令只比较每行的前 3 个字符是否重复：

```
$ uniq -w 3 example.txt
aaa bbb
bbb aaa
ccc ccc
```

使用-s 选项，可以避免 uniq 命令比较每行的前 N 个字符，即跳过每行的前 N 个字符，只比较后面的字符。例如，下面的实例中，避免 uniq 命令比较每行的前 3 个字符，只比较后面的字符是否重复：

```
$ uniq -s 3 example.txt
aaa bbb
aaa ccc
bbb aaa
bbb ccc
```

使用-f 选项，可以避免 uniq 命令比较前 N 列，即跳过前 N 列（这里列以空格分隔），只比较后面的字符。例如，下面的实例中，避免 uniq 命令比较第一列的内容，只比较后面的字符是否重复：

```
$ uniq -f 1 example.txt
aaa bbb
aaa ccc
bbb aaa
bbb ccc
```

3.4.3　tr 命令实例：替换或删除字符

tr 命令用于转换字符、删除字符和压缩重复的字符。它从标准输入读取数据并将结果输出到标准输出。

tr 命令的语法如下所示：

```
$ tr [OPTION]… SET1 [SET2]
```

我们首先了解一下 tr 命令的转换字符的功能。如果参数 SET1 和 SET2 同时指定，并且没有指定-d 选项，那么 tr 命令将把 SET1 中指定的每个字符替换为 SET2 中相同位置的字符。

下面这个实例用于将字符串中所有的小写字母转换为大写字母：

```
$ echo linuxShell | tr abcdefghijklmnopqrstuvwxyz ABCDEFGHIJKLMNOPQRSTUVWXYZ
LINUXSHELL
```

下面的实例同样可以将字符串中的所有小写字母转换为大写字母：

```
$ echo linuxShell | tr [:lower:] [:upper:]
LINUXSHELL
```

还有一种方法可以得到和上例同样的结果：

```
$ echo linuxShell | tr a-z A-Z
LINUXSHELL
```

使用 tr 命令转换一个文件中的内容，并将转换的结果输出到另一个文件：

```
$ cat inputfile
{linuxShell}

$ tr '{}' '()' < inputfile > outputfile

$ cat outputfile
(linuxShell)
```

上例中，使用 tr 命令将文件 inputfile 中的大括号转换为了小括号，并将转换的结果输出到了文件 outputfile 中。

将字符串中的空格转换为制表符：

```
$ echo "This is for testing" | tr [:space:] '\t'
This	is	for	testing
```

如果上例中有两个以上空格同时出现，那么 tr 命令将把每个空格都转换为制表符，类似如下所示：

```
$ echo "This is  for testing" | tr [:space:] '\t'
This	is		for	testing
```

这时，我们可以使用-s 选项压缩这些重复的空格：

```
$ echo "This is  for testing" | tr -s [:space:] '\t'
This	is	for	testing
```

下面我们来学习使用 tr 命令删除指定的字符。使用-d 选项，tr 命令可以删除指定的字符：

```
$ echo "The Linux Shell" | tr -d a-z
T L S
```

上例中，使用 tr 命令删除了字符串中的所有小写字母。

使用-d 选项，删除字符串中的所有数字：

```
$ echo "my username is yantao123" | tr -d [:digit:]
my username is yantao
```

将-c 和-d 选项结合使用，删除字符串中除数字以外的所有字符：

```
$ echo "my username is yantao123" | tr -cd [:digit:]
123
```

3.4.4 grep 命令实例：查找字符串

grep 命令用于搜索文本或指定的文件中与指定的字符串或模式相匹配的行。默认情况下，grep 命令只显示匹配的行。

grep 命令的语法如下所示：

```
$ grep [OPTION]... PATTERN [FILE]...
$ grep [OPTION]... [ -e PATTERN | -f FILE] [FILE]...
```

下面的实例中，我们使用 grep 命令查找文件/etc/passwd 中账号 yantaol 的信息：

```
$ grep yantaol /etc/passwd
```

会得到类似如下的输出：

```
yantaol:x:12107:25:SDE-LiuYanTao:/home/yantaol:/bin/bash
```

使用-i 选项，可以强制 grep 命令忽略搜索关键字的大小写：

```
$ grep -i YantaoL /etc/passwd
yantaol:x:12107:25:SDE-LiuYanTao:/home/yantaol:/bin/bash
```

使用-r 选项，可以递归搜索指定目录下的所有文件：

```
$ grep -r yantaol /etc/
```

或者

```
$ grep -R yantaol /etc/
```

将-r 选项与-l 选项结合使用，grep 命令可以只打印输出包含匹配指定模式的行的文件的名字：

```
$ grep -rl yantaol /etc/
/etc/passwd
/etc/shadow
```

默认情况下，当搜索字符串 yantaol 时，grep 命令也会匹配 yantaol123、yantaolb 和 liuyantaol 等字符串。使用-w 选项，就可以强制 grep 命令只匹配包含指定单词的行。比如，查找文件/etc/passwd 中只包含指定单词 yantaol 的行，类似如下所示：

```
$ grep -w yantaol /etc/passwd
```

使用-c 选项，grep 命令可以报告文件或文本中模式被匹配的次数：

```
$ grep -c yantaol /etc/passwd
1
```

使用-n 选项，grep 命令可以显示每一个匹配的行的行号：

```
$ grep -n yantaol /etc/passwd
36:yantaol:x:12107:25:SDE-LiuYanTao:/home/yantaol:/bin/bash
```

使用-v 选项， grep 命令可以输出除匹配指定模式的行以外的其他所有行：

```
$ grep -v yantaol /etc/passwd
```

上例中，所有不包含字符串 yantaol 的行都将被打印输出。

使用--color 选项，grep 命令在输出中将匹配的字符串以彩色的形式标出：

```
# grep --color yantaol /etc/passwd
yantaol:x:12107:25:SDE-LiuYanTao:/home/yantaol:/bin/bash
```

grep 命令通常与 Shell 管道一起结合使用，如以下实例所示：

```
$ cat /etc/passwd | grep -i YantaoL
```

关于管道的相关知识我们将在第 12 章中做详细讲解。

3.4.5　diff 命令实例：比较两个文件

diff 命令用于比较两个文件，并找出它们之间的不同。diff 命令的语法如下所示：

```
$ diff [OPTION]... from-file to-file
```

我们以如下两个文件为例，其文件内容如下：

```
$ cat -n nsswitch.conf
1  passwd:     files nis
2  shadow:     files nis
3  group:      files nis
4
5
6  # Example - obey only what nisplus tells us...
7  #services:  nisplus [NOTFOUND=return] files
8  #networks:  nisplus [NOTFOUND=return] files
9  #protocols: nisplus [NOTFOUND=return] files
10 #rpc:       nisplus [NOTFOUND=return] files
11 #ethers:    nisplus [NOTFOUND=return] files

$ cat -n nsswitch.conf.org
1  passwd:     files
2  shadow:     files
3  group:      files
4
5  #hosts:     db files nisplus nis dns
6  hosts:      files dns
7
8  # Example - obey only what nisplus tells us...
9  #services:  nisplus [NOTFOUND=return] files
10 #networks:  nisplus [NOTFOUND=return] files
11 #protocols: nisplus [NOTFOUND=return] files
12 #rpc:       nisplus [NOTFOUND=return] files
13 #ethers:    nisplus [NOTFOUND=return] files
```

简单地使用 diff 命令比较上述两个文件的方法如下所示：

```
$ diff nsswitch.conf nsswitch.conf.org
1,3c1,3
< passwd:     files nis
< shadow:     files nis
< group:      files nis
---
```

```
>   passwd:         files
>   shadow:         files
>   group:          files
4a5,6
>   #hosts:         db files nisplus nis dns
>   hosts:          files dns
7,11c9,13
<   #services:   nisplus [NOTFOUND=return] files
<   #networks:   nisplus [NOTFOUND=return] files
<   #protocols:  nisplus [NOTFOUND=return] files
<   #rpc:        nisplus [NOTFOUND=return] files
<   #ethers:     nisplus [NOTFOUND=return] files
---
>   #services:   nisplus [NOTFOUND=return] files
>   #networks:   nisplus [NOTFOUND=return] files
>   #protocols:  nisplus [NOTFOUND=return] files
>   #rpc:        nisplus [NOTFOUND=return] files
>   #ethers:     nisplus [NOTFOUND=return] files
```

上例中，"1,3c1,3"表示第一个文件的 1~3 行与第二个文件的 1~3 行在内容上有差别。"<"表示第一个文件的行，">"表示第二个文件的行。"4a5,6"表示第二个文件与第一个文件相比，在第 4 行后多了 5、6 两行内容。"7,11c9,13"表示第一个文件的 7~11 行与第二个文件的 9~13 行在内容上有差别。

你可能已经注意到，上例中的第一个文件的 7~11 行与第二个文件的 9~13 行相比，只是在 ":" 和 "nisplus" 之间多了一个空格。如果想在比较两个文件时忽略这些空格，该如何处理呢？

使用-w 选项，diff 命令就将在比较两个文件时忽略这些空格：

```
$ diff -w nsswitch.conf nsswitch.conf.org
1,3c1,3
<   passwd:         files nis
<   shadow:         files nis
<   group:          files nis
---
>   passwd:         files
>   shadow:         files
>   group:          files
4a5,6
>   #hosts:         db files nisplus nis dns
>   hosts:          files dns
```

使用-y 选项，diff 命令可以并排的格式输出两个文件的比较结果：

```
$ diff -yw nsswitch.conf nsswitch.conf.org
passwd:      files nis                       | passwd:      files
shadow:      files nis                       | shadow:      files
group:       files nis                       | group:       files
                                             > #hosts:      db files nisplus nis dns
                                             > hosts:       files dns
# Example - obey only what nisplus tells us...
                            # Example - obey only what nisplus tells us...
#services:  nisplus [NOTFOUND=return] files
                            #services:   nisplus [NOTFOUND=return] files
```

```
#networks:    nisplus [NOTFOUND=return] files
                      #networks:    nisplus [NOTFOUND=return] files
#protocols:   nisplus [NOTFOUND=return] files
                      #protocols:   nisplus [NOTFOUND=return] files
#rpc:         nisplus [NOTFOUND=return] files
                      #rpc:         nisplus [NOTFOUND=return] files
#ethers:      nisplus [NOTFOUND=return] files
                      #ethers:      nisplus [NOTFOUND=return] files
```

上例中，"|"表示内容有差异的行，">"表示第二个文件中多出的行。如果是"<"，则表示第一个文件中多出的行。

如果使用-y 选项时，每行显示的内容不完整，可以与-W 选项结合使用，指定并列输出格式的列宽，使每行的内容可以完整地显示：

```
$ diff -yw -W 160 nsswitch.conf nsswitch.conf.org
```

使用-c 选项，diff 命令会以上下对比的格式输出两个文件的比较结果：

```
$ diff -cw nsswitch.conf nsswitch.conf.org
*** nsswitch.conf       2013-09-24 10:09:19.000000000 +0800
--- nsswitch.conf.org   2013-09-24 10:09:58.000000000 +0800
***************
*** 1,7 ****
! passwd:     files nis
! shadow:     files nis
! group:      files nis


  # Example - obey only what nisplus tells us...
  #services:  nisplus [NOTFOUND=return] files
--- 1,9 ----
! passwd:     files
! shadow:     files
! group:      files

+ #hosts:     db files nisplus nis dns
+ hosts:      files dns

  # Example - obey only what nisplus tells us...
  #services:  nisplus [NOTFOUND=return] files
```

上例中，"!"表示两个文件中内容有差别的行，"+"表示第二个文件比第一个文件多出的行。

3.5 其他常用命令

3.5.1 hostname 命令实例：查看主机名

hostname 命令用于查看系统的主机名，或是修改系统的主机名。

直接简单地使用 hostname 命令，不指定任何参数，将显示你的系统的当前主机名：

```
# hostname
yantaol-laptop
```

> 注意：当前的命令行提示符是"#"号，表示当前用户账号是root。

使用 hostname 命令修改你的系统的主机名：

```
# hostname yantaol-system
yantaol-system

# hostname
yantaol-system
```

> 注意：上述命令只是临时地修改系统的主机名。当系统重启后，这个新修改的主机名将不会被使用。

使用-F 选项，hostname 命令可以从指定的文件中读取主机名。注释行（以符号"#"开头的行）将被忽略。如下所示：

```
# cat /root/hostname.txt
yantaol-laptop

# hostname -F /root/hostname.txt

# hostname
yantaol-laptop
```

3.5.2　w、who 命令实例：列出系统登录的用户

w 命令用于显示登录的用户及他们当前运行的进程。
w 命令输入的内容格式如下：

```
# w
 11:35:16 up 1 day, 17:32,  1 user,  load average: 0.05, 0.01, 0.00
USER     TTY      FROM             LOGIN@   IDLE   JCPU   PCPU WHAT
root     pts/0    yantaol-laptop   11:35    0.00s  0.00s  0.00s w
```

上例中，w 命令输出的第一行内容与 uptime 命令默认输出的内容相同（uptime 命令我们将在下一小节中介绍）。第三行分别显示的是：登录账号的用户名、tty 名称、从哪台主机登录、登录时间、空闲时间、tty 上的所有进程所使用的 CPU 时间、当前进程所使用的 CPU 时间以及当前运行的进程。

who 命令有与 w 命令类似的用途，但它的功能比 w 命令更强大一些。who 命令的语法如下所示：

```
$ who [OPTION]… [ FILE | ARG1 ARG2 ]
```

直接使用 who 命令，不知道任何参数，将显示当前登录的所有用户的信息：

```
$ who
yantaol  pts/0        2013-09-25 13:45 (yantaol-laptop)
root     pts/1        2013-09-25 13:52 (yantaol-laptop)
```

使用-b 选项，who 命令可以显示系统的启动时间：

```
$ who -b
         system boot  2013-09-23 18:03
```

使用-l 选项，who 命令会显示出系统登录进程：

```
$ who -l
LOGIN    tty1        2013-09-23 18:04           3685 id=1
LOGIN    tty2        2013-09-23 18:04           3686 id=2
LOGIN    tty3        2013-09-23 18:04           3687 id=3
LOGIN    tty4        2013-09-23 18:04           3689 id=4
LOGIN    tty6        2013-09-23 18:04           3700 id=6
```

使用-m 选项，who 命令将只显示与当前标准输入关联的用户信息：

```
$ who -m
yantaol  pts/0       2013-09-25 13:45  (yantaol-laptop)
```

使用-r 选项，who 命令将显示系统的运行级别：

```
$ who -r
         run-level 5  2013-09-23 18:03                    last=S
```

使用-q 选项， who 命令将只显示所有登录用户的用户名和登录的用户数：

```
$ who -q
yantaol root
# users=2
```

3.5.3 uptime 命令实例：查看系统运行时间

uptime 命令用于打印系统的运行时间等信息。

uptime 命令的使用很简单，只需简单地在命令行提示符下输入 uptime 命令，将显示类似如下信息：

```
$ uptime
 14:19:27 up 1 day, 20:16,  2 users,  load average: 0.86, 0.88, 0.97
```

上例的输出中，"14:19:27"表示当前时间，"up 1 day, 20:16"表示系统已经连续运行 1 天 20 小时 16 分，"load average: 0.86, 0.88, 0.97"中显示的分别是系统的过去 1 分钟、5 分钟和 15 分钟的平均负载。

3.5.4 uname 命令实例：查看系统信息

uname 命令用于打印内核名称和版本、主机名等系统信息。命令的语法如下所示：

```
$ uname [OPTION]...
```

直接简单地输入 uname 命令，不指定任何选项，uname 命令将只打印内核的名称。类似如下所示：

```
$ uname
Linux
```

使用-n 选项，uname 命令将只打印系统的主机名，其输出与 hostname 命令相同：

```
$ uname -n
yantaol-laptop
```

使用-r 选项，uname 命令将打印内核版本信息：

```
$ uname -r
2.6.18-238.9.1.el5PAE
```

使用-m 选项，uname 命令将打印系统的硬件名称：

```
$ uname -m
i686
```

使用-p 选项，uname 命令将打印系统的处理器类型的信息：

```
$ uname -p
i686
```

使用-i 选项，uname 命令将打印系统的硬件平台信息：

```
$ uname -i
i386
```

使用-a 选项，uname 命令将打印上述所有示例中的信息，其打印结果与 uname -snrvmpio 命令相同：

```
$ uname -a
Linux yantaol-laptop 2.6.18-238.9.1.el5PAE #1 SMP Tue Apr 12 19:28:32 EDT 2011 i686 i686 i386 GNU/Linux
```

3.5.5 date 命令实例：显示和设置系统日期和时间

date 命令用于以多种格式显示日期和时间，或设置系统的日期和时间。

date 命令的语法如下所示：

```
$ date [OPTION]... [+FORMAT]
$ date [-u|--utc|--universal] [MMDDhhmm[[CC]YY][.ss]]
```

直接简单地输入 date 命令，不指定任何选项，date 命令将以默认格式直接显示系统的当前日期时间：

```
$ date
Wed Sep 26 09:02:49 CST 2013
```

使用-d 或--date 选项，你可以指定日期和时间的字符串值，date 命令会将此输入的字符串转换为相应的日期时间格式：

```
$ date --date="10/1/2013"
Tue Oct  1 00:00:00 CST 2013

$ date --date="1 Oct 2013"
Tue Oct  1 00:00:00 CST 2013

$ date --date="Oct 1 2013"
Tue Oct  1 00:00:00 CST 2013

$ date --date="Oct 1 2013 12:13:14"
Tue Oct  1 12:13:14 CST 2013

$ date --date="next mon"
Mon Sep 30 00:00:00 CST 2013
```

```
$ date --date="next week"
Thu Oct  3 09:47:06 CST 2013

$date --date="last week"
Thu Sep 19 09:47:50 CST 2013

$ date --date="1 week ago"
Thu Sep 19 09:47:58 CST 2013

$ date --date="yesterday"
Wed Sep 25 09:53:35 CST 2013

$ date --date="last day"
Wed Sep 25 09:53:44 CST 2013
```

使用-f 或--file 选项，date 命令可以从文件中读取多个日期时间字符串，并将其转换为相应的日期时间格式打印输出：

```
$ cat datefile
Oct 17 1986
Dec 13 1989

$ date --file=datefile
Fri Oct 17 00:00:00 CST 1986
Wed Dec 13 00:00:00 CST 1989
```

使用-s 或--set 选项，date 命令可以设定系统的日期和时间。比如当前系统时间如下所示：

```
$ date
Thu Sep 26 09:57:35 CST 2013
```

现在修改系统时间到 10:10:00：

```
$ date -s "Thu Sep 26 10:10:00 CST 2013"
Thu Sep 26 10:10:00 CST 2013

$ date
Thu Sep 26 10:10:01 CST 2013
```

使用-u 或--utc 或--universal 选项，date 命令将打印输出世界标准时间：

```
$ date
Thu Sep 26 10:18:27 CST 2013

$ date -u
Thu Sep 26 02:18:29 UTC 2013
```

使用-r 选项，date 命令可以打印输出指定文件的最近修改时间：

```
$ stat datefile
  File: 'datefile'
  Size: 24          Blocks: 8          IO Block: 4096   regular file
Device: 2101h/8449d    Inode: 1638410     Links: 1
Access: (0644/-rw-r--r--)  Uid: (    0/    root)   Gid: (    0/    root)
Access: 2013-09-26 09:44:06.000000000 +0800
Modify: 2013-09-26 09:43:41.000000000 +0800
```

```
Change: 2013-09-26 09:43:41.000000000 +0800
$ date -r datefile
Thu Sep 26 09:43:41 CST 2013
```

你还可以使用格式化选项来自定义 date 命令打印输出的时间和日期的格式，其语法类似如下所示：

```
$ date +%<format-option>
```

关于格式化选项的详细信息，请参见 date 命令的参考手册（$ man date）。

3.5.6 id 命令实例：显示用户属性

id 命令用于打印输出用户的 uid、gid、用户名和组名等用户身份信息。id 命令的语法如下所示：

```
$ id [OPTION]... [USERNAME]
```

直接输入 id 命令，将打印输出当前用户的 uid、用户名、gid、组名，以及用户属于的所有群组信息：

```
$ id
uid=12107(yantaol) gid=25(yantaol) groups=24(xxxx),25(yantaol)
```

使用-u 选项，id 命令将只打印输出用户的 uid：

```
$ id -u
12107

$ id -u root
0
```

将-u 选项和-n 选项结合使用，可以打印输出账号的用户名，而不是 uid：

```
$ id -un
yantaol
```

使用-g 选项，id 命令将只打印输出账号当前起作用的 gid：

```
$ id -g
25
```

同样，-g 与-n 选项结合使用，可以打印输出账号当前起作用的用户组名，而不是 gid：

```
$ id -gn
yantaol
```

使用-G 选项，id 命令将打印输出账号所属于的所有群组的 id：

```
$ id -G root
0 1 2 3 4 6 10 8 7 5 9 12
```

同样，-G 与-n 选项结合使用，可以打印输出账号所属于的所有群组的名称：

```
$ id -Gn root
root bin daemon sys adm disk wheel mem lp tty kmem mail
```

3.6 小　　结

下面我们总结一下本章所学的主要知识。

ls 命令可以列出文件和目录的信息，包括文件类型、所有者、大小、修改日期和时间、权限等等。

cat 命令可以查看文件的内容、连接文件、创建一个或多个文件和重定向输出到终端或文件。

more 命令在你使用小的 xterm 窗口时，或是想不使用文本编辑器而只是简单地阅读一个文件时是很有用的。它是一个用于一次翻阅一整屏文件的过滤器。

less 命令与 more 命令类似，但 less 命令向前和向后翻页都支持，而且 less 命令不需要在查看前加载整个文件，即 less 命令查看文件更快速。当你尝试使用 Vim 编辑器和 less 打开同一个大的 log 文件，你会发现速度是不同的。

head 命令用于打印指定输入的开头部分内容。默认情况下，打印每个指定输入的前 10 行内容。

tail 命令与 head 命令相反，它打印指定输入的结尾部分的内容。默认情况下，它打印指定输入的最后 10 行内容。

file 命令用于接收一个文件作为参数，并执行某些测试以确定正确的文件类型。

wc 命令用于查看文件的行数、单词数和字符数等信息。

find 命令用于根据你指定的参数搜索和定位文件和目录的列表。find 命令可以在多种情况下使用，比如你可以通过权限、用户、用户组、文件类型、日期、大小和其他可能的条件来查找文件。

touch 命令用于创建、变更和修改文件的时间戳。它是 Linux 操作系统的标准程序。

mkdir 命令用于创建一个新目录。

cp 命令用于将文件从一个地方复制到另一个地方。原来的文件保持不变，新文件可能保持原名或用一个不同的名字。

ln 命令用于创建软链接或硬链接。

mv 命令用于将文件和目录从一个位置移到另外一个位置。除了移动文件，mv 命令还可用于修改文件或目录的名字。

rm 命令用于删除指定的文件和目录。

chmod 命令用于修改文件或目录的权限。

chown 命令用于修改文件或目录的所有者和用户组信息。

chgrp 命令与 chown 命令类似，但 chgrp 命令只用于修改文件或目录的用户组（不能修改所有者）。

setuid（设置用户标识）是允许用户以文件所有者的权限执行一个程序的权限位。setgid（设置组标识）是允许用户以用户组成员的权限执行一个程序的权限位。

sort 命令用于将文本文件的行排序。默认情况下，sort 命令是按照字符串的字母顺序排序。

uniq 命令用于移除或发现文件中重复的条目。

tr 命令用于转换字符、删除字符和压缩重复的字符。它从标准输入读取数据并将结果输出到标准输出。

grep 命令用于搜索文本或指定的文件中与指定的字符串或模式相匹配的行。

diff 命令用于比较两个文件，并找出它们之间的不同。

hostname 命令用于查看系统的主机名，或是修改系统的主机名。

w 命令用于显示登录的用户及他们当前运行的进程。who 命令有与 w 命令类似的用途，但它的功能比 w 命令更强大一些。

uptime 命令用于打印系统的运行时间等信息。

uname 命令用于打印内核名称和版本、主机名等系统信息。

date 命令用于以多种格式显示日期和时间，或设置系统的日期和时间。

id 命令用于打印输出用户的 uid、gid、用户名和组名等用户身份信息。

第 4 章　Shell 命令进阶

在前一章中,我们学习了一些 Shell 下常用的命令,熟练地掌握这些命令将使你在 Linux 下的工作效率得到很大程度的提高。

在这一章,我们将进一步学习一些 Shell 下的工具命令,首先将介绍文件处理和归档工具(paster、dd、gzip、bzip2、gunzip、bunzip2 和 tar 命令),然后将介绍磁盘的监测和管理工具(mount、df 和 du 命令),最后将介绍后台运行命令的工具(crontab、at、&和 nohup 命令)。

4.1　文件处理和归档

4.1.1　paster 命令实例:合并文件

paste 命令用于合并文件的行。它可以合并一个文件或多个文件中的行。paste 命令的语法如下所示:

```
$ paste [OPTION]… [FILE]…
```

我们先创建如下两个文件,作为 paste 命令的示例文件使用:

```
$ cat file1
Linux
Unix
Windows
Solaris
HPUX

$ cat file2
Dell
IBM
HP
Oracle
HP
```

默认情况下,使用 paste 命令合并文件,各文件中的各行将以制表符 Tab 作为分隔符进行合并并输出:

```
$ paste file1 file2
Linux   Dell
Unix    IBM
Windows HP
Solaris Oracle
```

```
HPUX    HP

$ paste file2 file1
Dell    Linux
IBM     Unix
HP      Windows
Oracle  Solaris
HP      HPUX
```

使用-d 选项，可以指定各个文件中的各行在合并时所使用的分隔符：

```
$ paste -d'|' file1 file2
Linux|Dell
Unix|IBM
Windows|HP
Solaris|Oracle
HPUX|HP
```

当合并两个以上文件时，也可以指定多个分隔符：

```
$ cat file3
Server
Host
OS

$ paste -d':,' file1 file2 file3
Linux:Dell,Server
Unix:IBM,Host
Windows:HP,OS
Solaris:Oracle,
HPUX:HP,
```

使用-s 选项，paste 命令可以顺序地合并文件，即它顺序地将每个文件中的所有行的内容合并为一行，由此每个文件的内容被合并为单一的一行：

```
$ paste -s file1 file2
Linux   Unix    Windows Solaris HPUX
Dell    IBM     HP      Oracle  HP
```

上例中，paste 命令顺序地将文件 file1 中的所有行的内容以 Tab 为分隔符合并为一行后输出，再将文件 file2 中的所有行合并为一行后输出在第二行。

将-s 选项与-d 选项结合使用，可以指定合并时的分隔符：

```
$ paste -d, -s file1
Linux,Unix,Windows,Solaris,HPUX

$ paste -d'|' -s file1 file2
Linux|Unix|Windows|Solaris|HPUX
Dell|IBM|HP|Oracle|HP
```

使用 paste 命令，将文件的内容由一列转换为两列：

```
$ paste - - < file1
Linux   Unix
Windows Solaris
HPUX
```

使用 paste 命令，将文件的内容由一列转换为两列，并使用冒号 ":" 分隔：

```
$ paste -d: - - < file1
```

```
Linux:Unix
Windows:Solaris
HPUX:
```

使用 paste 命令，将文件的内容由一列转换为三列：

```
$ paste - - - < file1
Linux    Unix    Windows
Solaris HPUX
```

4.1.2 dd 命令实例：备份和拷贝文件

dd 命令可能不是一个容易使用的命令，但如果你真正开始使用它，你会发现它是一个功能很强大的命令。它可以做很多不同的事，比如：备份一个分区、DVD 或是 U 盘的数据，转换数据文件，或是做一些简单的硬盘或 CPU 速度的测试。

dd 命令可以通过可能的转换格式复制指定的输入文件到指定的输出。同时，可以指定输入和输出的块大小，以处理原始物理数据的读写。块大小的默认单位是字节（bytes），也可以在数字后跟特定的单位来指定的块大小，比如，G （1024*1024*1024 bytes）、GB（1000*1000*1000 bytes）、M（1024*1024 bytes）、MB（1000*1000 bytes）、w（2 bytes）和 c（1 bytes）。

dd 命令有如下两个基本参数：

if=<inputfile>——指定输入文件的路径。默认为标准输入。
of=<outputfile>——指定输出文件的路径。默认为标准输出。

例如，直接复制一个磁盘/dev/sda 的数据到另一个磁盘/dev/sdb：

```
# dd if=/dev/sda of=/dev/sdb
```

复制一个 DVD 光盘的数据到一个 iso 文件：

```
# dd if=/dev/dvd of=dvd.iso
```

擦除一个分区的数据：

```
# dd if=/dev/zero of=/dev/sda2
```

/dev/zero 是 Linux 系统中的一个特殊文件。从文件/dev/zero 读出的内容均为空字符，它的一个典型用途就是提供用于初始化数据存储器的字符流。

dd 命令还有另外如下两个比较重要的参数：

bs=<n>——指定输入和输出的块大小。默认单位为字节。
count=<n>——从输入读取的块数量。

例如，创建一个 1MB 大小的文件，并且块大小为 1024 bytes：

```
# dd if=/dev/zero of=/tmp/outfile bs=1024 count=1024
1024+0 records in
1024+0 records out
1048576 bytes (1.0 MB) copied, 0.00553792 seconds, 189 MB/s
```

备份磁盘的主引导分区：

```
# dd if=/dev/sda of=/home/yantaol/MBR.image bs=512 count=1
1+0 records in
1+0 records out
```

```
512 bytes (512 B) copied, 3.9182e-05 seconds, 13.1 MB/s
```

下述命令的组合可以用于设备的标准测试，并分析其在块大小为 1024 字节时的顺序读写的性能：

```
# dd if=/dev/zero bs=1024 count=1000000 of=/home/yantaol/1Gb.file
# dd if=/home/yantaol/1Gb.file of=/dev/null bs=64k
```

上例中的/dev/null 也是 Linux 系统中的一个特殊文件。就像一个黑洞，它可以接受所有向它写入的数据，而从这个文件中读不出任何数据。所有想过滤掉的输出数据都可以重定向到这个文件。

4.1.3　gzip、bzip2 命令实例：压缩和归档文件

gzip 命令用于压缩文件，以减少文件的大小，也可以用于解压缩文件。如果文件是在不同的系统间通过网络传输，这将节省网络的带宽。另外，文件所能减少的大小依赖于文件的内容，如果是文本文件，使用 gzip 命令压缩后大小将减少 60%～70%。

直接简单地使用 gzip 命令，不指定任何选项，将压缩指定的文件，生成一个默认以.gz 结尾的文件，并删除原始文件：

```
$ ls
image1.jpg  image2.jpg

$ gzip image1.jpg

$ ls
image1.jpg.gz  image2.jpg
```

使用-c 选项，gzip 命令会将压缩内容输出到标准输出，所以可以使用重定向将输出内容写入到指定的文件，从而保留原始文件：

```
$ gzip -c image2.jpg > image2.jpg.gz
$ ls
image1.jpg.gz  image2.jpg  image2.jpg.gz
```

使用-d 选项，gzip 命令将解压缩指定的文件：

```
$ gzip -d image1.jpg.gz
$ ls
image1.jpg  image2.jpg  image2.jpg.gz
```

使用-r 选项，gzip 命令将递归地压缩指定目录下的文件：

```
$ gzip -r .
gzip: ./image2.jpg.gz already exists; do you wish to overwrite (y or n)? y
$ ls
image1.jpg.gz  image2.jpg.gz
```

使用-#选项（#代表数字 1～9），可以指定 gzip 命令压缩的级别，-1 表示最快的压缩速度（但压缩率较低），而-9 表示最慢的压缩速度（压缩率最好）。默认的压缩级别是-6。例如，以最快的速度压缩文件：

```
$ gzip -1 image1.jpg
```

bzip2 命令也同样用于压缩和解压缩文件。与 gzip 相比，bzip2 命令具有更好的压缩率，但 bzip2 的压缩速度比 gzip 稍慢。bzip2 以可接受的速度提供较高的压缩率。

与 gzip 命令的用法相似，直接使用 bzip2 命令，不指定任何选项，将对指定的文件进行压缩，生成一个默认以.bz2 结尾的文件，并删除原始文件：

```
$ ls
image1.jpg  image2.jpg
$ bzip2 image1.jpg
$ ls
image1.jpg.bz2  image2.jpg
```

bzip2 命令的-k 选项，可以压缩文件并保留原始文件：

```
$ bzip2 -k image1.jpg
```

bzip2 命令的-d 选项也同样用于解压缩文件：

```
$ bzip2 -df image1.jpg.bz2
```

-f 选项表示覆盖已经存在的文件。

bzip2 命令也可以使用–1～–9 指定压缩级别。但–9 是 bzip2 命令采用的默认级别。

4.1.4　gunzip、bunzip2 命令实例：解压缩文件

gunzip 命令与 gzip 命令相对应，用于解压缩由 gzip 命令压缩的文件。其作用与 gzip 命令的-d 选项相同。

直接使用 gunzip 命令解压缩一个文件：

```
$ gunzip image1.jpg.gz
```

使用-c 选项，将解压后的内容重定向一个文件，以保留原始压缩文件：

```
$ gunzip -c image1.jpg.gz > image1.jpg
```

bunzip2 命令与 bzip2 命令相对应，用于解压缩由 bzip2 命令压缩的文件。其作用与 bzip2 命令的-d 选项相同。

直接使用 bunzip2 命令解压缩一个文件：

```
$ bunzip2 image1.jpg.bz2
```

使用-k 选项，bunzip2 命令可以解压缩文件并保留原始文件：

```
$ bunzip2 -k image1.jpg.bz2
```

4.1.5　tar 命令实例：打包和解包文件

tar 命令是 Linux 系统中主要的归档工具。使用 tar 命令归档后生成的文件被我们称作 tar 包。理解 tar 命令各选项的用法将帮助你熟练掌握归档文件的操作。

tar 命令的语法如下所示：

```
$ tar [OPTION]... [FILE]...
```

使用-cvf 选项，创建一个未经压缩的 tar 包：

```
$ tar -cvf home_yantaol.tar /home/yantaol
```

上例中的各选项的含义分别如下所示。
- -c：创建一个新的归档。
- -v：冗长地列出被处理的文件。
- -f：指定归档文件的名称，即上述命令中的 home_yantaol.tar 是-f 选项的参数。

上述的-cvf 选项，对归档后的文件并不提供任何的压缩。结合-z 选项使用，就可以将归档后的文件使用 gzip 压缩：

```
$ tar -czvf home_yantaol.tar.gz /home/yantaol
```

结合-j 选项使用，可以将归档后的文件使用 bzip2 压缩：

```
$ tar -cjvf home_yantaol.tar.bz2 /home/yantaol
```

使用-xvf 选项，可以对一个归档文件进行解包：

```
$ tar -xvf home_yantaol.tar
```

使用上述选项，可以从 tar 包中提取出指定的文件或目录，如下所示：

```
$ tar -xvf home_yantaol.tar /home/yantaol/.bashrc
```

在上例中，将从 tar 包 home_yantaol.tar 中只提取文件/home/yantaol/.bashrc。若要从 tar 包中提取多个指定的文件或目录，只需在 tar -xvf 命令的末尾列出要提取的 tar 包中的指定文件或目录的路径，并以空格分隔即可。

将--wildcards 选项与-xvf 选项结合使用，可以提取匹配指定模式的一组文件或目录：

```
$ tar -xvf home_yantaol.tar --wildcards '*.jpg'
```

结合-z 选项使用，可以对一个使用 gzip 压缩的 tar 包进行解包：

```
$ tar -xzvf home_yantaol.tar.gz
```

在上述命令中，如果在命令的末尾指定 tar 包中的文件或目录的路径，同样可以提取出指定的文件或目录：

```
$ tar -xzvf home_yantaol.tar.gz /home/yantaol/.bashrc
```

结合-j 选项使用，可以对一个使用 bzip2 压缩的 tar 包进行解包：

```
$ tar -xjvf home_yantaol.tar.bz2
```

在上述命令中，如果在命令的末尾指定 tar 包中的文件或目录的路径，同样可以提取出指定的文件或目录：

```
$ tar -xjvf home_yantaol.tar.gz /home/yantaol/.bashrc
```

注意：--wildcards 选项同样地可以与-xzvf 和-xjvf 选项结合使用。

使用-tvf 选项，可以在不解包的情况下列出 tar 包文件中的内容：

```
$ tar -tvf home_yantaol.tar
```

结合-z 选项使用，可以在不解包的情况下列出使用 gzip 压缩的 tar 包文件中的内容：

```
$ tar -tzvf home_yantaol.tar.gz
```

结合-j 选项使用，可以在不解包的情况下列出使用 bzip2 压缩的 tar 包文件中的内容：

```
$ tar -tjvf home_yantaol.tar.bz2
```

使用-rvf 选项，可以添加文件或目录到一个已存在的 tar 包：

```
$ tar -rvf home_yantaol.tar /home/yantaol/newfile
```

注意：使用-r 选项，不能添加文件或目录到一个压缩过的 tar 包，即-r 选项不能与-z 选项和-j 选项结合使用。如果你尝试这样做的话，将会得到一个类似如下的错误：

```
$ tar -rzvf home_yantaol.tar.gz /home/yantaol/newfile
tar: Cannot update compressed archives
Try 'tar --help' or 'tar --usage' for more information
```

使用-W 选项，用于核实 tar 包的内容。

比如，可以在写入归档文件后核实它的内容：

```
$ tar -cWvf home_yantaol.tar /home/yantaol
```

也可以用于核实现存的 tar 包文件中的内容与文件系统中的内容是否存在差异：

```
$ tar -tWvf home_yantaol.tar
Verify /home/yantaol/file1
/home/yantaol/file1: Mod time differs
/home/yantaol/file1: Size differs
Verify /home/yantaol/file2
Verify /home/yantaol/file3
```

在上例中，从输出结果可以看出 tar 包中的文件 file1 与文件系统中的文件 file1 有差异。

注意：-W 选项不能核实压缩过的 tar 包（*.tar.gz 和*.tar.bz2）的内容。

使用-d 选项，也可以比较 tar 包（包括压缩过的 tar 包）中的内容与文件系统中的内容的差异，但不具有核实的功能：

```
$ tar -dvf home_yantaol.tar
```

或

```
$ tar -dvf home_yantaol.tar.gz
```

4.2 监测和管理磁盘

4.2.1 mount、umount 命令实例：挂载和卸载存储介质

在 Linux 系统中，不同分区上的文件系统，或可移动设备（CD、DVD、U 盘等），或

NFS（网络文件系统）共享目录可以被挂载到目录树中的某一节点，之后还可以再被卸载。挂载和卸载一个文件系统，分别使用 mount 和 umount 命令。

mount 命令用于挂载一个文件系统，或是显示已挂载的文件系统的信息。

直接运行 mount 命令，不带任何参数，将显示所有当前挂载的文件系统：

```
$ mount
```

此命令显示的输出中，每行提供关于设备名、文件系统类型、挂载到的目录及相关的挂载选项等信息。其格式类似如下所示：

```
device on derectory type type (options)
```

默认情况下，mount 命令的输出包括各种虚拟文件系统，如 sysfs 和 tmpfs。使用-t 选项，mount 命令可以只显示某一指定文件系统类型。

比如，只显示当前挂载的文件系统类型是 ext3 的文件系统：

```
$ mount -t ext3
```

如要挂载某个文件系统，使用如下格式的 mount 命令：

```
$ mount [OPTION]… [DEVICE] [DIRECTORY]
```

[DEVICE]可以是块设备的全路径（例如：/dev/sda3），或是一个通用唯一标识符（例如：UUID= "12135a89-ca6d-4fd8-a347-10071d0c19cb"），或是一个卷标（例如：LABEL= "home"），或是 NFS 共享目录的路径（例如：hostname:/local）。

注意：挂载和卸载文件系统，通常需要 root 账户权限。

比如，挂载一个 CD-ROM 设备到/mnt 目录：

```
# mount -t iso9660 -o ro /dev/cdrom /mnt
```

注意：这里的命令行提示符是"#"，表示使用的是 root 账号，以下的示例均同此。

上例中的-o ro 选项指示此 CD-ROM 设备以只读访问的模式被挂载。

挂载一个 iso 文件到/mnt/dvd 目录：

```
# mkdir /mnt/dvd
```

```
# mount -t iso9660 -o loop RHEL6.iso /mnt/dvd
```

挂载一个磁盘分区到/mydata 目录：

```
$ mount /dev/sda5 /mydata
```

挂载一个远程 NFS 共享目录到/mnt/local 下：

```
# mkdir /mnt/local
```

```
# mount -t nfs hostname:/local /mnt/local
```

注意：使用 mount 命令挂载一个文件系统或设备时，需要目标目录已存在。

当使用 mount 命令挂载，但没有指定所有需要的信息时（比如，没有指定设备名或目标目录），它将读取配置文件/etc/fstab 中的内容，检查指定的文件系统是否列在其中。/etc/fstab 文件包含了系统中应该被挂载的设备名、目标目录，以及文件系统类型和挂载选项的列表。由此，当挂载指定在这个配置文件中的文件系统时，可以仅指定设备名，或是目标目录。

例如，配置文件/etc/fstab 的内容类似如下所示：

```
# cat /etc/fstab
UUID=082fb0d5-a5db-41d1-ae04-6e9af3ba15f7 /              ext4    defaults    1 1
UUID=488edd62-6614-4127-812d-cbf58eca85e9 /grubfile      ext3    defaults    1 2
UUID=2d4f10a6-be57-4e1d-92ef-424355bd4b39 swap           swap    defaults    0 0
UUID=ba38c08d-a9e7-46b2-8890-0acda004c510 swap           swap    defaults    0 0
tmpfs                    /dev/shm              tmpfs   defaults         0 0
devpts                   /dev/pts              devpts  gid=5,mode=620   0 0
sysfs                    /sys                  sysfs   defaults         0 0
proc                     /proc                 proc    defaults         0 0
nasstore:/vol/volume_share/share /opt/share    nfs     defaults         0 0
```

例如，我想单独挂载/grubfile 目录，可以使用如下命令：

```
# mount -t ext3 /grubfile
```

或是：

```
# mount -t ext3 UUID="488edd62-6614-4127-812d-cbf58eca85e9"
```

重新以只读方式挂载 NAS 存储设备上的目录/vol/volume_share/share：

```
# mount -t nfs -o remount,ro nasstore:/vol/volume_share/share
```

使用-a 选项，将挂载配置文件/etc/fstab 中的所有条目：

```
# mount -a
```

所有已挂载的文件系统在系统重启或关闭时通常是自动地卸载。当文件系统被卸载时，任何缓存在内存中的文件系统数据被快速写入磁盘。

有时，你可能同样需要手动地卸载文件系统，umount 命令即用于实现此功能。

使用 umount 命令卸载文件系统时，只需指定要卸载的设备名或挂载点（即挂载时的目标目录）作为参数即可。

例如，卸载挂载点/opt/share：

```
$ umount /opt/share
```

或是：

```
$ umount nasstore:/vol/volume_share/share
```

在卸载指定的挂载点前，要确保此挂载点没有被任何进程占用，否则你将得到类似如下的错误信息：

```
$ umount /opt/share
umount: /opt/share: device is busy.
```

> 注意：使用 lsof 命令或是 fuser 命令，可以查看某一挂载的文件系统被哪些进程占用，了解两个命令的使用方法，请参考其参考手册（man lsof 和 man fuser）。

4.2.2 df 命令实例：报告文件系统磁盘空间利用率

df 命令用于显示文件系统的可用的磁盘空间的数量。如果没指定具体的挂载点，df 命令将显示所有当前挂载的文件系统的可用空间的信息。默认情况下，显示的空间将 1K 块大小为单位。其命令的语法如下所示：

```
$ df [OPTION]… [FILES]…
```

直接运行 df 命令，不指定任何参数，将得到类似如下的结果：

```
$ df
Filesystem           1K-blocks      Used  Available Use% Mounted on
/dev/cciss/c0d0p1     78361192  23185840   51130588  32% /
/dev/cciss/c0d0p2     29753588  25503792    2713984  91% /local
tmpfs                   257476         0     257476   0% /dev/shm
```

上例的输出中，每行显示的字段分别是设备名、总计块数量、已使用的磁盘空间、可用的磁盘空间、磁盘的使用率和挂载点。

使用-a 选项，df 命令可以显示所有文件系统的信息，包括虚拟文件系统：

```
$ df -a
Filesystem           1K-blocks      Used  Available Use% Mounted on
/dev/cciss/c0d0p1     78361192  23185840   51130588  32% /
proc                         0         0          0   -  /proc
sysfs                        0         0          0   -  /sys
devpts                       0         0          0   -  /dev/pts
/dev/cciss/c0d0p2     29753588  25503792    2713984  91% /local
tmpfs                   257476         0     257476   0% /dev/shm
```

你可能已经注意到，上述以 1K 为单位输出的数值对我们来说不是很容易读懂其大小，因为我们习惯于读取以 M 或 G 等等为单位的大小，这样的大小单位更容易理解和记忆。

使用-h 选项，df 命令就能以对人类可读的格式显示相应的结果信息：

```
$ df -h
Filesystem            Size  Used Avail Use% Mounted on
/dev/cciss/c0d0p1      75G   23G   49G  32% /
/dev/cciss/c0d0p2      29G   25G  2.6G  91% /local
tmpfs                 253M     0  253M   0% /dev/shm
```

df 命令也可以显示某一指定的文件系统的信息，比如，显示根目录/的文件系统信息：

```
$ df -h
Filesystem            Size  Used Avail Use% Mounted on
/dev/cciss/c0d0p1      75G   23G   49G  32% /
```

使用-T 选项，df 命令可以显示文件系统类型的信息：

```
$ df -T
Filesystem           Type   1K-blocks      Used  Available Use% Mounted on
/dev/cciss/c0d0p1    ext3    78361192  23185840   51130588  32% /
/dev/cciss/c0d0p2    ext3    29753588  25503792    2713984  91% /local
tmpfs                tmpfs     257476         0     257476   0% /dev/shm
```

使用-t 选项，df 命令可以仅显示某一指定文件系统类型的文件系统信息：

```
$ df -t ext3
Filesystem            1K-blocks       Used    Available   Use%   Mounted on
/dev/cciss/c0d0p1      78361192   23185840     51130588    32%   /
/dev/cciss/c0d0p2      29753588   25503792      2713984    91%   /local
```

使用-x 选项，df 命令可以显示除某一文件系统类型以外的文件系统信息：

```
$ df -x ext3
Filesystem    1K-blocks      Used    Available   Use%   Mounted on
tmpfs            257476         0       257476    0%    /dev/shm
```

使用-m 选项，df 命令将以 MB（兆字节）为块大小单位，显示文件系统信息：

```
$ df -m
Filesystem             1M-blocks      Used    Available   Use%   Mounted on
/dev/cciss/c0d0p1          76525     22644        49931    32%   /
/dev/cciss/c0d0p2          29057     24907         2651    91%   /local
tmpfs                        252         0          252    0%    /dev/shm
```

4.2.3 du 命令实例：评估文件空间利用率

du 命令用于概述每个文件和目录所占磁盘空间的大小。du 命令有用于得到多种格式结果的多个参数选项，du 命令还可以递归地显示文件和目录的大小。

du 命令的语法如下所示：

```
$ du [OPTION]... [FILE]...
```

直接使用 du 命令，不指定任何选项和参数，将以 1024 字节为大小单位显示当前目录下所有目录的大小：

```
$ du
5000      ./image
10034     . 689360
```

如果指定某一具体文件或目录作为参数，du 命令将指定文件的大小，或指定目录中的各目录的大小：

```
$ du /home/yantaol
5000      /home/yantaol/image
10034     /home/yantaol
```

或是：

```
$ du /home/yantaol/.bash_profile
4         /home/yantaol/.bash_profile
```

使用-a 选项，du 命令可以递归地显示目录中各文件和目录的大小：

```
$ du -a
8         ./.bashrc
12        ./.bash_history
4         ./.bash_profile
4         ./.inputrc
1         ./.lesshst
4         ./.profile
5000      ./image/image1.jpg
5000      ./image
5000      ./image1.jpg
```

```
1       ./image1.jpg.bz2
10034   .
```

使用-h 选项，du 命令将以人类可读的格式显示文件或目录的大小：

```
$ du -h
4.9M    ./image
9.8M    .
```

使用-s 选项，du 命令将仅显示当前目录或是某一指定目录的总大小：

```
$ du -sh
9.8M    .
```

使用-0 选项，du 命令将以不换行的形式将输出结果显示为一行：

```
$ du -h -0
4.9M    ./image 9.8M    .
```

使用--exclude 选项，du 命令可以排除统计符合指定模式的文件的大小：

```
$ du -ah --exclude="*.jpg"
8.0K    ./.bashrc
12K     ./.bash_history
4.0K    ./.bash_profile
4.0K    ./.inputrc
1.0K    ./.lesshst
4.0K    ./.profile
0       ./image
1.0K    ./image1.jpg.bz2
34K     .
```

使用--time 选项，du 命令可以同时列出各条目的修改时间：

```
$ du -h --time
4.9M    2013-10-04 12:56    ./image
9.8M    2013-10-07 09:56    .
```

4.3 后台执行命令

4.3.1 cron、crontab 命令实例：执行计划任务

cron 是执行定时计划任务的守护进程。当系统是多用户运行级别时，cron 进程会从 /etc/init.d 中自动启动。cron 进程会在目录/var/spool/cron/crontabs/下搜索定时计划任务文件（定时计划任务文件以创建此任务的账户名命名），并将找到的这些定时计划任务载入内存。

⚠ 注意：目录/var/spool/cront/crontabs 中的定时计划任务文件不要直接用文本编辑器编辑，应当使用 crontab 命令访问和更新它们的内容。因为 crontab 命令可以检查这些文件中的语法错误。

cron 进程还会读取/etc/crontab 以及目录/etc/cron.d 下的内容。

cron 进程会每分钟唤醒一次，审查所有存储的定时计划任务，检查每个命令，看它是否应该在当前时间运行。

另外，cron 每分钟会检查一次它的池目录/var/spool/cront/crontabs 的修改时间（modtime）是否已经改变。如果修改时间已经改变，cron 会检查所有定时计划任务文件的修改时间，并重新加载那些已经被修改的定时计划任务文件。因此，当定时计划任务文件被修改后，不需要重启 cron 守护进程。

> **注意**：使用 crontab 命令修改定时计划任务文件时，它会更新池目录/var/spool/cront/crontabs/的修改时间（modtime）。

crontab 命令用于创建、修改、删除和查看定时计划任务。每个用户可以使用 crontab 命令创建自己的定时计划任务，生成的定时计划任务文件将以用户的账户名命名。

定时计划任务文件由每行命令组成，每行有 6 个字段，由空格或制表符分隔。前 5 个字段表示运行任务的时间，最后一个字段是任务的命令。前 5 个字段的含义依次如下所示。

- 分钟：其值为 0~59。
- 小时：其值为 0~23。
- 日期：其值为 1~31。
- 月份：其值为 1~12 或是 Jan~Dec（月份英文名称的前 3 个字母）。
- 星期：其值为 0~6 或是 Sun~Sat（星期英文名称的前 3 个字母），0 表示星期日。

在这前 5 个字段中，还可以使用以下描述的特殊字符：

- 星号（*）——匹配所有可能的值。比如"0 6 * * *"表示每天 6 点。
- 连字符（-）——定义一个范围。比如"0 2 * * 1-5"表示每周一到周五的凌晨两点。
- 斜杠（/）——表示每间隔多少时间。比如"*/5 * * * *"表示每 5 分钟。
- 逗号（,）——表示"或"的含义。比如"0 0,6,12,18 * * *"表示每天的 0 点、6 点、12 点和 18 点。

使用-l 选项，crontab 命令可以列出当前用户的所有定时计划任务：

```
$ crontab -l
30 6 * * 0 /home/yantaol/backup
```

上例中的"30 6 * * 0"表示每周日的 6 点 30 分。其中的通配符"*"分别表示每天和每月。

使用-e 选项，crontab 命令将创建或修改当前用户的定时计划任务：

```
$ crontab -e
```

使用-u 选项，crontab 命令可以查看指定用户的定时计划任务：

```
# crontab -u yantaol -l
30 6 * * 0 /home/yantaol/backup
```

> **注意**：只有 root 用户有权限查看其他用户的定时计划任务。

使用-r 选项，将没有确认信息地完全移除当前用户的定时计划任务：

```
$ crontab -r
```

将-i 选项和-r 选项结合使用，crontab 命令将在移除定时计划任务前提示用户进行确认：

```
$ crontab -i -r
crontab: really delete yantaol's crontab?
```

4.3.2 at 命令实例：在指定时间执行命令

at 命令用于安排一个任务在指定的时间运行。at 命令可以从标准输入读入命令，也可以从指定的文件中读入，然后在指定的时间运行这些命令。

at 命令的语法如下所示：

```
$ at [-f file] [-q queue] [OPTION] TIME [DATE]
```

at 命令允许相当复杂的时间格式。表 4.1 是一些 at 命令所使用的时间和日期的例子，请参考。

表 4.1 常用系统变量表

示 例	含 义
at noon	如果当前时间在正午 12 点之前，表示在今天的正午 12 点运行；如果当前时间在正午 12 点之后，则表示在明天的正午 12 点运行
at midnight	凌晨 12 点。与当前时间的关系同上
at teatime	下午 4 点
at tomorrow	明天与当前时间相同的时间
at noon tomorrow	明天的中午 12 点
at next week	一周后与当前时间相同的时间
at next monday	下周一与当前时间相同的时间
at fri	周五与当前时间相同的时间
at OCT	十月份与当前日期和时间相同的时间
at 9:00 AM	上午 9 点。与当前时间的关系同第一条
at 2:30 PM	下午 2 点 30 分。与当前时间的关系同第一条
at 1430	同上
at 2:30 PM tomorrow	明天的下午 2 点 30 分
at 2:30 PM next month	下个月同一日期的下午 2 点 30 分
at 2:30 PM Fri	周五的下午 2 点 30 分
at 2:30 PM 9/21	九月二十一号的 2 点 30 分
at 2:30 PM Sept 21	同上
at 2:30 PM 9/21/2010	同上
at 2:30 PM 21.9.10	同上
at now + 30 minutes	当前时间的 30 分钟后
at now + 1 hour	当前时间的一小时后
at now + 2 days	两天后与当前时间相同的时间
at 4 PM + 2 days	两天后的下午 4 点
at now + 3 weeks	三周后与当前时间相同的时间
at now + 4 months	4 个月后与当前时间相同的时间
at now + 5 years	5 年后与当前时间相同的时间

下面我们使用 at 命令创建一个定时任务，早上 5 点重启系统：

```
# date
Tue Oct  6 11:25:46 CST 2013
```

```
# at 5am
at> /sbin/reboot -f
at> <EOT>
job 1 at 2013-10-07 05:00
```

使用-f 选项，at 命令可以从指定的文件中读取命令内容，然后在指定的时间运行。例如，有一个名为 myjobs.txt 的文件，其内容如下所示：

```
# cat myjobs.txt
/path/to/a/shell-script
/path/to/any/command
```

接下来我们创建一个任务，在一小时后运行文件 myjobs.txt 中的内容：

```
# at -f myjobs.txt now + 1 hour
job 2 at 2013-10-06 12:23
```

使用-l 选项，可以列出当前用户（非 root）所有使用 at 命令创建的还未运行或当前正在运行的任务，如果是 root 账号，将列出所有用户的任务：

```
# at -l
1       2013-10-07 05:00 a root
2       2013-10-06 12:23 a root
```

atq 命令具有与命令"at -l"相同的功能：

```
# atq
1       2013-10-07 05:00 a root
2       2013-10-06 12:23 a root
```

上述实例的输出中，每行前面的序号 1 和 2 是任务的编号，即任务 1 和任务 2。

atrm 命令可以用于删除现有的任务，命令的参数是任务的编号，比如，我们删除上例中的两个任务：

```
# atrm 1 2
```

4.3.3 &控制操作符实例：将任务放在后台运行

字符"&"是 Bash 内置的用于并行处理进程的一个控制操作符。在命令行的末尾添加"&"将会在后台运行该命令，它将在当前的 Shell 进程下启动一个子 Shell 进程（我们将在 13.2 节中详细讲述进程的概念，请参考）。所以当命令在后台运行时，你可以继续在此终端输入并运行其他命令。

控制操作符&的使用方法类似如下所示：

```
$ command &
```

或

```
$ script-name &
```

当使用控制操作符&将一个命令或脚本放到后台执行后，会显示这个后台任务的编号及其对应的子进程号。例如，我们运行命令"sleep 10"并将其放入后台运行：

```
$ sleep 10 &
[1] 10907
```

上例输出中的"[1]"表示此后台任务的编号是 1，此后台进程的进程号是 10907。
使用 jobs 命令，我们可以查看后台正在运行的任务的信息：

```
$ jobs
[1]+  Running                 sleep 10 &
```

使用-l 选项，jobs 命令可以显示后台正在运行的任务的进程号等信息：

```
$ jobs -l
[1]+ 10907 Running             sleep 10 &
```

如果想将后台的任务放到前台来运行，有如下两种方法，JOB-ID 即为任务编号：

```
$ %JOB-ID
```

或

```
$ fg JOB-ID
```

fg 命令用于把指定的任务放在前台运行，并把它作为当前运行的任务。例如，我们将后台运行的命令"sleep 30 &"移到前台来运行：

```
$ sleep 30 &
[1] 11287

$ %1
sleep 30
```

或

```
$ sleep 30 &
[1] 11296

$ fg 1
sleep 30
```

如果想将上述的任务重新再放回后台运行，首先按 CTRL+Z 组合键，将上述放在前台的任务挂起，然后在命令行提示符下输入如下命令即可：

```
$ %1 &
```

或

```
$ bg
```

bg 命令用于将挂起的任务放在后台继续运行。

4.3.4　nohup 命令实例：运行一个对挂起免疫的命令

有时一个任务或命令会运行很长时间，如果你不确定这个任务什么时候才能运行结束，这时就最好把它放到后台去运行。然而一旦退出系统，这个任务将被终止，你该怎么办？

想必你已经知道了答案，使用 nohup 命令就可以解决这个问题，它能让你运行的命令或脚本在你退出系统后继续在后台运行。其命令的语法格式如下所示：

```
$ nohup COMMAND [ARG]... &
```

- COMMAND：Shell 脚本或命令的名称。
- [ARG]：脚本或命令的参数。
- &：nohup 命令不能自动地将任务放在后台运行，你必须明确地在 nohup 命令的末尾添加操作控制符&。

使用 nohup 命令运行一个脚本 script.sh：

```
$ nohup sh script.sh &
[1] 12496
$ nohup: appending output to 'nohup.out'
```

可以看到上例中有输出"[1] 12496"，其中"[1]"是任务编号，"12496"是此后台任务的进程号。上例中的后面还有一行输出"nohup: appending output to 'nohup.out'"，它表示脚本"sh script.sh"运行输出的所有内容都将被写入到当前目录下的文件 nohup.out 中。

当你退出系统再重新登录后，你将仍会看到脚本 script.sh 在后台运行：

```
$ ps -ef | grep 12496
yantaol    12496     1  0 18:15 ?        00:00:00 sh script.sh
```

4.4 小　　结

下面我们总结一下本章所学的主要知识。

paste 命令用于合并一个文件或多个文件中的行。

dd 命令可用于备份一个分区、DVD 或是 U 盘的数据，转换数据文件，或是做一些简单的硬盘或 CPU 速度的测试。它可以通过可能的转换格式复制指定的输入文件到指定的输出。

gzip 命令用于压缩文件，以减少文件的大小，可以节省文件通过网络传输时所占的带宽。它可以指定从 1~9 的 9 个压缩级别，级别 1 是最快的压缩速度，但压缩率较低，而级别 9 是最慢的压缩速度，但压缩率最好。默认的压缩级别是 6。

bzip2 命令也同样用于压缩或解压缩文件。与 gzip 相比，bzip2 命令具有更好的压缩率，但 bzip2 的压缩速度比 gzip 稍慢。bzip2 以可接受的速度提供较高的压缩率。bzip2 同样有 9 个压缩级别，其含义与 gzip 的含义类似。但它的默认压缩级别是 9。

gunzip 和 bunzip2 命令分别用于解压缩由 gzip 和 bzip2 生成的压缩包。

tar 命令是 Linux 系统中主要的归档工具。使用 tar 命令归档后生成的文件被我们称作 tar 包。

mount 命令用于挂载一个文件系统。挂载和卸载一个文件系统，通常都需要 root 账户权限。使用 mount 命令挂载一个文件系统时，需要目标目录（即挂载点）已存在。

umount 命令用于卸载一个文件系统或设备。在卸载指定的文件系统或设备前，要确保其没有被任何进程占用，否则会卸载失败。

df 命令用于显示文件系统的可用的磁盘空间的数量。

du 命令用于概述每个文件和目录所占磁盘空间的大小。

cron 是执行定时计划任务的守护进程。cron 进程会周期性地在目录/var/spool/cron/crontabs/下搜索由 crontab 命令生成的（也可能由用户使用文本编辑器生成，但建议使用 crontab 命令）定时计划任务文件（定时计划任务文件以创建此任务的账户名命名），并将找到的这些定时计划任务载入内存。

crontab 命令用于创建、修改、删除和查看定时计划任务。

at 命令用于安排一个任务在指定的时间运行。at 命令可以从标准输入读入命令，也可以从指定的文件中读入，然后在指定的时间运行这些命令。

字符"&"用于将命令放在后台运行。它是 Bash 内置的用于并行处理进程的一个控制操作符。

nohup 命令可以防止当你退出系统时，在后台运行的进程被终结。它能让你运行的命令或脚本在你退出系统后继续在后台运行。

第 2 篇　Shell 脚本编程

- ▶▶ 第 5 章　Shell 编程基础
- ▶▶ 第 6 章　Shell 的条件执行
- ▶▶ 第 7 章　Bash 循环
- ▶▶ 第 8 章　Shell 函数
- ▶▶ 第 9 章　正则表达式
- ▶▶ 第 10 章　脚本输入处理
- ▶▶ 第 11 章　Shell 重定向
- ▶▶ 第 12 章　管道和过滤器
- ▶▶ 第 13 章　捕获
- ▶▶ 第 14 章　sed 和 awk
- ▶▶ 第 15 章　其他 Linux Shell 种类介绍

第 5 章　Shell 编程基础

在前一章中，我们进一步学习了 Shell 命令行下的一些高级工具，熟练地掌握这些命令，将使你的 Linux 系统管理工作更轻松。

在这一章，我们将开始本书第二部分的学习，来了解、掌握一些 Linux Shell 编程基础知识。首先将介绍 Shell 脚本的第一行"#!"（Shebang）、Shell 脚本中的注释、脚本的权限和如何运行脚本，然后介绍 Shell 变量的进阶知识、Shell 的算术表达式，最后将介绍 Shell 脚本的退出状态和如何调试 Shell 脚本。

5.1　Shell 脚本的第一行"#!"（Shebang）

#!（Shebang）是一个由"#"和"!"构成的字符序列。它们是出现在 Shell 脚本文件第一行的前两个字符。脚本中的#!行（第一行）用于指示一个解释程序。

#!行的语法格式类似如下所示：

```
#! INTERPRETER [OPTION]...
```

⚠ 注意：INTERPRETER 必须是一个程序的绝对路径。

在 Linux 系统中，当一个内容以#!开头的脚本作为一个程序运行时，程序加载器会将脚本第一行的#!之后的内容解析为一个解释程序，然后用这个指定的解释程序替代其运行，并将脚本的路径作为第一个参数传递给解释程序。例如，一个脚本的路径名是"path/to/script"，并且它的内容以如下行开头：

```
#!/bin/bash
```

那么程序加载器被指示用解释程序"/bin/bash"替代其运行，并将路径"path/to/script"作为第一个参数传递给解释程序"/bin/bash"。

几乎所有的 Bash 脚本的内容都是以"#!/bin/bash"开头，这确保 Bash 将作为脚本的解释程序，即使该脚本运行在其他 Shell 下。如果 Bash 脚本中没有指定#!行，则会默认使用"/bin/sh"作为解释程序，但还是推荐你将 Bash 脚本的第一行设为"#!/bin/bash"。

5.2　Shell 中的注释

Shell 脚本中，"#"是注释标识符。如果脚本的某行含有#或以#开头（除了$#），那么这一行在#之后的所有内容都将被解释程序忽略，#之后的这些内容被称为注释。

Shell 脚本的注释用于解释脚本及其相关语句的用途和含义，使这些脚本源代码更容易被别人或自己（很长一段时间之后的自己）读懂和理解，使以后对脚本的维护和更新更容易。

我们来看下面这个脚本：

```
$ cat seeDate_IP_Hostname.sh
#!/bin/bash
# A Simple Shell Script To Get Linux Date & Hostname & Network Information
# Liu Yantao - 2013-10-07
echo "Current date : $(date) @ $(hostname)"
echo "Network configuration"
/sbin/ifconfig -a
```

上述的脚本中，第一行是#!（Shebang）行。接下来的这两行即为注释行：

```
# A Simple Shell Script To Get Linux Date & Hostname & Network Information
# Liu Yantao - 2013-10-07
```

在 Shell 脚本中，还可以使用 Bash 的 HERE DOCUMENT 特性添加多行的注释内容，请看下面的脚本内容：

```
1  #!/bin/bash
2  echo "Say something"
3  <<COMMENT
4      comment line 1
5      comment line 2
6      comment line n
7  COMMENT
8  echo "Do something else"
```

上述示例中，第 3~7 行即为注释内容。

5.3 实例：如何设置脚本的权限和执行脚本

在运行一个 Shell 脚本之前，要确保 Shell 脚本文件具有可执行的权限，否则当你直接运行脚本时，会得到"Permission denied"的错误信息。类似如下所示：

```
$ ./multicomments.sh
-bash: ./multicomments.sh: Permission denied
```

如果遇到上述错误，就需要给脚本文件添加可执行的权限。使用在第 3.3.2 小节中介绍的 chmod 命令给文件添加执行权限：

```
$ chmod u+x ./multicomments.sh
```

如果想给所有用户执行此脚本的权限，则使用如下的命令：

```
$ chmod +x ./multicomments.sh
```

运行一个 Shell 脚本，使用绝对路径或相对路径两种方式都可以。

使用绝对路径运行 Shell 脚本的方法类似如下所示：

```
$ /home/yantaol/scripts/helloworld.sh
Hello World!
```

使用相对路径运行 Shell 脚本的方法则类似如下所示：

```
$ cd /home/yantaol
$ ./scripts/helloworld.sh
Hello World!
```

也可以像运行一个命令一样运行一个 Shell 脚本，即不需要指定绝对路径或相对路径，只需输入脚本名称即可。要实现这一目的，需要将 Shell 脚本所在目录的路径添加到你的 PATH 环境变量（参见 2.3.1 小节）中。例如，如果将目录路径"/home/yantaol/scripts"加入 PATH 环境变量中，那么就可以在任何路径下直接运行目录"/home/yantaol/scripts"下的 Shell 脚本：

```
$ export PATH=$PATH:/home/yantaol/scripts
$ cd /tmp
$ helloworld.sh
Hello World!
```

5.4 Shell 变量进阶

5.4.1 Bash 中的参数扩展

参数是一个存储数值的实体，并由名称、数字或特定符号所引用。
- 被名称引用的参数称作变量。
- 被数字引用的参数称作位置参数。
- 被特定符号引用的参数具有特殊的含义和用途，被作为 Bash 的特殊内部变量引用。

参数扩展是从引用的实体取值的过程，就像扩展变量打印它的值。

字符"$"会引导参数扩展。将要扩展的参数名或符号可以放在大括号中。大括号虽然是可选的，但却可以保护待扩展的变量，使得紧跟在大括号后面的内容不会被扩展。我们通过下面的例子来了解一下参数扩展的各种形式：

基本的参数扩展：

```
$PARAMETER
${PARAMETER}
```

如果参数名后面还紧连着其他字符，这时使用大括号{}是必须的，否则紧接在参数名后面的字符串会被解释为参数名的一部分。例如我们想打印一个单词后跟字母 s：

```
$ WORD=car
$ echo $WORDs

$ echo ${WORD}s
cars
```

上述实例中，我们看到第一个打印的内容是空，这是因为参数名"WORDs"是未定义的。对于不使用大括号的参数扩展，Bash 会将从字符"$"开始到最后一个有效字符结束的所有可用的字符序列解释为参数名。当使用大括号时，会强制 Bash 只解释大括号内的名称。

另外，对于访问$9 之后的位置参数也同样需要使用大括号（关于位置参数的详细内容将在 5.4.3 小节中介绍），比如下面的示例：

```
$ echo "Argument 1 is: $1"
$ echo "Argument 10 is: ${10}"
```

> 注意：参数名是大小写敏感的。

间接参数扩展：

```
${!PARAMETER}
```

上述语句中，被引用的参数不是 PARAMETER 自身，而是 PARAMETER 的值。比如，如果参数 PARAMETER 的值是 TEMP，则${!PARAMETER}将扩展为参数 TEMP 的值：

```
$ PARAMETER=TEMP

$ TEMP="It's indirect"

$ echo ${!PARAMETER}
It's indirect

$ echo $PARAMETER
TEMP
```

大小写修改（Bash 4.0 的新特性）：

```
${PARAMETER^}
${PARAMETER^^}
${PARAMETER,}
${PARAMETER,,}
${PARAMETER~}
${PARAMETER~~}
```

上述语句中的这些扩展操作符修改参数值中字母的大小写。操作符"^"将参数值的第一个字符改为大写，操作符","将参数值的第一个字符改为小写。当使用双重模式（^^和,,）时，参数值的所有字符都将被转换。下面实例中，将当前目录下的所有后缀为 txt 的文件名转换为小写：

```
# for file in *.txt; do
> mv "$file" "${file,,}"
> done
```

> 注意：大小写修改的参数扩展是 Bash 4.0 的新特性，之前的 Bash 版本中无此参数扩展功能。

变量名扩展：

```
${!PREFIX*}
${!PREFIX@}
```

这种参数扩展将列出以字符串 PREFIX 开头的所有变量名。默认情况下，列出的这些变量名用空格分隔。例如，列出以 BASH 开头的所有已定义的变量名：

```
$ echo ${!BASH*}
BASH BASH_ARGC BASH_ARGV BASH_COMMAND BASH_LINENO BASH_SOURCE BASH_SUBSHELL BASH_VERSINFO BASH_VERSION
```

字符串移除：

```
${PARAMETER#PATTERN}
${PARAMETER##PATTERN}
${PARAMETER%PATTERN}
${PARAMETER%%PATTERN}
```

这种参数扩展可以只扩展参数值的一部分，用指定的模式来描述从参数值字符串中移除的内容。上述的语法格式中，前两个语句用于移除从参数值的开头匹配指定模式的字符串，而后两个语句与之相反，用于从参数值的末尾匹配指定模式的字符串。操作符"#"和"%"表示将移除匹配指定模式的最短文本，而操作符"##"和"%%"表示移除匹配指定模式的最长文本。例如以下实例所示：

```
$ MYSTRING="This is used for removing string"

$ echo ${MYSTRING#* }
is used for removing string

$ echo ${MYSTRING##* }
string

$ echo ${MYSTRING% *}
This is used for removing

$ echo ${MYSTRING%% *}
This
```

可能这种参数扩展最常用的用途是提取文件名的一部分：

```
$ FILENAME=linux_bash.txt

$ echo ${FILENAME%.*}        #移除文件名的后缀
linux_bash

$ echo ${FILENAME##*.}       #移除文件名，保留后缀
txt

$ FILENAME=/home/yantaol/linux_bash.txt

$ echo ${FILENAME%/*}        #移除文件名，保留目录名
/home/yantaol

$ echo ${FILENAME##*/}       #移除目录名，保留文件名
linux_bash.txt
```

字符串搜索与替换：

```
${PARAMETER/PATTERN/STRING}
${PARAMETER//PATTERN/STRING}
${PARAMETER/PATTERN}
${PARAMETER//PATTERN}
```

这种参数扩展可以替换参数值中匹配指定模式的子字符串。操作符"/"表示只替换一个匹配的字符串，而操作符"//"表示替换所有匹配的字符串。如果没有指定替换字符串STRING，那么匹配的内容将被替换为空字符串，即被删除。例如以下实例所示：

```
$ MYSTRING="This is used for replacing string or removing string"
```

```
$ echo ${MYSTRING/string/characters }
This is used for replacing characters or removing string

$ echo ${MYSTRING//string/characters }
This is used for replacing characters or removing characters

$ echo ${MYSTRING/string }
This is used for replacing or removing string

$ echo ${MYSTRING//string }
This is used for replacing or removing string

$ echo ${MYSTRING//string/ }
This is used for replacing or removing
```

求字符串长度：

```
${#PARAMETER}
```

此参数扩展格式将得到参数值的长度：

```
$ MYSTRING="Hello World"

$ echo ${#MYSTRING}
11
```

子字符串扩展：

```
${PARAMETER:OFFSET}
${PARAMETER:OFFSET:LENGTH}
```

这种参数扩展格式将扩展参数值的一部分，从指定的位置开始截取指定长度的字符串，如果省略 LENGTH，将截取到参数值的末尾。我们先来看一下不指定 LENGTH 的情况：

```
$ MYSTRING="This is used for substring expansion."

$ echo ${MYSTRING:8}
used for substring expansion.
```

下面指定 LENGTH 的值：

```
$ echo ${MYSTRING:8:10}
used for s
```

使用默认值：

```
${PARAMETER:-WORD}
${PARAMETER-WORD}
```

如果参数 PARAMETER 是未定义，或为 null 时，这种模式会扩展 WORD，否则将扩展参数 PARAMETER。如果在 PARAMETER 和 WORD 之间略去了符号"："，即上述语法中的第二种格式，只有参数 PARAMETER 是未定义时，才会使用 WORD。我们通过下面的实例来具体了解一下这种模式的使用：

```
$ unset MYSTRING

$ echo $MYSTRING
```

```
$ echo ${MYSTRING:-Hello World}
Hello World

$ echo $MYSTRING

$ MYSTRING=Hi

$ echo ${MYSTRING:-Hello World}
Hi
```

指定默认值：

```
${PARAMETER:=WORD}
${PARAMETER=WORD}
```

这种模式与使用默认值的模式类似，但其区别在于，此种模式不仅扩展 WORD，还将 WORD 赋值给参数 PARAMETER，作为 PARAMETER 的值。请看如下实例：

```
$ unset MYSTRING

$ echo $MYSTRING

$ echo ${MYSTRING:=Hello World}
Hello World

$ echo $MYSTRING
Hello World
```

使用替代值：

```
${PARAMETER:+WORD}
${PARAMETER+WORD}
```

如果参数 PARAMETER 是未定义的，或其值为空时，这种模式将不扩展任何内容。如果参数 PARAMETER 是定义的，且其值不为空，这种模式将扩展 WORD，而不是扩展为参数 PARAMETER 的值。如以下实例所示：

```
$ MYSTRING=""

$ echo ${MYSTRING:+ NOTE: MYSTRING seems to be set.}

$ MYSTRING="Hi"

$ echo ${MYSTRING:+ NOTE: MYSTRING seems to be set.}
NOTE: MYSTRING seems to be set.
```

还有一种参数扩展模式，用于当参数未定义或其值为空时显示错误信息。此种扩展模式在本书的 2.3.8 小节中已做了讲解，请参考。

5.4.2 Bash 的内部变量

Bash 的内部变量会影响 Bash 脚本的行为。在本小节中我们将介绍几个比较常用的 Bash 内部变量。

$BASH 变量——用于引用 Bash 实例的全路径名。变量的值类似如下所示：

```
$ echo $BASH
/bin/bash
```

$HOME 变量——当前用户的 home 目录，通常是/home/<username>：

```
$ echo "Your home directory is $HOME"
Your home directory is /home/yantao
```

$IFS 变量——IFS 是内部字段分隔符的缩写。此变量决定当 Bash 解析字符串时将怎样识别字段，或单词分界线。变量$IFS 的默认值是空格（空格、制表符和换行），但可以被修改。请看如下实例：

```
$ set x y z      #使用 set 命令，将 x, y, z 赋予位置参数 1, 2, 3
$ IFS=":;-"      #指定 Bash 的内部字段分隔符
$ echo "$*"      #扩展特殊参数*
x:y:z
```

上例中使用的特殊参数"*"将在下一小节中介绍，请参考。

$OSTYPE 变量——操作系统的类型：

```
$ echo $OSTYPE
linux-gnu
```

$SECONDS 变量——脚本已经运行的秒数，我们来看下面这个使用$SECONDS 变量的脚本：

```
#!/bin/bash -
#===============================================================
#
#          FILE: seconds.sh
#
#         USAGE: ./seconds.sh
#
#   DESCRIPTION:
#
#       OPTIONS: ---
#  REQUIREMENTS: ---
#          BUGS: ---
#         NOTES: ---
#        AUTHOR: Liu Yantao (Tom), yantao.freedom@icloud.com
#  ORGANIZATION:
#       CREATED: 10/11/2013 16:15
#      REVISION: ---
#===============================================================

TIME_LIMIT=10
INTERVAL=1

echo
echo "Hit Control-C to exit before $TIME_LIMIT seconds."
echo

while [ "$SECONDS" -le "$TIME_LIMIT" ]
do  #  $SECONDS is an internal shell variable.
    if [ "$SECONDS" -eq 1 ]
    then
        units=second
    else
        units=seconds
```

```
        fi
    echo "This script has been running $SECONDS $units."
    # On a slow or overburdened machine, the script may skip a count
    #+ every once in a while.
    sleep $INTERVAL
done

exit 0
```

$TMOUT 变量——如果$TMOUT 变量被指定了一个非零的值，此值就会被 Bash 的内部命令 read 作为默认的超时秒数。在一个交互式的 Shell 中，$TMOUT 的值被作为命令行提示符等待输入的秒数，如果在指定的秒数内没有输入，Bash 将自动被终结。比如下面这个脚本中，设置 read 命令的超时等待时间为 3 秒。

```
#!/bin/bash -
#=================================================
#
#          FILE: timeout.sh
#
#         USAGE: ./timeout.sh
#
#   DESCRIPTION:
#
#       OPTIONS: ---
#  REQUIREMENTS: ---
#          BUGS: ---
#         NOTES: ---
#        AUTHOR: Liu Yantao (Tom), yantao.freedom@icloud.com
#  ORGANIZATION:
#       CREATED: 10/11/2013 16:37
#      REVISION: ---
#=================================================

set -o nounset                          # Treat unset variables as an error
TMOUT=3

echo "Are you sure? (Y/N)"
read input

if [ "$input" == "Y" ]
then
      echo "Continue..."
else
      echo "Exit!"
fi
```

$UID 变量——当前用户的账号标识码（ID 号），与/etc/passwd 中记录的相同。此变量记录的是当前账户的真实 ID，即使该账户通过 su 命令已经临时获得了另一个账号的权限。$UID 是一个只读变量，不接受从命令行或脚本的修改。下面这个脚本使用$UID 变量来判断当前账号是否为 root。

```
#!/bin/bash -
#=================================================
#
#          FILE: uaroot.sh
#
#         USAGE: ./uaroot.sh
```

```
#
#    DESCRIPTION:
#
#        OPTIONS: ---
#   REQUIREMENTS: ---
#           BUGS: ---
#          NOTES: ---
#         AUTHOR: Liu Yantao (Tom), yantao.freedom@icloud.com
#   ORGANIZATION:
#        CREATED: 10/11/2013 18:01
#       REVISION: ---
#=====================================================================

root_uid=0
if [ "$UID" -eq "$ root_uid" ]
then
  echo "You are root."
else
  echo "You are just an ordinary user."
fi

exit 0
```

5.4.3 Bash 中的位置参数和特殊参数

Bash 中的位置参数是由除 0 以外的一个或多个数字表示的参数。

位置参数是当 Shell 或 Shell 的函数被引用时由 Shell 或 Shell 函数的参数赋值，并且可以使用 Bash 的内部命令 set 来重新赋值。位置参数 N 可以被引用为${N}，或当 N 只含有一个数字时被引用为$N。

```
$ set 1 2 3 four five six 7 8 9 ten
$ echo "$1 $2 $3 $4 $5 $6 $7 $8 $9 ${10}"
1 2 3 four five six 7 8 9 ten
```

注意：多于一个数字的位置参数在扩展时必须放在大括号中。比如，位置参数 10 在扩展时使用${10}。

位置参数不能通过赋值语句来赋值，而只能通过 Bash 的内部命令 set 和 shift 来设置和取消它们。当 Shell 函数运行时，位置参数会被临时地替换。

```
$ cat show_positional_param.sh
#!/bin/bash -
#=====================================================================
#
#           FILE: show_positional_param.sh
#
#          USAGE: ./show_positional_param.sh
#
#    DESCRIPTION:
#
#        OPTIONS: ---
#   REQUIREMENTS: ---
#           BUGS: ---
#          NOTES: ---
#         AUTHOR: Liu Yantao (Tom), yantao.freedom@icloud.com
#   ORGANIZATION:
```

```
#         CREATED: 10/17/2013 13:16
#         REVISION: ---
#=====================================================
echo "Argument 1: $1"
echo "Argument 2: $2"
echo "Argument 3: $3"
echo "Argument 4: $4"
echo "Argument 5: $5"

$ ./show_positional_param.sh one two three four five
Argument 1: one
Argument 2: two
Argument 3: three
Argument 4: four
Argument 5: five
```

Bash 对一些参数的处理比较特殊。这些参数只能被引用，但不能修改它们的值。这些特殊参数分别是*、@、#、?、-、$、!、0 和_。

特殊参数*，将扩展为从 1 开始的所有位置参数。如果扩展发生在双引号内，即"$*"，则扩展为包含每个参数值的单词，每个参数值用特殊变量 IFS 的第一个字符分隔。也就是说，"$*"等价于"$1c$2c..."，其中，c 是特殊变量 IFS 的第一个字符。如果变量 IFS 没有定义，则参数之间默认用空格分隔。如果 IFS 为空，则参数直接相连，中间没有分隔。

```
$ set one two three
$ echo "$*"
one two three
```

特殊参数@，也将扩展为从 1 开始的所有位置参数。但当它的扩展发生在双引号内时，每个参数都扩展为分隔的单词。也就是说，"$@"等价于"$1"、"$2"…。参数@与*之间的区别将在 for 循环的调用中显现出来。

特殊参数#，将扩展为位置参数的个数，用十进制表示：

```
$ set one two three
$ echo $#
3
```

特殊参数?，将扩展为最近一个在前台执行的命令的退出状态。可以使用它来检查 Shell 脚本是否已成功地执行，通常退出状态 0 表示命令已经没有任何错误地结束运行。比如，我们创建一个文件，并使用 ls 命令列出这个文件，这些命令成功执行的话，则退出状态将是 0，否则将是其他数值。

```
$ touch newfile

$ echo $?
0

$ ls newfile
newfile

$ echo $?
0

$ rm -f newfile
```

```
$ echo $?
0

$ ls newfile
ls: newfile: No such file or directory

$ echo $?
2
```

特殊参数-，将扩展为当前的选项标志。这些选项是在调用时，或由内部命令 set 指定，或由 Shell 自身指定。

特殊参数$，将扩展为当前 Shell 的进程号。在一个子 Shell 中，它扩展为调用 Shell 的进程号，而不是子 Shell 的进程号。如下所示，打印当前 Shell 的进程号：

```
$ echo $$
28072
```

特殊参数!，将扩展为最近一次执行的后台命令的进程号；

```
$ sleep 10 &
[1] 28192
$ echo $!
28192
```

特殊参数 0，将扩展为 Shell 或 Shell 脚本的名称。它是在 Shell 初始化时设置。如果 Bash 调用时带有脚本文件作为参数，$0 就设置为脚本的文件名。

```
$ echo $0
-bash

$ cat param_zero.sh
#!/bin/bash -
#===================================================
#
#        FILE: param_zero.sh
#
#       USAGE: ./param_zero.sh
#
#  DESCRIPTION:
#
#     OPTIONS: ---
# REQUIREMENTS: ---
#        BUGS: ---
#       NOTES: ---
#      AUTHOR: Liu Yantao (Tom), yantao.freedom@icloud.com
# ORGANIZATION:
#     CREATED: 10/17/2013 15:16
#    REVISION: ---
#===================================================

echo "The \$0 is $0"

$ ./param_zero.sh
The $0 is ./param_zero.sh

$ bash ./param_zero.sh
The $0 is ./param_zero.sh
```

特殊参数_，在 Shell 启动时，它被设为开始运行的 Shell 或 Shell 脚本的路径。随后，

扩展为前一个命令的最后一个参数。请看如下实例：

```
$ cat param_underscore.sh
#!/bin/bash -
#=============================================================
#
#          FILE: param_underscore.sh
#
#         USAGE: ./param_underscore.sh
#
#   DESCRIPTION:
#
#       OPTIONS: ---
#  REQUIREMENTS: ---
#          BUGS: ---
#         NOTES: ---
#        AUTHOR: Liu Yantao (Tom), yantao.freedom@icloud.com
#  ORGANIZATION:
#       CREATED: 10/17/2013 17:55
#      REVISION: ---
#=============================================================

echo "The \$_ is $_"

uname -a

echo $_
$ ./param_underscore.sh
The $_ is ./param_underscore.sh
Linux localhost 2.6.18-238.9.1.el5PAE #1 SMP Tue Apr 12 19:28:32 EDT 2011 i686 i686 i386 GNU/Linux
-a

$ bash ./param_underscore.sh
The $_ is /bin/bash
Linux localhost 2.6.18-238.9.1.el5PAE #1 SMP Tue Apr 12 19:28:32 EDT 2011 i686 i686 i386 GNU/Linux
-a
```

5.4.4 实例：使用 declare 指定变量的类型

declare 命令是 Bash 的内部命令，用于声明变量和修改变量的属性。它与 Bash 的另一个内部命令 typeset 的用法和用途完全相同。

如果直接使用 declare 命令，不指定变量名，将显示所有变量的值：

```
$ declare
BASH=/bin/bash
BASH_ARGC=()
BASH_ARGV=()
BASH_LINENO=()
BASH_SOURCE=()
BASH_VERSINFO=([0]="3" [1]="2" [2]="25" [3]="1" [4]="release" [5]="i686-redhat-linux-gnu")
BASH_VERSION='3.2.25(1)-release'
COLORS=/etc/DIR_COLORS
COLUMNS=167
CVS_RSH=ssh
DIRSTACK=()
```

第 5 章　Shell 编程基础

```
EUID=12107
GROUPS=()
G_BROKEN_FILENAMES=1
HISTFILE=/home/yantaol/.bash_history
HISTFILESIZE=1000
HISTSIZE=1000
HOME=/home/yantaol
…
```

使用-r 选项，declare 命令将把指定的变量定义为只读变量，这些变量将不能再被赋予新值或被清除：

```
$ declare -r var=1

$ var=2
-bash: var: readonly variable

$ unset var
-bash: unset: var: cannot unset: readonly variable
```

使用-i 选项，declare 命令将把指定的变量定义为整数型变量，赋予整数型变量的任何类型的值都将被转换成整数，下面通过实例来了解一下整数型变量的赋值：

```
$ declare -i NUMBER
$ NUMBER=1

$ echo "The number is $NUMBER"
The number is 1

$ NUMBER=one

$ echo "The number is $NUMBER"
The number is 0

$ NUMBER=9/2

$ echo "The number is $NUMBER"
The number is 4
```

使用-x 选项，declare 命令将把指定的变量通过环境输出到后续命令。

使用-p 选项，declare 命令将显示指定变量的属性和值：

```
$ declare -p NUMBER
declare -i NUMBER="4"
```

有时一个任务或命令会运行很长时间，如果不能确定这个任务什么时候才能运行结束，这时就最好把它放到后台去运行。然而一旦退出系统，这个任务将被终止，你该怎么办？

想必你已经知道了答案，使用 nohup 命令就可以解决这个问题，它能让运行的命令或脚本在你退出系统后继续在后台运行。其命令的语法格式如下所示：

```
$ nohup COMMAND [ARG]… &
```

- COMMAND：Shell 脚本或命令的名称。
- [ARG]：脚本或命令的参数。
- &：nohup 命令不能自动地将任务放在后台运行，你必须明确地在 nohup 命令的末尾添加操作控制符&。

使用 nohup 命令运行一个脚本 script.sh：

```
$ nohup sh script.sh &
[1] 12496
$ nohup: appending output to 'nohup.out'
```

可以看到上例中有输出"[1] 12496"，其中"[1]"是任务编号，"12496"是此后台任务的进程号。上例中的后面还有一行输出"nohup: appending output to `nohup.out'"，它表示脚本"sh script.sh"运行输出的所有内容都将被写入到当前目录下的文件 nohup.out 中。

当你退出系统再重新登录后，将仍会看到脚本 script.sh 在后台运行：

```
$ ps -ef | grep 12496
yantaol    12496     1  0 18:15 ?        00:00:00 sh script.sh
```

5.4.5 Bash 中的数组变量

一个数组是包含多个值的变量。任何变量也可以作为一个数组使用。数组的大小没有限制，也不需要成员变量是连续分配的。数组的索引是从 0 开始的，即第一个元素的索引是 0。

间接声明一个数组变量的语法如下所示：

```
$ ARRAYNAME[INDEX]=value
```

INDEX 是一个正数，或是一个值为正数的算术表达式。

显式声明一个数组变量是使用 Bash 的内部命令 declare：

```
$ declare -a ARRAYNAME
```

带有一个索引编号的声明也是接受的，但索引编号将被忽略。数组的属性可以使用 Bash 的内部命令 declare 和 readonly 指定，这些属性将被应用到数组中的所有变量。

比如，我们使用 declare 命令定义一个数组变量：

```
$ declare -a linux=('Debian' 'Redhat' 'Suse' 'Fedora')
```

数组变量还可以使用复合赋值的格式：

```
$ ARRAYNAME=(value1 value2 ... valueN)
```

若要引用数组中某一项的内容，必须要使用花括号"{}"。如果索引编号是"@"或"*"，那么数组的所有成员都将被引用。请看如下实例：

```
$ echo ${linux[@]}
Debian Redhat Suse Fedora

$ arr1=(one two three)

$ echo ${arr1[0]} ${arr1[1]} ${arr1[2]}
one two three

$ echo ${arr1[*]}
one two three

$ echo ${arr1[@]}
```

```
one two three
$ arr1[3]=four
$ echo ${arr1[@]}
one two three four
$ echo $arr1
one
```

如果引用数组时，不指定索引编号，则引用的将是数组中的第一元素，即使用索引编号 0。

使用 unset 命令可以消除一个数组或数组的成员变量。如下所示：

```
$ unset arr1[2]
$ echo ${arr1[@]}
one two four
$ unset arr1
$ echo ${arr1[@]}
```

当然，Bash 的各种参数扩展也可以应用于数组变量。

5.5　Shell 算术运算

Shell 可以对算术表达式求值，它可以是 Shell 算术扩展，也可以由内部命令 let 来实现。求值时使用固定宽度的整数，并且不检查溢出，但是它可以捕获除以 0 的情况并报错。

5.5.1　Bash 的算术运算符

Bash 中的算术运算符以及它们的优先级、结合性和值都与 C 语言相同。表 5.1 是操作符按优先级从高到低排列的分组，请参考。

表 5.1　操作符优先级分组

操作符	用途
id++ id--	变量后递增和后递减
++id --id	变量前递增和前递减
- +	单目负号和正号
! ~	逻辑取反，按位取反
**	求幂
* / %	乘，除，求余
+ -	加，减
<< >>	按位左移，按位右移
<= >= < >	比较
== !=	相等，不等
&	按位与

续表

操作符	用途
^	按位异或
|	按位或
&&	逻辑与
||	逻辑或
expr?expr:expr	条件运算符
= *= /= %= += -= <<= >>= &= ^= |=	赋值
expr1 , expr2	逗号运算

下面我们通过几个实例，来了解几个运算符的使用。

求幂运算符**：

```
$ let var=5**2
$ echo $var
25
```

求余运算符%：

```
$ let var=9%2
$ echo $var
1
```

相加赋值运算符+=：

```
$ echo $var
1
$ let var+=10
$ echo $var
11
```

相乘赋值运算符：

```
$ echo $var
11
$ let var*=5
$ echo $var
55
```

逻辑与&&和逻辑或||运算符：

```
$ echo $(( 2 && 3 ))
1
$ echo $(( 2 && 0 ))
0
$ echo $(( 2 || 0 ))
1
$ echo $(( 0 || 0 ))
0
```

逗号运算符将两个或更多的算术运算连接在一起，所有的运算都被求值，但只有最后一个运算的值被返回。如下所示：

```
$ let var=(2+3, 10-5, 20-6)

$ echo $var
14

$ let var=(var1=10, 10%3)

$ echo $var
1

$ echo $var1
10
```

逗号运算符主要在 for 循环中使用。

5.5.2 数字常量

默认情况下，Shell 算术表达式都是使用十进制数，除非这个数字有特定的前缀或标记。以 0 开头的常量将被当作八进制数解释，而以 "0x" 或 "0X" 开头的数值将被解释为十六进制数。此外，如果数值的格式是 BASE#NUMBER，BASE 是介于 2~64 之间的十进制数，表示算术进制基数，比如，BASE 是数字 12，那么 12#NUMBER 就表示十二进制数，NUMBER 即为此进制中的数值。

下面我们根据具体的实例来了解和学习这几种数字常量：

```
$ let dec=20                    #默认为十进制数

$ echo "Decimal number: $dec"
Decimal number: 20

$ let oct=020                   #以 0 开头的八进制数

echo "Octal number: $oct"
#换算的十进制为：2*（8 的 1 次方）+0*（8 的 0 次方）=16，其他进制的数学算法相同
Octal number: 16

$ let hex=0x20                  #以 0x 开头的十六进制数

$ echo "Hexadecimal number: $hex"
Hexadecimal number: 32

$ let bin=2#111                 #符号 "#" 之前的数字 2 表示此数值为二进制

$ echo "Binary number: $bin"
Binary number: 7

$ let base32=32#20              #三十二进制数，数值为 20

$ echo "Base-32 number: $base32"
Base-32 number: 64

$ let base64=64#@
```

```
#在六十四进制中,十进制的0~9即用0~9表示,10-35这26个数依次用小写字母a~z表示,
36~61这26个数依次用大写字母A~Z表示,最后剩余的62和63分别用@和_表示
$ echo "Base-64 number: $base64"
Base-64 number: 4031
```

5.5.3 使用算术扩展和 let 进行算术运算

算术扩展可以对算术表达式求值并替换成所求得的值。它的格式是:

```
$ $((算术表达式))
```

注意:算术扩展中的运算数只能是整数,算术扩展不能对浮点数进行算术运算。

算术表达式中的所有符号都会进行参数扩展、字符串扩展、命令替换和引用去除。算术表达式也可以是嵌套的。如果算术表达式无效,Bash 将打印指示错误的信息,并且不会进行任何替换。

下面我们通过一些实例来了解和学习算术扩展的使用:

```
$ var=5
$ var=$(( $var + 8 ))      # 变量允许作为运算数,var=$(( var + 8 ))的结果将与此句
                             结果相同
$ echo $var
13

$ x=17
$ y=2
$ z=$(( x%y ))             #求余运算
$ echo $z
1

$ echo $(( 10>3 ))         #符号">"为比较运算符。若条件为真,则运算结果返回1;若条
                             件为假,则返回0
1

$ a=28
$ b=25
$ c=$(( $(( a>b ))?a:b ))
#此表达式中,如果条件表达式问号"?"前的表达式运算结果为真,或结果数值大于1,则返回a,
否则返回b
echo $c
28
```

let 命令是 Bash 的内部命令,它也同样可以用于算术表达式的求值。let 命令按照从左到右的顺序将提供给它的每一个参数进行算术表达式的求值。求值运算只能使用固定宽度的整数,并且不会检查溢出,但是它可以捕获除以 0 的情况并报错。当最后一个参数的求值结果为真时,let 命令返回退出码 0,否则返回退出码 1。

let 命令的功能和算术扩展基本相同。但 let 语句要求默认情况下在任何操作符两边不能含有空格,即所有算术表达式要连接在一起。若要在算术表达式中的符号之间使用空格,就必须使用双引号将算术表达式括起。

下面通过一些实例来了解和学习 let 命令的使用:

```
$ let i=i+5
```

```
$ echo $i
5

$ let i=i + 5          #默认情况下，let 命令不允许在运算符左右包含空格
bash: let: +: syntax error: operand expected (error token is "+")

$ echo $i
5

$ let "i=i + 5"        #使用 let 命令时，若要在运算符左右使用空格，必须使用双引号

$ echo $i
10

$ let i=1

$ let "i <<= 3"        #左移 3 位并赋值

$ echo $i
8

$ let i++              #变量后递增加 1

echo $i
9

$ let "i = i<6 ? i : 6"#问号？前的表达式值为真，取 i 的值，否则取 6

$ echo $i
6
```

5.5.4 实例：使用 expr 命令

expr 命令是一个用于对表达式进行求值并输出相应结果的命令行工具。它同样也只支持整数运算数，不支持浮点运算数的运算。

与 let 命令相反，使用 expr 命令时，表达式中的运算符左右必须包含空格，如果没有空格，而是将运算符与运算数直接相连，expr 命令将不会对表达式进行求值，而直接输出算术表达式。

使用 expr 命令时，对于某些运算符，还需要使用符号 "\\" 进行转义，否则提示语法错误。

使用 expr 命令给变量赋值时，需要使用 Shell 扩展中的命令替换（请参考 2.4.2 小节）。

下面我们通过一些实例来了解和学习 expr 命令的用法：

```
$ expr 6 + 8
14

$ expr 6+8         #运算符左右没有包含空格
6+8

$ expr 6 * 8       #乘法符号需要使用符号 "\\" 进行转义
expr: syntax error

$ expr 6 \* 8
```

```
48

$ expr 1 \< 2      #运算符"<"同样需要转义
1

$ expr 2 \> 5      #运算符">"同样需要转义,还有运算符"<="、">="、"|"和"&"
0

$ a=15

$ b=35

$ expr $a \* $b
525

$ c='expr $a \* $b'       #使用命令替换对变量进行赋值

$ echo $c
525

$ c=$( expr $a \* $b )    #命令替换的另一种形式

$ echo $c
525
```

5.6 退出脚本

对于一个写得好的 Shell 脚本来说,当它运行完成时,应当返回一个退出状态,用于标识脚本是否成功运行。

exit 命令用于结束并退出一个 Shell 脚本的运行,它同样可以返回一个用于脚本的父进程的值。

接下来我们就来了解和学习 Shell 脚本的退出状态码和 exit 命令的使用。

5.6.1 退出状态码

每一个命令都会返回一个退出状态(有时被称作返回状态或退出码)。一个运行成功的命令会返回一个 0。而不成功的命令会返回一个非 0 的值,它通常可以被解释为一个错误代码。功能良好的 Linux 命令、程序或工具当成功完成时,会返回退出状态码 0。

同样地,Shell 脚本和它里面的函数也会返回一个退出状态码。在 Shell 脚本或函数中,最后执行的一条命令决定其退出状态。

你可以通过检查 Bash 的特殊变量$?(请参见 5.4.3 小节)来查看上一条命令运行后的退出状态码。

在你的脚本中检查所调用的程序的退出状态是非常重要的。当脚本运行完成时,返回一个有意义的退出状态也同样是非常重要的。比如,脚本中包含了如下两条语句:

```
cd $SOME_DIR
rm -rf *
```

这两条语句乍看起来好像并没有什么问题，使用 cd 命令进入到一个目录，再用 rm 命令删除目录下所有的内容。但如果变量$SOME_DIR 定义的目录不存在会发生什么呢？在这种情况下，cd 命令将执行失败，而 rm 命令会在当前目录下运行，将删除当前目录下的所有内容。这可能绝不是你想要的结果，它可能导致重要数据被删除，或是系统文件丢失而无法正常启动。上述脚本中的问题就在于，它在运行 rm 命令之前没有检查 cd 命令的退出状态。

在 Shell 脚本中，exit N 命令可以用于提交一个退出状态码 N 给 Shell（N 必须是一个介于 0~255 之间的整数）。

5.6.2 实例：使用 exit 命令

exit 命令的语法如下所示：

```
$ exit N
```

exit 命令语句用于从 Shell 脚本中退出并返回指定的退出状态码 N，来指示 Shell 脚本是否成功结束。当错误发生时，使用 exit 命令语句可以终结脚本的运行。当 N 为 0 时，表示脚本成功运行正常退出；而当 N 为非 0 时，表示脚本运行失败，由于错误而退出运行。

退出状态码 N 可以被其他命令或脚本使用来采取它们自己的行为。如果退出状态码 N 被省略，则将把最后一条运行的命令的退出状态作为脚本的退出状态码。

我们结合使用退出状态码检查，来看一下如何使上一小节讲述的脚本中的内容更完善：

```
cd $SOME_DIR
if [ $? -eq 0 ]; then              #检查 cd 命令是否运行成功，如果成功才运行 rm 命令
rm -rf *
else
echo 'Cannot change directory!'    #如果 cd 命令运行失败，则打印一个错误信息，并
                                    退出，返回退出状态码 1
exit 1
fi
```

在这一版本中，我们检查了 cd 命令的退出状态，如果其不为 0，将打印一个错误信息，并使用 exit 命令终结脚本运行，返回退出状态码 1。

我们再来看一个完整的备份脚本的实例：

```
#!/bin/bash
BAK=/data
TAPE=/dev/st0
echo "Trying to backup ${BAK} directory to tape device ${TAPE} .."

[ ! -d $BAK ] && { echo "Source backup directory $BAK not found."; exit 1; }
#检查目录 BAK 是否存在，若不存在，则打印错误信息，并结束脚本，同时返回退出状态码 1

[ ! -b $TAPE ] && { echo "Backup tape drive $TAPE not found or configured.";
exit 2; }
#检查磁带设备是否存在，若不存在，则打印错误信息，并结束脚本，同时返回退出状态码 2

tar cvf $TAPE $BAK >& /tmp/error.log         #开始备份
```

```
if [ $? -ne 0 ]  #如果备份失败，打印错误信息，并结束脚本，返回退出状态码 3
then
    echo "An error occurred while making a tape backup, see /tmp/error.log
file".
    exit 3
fi

exit 0   #如果备份成功，则返回退出状态码 0
```

强烈建议，在你的 Shell 脚本中对调用的程序进行退出状态检查，并根据退出状态做出相应的处理，当脚本退出运行时，明确地返回一个退出状态码，这对一个完善的 Shell 脚本来说，是不可或缺的。

5.7 实例：调试脚本

Shell 脚本调试的主要工作是发现引发脚本错误的原因，以及在脚本中定位发生错误的行。Bash 提供了多种脚本调试的功能。但最常用的脚本调试方法是使用 Bash 的-x 选项启动一个子 Shell，它将以调试模式运行整个脚本，使 Shell 在执行脚本的过程中把实际执行的每一个命令行显示出来，并且在命令行的行首显示一个 "+" 号，"+" 号后面显示的是经过了参数扩展之后的命令行的内容，有助于分析实际执行的是什么命令。

下面我们来看一下脚本 param_underscore.sh 以调试模式运行时的输出：

```
$ bash -x param_underscore.sh
+ echo 'The $_ is /bin/bash'
The $_ is /bin/bash
+ uname -a
Linux localhost 2.6.18-238.9.1.el5PAE #1 SMP Tue Apr 12 19:28:32 EDT 2011
i686 i686 i386 GNU/Linux
+ echo -a
-a
```

在上面的输出结果中，前面有 "+" 号的行是 Shell 脚本实际执行的命令，其他行则是 Shell 脚本的打印输出信息。

🔔 **注意**：这一调试功能在自 3.0 以后的 Bash 大多数现代版本中可用。

Bash 的执行选项除了可以在启动 Shell 时指定外，也可以在脚本中用 set 命令来指定。"set -选项" 表示启动某选项，"set +选项" 表示关闭某选项。所以我们可以在 Shell 脚本中使用 "set -x" 和 "set +x" 命令来调试脚本中的某一段代码。比如，我们不确定脚本 param_underscore.sh 中的 "uname -a" 命令将做什么操作，我们可以对脚本中的这段内容做类似如下的调整，只调试这段代码：

```
set -x
uname -a
set +x
```

此时，脚本运行后的内容将类似如下所示：

```
$ ./param_underscore.sh
The $_ is ./param_underscore.sh
```

```
+ uname -a
Linux localhost 2.6.18-238.9.1.el5PAE #1 SMP Tue Apr 12 19:28:32 EDT 2011 i686 i686 i386 GNU/Linux
+ set +x
+x
```

Bash 中还有一个 "-v" 选项，该选项将激活详细输出模式，在这一模式中，由 Bash 读入的脚本的每一个命令行都将在执行前被打印输出。比如使用-v 选项运行脚本 param_underscore.sh：

```
$ bash -v param_underscore.sh
#!/bin/bash -
#===============================================
#
#        FILE: param_underscore.sh
#
#       USAGE: ./param_underscore.sh
#
# DESCRIPTION:
#
#     OPTIONS: ---
# REQUIREMENTS: ---
#        BUGS: ---
#       NOTES: ---
#      AUTHOR: Liu Yantao (Tom), yantao.freedom@icloud.com
# ORGANIZATION:
#     CREATED: 10/17/2013 17:55
#    REVISION: ---
#===============================================
echo "The \$_ is $_"
The $_ is /bin/bash

uname -a
Linux localhost 2.6.18-238.9.1.el5PAE #1 SMP Tue Apr 12 19:28:32 EDT 2011 i686 i686 i386 GNU/Linux

echo $_
-a
```

通常，将-v 选项和-x 选项同时使用，可以得到更为详细的脚本调试信息：

```
$ bash -xv param_underscore.sh
#!/bin/bash -
#===============================================
#
#        FILE: param_underscore.sh
#
#       USAGE: ./param_underscore.sh
#
# DESCRIPTION:
#
#     OPTIONS: ---
# REQUIREMENTS: ---
#        BUGS: ---
#       NOTES: ---
#      AUTHOR: Liu Yantao (Tom), yantao.freedom@icloud.com
# ORGANIZATION:
#     CREATED: 10/17/2013 17:55
#    REVISION: ---
```

```
#========================================================
echo "The \$_ is $_"
+ echo 'The $_ is /bin/bash'
The $_ is /bin/bash

uname -a
+ uname -a
Linux localhost 2.6.18-238.9.1.el5PAE #1 SMP Tue Apr 12 19:28:32 EDT 2011
i686 i686 i386 GNU/Linux

echo $_
+ echo -a
-a
```

从上面的几个实例可以发现,-x 选项虽然使用起来比较方便,但它输出的调试信息仅限于参数扩展之后的每一条实际执行的命令以及行首的一个 "+" 号,但却没有代码行的行号这样的重要信息,这对于调试复杂的 Shell 脚本来说,是很不方便的。幸运的是,Bash 的一些内部环境变量可以用来增强-x 选项的输出信息,下面介绍几个有用的 Bash 内部环境变量。

- ❑ $LINENO:表示 Shell 脚本的当前行号。
- ❑ $FUNCNAME:它是一个包含了当前在执行调用堆栈中的所有 Shell 函数名称的数组变量。${FUNCNAME[0]} 代表当前正在执行的 Shell 函数的名称,${FUNCNAME[1]} 则代表调用函数${FUNCNAME[0]}的函数的名字,依次类推。
- ❑ $PS4:我们在前面已经讲到,使用 Bash 的-x 选项时,每一条实际执行的命令的行首会显示一个 "+" 号,而这个 "+" 号其实就是变量$PS4 的默认值。

利用变量$PS4 的这一特性,结合上述另两个 Bash 内部变量,通过重新定义变量$PS4,就可以增强-x 选项的输出信息。例如我们先在命令行提示符下执行如下语句:

```
$ export PS4='+{$LINENO:${FUNCNAME[0]}}'
```

然后再使用 Bash 的-xv 选项来调试脚本 param_underscore.sh:

```
$ bash -xv param_underscore.sh
#!/bin/bash -
#========================================================
#
#          FILE: param_underscore.sh
#
#         USAGE: ./param_underscore.sh
#
#   DESCRIPTION:
#
#       OPTIONS: ---
#  REQUIREMENTS: ---
#          BUGS: ---
#         NOTES: ---
#        AUTHOR: Liu Yantao (Tom), yantao.freedom@icloud.com
#  ORGANIZATION:
#       CREATED: 10/17/2013 17:55
#      REVISION: ---
#========================================================

echo "The \$_ is $_"
+{20:}echo 'The $_ is /bin/bash'
```

```
The $_ is /bin/bash

uname -a
+{22:}uname -a
Linux localhost 2.6.18-238.9.1.el5PAE #1 SMP Tue Apr 12 19:28:32 EDT 2011
i686 i686 i386 GNU/Linux

echo $_
+{24:}echo -a
-a
```

由于上面实例的脚本中没有函数,所以${FUNCNAME[0]}的输出为空。Bash 中还有其他一些对调试脚本有帮助的内置变量,比如$BASH_SOURCE、$BASH_SUBSHELL 等,你可以使用 Bash 的参考手册(man bash)来查看,然后根据你的调试目的,使用这些变量来重新定义变量$PS4,从而达到增强 Bash 的-x 选项的输出信息的目的。

Bash 中还有一个执行选项-n,它可用于测试 Shell 脚本中是否存在语法错误,它会读取脚本中的命令但不会执行它们。在编写完 Shell 脚本后,实际执行之前,最好首先使用-n选项来测试脚本中是否存在语法错误,这是一个好的习惯。因为某些 Shell 脚本在执行时会对系统环境产生影响,如果在实际执行时才发现语法错误,则可能不得不手工地做一些恢复工作才能继续测试这个脚本。

5.8 Shell 脚本编程风格

通常,人们认为脚本编程时不需要考虑任何质量要求,只是快速地生成且很难读懂的一次性解决方案。然而有很多脚本长期存在的地方通常被忽略了,比如:系统管理、操作系统的启动和配置、软件安装和用户的自动化任务等等,这些脚本当然是需要维护和扩展的。因此,脚本编程也应当符合一定的标准。

对一个程序来说,只有当其结构和作用能被除编写者之外的其他人简单地理解时,它才能够被维护,对它的成功修改才能在合理的时间内完成。若要满足这些需求,就要在脚本编程中使用好的编程风格。下面我们就来看一下,Shell 脚本编程中需要满足哪些基本的编程风格。

- ❏ 每个代码行不多于 80 个字符。
- ❏ 保持一致的缩进深度。程序结构的缩进应与逻辑嵌套深度保持一致。在每一个代码块之间留一个空行,可以提高脚本的可读性。
- ❏ 每个脚本文件必须要有一个文件头注释,任何一个不简短且不显而易见的函数都需要注释,脚本中任何复杂的、不是显而易见的以及重要的代码部分都需要注释。文件头提供文件名和它的内容等一些信息,类似如下所示:

```
#!/bin/bash -
#==================================================
#
#        FILE: seconds.sh
#
#       USAGE: ./seconds.sh
#
# DESCRIPTION: Read the BASH vairable $SECONDS and print script's running
```

```
seconds.
#
#       OPTIONS: ---
#  REQUIREMENTS: ---
#          BUGS: ---
#         NOTES: ---
#        AUTHOR: Liu Yantao (), yantao.freedom@icloud.com
#  ORGANIZATION:
#       CREATED: 10/11/2013 16:15
#      REVISION: ---
#===============================================
```

❏ 自定义的变量名或函数名使用小写字母，使用下划线"_"分隔单词。
❏ 程序和脚本的返回值需要使用变量$?进行验证。

5.9 小　　结

下面我们总结一下本章所学的主要知识。

#!（Shebang）是一个由"#"和"!"构成的字符序列。它是出现在 Shell 脚本文件第一行的前两个字符。脚本中的#!行（第一行）用于指示一个解释程序。"#!"后必须是解释程序的绝对路径。

Shell 脚本中，"#"是注释标识符。如果脚本的某行含有#或以#开头，那么这一行在#之后的所有内容都将被解释程序忽略，#之后的这些内容被称为注释。

在运行 Shell 脚本前，要确保此 Shell 脚本具有可执行的权限。

参数扩展是从引用的实体取值的过程。字符"$"会引导参数扩展。将要扩展的参数名或符号可以放在大括号中。大括号虽然是可选的，但却可以保护待扩展的变量，使得紧跟在大括号后面的内容不会被扩展。

参数扩展的形式有多种，包括：基本的参数扩展、间接参数扩展、大小写修改、变量名扩展、字符串移除、字符串搜索与替换、求字符串长度、子字符串扩展、使用默认值、指定默认值和使用替代值等。

Bash 中的位置参数是由除 0 以外的一个或多个数字表示的参数。多于一个数字的位置参数在扩展时必须放在大括号中。比如，位置参数 10 在扩展时使用${10}。

Bash 对一些参数的处理比较特殊。这些参数只能被引用，但不能修改它们的值。这些特殊参数分别是*、@、#、?、-、$、!、0 和_。

declare 命令是 Bash 的内部命令，用于声明变量和修改变量的属性。它与 Bash 的另一个内部命令 typeset 的用法和用途完全相同。

默认情况下，Shell 算术表达式都是使用十进制数，除非这个数字有特定的前缀或标记。以 0 开头的常量将被当作八进制数解释，而以"0x"或"0X"开头的数值将被解释为十六进制数。

算术扩展可以对算术表达式求值并替换成所求得的值。算术扩展中的运算数只能是整数，算术扩展不能对浮点数进行算术运算。

let 命令是 Bash 的内部命令，它也同样可以用于算术表达式的求值。求值运算只能使用固定宽度的整数，并且不会检查溢出，但是它可以捕获除以 0 的情况并报错。

Shell 脚本调试的主要工作是发现引发脚本错误的原因，以及在脚本中定位发生错误的行。最常用的脚本调试方法是使用 Bash 的-x 选项启动一个子 Shell，它将以调试模式运行整个脚本。

对一个程序来说，只有当它的结构和作用能被除编写者之外的其他人简单地理解时，它才能够被维护，对它的成功修改才能在合理的时间内完成。若要满足这些需求，就要在脚本编程中使用好的编程风格。

第 6 章 Shell 的条件执行

在前一章中,我们学习了 Shell 编程的基础知识,深入地了解和掌握这些基础知识,将使你更熟练快速地编写 Shell 脚本。

到目前为止,本书列举的大部分实例和脚本只是命令的顺序执行,我们几乎还没有用到任何条件逻辑,或控制程序流程的循环结构。因此在这一章,我们将学习 Shell 的条件逻辑。首先将介绍 test 命令,并分别介绍文件属性的测试、字符串测试和算术测试,然后介绍 if 语句的各种结构,逻辑与、或、非,最后介绍 case 语句。

6.1 条件测试

6.1.1 实例:使用 test 命令

Shell 脚本可以使用条件逻辑,使脚本可以根据参数、Shell 变量或是其他条件的值采取不同的行动。test 命令允许你做各种测试并每当测试成功或失败时设置它的退出状态码为 0(表示真)或 1(表示假)。使用这个退出状态码,可以让 Bash 对测试的结果做出反应。

test 命令可以用于:
- 文件属性测试;
- 字符串测试;
- 算术测试。

test 命令的语法如下所示:

```
test EXPRESSION
```

或

```
[ EXPRESSION ]
```

下面我们来看一下使用 test 命令的几个实例:

```
$ test -d "$HOME"; echo $?
0

$ [ "abc" != "def" ]; echo $?
0

$ test 7 -gt 3 && echo True || echo False
True
```

上述实例中的第一个是文件属性的测试,使用-d 操作符测试变量$HOME 的值(当前

账号的 HOME 目录）是否为一个目录并且此目录是否存在，此例中的退出状态码为 0，表示存在此目录。第二个实例是字符串的比较，使用"!="操作符比较两个字符串是不是不相等，此例中的退出状态码为 0，表示两个字符串不相等。最后一个实例是算术比较（此例中使用的操作符"&&"和"||"我们将在 6.2 节中介绍），使用"-gt"操作符比较第一个数是否大于第二个数，如果大于，则打印 True，否则打印 False。

表 6.1 是用于文件属性测试的操作符，请参考。

表 6.1 文件属性测试操作符表

操 作 符	描 述
-e <FILE>	如果<FILE>存在则为真
-f <FILE>	如果<FILE>存在且是一个常规文件则为真
-d <FILE>	如果<FILE>存在且是一个目录则为真
-c <FILE>	如果<FILE>存在且是一个特殊字符文件则为真
-b <FILE>	如果<FILE>存在且是一个特殊块文件则为真
-p <FILE>	如果<FILE>存在且是一个命名管道则为真
-S <FILE>	如果<FILE>存在且是一个套接字文件则为真
-L <FILE>	如果<FILE>存在且是一个符号链接则为真（与-h 相同）
-h <FILE>	如果<FILE>存在且是一个符号链接则为真（与-L 相同）
-g <FILE>	如果<FILE>存在且是设置了 sgid 位则为真
-u <FILE>	如果<FILE>存在且是设置了 suid 位则为真
-r <FILE>	如果<FILE>存在且是可读的则为真
-w <FILE>	如果<FILE>存在且是可写的则为真
-x <FILE>	如果<FILE>存在且是可执行的则为真
-s <FILE>	如果<FILE>存在且不为空则为真
-t <fd>	如果文件描述符<fd>已打开且引用了一个终端则为真（文件描述符将在 11.3 节中介绍）
<FILE1> -nt <FILE2>	如果<FILE1>比<FILE2>新则为真（指 mtime）
<FILE1> -ot <FILE2>	如果<FILE1>比<FILE2>旧则为真（指 mtime）
<FILE1> -ef <FILE2>	如果<FILE1>有硬链接到<FILE2>则为真

实例 1，检查命令文件/bin/cp 是否存在，如果存在则打印找到此文件，否则打印没找到此文件：

```
$ test -e /bin/cp && echo "The command $_ found." || echo "The command $_ not found."
The command /bin/cp found.
```

🔔注意：上述命令语句中的"$_"表示前一个执行的命令中的最后一个参数。

实例 2，检查文件/etc/resolv.conf 是否存在，如果存在则打印找到此文件，否则打印没找到此文件：

```
$ test -f /etc/resolv.conf && echo "The file $_ found." || echo "The file $_ not found."
The file /etc/resolv.conf found.
```

实例 3，检查目录/local 是否存在：

```
$ test -d /local && echo "The directory $_ is exist." || echo "The directory
$_ does not exist."
The directory /local does not exist.
```

实例 4，检查一个文件是否为特殊字符文件：

```
$ test -c /dev/zero && echo "The file $_ is a character special." || echo
"The file $_ not a character special."
The file /dev/zero is character special.

$ test -c /bin/ls && echo "The file $_ is a character special." || echo "The
file $_ not a character special."
The file /bin/ls not a character special.
```

实例 5，检查一个文件是否为特殊块文件：

```
$ test -b /dev/sda && echo "The file $_ is a block special." || echo "The
file $_ not a block special."
The file /dev/sda is block special.

$ test -b /bin/cp && echo "The file $_ is a block special." || echo "The
file $_ not a block special."
The file /bin/cp not a block special.
```

实例 6，检查一个文件是否为一个命名管道：

```
$ test -p /dev/initctl && echo "The file $_ is a named pipe." || echo "The
file $_ not a named pipe."
The file /dev/initctl is named pipe.

$ test -p /bin/grep && echo "The file $_ is a named pipe." || echo "The file
$_ not a named pipe."
The file /bin/grep not a named pipe.
```

实例 7，检查一个文件是否为一个套接字文件：

```
$ test -S /dev/log && echo "The file $_ is a socket." || echo "The file $_
not a socket."
The file /dev/log is a socket.
```

实例 8，检查一个文件是否为符号链接文件：

```
$ test -L /bin/sh && echo "The file $_ is a symbolic link." || echo "The
file $_ not a symbolic link."
The file /bin/sh is a symbolic link.

$ test -h /bin/sh && echo "The file $_ is a symbolic link." || echo "The
file $_ not a symbolic link."
The file /bin/sh is a symbolic link.

$ ls -l /bin/sh
lrwxrwxrwx 1 root root 4 May 31  2013 /bin/sh -> bash
```

实例 9，检查一个文件是否设置了 **sgid** 位：

```
$ test -g /bin/mount && echo "The file $_ has sgid bit." || echo "The file
$_ has no sgid bit."
The file /bin/mount has no sgid bit.
```

实例 10，检查一个文件是否设置了 **suid** 位：

```
$ test -u /bin/mount && echo "The file $_ has suid bit." || echo "The file
$_ has no suid bit."
The file /bin/mount has suid bit.
```

实例 11，检查一个文件是否存在且可读取：

```
$ test -r /proc/meminfo && echo "The file $_ is readable." || echo "The file
$_ is not readable."
The file /proc/meminfo is readable.
```

实例 12，检查一个文件是否存在且可写入：

```
$ test -w /proc/meminfo && echo "The file $_ is writable." || echo "The file
$_ is not writable."
The file /proc/meminfo is writable.
```

实例 13，检查一个文件是否存在且为可执行文件：

```
$ test -x /bin/cp && echo "The file $_ is executable." || echo "The file
$_ is not executable."
The file /bin/cp is executable.

$ test -x /proc/meminfo && echo "The file $_ is executable." || echo "The
file $_ is not executable."
The file /proc/meminfo is not executable.
```

实例 14，检查一个文件是否存在且不为空：

```
$ test -s /etc/inittab && echo "The file $_ is not empty." || echo "The file
$_ is empty."
The file /etc/inittab is not empty.
```

实例 15，检查一个文件是否比另一个文件新：

```
$ touch /tmp/test1
$ touch /tmp/test2
$ test /tmp/test1 -nt /tmp/test2 && echo "The file /tmp/test1 is newer than
file /tmp/test2." || echo "The file /tmp/test2 is newer than /tmp/test1."
The file /tmp/test2 is newer than /tmp/test1.
```

实例 15，检查一个文件是否比另一个文件旧：

```
$ test /tmp/test1 -ot /tmp/test2 && echo "The file /tmp/test2 is newer than
file /tmp/test1." || echo "The file /tmp/test1 is newer than /tmp/test2."
The file /tmp/test2 is newer than file /tmp/test1.
```

表 6.2 是用于字符串测试的操作符，请参考。

表 6.2 字符串测试操作符表

操 作 符	描 述
-z <STRING>	如果<STRING>为空则为真
-n <STRING>	如果<STRING>不为空则为真
<STRING1> = <STRING2>	如果<STRING1>与<STRING2>相同则为真
<STRING1> != <STRING2>	如果<STRING1>与<STRING2>不相同则为真
<STRING1> < <STRING2>	如果<STRING1>的字典顺序排在<STRING2>之前则为真（ASCII 码顺序）
<STRING1> > <STRING2>	如果<STRING1>的字典顺序排在<STRING2>之后则为真（ASCII 码顺序）

下面是使用字符串测试操作符的实例：

```
$ test "abc" = "cde"; echo $?
1

$ test "abc" != "cde"; echo $?
0

$ test "abc" \< "def"; echo $
0

$ test "abc"\>"def"; echo $?
0

$ [ "abc" \< "def" ]; echo $?
0

$ [ -z "" ]; echo $?
0

$ [ -n "abc" ]; echo $?
0
```

> 注意："<"和">"操作符同样被 Shell 用于重定向，所示必须使用"\"字符将其转义，即表示为"\<"和"\>"。

表 6.3 是用于算术测试的操作符，请参考。

表 6.3 算术测试操作符表

操 作 符	描 述
<INTEGER1> -eq <INTEGER2>	如果<INTEGER1>与<INTEGER2>相等则为真
<INTEGER1> -ne <INTEGER2>	如果<INTEGER1>与<INTEGER2>不相等则为真
<INTEGER1> -le <INTEGER2>	如果<INTEGER1>小于或等于<INTEGER2>则为真
<INTEGER1> -ge <INTEGER2>	如果<INTEGER1>大于或等于<INTEGER2>则为真
<INTEGER1> -lt <INTEGER2>	如果<INTEGER1>小于<INTEGER2>则为真
<INTEGER1> -gt <INTEGER2>	如果<INTEGER1>大于<INTEGER2>则为真

下面是使用算术测试操作符的实例：

```
$ test 5 -eq 5 && echo Yes || echo No
Yes

$ test 5 -ne 10 && echo Yes || echo No
Yes

$ [ 5 -le 10 ] && echo Yes || echo No
Yes

$ [ 10 -le 10 ] && echo Yes || echo No
Yes

$ [ 5 -ge 10 ] && echo Yes || echo No
No

$ [ 10 -ge 10 ] && echo Yes || echo No
Yes
```

```
$ [ 5 -lt 10 ] && echo Yes || echo No
Yes

$ [ 10 -lt 10 ] && echo Yes || echo No
No

$ [ 5 -gt 10 ] && echo Yes || echo No
No

$ [ 10 -gt 10 ] && echo Yes || echo No
No
```

在 Bash 中还有一个"[[ ]]",它是"[ ]"的提高版本,它是一个关键字,而不是一个程序。它的语法类似如下所示:

```
[[ EXPRESSION ]]
```

但"[[ ]]"仅在 Bash、Zsh 和 Korn Shell 中可用,而"[ ]"几乎可以在任一种 Shell 下(只要其符合 POSIX 标准)使用。尽管,"[[ ]]"和"[ ]"有很多共同点,它们共有很多表达式操作符,如-f、-s、-n 和-z 等,但它们还有一些明显的不同。表 6.4 是对"[[ ]]"和"[ ]"之间的不同的比较,请参考。

表 6.4 "[[ ]]"和"[ ]"之间的不同的比较

Feature	[[ ]]	[ ]	Example
String comparison	>	\>	[[a > b]] || "a does not come before b" [a \> b] || "a does not come before b"
	<	\<	[[az < za]] && echo "az comes before za" [az \< za] && echo "az comes before za"
Expression grouping	(...)	\(... \)	[[$var = img* && ($var = *.png || $var = *.jpg)]] && echo "$var starts with img and ends with .jpg or .png"
Pattern matching	=	(not available)	[[$name = a*]] || echo "name does not start with an 'a': $name"
RegularExpression matching	=~	(not available)	[[$(date) =~ ^Fri\ ...\ 13]] && echo "It's Friday the 13th!"

注意:上述表格中的\(... \)操作符是有 POSIX 定义的,但是仅在严格限制的情况下使用,并且是已过时的用法。建议不要使用此操作符。

6.1.2 if 结构的语法格式

if 结构用于在 Shell 脚本中进行判定。如果指定的条件为真,则执行指定的命令。if 语句的条件判断命令可使用上一小节讲述的 test 命令,或者是可以在运行成功时返回状态码 0 而失败时返回其他状态码的任何一个命令。if 语句的基本语法如下所示:

```
if TEST-COMMANDS; then CONSEQUENT-COMMANDS; fi
```

或

```
if TEST-COMMANDS; then
    CONSEQUENT-COMMANDS
fi
```

或

```
if TEST-COMMANDS
then
    CONSEQUENT-COMMANDS
fi
```

🔔 **注意**：if 和 then 若写在同一行，TEST-COMMANDS 与 then 之间要使用分号 ";" 隔开。
　　　　if 语句结构一定要以 "fi" 结尾。

在上述语法中，TEST-COMMANDS 被执行，且如果它的返回状态码为 0，则 CONSEQUENT-COMMANDS 将被执行，否则脚本将直接跳转到 if 结构之后的语句继续执行。

下面我们来看一个使用 if 语句的实例，从标准输入读入输入的密码，并判断密码是否正确：

```
#!/bin/bash -
#==================================================
#
#        FILE: checkpasswd.sh
#
#       USAGE: ./checkpasswd.sh
#
# DESCRIPTION:
#
#     OPTIONS: ---
# REQUIREMENTS: ---
#        BUGS: ---
#       NOTES: ---
#      AUTHOR: Liu Yantao (Tom), yantao.freedom@icloud.com
# ORGANIZATION:
#     CREATED: 10/24/2013 11:27
#    REVISION: ---
#==================================================

# 显示提示用户输入密码的信息，然后从标准输入隐式地读取用户的输入，并将读取的内容赋值给
变量 pass
read -sp "Enter a password: " pass

# 如果变量 pass 的值为 lytao，则显示密码验证通过的信息，然后退出脚本的执行，退出状态码
为 0
if test "$pass" == "lytao"
then
echo -e "\nPassword verified."
exit 0
fi

# 退出脚本，退出状态码为 1
exit 1
```

上述实例中，使用 read 命令读取输入的密码（使用-s 选项，标准输入的内容不会打印在终端），并将它存入变量$pass。如果$pass 的内容为 "lytao"，则验证通过，打印 "Password verified." 并退出，返回退出状态码 0；如果$pass 的内容不是 "lytao"，则跳过 if 结构，继续执行下一个语句 "exit 1"。

6.1.3 实例：if…else…fi 语句

if…else…fi 语句允许脚本在命令成功或失败的基础上做出选择。即根据条件的不同结果，可以采取不同的行为。if…else…fi 语句的语法如下所示：

```
if TEST-COMMANDS
then
TEST-COMMANDS is zero (true - 0)          #若果条件测试命令为真，则执行 else 语句
                                           之前的所有命令
execute all commands up to else statement
else
if TEST-COMMANDS is not true then         #如果条件测试命令为假，则执行 fi 之前的所
                                           有命令
execute all commands up to fi
fi
```

现在我们更新 checkpasswd.sh 脚本的内容，新的脚本 checkpasswd_1.sh 的内容如下：

```
#!/bin/bash -
#================================================
#
#         FILE: checkpasswd_1.sh
#
#        USAGE: ./checkpasswd_1.sh
#
#  DESCRIPTION:
#
#      OPTIONS: ---
# REQUIREMENTS: ---
#         BUGS: ---
#        NOTES: ---
#       AUTHOR: Liu Yantao (Tom), yantao.freedom@icloud.com
# ORGANIZATION:
#      CREATED: 10/24/2013 11:40
#     REVISION:  1
#================================================

# 显示提示用户输入密码的信息，然后从标准输入隐式地读取用户的输入，并将读取的内容赋值给
变量 pass
read -sp "Enter a password: " pass

# 如果变量 pass 的值为 lytao，则显示密码验证通过的信息，然后退出脚本的执行，退出状态码
为 0
# 否则显示拒绝访问的信息，然后退出脚本的执行，退出状态码为 1
if [ "$pass" == "lytao" ]
then

    # 显示密码验证通过的信息
    echo -e "\nPassword verified."
    # 退出脚本的执行，退出状态码为 0
exit 0

else

    # 显示拒绝访问的信息
    echo -e "\nAccess denied."
```

```
    # 退出脚本的执行,退出状态码为 1
    exit 1
fi
```

现在我们添加了 else 语句到已存在的 if 命令中,创建了 if...else...fi 结构。在上例中,如果$pass 等于 "lytao",则打印 "Password verified.",并退出返回退出状态码 0;否则,打印 "Access denied.",并退出返回退出状态码 1。

6.1.4 实例:嵌套的 if/else 语句

你可以在 if 语句中或 else 语句中再嵌入一个完整的 if...else...fi 结构,这被称为嵌套的 if/else 语句。其语法如下所示:

```
if TEST-COMMANDS
then
      if TEST-COMMANDS
      then
            CONSEQUENT-COMMANDS
      else
            CONSEQUENT-COMMANDS
      fi
else
      CONSEQUENT-COMMANDS
fi
```

或

```
if TEST-COMMANDS
then
   CONSEQUENT-COMMANDS
else
   if TEST-COMMANDS
   then
      CONSEQUENT-COMMANDS
   else
      CONSEQUENT-COMMANDS
   fi
fi
```

我们来看一个使用嵌套的 if/else 语句的实例:

```
#!/bin/bash -
#=======================================================
#
#         FILE: checkcount.sh
#
#        USAGE: ./checkcount.sh
#
#  DESCRIPTION:
#
#      OPTIONS: ---
# REQUIREMENTS: ---
#         BUGS: ---
#        NOTES: ---
#       AUTHOR: Liu Yantao (Tom), yantao.freedom@icloud.com
# ORGANIZATION:
```

```
#         CREATED: 10/24/2013 12:32
#         REVISION: ---
#=====================================================

# 声明一个整型变量
declare -i count

# 显示提示输入一个数值的信息，然后将用户的输入存入变量 count 中
read -p "Enter an count: " count

if [ $count -eq 100 ]
then
  echo "Count is 100."
else
  if [ $count -gt 100 ]
  then
    echo "Count is greater than 100."
  else
    echo "Count is less than 100."
  fi
fi
```

上述实例中，从标准输入读入一个整数，并存入变量$count。如果$count 等于 100，则打印"Count is 100."；否则如果$count 大于 100，则打印"Count is greater than 100."，小于 100 则打印"Count is less than 100."。

6.1.5 实例：多级的 if…elif…else…fi

多级的 if…elif…else…fi 让脚本有多种可能性和条件。if…elif…else…fi 语句的语法类似如下所示：

```
if TEST-COMMANDS
then
        TEST-COMMANDS is zero (true - 0)
        execute all commands up to elif statement
elif TEST-COMMANDS
then
        TEST-COMMANDS is zero (true - 0)
        execute all commands up to elif statement
elif TEST-COMMANDS
then
        TEST-COMMANDS is zero (true - 0)
        execute all commands up to else statement
else
        None of the above TEST-COMMANDS are true (i.e.
        all of the above nonzero or false)
        execute all commands up to fi
fi
```

下面我们使用 if…elif…else…fi 语句结构编写一个判断数值是正数还是负数的脚本：

```bash
#!/bin/bash -
#===============================================
#
#          FILE: checknumber.sh
#
#         USAGE: ./checknumber.sh
#
#   DESCRIPTION:
#
#       OPTIONS: ---
#  REQUIREMENTS: ---
#          BUGS: ---
#         NOTES: ---
#        AUTHOR: Liu Yantao (Tom), yantao.freedom@icloud.com
#  ORGANIZATION:
#       CREATED: 10/24/2013 12:54
#      REVISION: ---
#===============================================

# 如果指定的命令行参数个数等于 0，则显示必须指定一个参数的提示信息，然后退出脚本，退出
状态码为 1
if [ $# -eq 0 ]
then

  # 显示必须指定一个参数的提示信息
  echo "$0 : You must give/supply one integers."
  #退出脚本，退出状态码为 1
  exit 1

fi

# 如果指定的参数大于 0
if [ $1 -gt 0 ];
then

  echo "The number is positive."

# 如果指定的参数小于 0
elif [ $1 -lt 0 ]
then

  echo "The number is negative."

# 如果指定的参数等于 0
elif [ $1 -eq 0 ]
then

  echo "The number is 0."

else

  echo "Opps! $1 is not number, give number."

fi
```

上述实例中，先判断脚本运行时是否指定了一个参数，如果没有，则提示指定一个数字参数并终止运行。如果指定的参数大于 0，则打印 "The number is positive."，如果小于

0，则打印"The number is negative."，如果等于 0，则打印"The number is 0."，以上都不满足，则说明指定的不是一个数字，打印"Opps! $1 is not number, give number."。

6.2 条件执行

在 Bash 下，你可以根据最后一个命令的退出状态使用条件执行来连接两个命令。这对于控制命令执行的顺序是很有用的。当然，你也可以在 if 语句中使用条件执行。Bash 支持以下两种条件执行：

逻辑与——只有当前一个命令执行成功时才执行后一个命令。

逻辑或——只有当前一个命令执行失败时才执行后一个命令。

6.2.1 实例：逻辑与"&&"

逻辑与"&&"是一个布尔操作符。其语法如下所示：

```
command1 && command2
```

只有当 command1 返回一个退出状态码 0 时，command2 才会执行。换句话说，就是只有当 command1 执行成功，才会执行 command2。

比如如下命令：

```
rm somefile && echo "File deleted."
```

上例中，只有当 rm 命令执行成功时，才运行 echo 命令。

在文件/etc/passwd 中查找指定的账号：

```
grep "^yantaol" /etc/passwd && echo "The account found in /etc/passwd"
```

我们也可以使用逻辑与操作符"&&"在 if 语句中将多个 test 命令连接在一起。比如，下面的 if 语句：

```
if [ -n $var ] && [ -e $var ]
then
echo "\$var is not null and a file named $var exists."
fi
```

或是：

```
if [[ -n $var && -e $var ]]
then
echo "\$var is not null and a file named $var exists."
fi
```

在上述的 if 语句中我们使用逻辑操作符"&&"将两个 test 命令"[-n $var]"和"[-e $var]"连接在了一起。它的含义是：只有当 if 条件中变量$var 的值的长度不为 0 并且变量$var的值所代表的文件存在时,才会执行 if 语句中的内容。

下面我们再来通过一个脚本 compareNumbers.sh 来学习逻辑操作符"&&"在 if 条件语句中的用法,此脚本的内容如下所示:

```bash
-bash-3.2$ cat compareNumbers.sh
#!/bin/bash -
#===================================================
#
#          FILE: compareNumbers.sh
#
#         USAGE: ./compareNumbers.sh
#
#   DESCRIPTION:
#
#       OPTIONS: ---
#  REQUIREMENTS: ---
#          BUGS: ---
#         NOTES: ---
#        AUTHOR: Liu Yantao (Tom), yantao.freedom@icloud.com
#  ORGANIZATION:
#       CREATED: 06/25/2014 11:10
#      REVISION: ---
#===================================================

# 如果指定的命令行参数个数不为 1,则打印脚本的使用方法信息并退出脚本的运行,退出状态码为 1
if [ $# -ne 1 ]
then

  # 打印脚本的使用信息
  echo "Usage: 'basename $0' Number"
  # 退出脚本,退出状态码为 1
  exit 1

fi

# 将第一个命令行参数赋值给变量 num
num=$1

# 如果$num 的值大于等于 90 且小于 100,则执行 if 语句中的内容,否则执行下面的 elif 语句
if [ "$num" -ge 90 ] && [ "$num" -le 100 ]
then

  # 打印"Excellent!"
  echo "Excellent!"

# 如果$num 的值大于等于 80 且小于 90,则执行此 elif 语句中的内容,否则执行下面的 elif 语句
elif [ "$num" -ge 80 ] && [ "$num" -lt 90 ]
then

  # 打印"Good!"
  echo "Good!"

# 如果$num 的值大于等于 60 且小于 80,则执行此 elif 语句中的内容,否则执行下面的 elif 语句
elif [ "$num" -ge 60 ] && [ "$num" -lt 80 ]
then
```

```
    # 打印"Pass mark!"
    echo "Pass mark!"

# 如果$num的值大于等于0且小于60,则执行此elif语句中的内容,否则执行下面的else语
句
elif [ "$num" -lt 60 ] && [ "$num" -ge 0 ]
then

    # 打印"Fail!"
    echo "Fail!"

# 如果上面的if条件和elif条件语句都没执行,则执行此else语句
else

    # 打印"Wrong number!"
    echo "Wrong number!"

fi
```

此脚本的运行结果将类似如下所示:

```
$ chmod +x compareNumbers.sh

$ ./compareNumbers.sh 90
Excellent!

$ ./compareNumbers.sh 83
Good!

$ ./compareNumbers.sh 75
Pass mark!

$ ./compareNumbers.sh 64
Pass mark!

$ ./compareNumbers.sh 36
Fail!

$ ./compareNumbers.sh -1
Wrong number!
```

如果在上述脚本中,我们使用"[[ ]]"代替"[ ]",那么此脚本的内容会简洁一些,改进后的脚本为compareNumbers_improve.sh,其内容如下所示:

```
-bash-3.2$ cat compareNumbers_improve.sh
#!/bin/bash -
#========================================================
#
#          FILE: compareNumbers_improve.sh
#
#         USAGE: ./compareNumbers_improve.sh
#
#   DESCRIPTION:
#
#       OPTIONS: ---
#  REQUIREMENTS: ---
#          BUGS: ---
#         NOTES: ---
#        AUTHOR: Liu Yantao (Tom), yantao.freedom@icloud.com
```

```
#   ORGANIZATION:
#        CREATED: 06/25/2014 11:10
#        REVISION: ---
#=========================================================
if [ $# -ne 1 ]
then

  echo "Usage: 'basename $0' Number"
  exit 1

fi

num=$1

if [[ $num -ge 90 && $num -le 100 ]]
then

  echo "Excellent!"

elif [[ $num -ge 80 && $num -lt 90 ]]
then

  echo "Good!"

elif [[ $num -ge 60 && "$num" -lt 80 ]]
then

  echo "Pass mark!"

elif [[ $num -lt 60 && $num -ge 0 ]]
then

  echo "Fail!"

else

  echo "Wrong number!"

fi
```

在 test 命令中我们还可以使用-a 选项表示逻辑与。比如，我们可以把前面的例子改写为：

```
if [ -n $var -a -e $var ]
then

echo "\$var is not null and a file named $var exists."

fi
```

前面讲述的实例脚本 compareNumbers.sh 的内容也可以被改写为类似如下所示：

```
#!/bin/bash -

# 如果指定的命令行参数个数不为 1，则打印脚本的使用方法信息并退出脚本的运行，退出状态码
为 1
if [ $# -ne 1 ]
then
```

```bash
  # 打印脚本的使用信息
  echo "Usage: 'basename $0' Number"
  # 退出脚本,退出状态码为1
  exit 1

fi

# 将第一个命令行参数赋值给变量num
num=$1

# 如果$num 的值大于等于 90 且小于 100,则执行 if 语句中的内容,否则执行下面的 elif 语句
if [ "$num" -ge 90 -a "$num" -le 100 ]
then

  # 打印 "Excellent!"
  echo "Excellent!"

# 如果$num 的值大于等于 80 且小于 90,则执行此 elif 语句中的内容,否则执行下面的 elif 语句
elif [ "$num" -ge 80 -a "$num" -lt 90 ]
then

  # 打印 "Good!"
  echo "Good!"

# 如果$num 的值大于等于 60 且小于 80,则执行此 elif 语句中的内容,否则执行下面的 elif 语句
elif [ "$num" -ge 60 -a "$num" -lt 80 ]
then

  # 打印 "Pass mark!"
  echo "Pass mark!"

# 如果$num 的值大于等于 0 且小于 60,则执行此 elif 语句中的内容,否则执行下面的 else 语句
elif [ "$num" -lt 60 -a "$num" -ge 0 ]
then

  # 打印 "Fail!"
  echo "Fail!"

# 如果上面的 if 条件和 elif 条件语句都没执行,则执行此 else 语句
else

  # 打印 "Wrong number!"
  echo "Wrong number!"

fi
```

但是,从代码的可移植性和可读性,以及运行效率方面考虑,我们通常都应该避免使用-a 选项。比如,我们需要使用 if 语句来检查两条内容,使用-a 选项的 if 语句如下所示:

```
if [ -z "false" -a -z "$(echo I am executed >&2)" ] ; then echo $?; fi
```

我们可以看到这条命令的执行结果如下所示:

```
I am executed
```

使用逻辑与操作符"&&"的 if 语句如下所示：

```
if [ -z "false" ] && [ -z "$(echo I am executed >&2)" ] ; then echo $?; fi
```

或

```
if [[ -z "false" && -z "$(echo I am executed >&2)" ]] ; then echo $?; fi
```

我们可以看到这条命令执行后没有任何输出信息。

这是因为使用-a 选项时，所有的参数都会在 test 命令执行之前被扩展，因此 if 条件语句中的 echo 命令被执行。而由于逻辑操作符"&&"自身的特性，只有当前面一条 test 命令的返回值为真时才会运行后面一条 test 命令，所以其中的 echo 命令不会被执行。

6.2.2 实例：逻辑或"||"

逻辑或"||"也是一个布尔操作符。其语法如下所示：

```
command1 || command2
```

只有当 command1 返回非 0 状态时，才运行 command2。换句话说，就是只有当 command1 执行失败，才会执行 command2。

我们看下面这条命令：

```
grep "^yantaol" /etc/passwd || echo "User not found in /etc/passwd"
```

上例中，在文件/etc/passwd 中查找账号 yantaol，若没找到则打印"User not found in /etc/passwd"。

我们可以将逻辑与"&&"和逻辑或"||"联合使用：

```
test $(id -u) -eq 0 && echo "You are root" || echo "You are NOT root"
```

或

```
test `id -u` -eq 0 && echo "You are root" || echo "You are NOT root"
```

我们也可以使用逻辑或操作符"||"在 if 语句中将多个 test 命令连接在一起。比如，下面的 if 语句：

```
if [ "$var" -eq 98 ] || [ "$var" -eq 47 ] || [ "$var" -eq 68 ]
then
  echo "Test succeeds."
else
  echo "Test fails."
fi
```

或是

```
if [[ $var -eq 98 || $var -eq 47 || $var -eq 68 ]]
then
  echo "Test succeeds."
```

```
else
  echo "Test fails."
fi
```

在上述的 if 语句中我们使用逻辑或运算符 "||" 将三个 test 命令 "["$var" -eq 98]"、"["$var" -eq 47]" 和 "["$var" -eq 68]" 连接在了一起。它的含义是：如果 if 条件语句中变量$var 的值等于 98 或 47，或者 68，那么就执行 if 语句中的内容，否则执行 else 语句中的内容。

下面我们再来通过一个脚本 checkDaysOfWeek.sh 来学习逻辑操作符 "||" 在 if 条件语句中的用法，此脚本的内容如下所示：

```
$ cat checkDaysOfWeek.sh
#!/bin/bash -
#=====================================================
#
#          FILE: checkDaysOfWeek.sh
#
#         USAGE: ./checkDaysOfWeek.sh
#
#   DESCRIPTION:
#
#       OPTIONS: ---
#  REQUIREMENTS: ---
#          BUGS: ---
#         NOTES: ---
#        AUTHOR: Liu Yantao (Tom), yantao.freedom@icloud.com
#  ORGANIZATION:
#       CREATED: 06/25/2014 16:31
#      REVISION: ---
#=====================================================

# 定义变量 NOW，并将计算得到的今天是星期几赋值给变量 NOW
NOW=`date +%a`

# 如果今天是星期一或星期二，则打印信息 "Please run full backup!"，否则执行下面的
elif 语句
if [ "$NOW" = "Mon" ] || [ "$Now" = "Sat" ]
then

  echo "Please run full backup!"

# 如果今天是星期二、星期三、星期四，或是星期五，则打印信息 "Please run incremental backup!"
#否则执行下一个 elif
elif [ "$NOW" = "Tue" ] || [ "$NOW" = "Wed" ] || [ "$NOW" = "Thu" ] || [ "$NOW" = "Fri" ]
then

  echo "Please run incremental backup!"

# 如果今天是星期天，则打印 "Don't need to backup!"，否则执行 else 语句
elif [ "$NOW" = "Sun" ]
then
```

```
  echo "Don't need to backup!"

else

  echo "Wrong day!"

fi
```

此脚本的运行结果类似如下所示:

```
$ chmod +x checkDaysOfWeek.sh

$ ./checkDaysOfWeek.sh
Please run incremental backup!
```

同样地,如果在上述脚本中,我们使用"[[ ]]"代替"[ ]",那么此脚本的内容会简洁一些,改进后的脚本为 checkDaysOfWeek_improve.sh,其内容如下所示:

```
-bash-3.2$ cat checkDaysOfWeek_improve.sh
#!/bin/bash -
#========================================================
#
#          FILE: checkDaysOfWeek_improve.sh
#
#         USAGE: ./checkDaysOfWeek_improve.sh
#
#   DESCRIPTION:
#
#       OPTIONS: ---
#  REQUIREMENTS: ---
#          BUGS: ---
#         NOTES: ---
#        AUTHOR: Liu Yantao (Tom), yantao.freedom@icloud.com
#  ORGANIZATION:
#       CREATED: 06/25/2014 16:31
#      REVISION: ---
#========================================================

NOW=`date +%a`

if [[ $NOW = "Mon" || "$Now" = "Sat" ]]
then

  echo "Please run full backup!"

elif [[ $NOW = "Tue" || $NOW = "Wed" || $NOW = "Thu" || $NOW = "Fri" ]]
then

  echo "Please run incremental backup!"

elif [[ $NOW = "Sun" ]]
then

  echo "Don't need to backup!"

else

  echo "Wrong day!"

fi
```

与 test 命令的-a 选项类似,我们可以使用 test 命令的-o 选项表示逻辑或。比如,我们可以把前面的在 if 语句中使用逻辑或操作符的例子改写为:

```
if [ "$var" -eq 98 -o $var" -eq 47 -o "$var" -eq 68 ]
then
  echo "Test succeeds."
else
  echo "Test fails."
fi
```

前面的实例脚本 checkDaysOfWeek.sh 的内容也可以被改写为类似如下所示:

```
#!/bin/bash -

# 定义变量 NOW,并将计算得到的今天是星期几赋值给变量 NOW
NOW=`date +%a`

# 如果今天是星期一或星期二,则打印信息"Please run full backup!",否则执行下面的
elif 语句
if [ "$NOW" = "Mon" -o "$Now" = "Sat" ]
then
  echo "Please run full backup!"

# 如果今天是星期二、星期三、星期四,或是星期五,则打印信息"Please run incremental
backup!"
#否则执行下一个 elif
elif [ "$NOW" = "Tue" -o "$NOW" = "Wed" -o $NOW" = "Thu" -o "$NOW" = "Fri" ]
then
  echo "Please run incremental backup!"

# 如果今天是星期天,则打印"Don't need to backup!",否则执行 else 语句
elif [ "$NOW" = "Sun" ]
then
  echo "Don't need to backup!"
else
  echo "Wrong day!"
fi
```

当然,与使用-a 选项相同,从代码的可移植性和可读性,以及运行效率方面考虑,我们通常都应该避免使用 test 命令的-o 选项。

6.2.3 实例:逻辑非"!"

逻辑非"!"同样是布尔操作符。它用于测试表达式是否为真或假。其语法如下所示:

```
! expression
```

此操作符可以直接在 test 命令中使用。比如检查一个文件是否存在：

```
test ! -f /etc/resolv.conf && echo "File /etc/resolv.conf not found."
```

上例中，如果文件/etc/resolv.conf 不存在，则打印 "File /etc/resolv.conf not found."。
若一个目录不存在则创建此目录：

```
[ ! -d /home/yantaol ] && mkdir /home/yantaol || echo "The directory is exist."
```

我们也可以在 if 条件语句中使用逻辑非操作符。比如，我们可以将上述语句改写为类似如下所示：

```
If [ ! -d /home/yantaol ]
then
mkdir /home/yantaol
else
  echo "The directory is exist."
fi
```

6.3 case 语句实例

case 语句是多级的 if...then...else...fi 语句很好的替代方式。它可以让一个条件与多个模式相比较，而且 case 语句结构的读写比较方便。

case 语句的语法如下所示：

```
case EXPRESSION in
PATTERN1 )
        CONSEQUENT-COMMANDS
;;
PATTERN2 )
CONSEQUENT-COMMANDS
    ;;
PATTERN3 | PATTERN4 )
CONSEQUENT-COMMANDS
      ;;
   …
PATTERNn)
CONSEQUENT-COMMANDS
;;
esac
```

注意：case 语句结构一定要以 "esac" 结尾。每一个命令列表都以两个分号 ";;" 为终结，只有最后一个命令列表的（即 esac 语句之前的）";;" 可以被省略。

语法中的表达式 EXPRESSION 会依次与每一个模式 PATTERNn 相比较，如果有匹配的模式项，则与该模式项相关联的命令列表 CONSEQUENT-COMMANDS 将被执行。

下面我们通过一个 Linux 下信号处理的脚本来学习 case 语句的使用：

```
#!/bin/bash -
#=================================================
```

```
#
#          FILE: killsignal.sh
#
#         USAGE: ./killsignal.sh
#
#   DESCRIPTION:
#
#       OPTIONS: ---
#  REQUIREMENTS: ---
#          BUGS: ---
#         NOTES: ---
#        AUTHOR: Liu Yantao (Tom), yantao.freedom@icloud.com
#  ORGANIZATION:
#       CREATED: 10/24/2013 14:49
#      REVISION: ---
#=================================================

#如果指定给脚本的命令行参数的数目小于2，则显示脚本的使用方法信息并退出
if [ $# -lt 2 ]
then

  echo "Usage : $0 signalnumber pid"
  exit

fi

case "$1" in
  1)

echo "Sending SIGHUP signal to PID $2."
# 向指定的PID发送SIGHUP信号
    kill -SIGHUP $2
;;

  2)

echo  "Sending SIGINT signal to PID $2."
# 向指定的PID发送SIGINT信号
    kill -SIGINT $2
    ;;

  3)

echo  "Sending SIGQUIT signal to PID $2."
# 向指定的PID发送SIGQUIT信号
    kill -SIGQUIT $2
    ;;

  9)

echo  "Sending SIGKILL signal to PID $2."
# 向指定的PID发送SIGKILL信号
    kill -SIGKILL $2
    ;;

  *)

    echo "Signal number $1 is not processed."
    ;;
```

```
esac
```

运行此脚本将得到类似如下的结果：

```
$ sleep 60 &
[1] 8616

$ ./killsignal.sh 10 8616
Signal number 10 is not processed.

$ ./killsignal.sh 9 8616
Sending SIGKILL signal to PID 8616.
[1]+  Killed                  sleep 60
```

上述脚本中，特殊变量$1和$2分别是指定的信号值和进程号。使用kill命令，它会发送相应的信号到指定的进程。最后一个模式匹配项"*)"表示的是默认匹配项，即表示若脚本中"1)、2)、3)、9)"都没有被匹配，则匹配此项。

下面我们再看一个使用多重模式匹配的case语句的脚本实例：

```
#!/bin/bash -
#==================================================
#
#          FILE: backup.sh
#
#         USAGE: ./backup.sh
#
#   DESCRIPTION:
#
#       OPTIONS: ---
#  REQUIREMENTS: ---
#          BUGS: ---
#         NOTES: ---
#        AUTHOR: Liu Yantao (Tom), yantao.freedom@icloud.com
#  ORGANIZATION:
#       CREATED: 10/24/2013 14:49
#      REVISION: ---
#==================================================

# 得出今天是星期几
NOW=`date +%a`

case $NOW in

    # 若今天为星期一
    Mon)
        echo "Full backup"
;;

    # 若今天为星期二、星期三、星期四或星期五
    Tue | Wed | Thu | Fri)
        echo "Partial backup"
;;

    #若今天为星期六或星期日
    Sat | Sun)
        echo "No backup"
;;
*) ;;

esac
```

6.4 小　　结

下面我们总结一下本章所学的主要知识。

test 命令允许你做各种测试并每当测试成功或失败时设置它的退出状态码为 0（表示真）或 1（表示假）。

test 命令可以用于文件属性测试、字符串测试和算术测试。

if 结构用于在 Shell 脚本中进行判定。如果指定的条件为真，则执行指定的命令。

if 语句的条件判断命令可使用 test 命令，或者是可以在运行成功时返回状态码 0 而失败时返回其他状态码的任何一个命令。if 语句结构一定要以"fi"结尾。

if…else…fi 语句允许脚本在命令成功或失败的基础上做出选择。

嵌套的 if/else 语句是可以在 if 语句中或 else 语句中再嵌入一个完整的 if…else…fi 结构。

多级的 if…elif…else…fi 让脚本有多种可能性和条件。

逻辑与"&&"是一个布尔操作符，只有当前一个命令执行成功时才执行后一个命令。

逻辑或"||"同样是一个布尔操作符，只有当前一个命令执行失败时才执行后一个命令。

case 语句是多级的 if…then…else…fi 语句很好的替代方式。case 语句结构一定要以"esac"结尾。每一个命令列表都以两个分号";;"为终结，只有最后一个命令列表的（即 esac 语句之前的）";;"可以被省略。

第 7 章　Bash 循环

在前一章中，我们学习了 Shell 的条件执行，知道了在 Shell 脚本中可以使用条件逻辑，可以让 Shell 脚本根据不同的条件来执行不同的命令，这为我们编写更复杂的 Shell 脚本奠定了基础。

在这一章，我们将学习 Shell 中的循环语句结构，当然仍然以 Bash 为例进行讲解。首先将介绍 for 循环，接着是 while 循环，然后是 until 循环和 select 循环，最后介绍循环控制语句 break 和 continue。

7.1　for 循环

Shell 可以重复地执行特定的指令，直到特定的条件被满足时为止。这重复执行的一组命令就叫做循环。

每一个循环都具有如下特点：
- ❑ 首先，循环条件中使用的变量必须是已初始化的，然后在循环中开始执行。
- ❑ 在每一次循环开始时进行一次测试。
- ❑ 重复地执行一个代码块。

7.1.1　for 循环语法

for 循环的基本语法如下所示：

```
for VAR in item1 item2 ... itemN
do
  command1
  command2
  ...
  ...
  commandN
done
```

for 循环变量的内容的语法如下：

```
for VAR in $fileNames
do
  command1
  command2
  ...
  ...
  commandN
done
```

for 循环命令替换的语法如下：

```
for VAR in $(Linux-command-name)#或者使用：for VAR in `Linux-command-name`
do
  command1
  command2
  ...
  ...
  commandN
done
```

for 循环还有三项表达式语法，这种语法与 C 语言中常见的 for 循环使用方法相同，其语法如下所示：

```
for (( EXP1; EXP2; EXP3 ))
do
  command1
  command2
  …
  …
  commandN
done
```

上述语法以三项参数循环控制表达式为特征，它由一个初始化式（EXP1）、循环测试或条件（EXP2）和一个计算表达式（EXP3）组成。

在 for 循环中，每次指定列表中的（iterm1…itermN）新值被赋给变量 VAR 后，for 循环都会执行一次，它将重复运行 do 和 done 之间的所有语句，直到条件不满足时为止。这些列表或数值通常是：

- 字符串；
- 数字；
- 命令行参数；
- 文件名；
- Linux 命令的输出。

我们来看一个简单的使用 for 循环的脚本：

```
#!/bin/bash -
#========================================================
#
#       FILE: countloop.sh
#
#       USAGE: ./countloop.sh
#
#   DESCRIPTION:
#
#       OPTIONS: ---
#   REQUIREMENTS: ---
#         BUGS: ---
#         NOTES: ---
#       AUTHOR: Liu Yantao (Tom), yantao.freedom@icloud.com
#   ORGANIZATION:
#       CREATED: 10/30/2013 16:02
#       REVISION: ---
#========================================================

for i in 1 2 3　　#从 1～3 循环
```

```
do
  echo "The for loop is run $i times."
done
```

此脚本的运行结果类似如下所示：

```
$ chmod +x countloop.sh
$ ./countloop.sh
The for loop is run 1 times.
The for loop is run 2 times.
The for loop is run 3 times.
```

在上述的脚本中，for 循环首先将创建一个变量 i，并从 1～3 的数字列表中指定一个数值给变量 i。对每次 i 的赋值，Shell 都将执行一次 echo 语句。这个过程被称为迭代。这一过程将一直继续，直到列表中的最后一项。

接下来我们看一个使用字符串的 for 循环的实例：

```
#!/bin/bash -
#=====================================================
#
#          FILE: forlooplinux.sh
#
#         USAGE: ./forlooplinux.sh
#
#   DESCRIPTION:
#
#       OPTIONS: ---
#  REQUIREMENTS: ---
#          BUGS: ---
#         NOTES: ---
#        AUTHOR: Liu Yantao (Tom), yantao.freedom@icloud.com
#  ORGANIZATION:
#       CREATED: 10/30/2013 16:20
#      REVISION: ---
#=====================================================

for linux in Debian Redhat Suse Fedora
do
  echo "The OS is: $linux"
done
```

此脚本的运行结果类似如下所示：

```
$ chmod +x forlooplinux.sh
$ ./forlooplinux.sh
The OS is: Debian
The OS is: Redhat
The OS is: Suse
The OS is: Fedora
```

使用变量内容的 for 循环实例：

```
#!/bin/bash -
#=====================================================
#
#          FILE: forvarscontents.sh
```

```
#       USAGE: ./forvarscontents.sh
#
#  DESCRIPTION:
#
#      OPTIONS: ---
# REQUIREMENTS: ---
#         BUGS: ---
#        NOTES: ---
#       AUTHOR: Liu Yantao (Tom), yantao.freedom@icloud.com
# ORGANIZATION:
#      CREATED: 10/30/2013 17:17
#     REVISION: ---
#===============================================================

filenames="/etc/yp.conf /etc/nsswitch.conf /etc/auto.master /etc/resolv.conf"    #文件名以空格分隔
for file in $filenames
do

  [ -f $file ] && echo "The file $file was found." || echo "*** Error: The
  file $file was missing. ***"
         #如果文件存在,则打印找到此文件,否则打印一个错误信息
done
```

此脚本的运行结果类似如下所示:

```
$ chmod +x forvarscontents.sh
$ ./forvarscontents.sh
The file /etc/yp.conf was found.
The file /etc/nsswitch.conf was found.
The file /etc/auto.master was found.
*** Error: The file /etc/resolv.conf was missing. ***
```

使用命令替换的 for 循环实例:

```
#!/bin/bash -
#===============================================================
#
#         FILE: forcmdssub.sh
#
#        USAGE: ./forcmdssub.sh
#
#  DESCRIPTION:
#
#      OPTIONS: ---
# REQUIREMENTS: ---
#         BUGS: ---
#        NOTES: ---
#       AUTHOR: Liu Yantao (Tom), yantao.freedom@icloud.com
# ORGANIZATION:
#      CREATED: 10/30/2013 17:37
#     REVISION: ---
#===============================================================

echo "Printing file list in /tmp directory:"
for file in `ls /tmp/*`         #将命令"ls /tmp/*"的输出作为循环列表
do

  echo $file
```

```
done
```

此脚本的运行结果类似如下所示：

```
$ chmod +x forcmdssub.sh
$ ./forcmdssub.sh
Printing file list in /tmp directory:
/tmp/alarmNotifications.1
/tmp/alarmNotifications.idx
/tmp/alarmNotifications.siz
/tmp/configspec.3358
/tmp/configspec.new.3358
/tmp/login.7222
```

7.1.2 实例：嵌套 for 循环语句

嵌套循环的意思即是在循环中循环。下面我们看一个简单的嵌套 for 循环的实例：

```
#!/bin/bash -
#========================================================
#
#          FILE: simplenestedfor.sh
#
#         USAGE: ./simplenestedfor.sh
#
#   DESCRIPTION:
#
#       OPTIONS: ---
#  REQUIREMENTS: ---
#          BUGS: ---
#         NOTES: ---
#        AUTHOR: Liu Yantao (Tom), yantao.freedom@icloud.com
#  ORGANIZATION:
#       CREATED: 10/30/2013 18:03
#      REVISION: ---
#========================================================
for (( i = 0; i < 3; i++ ))           #外循环
do

  for (( j = 0; j < 5; j++ ))         #内循环
  do

    echo -n "* "                       #打印一个星号*和空格，不换行

  done

  echo ""                              #打印一个换行

done
```

此脚本的运行结果将类似如下所示：

```
$ chmod +x simplenestedfor.sh
$ ./simplenestedfor.sh
* * * * *
* * * * *
* * * * *
```

7.2 while 循环

while 循环语句用于重复地执行一个命令列表。

7.2.1 while 循环语法

while 循环语句的语法如下所示：

```
while [ CONDITION ]
do
  command1
  command2
  …
  ...
  commandN
done
```

当条件 CONDITION 为真时，command1…commandN 将被执行。比如，逐行地读取一个文本文件的内容，其语法类似如下所示：

```
while IFS= read -r line
do
  command1 on $line
  command2 on $line
  …
  ....
  commandN
done < "/path/to/file"
```

我们看一个简单的使用 while 循环的实例：

```
#!/bin/bash -
#======================================================
#
#          FILE: whileloop.sh
#
#         USAGE: ./whileloop.sh
#
#   DESCRIPTION:
#
#       OPTIONS: ---
#  REQUIREMENTS: ---
#          BUGS: ---
#         NOTES: ---
#        AUTHOR: Liu Yantao (Tom), yantao.freedom@icloud.com
#  ORGANIZATION:
#       CREATED: 10/30/2013 19:08
#      REVISION: ---
#======================================================

var=1
while [ $var -le 3 ]
do
```

```
  echo "The for loop is run $var times."
  var=$(( var + 1 ))
done
```

此脚本的运行结果如下所示:

```
$ chmod +x whileloop.sh
$ ./whileloop.sh
The for loop is run 1 times.
The for loop is run 2 times.
The for loop is run 3 times.
```

我们可以将 read 命令和 while 循环结合使用来读取一个文本文件,请看如下实例:

```
#!/bin/bash -
#===============================================================
#
#        FILE: whichreadfile.sh
#
#       USAGE: ./whichreadfile.sh
#
# DESCRIPTION:
#
#     OPTIONS: ---
# REQUIREMENTS: ---
#        BUGS: ---
#       NOTES: ---
#      AUTHOR: Liu Yantao (Tom), yantao.freedom@icloud.com
# ORGANIZATION:
#     CREATED: 10/31/13 07:56
#    REVISION: ---
#===============================================================

file=$1                 #将位置参数 1 的值赋值给变量 file

if [ $# -lt 1 ]; then   #如果脚本未指定参数,则打印使用方法并退出运行

  echo "Usage: $0 FILEPATH"
  exit

fi

while read -r line      #使用 read 命令从标准输入读取文件的一行,并赋值给变量 line
do

echo $line              #打印读入的行

done < "$file"
```

此脚本的运行结果类似如下所示:

```
$ chmod +x whilereadfile.sh      #给文件赋予执行权限

$ ./whilereadfile.sh
Usage: ./whilereadfile.sh FILEPATH

$ ./whilereadfile.sh /etc/fstab
LABEL=/              /              ext3    defaults    1 1
LABEL=/local         /local         ext3    defaults    1 2
tmpfs                /dev/shm       tmpfs   defaults    0 0
```

```
devpts                  /dev/pts                devpts  gid=5,mode=620   0 0
sysfs                   /sys                    sysfs   defaults         0 0
proc                    /proc                   proc    defaults         0 0
LABEL=SWAP-hda2         swap                    swap    defaults         0 0
test.iso    /mnt/iso  udf,iso9660 noauto,loop,owner,user,rw 0 0
```

还可以按列读取文件的内容，如下脚本将在上述脚本的基础上将文件分为 3 列输出：

```
#!/bin/bash -
#========================================================
#
#          FILE: whilereadfields.sh
#
#         USAGE: ./whilereadfields.sh
#
#   DESCRIPTION:
#
#       OPTIONS: ---
#  REQUIREMENTS: ---
#          BUGS: ---
#         NOTES: ---
#        AUTHOR: Liu Yantao (Tom), yantao.freedom@icloud.com
#  ORGANIZATION:
#       CREATED: 10/31/2013 08:26
#      REVISION: ---
#========================================================

file=$1

if [ $# -lt 1 ]; then

  echo "Usage: $0 FILEPATH"
  exit

fi

while read -r f1 f2 f3
do

  echo "Field 1: $f1 ===> Field 2: $f2 ===> Field 3: $f3"

done < "$file"
```

此脚本的运行结果将类似如下所示：

```
$ chmod +x whilereadfields.sh
$ ./whilereadfields.sh /etc/fstab
Field 1: LABEL=/ ===> Field 2: / ===> Field 3: ext3    defaults         1 1
Field 1: LABEL=/local ===> Field 2: /local ===> Field 3: ext3 defaults 1 2
Field 1: tmpfs ===> Field 2: /dev/shm ===> Field 3: tmpfs    defaults    0 0
Field 1: devpts ===> Field 2: /dev/pts ===> Field 3: devpts  gid=5,mode=620 0 0
Field 1: sysfs ===> Field 2: /sys ===> Field 3: sysfs    defaults        0 0
Field 1: proc ===> Field 2: /proc ===> Field 3: proc    defaults         0 0
Field 1: LABEL=SWAP-hda2 ===> Field 2: swap ===> Field 3: swap defaults 0 0
Field 1: test.iso ===> Field 2: /mnt/iso ===> Field 3: udf,iso9660 noauto,loop,owner,user,rw 0 0
```

7.2.2 实例：定义无限 while 循环

我们可以将 while 循环和专用命令":"结合使用来定义一个无限循环。在有些情况下，这是一个期望的行为。例如，菜单驱动程序通常持续运行到用户选择退出主菜单（循环）。由于循环固有的一些特性，当条件永远不被满足时，也会发生一个无限循环。定义一个无限 while 循环可以使用如下 3 种命令：

- true 命令——不做任何事，表示成功，总是返回退出状态码 0。
- false 命令——不做任何事，表示成功，总是返回退出状态码 1。
- :命令——无作用，此命令也不做任何事，总是返回退出状态码 0。

使用":"命令定义一个无限循环：

```bash
#!/bin/bash -
#=========================================================
#
#          FILE: infinitewhile_colon.sh
#
#         USAGE: ./infinitewhile_colon.sh
#
#   DESCRIPTION:
#
#       OPTIONS: ---
#  REQUIREMENTS: ---
#          BUGS: ---
#         NOTES: ---
#        AUTHOR: Liu Yantao (Tom), yantao.freedom@icloud.com
#  ORGANIZATION:
#       CREATED: 10/31/2013 10:40
#      REVISION: ---
#=========================================================

while :
do

  echo "Do something..."
  echo "Hit [ CTRL+C ] to stop!"
  sleep 3

done
```

> 注意：":"命令是 Bash 的内部命令。

使用 true 命令定义一个无限循环：

```bash
#!/bin/bash -
#=========================================================
#
#          FILE: infinitewhile_true.sh
#
#         USAGE: ./infinitewhile_true.sh
#
#   DESCRIPTION:
#
#       OPTIONS: ---
#  REQUIREMENTS: ---
```

```
#         BUGS: ---
#        NOTES: ---
#       AUTHOR: Liu Yantao (Tom), yantao.freedom@icloud.com
# ORGANIZATION:
#      CREATED: 10/31/2013 10:45
#     REVISION: ---
#=====================================================

while true
do

  echo "Do something..."
  echo "Hit [ CTRL+C ] to stop!"
  sleep 3

done
```

使用 false 命令定义一个无限循环的语法和使用 true 命令或":"命令的语法相似,只需将上述脚本中的 true 替换为 false 即可,它们的运行结果相同。

下面是一个菜单驱动程序,它将持续地运行,直到用户按下"4"选择退出为止。请看如下实例:

```
#!/bin/bash -
#=====================================================
#
#         FILE: whilemenu.sh
#
#        USAGE: ./whilemenu.sh
#
#  DESCRIPTION:
#
#      OPTIONS: ---
# REQUIREMENTS: ---
#         BUGS: ---
#        NOTES: ---
#       AUTHOR: Liu Yantao (Tom), yantao.freedom@icloud.com
# ORGANIZATION:
#      CREATED: 10/31/2013 14:16
#     REVISION: ---
#=====================================================

while :
do

  clear                                      #清理终端屏幕

  echo "==================================="
  echo "          MAIN - MENU              "
  echo "==================================="
  echo "1. Display date and time."
  echo "2. Display system information."
  echo "3. Display what users are doing."
  echo "4. Exit"

  read -p "Enter your choice [ 1-4 ]: " choice  #从标准输入中读取用户的输入,并赋值给变量 choice

  case $choice in
    1)
```

```
        echo "Today is $(date +%Y-%m-%d)."#打印当前日期，格式为"YYYY-MM-DD"
        echo "Current time: $(date +%H:%M:%S)"#打印当前时间，格式为"hh:mm:ss"
        read -p "Press [Enter] key to continue..." readEnterKey
        #只读入回车换行符
        ;;
    2)
        uname -a                #打印系统信息
        read -p "Press [Enter] key to continue..." readEnterKey
        ;;
    3)
        w                       #显示系统中当前登录的用户，及用户当前运行的命令
        read -p "Press [Enter] key to continue..." readEnterKey
        ;;
    4)
        echo "Bye!"
        exit 0
        ;;
    *)
        echo "Error: Invalid option!"
        read -p "Press [Enter] key to continue..." readEnterKey
        ;;
    esac
done
```

此脚本的运行结果将类似如下所示：

```
================================
        MAIN - MENU
================================
1. Display date and time.
2. Display system information.
3. Display what users are doing.
4. Exit
Enter your choice [ 1-4 ]: 1
Today is 2013-10-31.
Current time: 16:43:42
Press [Enter] key to continue...
```

7.3 until 循环语句实例

until 循环与 while 循环类似，也同样基于一个条件。但 until 循环的判断条件正好与 while 循环的判断条件相反，until 循环在条件为假的情况下才会持续地运行。一旦条件被满足，即为真，就会退出循环。until 循环的语法如下所示：

```
until [ CONDITION ]
do
  command1
  command2
  …
  …
  command
done
```

until 循环与 while 循环相比：

- until 循环执行直到返回 0 状态。
- while 循环执行直到返回非 0 状态。
- until 循环总是执行至少一次。

下面我们来看一个 until 循环的实例：

```
#!/bin/bash -
#=====================================================
#
#         FILE: untilloop.sh
#
#        USAGE: ./untilloop.sh
#
#  DESCRIPTION:
#
#      OPTIONS: ---
# REQUIREMENTS: ---
#         BUGS: ---
#        NOTES: ---
#       AUTHOR: Liu Yantao (Tom), yantao.freedom@icloud.com
# ORGANIZATION:
#      CREATED: 10/31/2013 18:19
#     REVISION: ---
#=====================================================

var=1

until [ $var -gt 3 ]
do
  echo "The for loop is run $var times."

  var=$(( var + 1 ))

done
```

此脚本的运行结果将类似如下所示：

```
$ chmod +x untilloop.sh
$ ./untilloop.sh
The for loop is run 1 times.
The for loop is run 2 times.
The for loop is run 3 times.
```

7.4 select 循环语句实例

Bash 还提供 select 循环。其语法如下所示：

```
select VAR in LIST
do
  command1
  command2
  ...
  ...
  commandN
done
```

select 循环语句具有如下特点：

- select 语句使用 Bash 内部变量 PS3 的值作为它的提示符信息。
- 打印到屏幕上的列表 LIST 中的每一项会在前面加上一个数字编号。
- 当用户输入的数字与某一个数字编号一致时,列表中相应的项即被赋予变量 VAR。
- 如果用户输入的内容为空,将重新显示列表 LIST 中的项和提示符信息。
- 可以通过添加一个退出选项,或按 Ctrl+C 或 Ctrl+D 组合键退出 select 循环。

下面我们来看一个使用 select 循环的脚本实例:

```bash
#!/bin/bash -
#========================================================
#
#          FILE: selectloop.sh
#
#         USAGE: ./selectloop.sh
#
#   DESCRIPTION:
#
#       OPTIONS: ---
#  REQUIREMENTS: ---
#          BUGS: ---
#         NOTES: ---
#        AUTHOR: Liu Yantao (Tom), yantao.freedom@icloud.com
#  ORGANIZATION:
#       CREATED: 11/01/2013 17:52
#      REVISION: ---
#========================================================

PS3="Run command: "                              #定义 PS3 提示符

select choice in date w hostname "uname -a" Exit    #指定 select 循环的列表
do

  case $choice in

  date)
     echo "======================================="
     echo "Current system date and time: "
     echo "======================================="
     $choice                                     #直接将变量的值作为命令运行
     ;;
  w)
     echo "======================================="
     echo "Who is logged on and what they are doing:"
     echo "======================================="
     $choice
     ;;
  hostname)
     echo "======================================="
     echo "Hostname:"
     echo "======================================="
     $choice
     ;;
  "uname -a")
     echo "======================================="
     echo "System information:"
     echo "======================================="
     $choice
     ;;
  Exit)
```

```
        echo "Bye!"
        exit
        ;;
    esac
done
```

此脚本的运行结果将类似如下所示：

```
$ chmod -x selectloop.sh
$ ./selectloop.sh
1) date
2) w
3) hostname
4) uname -a
5) Exit
Run command: 1
========================================
Current system date and time:
========================================
Fri Nov  1 18:40:36 CST 2013
Run command:
1) date
2) w
3) hostname
4) uname -a
5) Exit
Run command: 4
========================================
System information:
========================================
Linux localhost 2.6.18-238.9.1.el5PAE #1 SMP Tue Apr 12 19:28:32 EDT 2011
i686 i686 i386 GNU/Linux
Run command: 5
Bye!
```

7.5 循环控制

break 和 continue 是 Bash 中的循环控制命令，其用法与在其他编程语言中的同名语句完全一致。

7.5.1 实例：break 语句

break 语句用于从 for、while、until 或 select 循环中退出、停止循环的执行。
break 语句的语法如下所示：

```
break [n]
```

n 代表嵌套循环的层级，如果指定了 n，break 将退出 n 级嵌套循环。如果没有指定 n 或 n 不大于等于 1，则退出状态码为 0，否则退出状态码为 n。
下面我们来看一个使用 break 语句的脚本实例：

```
#!/bin/bash -
#==================================================
```

```
#
#          FILE: forbraek.sh
#
#         USAGE: ./forbraek.sh
#
#   DESCRIPTION:
#
#       OPTIONS: ---
#  REQUIREMENTS: ---
#          BUGS: ---
#         NOTES: ---
#        AUTHOR: Liu Yantao (Tom), yantao.freedom@icloud.com
#  ORGANIZATION:
#       CREATED: 11/02/2013 12:25
#      REVISION: ---
#=====================================================

# 如果未指定参数，则打印脚本的使用方法，并返回退出状态码 1
[ $# -eq 0 ] && { echo "Usage: $0 filepath"; exit 1; }

# 将位置参数 1 的值赋给变量 match
match=$1
found=0

# 遍历目录/etc 下的所有文件
for file in /etc/*
do

  # 如果文件的路径与指定的参数文件路径相匹配，则打印文件已找到，并退出 for 循环
  if [ $file == "$match" ]
  then

    echo "The file $match was found!"
    found=1
    #使用 break 命令退出 for 循环
    break

  fi
done

[ $found -ne 1 ] && echo "The file $match not found in /etc directory."
```

此脚本的运行结果将类似如下所示：

```
$ chmod +x forbraek.sh
$ ./forbraek.sh /etc/inittab
The file /etc/inittab was found!
$ ./forbraek.sh /etc/host
The file /etc/host not found in /etc directory.
```

我们再来看一个使用 break n 语句退出嵌套循环的脚本实例：

```
#!/bin/bash -
#=====================================================
#
#          FILE: breaknestedloop.sh
#
#         USAGE: ./breaknestedloop.sh
#
#   DESCRIPTION:
```

```
#        OPTIONS: ---
#   REQUIREMENTS: ---
#           BUGS: ---
#          NOTES: ---
#         AUTHOR: Liu Yantao (Tom), yantao.freedom@icloud.com
#   ORGANIZATION:
#        CREATED: 11/02/2013 12:54
#       REVISION: ---
#========================================================

# 如果未指定参数，则打印脚本的使用方法，并返回退出状态码 1
[ $# -eq 0 ] && { echo "Usage: $0 command"; exit 1; }

# 将位置参数 1 的值赋给变量 match
match=$1
found=0

for dir in /bin /usr/bin
do

  #遍历目录下的所有文件
  for file in $dir/*
  do

# 如果文件名与指定的参数文件名相匹配，则打印命令已找到，并退出嵌套的 for 循环
    if [ $(basename $file) == "$match" ]
then
        echo "The command $match was found!"
        found=1
        # 退出两层的 for 循环
        break 2

    fi
  done

done

[ $found -ne 1 ] && echo "The command $match not found."
```

上述脚本中的 break 2 语句将直接退出嵌套的两个 for 循环。

7.5.2 实例：continue 语句

continue 语句用于跳过循环体中剩余的命令直接跳转到循环体的顶部，而重新开始循环的下一次重复。continue 语句可以应用于 for、while 或 until 循环。

continue 语句的语法如下所示：

```
continue [n]
```

下面我们来看一个在循环中使用 continue 语句的脚本实例：

```
#!/bin/bash -
#==============================================
#
#          FILE: tolower.sh
```

```
#
#          USAGE: ./tolower.sh
#
#    DESCRIPTION:
#
#        OPTIONS: ---
#   REQUIREMENTS: ---
#           BUGS: ---
#          NOTES: ---
#         AUTHOR: Liu Yantao (Tom), yantao.freedom@icloud.com
#   ORGANIZATION:
#        CREATED: 11/02/2013 14:36
#       REVISION: ---
#=====================================================

# 如果运行脚本时未指定参数，则打印脚本的使用方法，并返回退出状态码1
[ $# -eq 0 ] && { echo "Usage: $0 directory"; exit 1; }

# 如果指定的目录不存在，则打印错误信息，并返回退出状态码1
[ ! -d $1 ] && { echo "Error: The directory $1 does not exist."; exit 1; }

# 如果没有成功切换到指定的目录，则打印相应的错误信息，并返回退出状态码1
cd $1 || { echo "Connot cd to the directory $1"; exit 1; }

# 遍历指定目录下的所有文件
for filename in $(ls)
do

  # 如果文件名不包含大写字母，则直接跳转到下一次循环
  if [ $filename != *[[:upper:]]* ]
  then

    # 忽略 for 循环体中剩余的语句直接跳转到下一次循环
continue

  fi

  # 将变量 filename 中的字母转换为小写
  new=`echo $filename | tr 'A-Z' 'a-z'`
  # 将文件重命名
  mv $filename $new
  echo "The file $filename renamed to $new."

done
```

上述脚本的用途是将指定目录下所有的文件名转换为小写。如果文件名不需要转换，continue 语句会直接跳转到循环的下一次执行。当然这个脚本有一个弊端，即它可能会直接覆盖已存在的文件。比如，目录下存在 3 个文件 test、Test 和 TEST，经过此脚本处理后，将只剩下一个 test 文件。读者可以利用本书学过的内容对此脚本进行进一步的完善。

7.6 小　　结

下面我们总结一下本章所学的主要知识。

Shell 可以重复地执行特定的指令，直到特定的条件被满足时为止。这重复执行的一组

命令就叫做循环。

循环具有以下特点：循环条件中使用的变量必须是已初始化的，然后在循环中开始执行；在每一次循环开始时进行一次测试；重复地执行一个代码块。

在 for 循环中，每次指定列表中的（iterm1…itermN）新值被赋给变量 VAR 后，for 循环都会执行一次，它将重复运行 do 和 done 之间的所有语句，直到条件不满足时为止。

for 循环也有三项表达式语法，其语法与 C 语言中常见的 for 循环使用方法相同。

while 循环语句用于重复地执行一个命令列表。

while 循环可以与 read 命令结合使用来读取一个文本文件。

while 循环和专用命令":"结合使用来定义一个无限循环。

定义一个无限 while 循环可以使用以下 3 种命令：true 命令、false 命令和:命令

until 循环与 while 循环类似，也同样基于一个条件。但 until 循环的判断条件正好与 while 循环的判断条件相反，until 循环在条件为假的情况下才会持续地运行。一旦条件被满足，即为真，就会退出循环。

select 循环语句具有如下特点：
- select 语句使用 Bash 内部变量 PS3 的值作为它的提示符信息。
- 打印到屏幕上的列表 LIST 中的每一项会在前面加上一个数字编号。
- 当用户输入的数字与某一个数字编号一致时，列表中相应的项即被赋予变量 VAR。
- 如果用户输入的为空，将重新显示列表 LIST 中的项和提示符信息。
- 可以通过添加一个退出选项，或按 Ctrl+C 或 Ctrl+D 组合键退出 select 循环。

break 和 continue 是 Bash 中的循环控制命令，其用法与在其他编程语言中的同名语句完全一致。

break 语句用于从 for、while、until 或 select 循环中退出，停止循环的执行。使用 break n 将退出 n 级嵌套循环。

continue 语句用于跳过循环体中剩余的命令直接跳转到循环体的顶部，而重新开始循环的下一次重复。continue 语句可以应用于 for、while 或 until 循环。

第 8 章 Shell 函数

在前一章中,我们学习了 Shell 中的循环,这些循环语句和循环控制结构为我们提供了有力的手段,可以让我们在 Shell 脚本中实现更为复杂的功能。

在这一章,我们将学习 Shell 函数。与"真正的"编程语言类似,Shell 也有函数,虽然 Shell 函数在某些实现方面稍有限制。

Shell 函数是 Shell 脚本中由命令集和语句组成的代码块,这个代码块可以被其他脚本或是脚本中的其他部分所调用,所以 Shell 函数可以使程序模块化,即把代码分隔成独立的任务块,这样,则可不必每次为了执行相同的任务而重写代码。

现在就让我们开始 Shell 的函数之旅,来一起了解:

- 怎样定义一个函数。
- 怎样向函数传递参数,函数又是如何处理这些参数的。
- 函数中的变量有什么样的作用范围,以及如何限制函数中变量的作用范围。
- 函数如何返回,如何得到函数的返回值及怎样测试函数的返回值。
- 可以怎样调用函数。
- 怎样在后台运行一个函数及其应用。

8.1 函数的定义

当脚本大到一定程度时,使用函数的优点是显而易见的,接下来就让我们学习如何定义一个函数。

定义函数的语法如下所示:

```
# 函数名
function_name()
{
  # 函数体,在函数中执行的命令行
  commands...
  # 参数返回,return 语句是可选的。如果没有 return 语句,则以函数最后一条命令的运行结
果作为返回值;如果使用 return 语句,则 return 后跟数值 n(数值范围:0~255)
[ return int; ]
}
```

或者,如果愿意,可在函数名前加上关键字 function,这取决于读者的偏好和习惯。

```
function function_name()
{
```

```
commands...
}
```

如果有 function 关键字，则可以省略圆括号"()"。函数体，也叫复合命令块，是包含在{}之间的命令列表。

也可以在一行内定义一个函数，此时，函数体内的各命令之间必须用分号";"隔开，其语法规则如下：

```
function name { command1; command2; commandN; }
```

或者

```
name() { command1; command2; commandN; }
```

可以使用内部命令 unset 的"-f"选项来取消函数的定义。

> **注意**：通常情况下，函数体外的大括号与函数体之间必须用空白符（空格、回车或制表符等）或换行符分开，因为大括号"{}"是保留字，但只有"{"或"}"与其中间的命令列表被空格或其他 Shell 元字符（比如，；或|等）分隔时，才能被识别为保留字。

8.2 函数的参数、变量与返回值

在这一节中我们将学习怎样向函数传递参数，在函数中怎样处理这些参数、本地变量的概念、函数如何返回及其返回值以及如何测试函数的返回值。

8.2.1 实例：向函数传递参数

Shell 函数有自己的命令行参数。函数使用特殊变量$1, $2,…$n（本书 5.4.3 小节所讲述的 Bash 的位置参数）来访问传递给它的参数。函数中使用参数的语法规则如下：

```
name(){

arg1=$1
arg2=$2
command on $arg1

}
```

使用如下语法来调用函数：

```
name foo bar
```

在这里：
- ❑ name = 函数名。
- ❑ foo = 参数 1——传递给函数的第一个参数（位置参数$1）。
- ❑ bar = 参数 2——传递给函数的第二个参数（位置参数$2）。

下面我们通过一个脚本实例来进一步了解函数中的参数：

```bash
#!/bin/bash -
#=====================================================
#
#          FILE: passed.sh
#
#         USAGE: ./passed.sh
#
#   DESCRIPTION:
#
#       OPTIONS: ---
#  REQUIREMENTS: ---
#          BUGS: ---
#         NOTES: ---
#        AUTHOR: Liu Yantao (Tom), yantao.freedom@icloud.com
#  ORGANIZATION:
#       CREATED: 11/02/2013 16:37
#      REVISION: ---
#=====================================================

# 定义函数 passed
passed(){

  # 定义变量 a，并将传递给函数 passed() 的第一个参数赋值给此变量
  a=$1
  # 打印特殊参数 0 的值，即脚本名称
  echo "passed(): \$0 is $0"
  # 打印位置参数 1 的值，即指定给函数的第一个参数
  echo "passed(): \$1 is $1"
  echo "passed(): \$a is $a"
  # 打印传递给函数 passed 的参数个数
  echo "passed(): total args passed to me $#"
  # 打印传递给函数 passed 的所有参数
  echo "passed(): all args (\$@) passed to me - \"$@\""
  # 打印传递给函数 passed 的所有参数
  echo "passed(): all args (\$*) passed to me - \"$*\""

}

echo "**** calling passed() first time ****"
# 调用函数 passed，并指定一个参数 "one"
passed one

echo "**** calling passed() second time ****"
# 调用函数 passed，并指定 3 个参数
passed one two three
```

此脚本的运行结果将类似如下所示：

```
$ chmod +x passed.sh
$ ./passed.sh
**** calling passed() first time ****
passed(): $0 is ./passed.sh
passed(): $1 is one
passed(): $a is one
passed(): total args passed to me 1
passed(): all args ($@) passed to me - "one"
passed(): all args ($*) passed to me - "one"
```

```
**** calling passed() second time ****
passed(): $0 is ./passed.sh
passed(): $1 is one
passed(): $a is one
passed(): total args passed to me 3
passed(): all args ($@) passed to me - "one two three"
passed(): all args ($*) passed to me - "one two three"
```

在上述脚本中你应该注意到了一些特殊变量，如$0、$1、$*等，这些特殊变量即是我们在本书的 5.4.3 小节中介绍的，下面我们来做一个简单的复习，在 Shell 函数中：

- 所有函数参数可以通过$1, $2,…, $n，即位置参数来访问。
- $0 指代 Shell 脚本的名字。
- $* or $@ 保存传递给函数的所有参数。
- $# 保存传递给函数的位置参数的个数。

8.2.2 本地变量

默认情况下脚本中所有的变量都是全局的，在函数中修改一个变量将改变这个脚本中此变量的值，这在某些情况下可能是个问题，例如，我们创建一个叫做 fvar.sh 的脚本：

```
#!/bin/bash -
#=====================================================
#
#          FILE: fvar.sh
#
#         USAGE: ./fvar.sh
#
#   DESCRIPTION:
#
#       OPTIONS: ---
#  REQUIREMENTS: ---
#          BUGS: ---
#         NOTES: ---
#        AUTHOR: Liu Yantao (Tom), yantao.freedom@icloud.com
#  ORGANIZATION:
#       CREATED: 11/02/2013 16:53
#      REVISION: ---
#=====================================================

# 定义函数 create_logFile
create_logFile(){

  #修改变量 d 的值
  d=$1
  echo "create_logFile(): d is set to $d"

}

# 定义变量 d
d=/tmp/diskUsage.log

echo "Before calling create_logFile d is set to $d"

# 调用函数 create_logFile，并指定一个参数
create_logFile "/home/yantaol/diskUsage.log"
```

```
echo "After calling create_logFile d is set to $d"
```

此脚本的运行结果将类似如下所示:

```
$ chmod +x fvar.sh
$ ./fvar.sh
Before calling create_logFile d is set to /tmp/diskUsage.log
create_logFile(): d is set to /home/yantaol/diskUsage.log
After calling create_logFile d is set to /home/yantaol/diskUsage.log
```

根据上述的情况,我们可以使用 local 命令来创建一个本地变量,其语法如下所示:

```
local var=value
local varName
```

或者

```
function name(){

# 定义一个本地变量 var
local var=$1
command1 on $var

}
```

- □ local 命令只能在函数内部使用。
- □ local 命令将变量名的可见范围限制在函数内部。

下面是上述脚本 fvar.sh 的一个使用本地变量的版本:

```
#!/bin/bash -
#===========================================================
#
#         FILE: localfvar.sh
#
#        USAGE: ./localfvar.sh
#
#  DESCRIPTION:
#
#      OPTIONS: ---
# REQUIREMENTS: ---
#         BUGS: ---
#        NOTES: ---
#       AUTHOR: Liu Yantao (Tom), yantao.freedom@icloud.com
# ORGANIZATION:
#      CREATED: 11/02/2013 17:16
#     REVISION: ---
#===========================================================

# 定义全局变量 d
d=/tmp/diskUsage.log

# 定义函数 create_logFile
create_logFile(){

# 定义本地变量 d,这个变量只对此函数可见
local d=$1
echo "create_logFile(): d is set to $d"

}
```

```
echo "Before calling create_logFile d is set to $d"
# 调用函数create_logFile，并指定一个参数
create_logFile "/home/yantaol/diskUsage.log"

echo "After calling create_logFile d is set to $d"
```

此脚本的运行结果将类似如下所示：

```
$ chmod +x localfvar.sh
$ ./localfvar.sh
Before calling create_logFile d is set to /tmp/diskUsage.log
create_logFile(): d is set to /home/yantaol/diskUsage.log
After calling create_logFile d is set to /tmp/diskUsage.log
```

8.2.3 实例：使用 return 命令

如果在函数里有 Shell 内置命令 return，则函数执行到 return 语句时结束，并且返回到 Shell 脚本中调用函数位置的下一个命令。如果 return 带有一个数值型参数，则这个参数就是函数的返回值，返回值的最大值是 255；否则，函数的返回值是函数体内最后一个执行的命令的返回状态。

接下来，让我们来看一个函数中使用 return 命令的例子：

```
# 检查某个进程号是否运行
checkpid()
{

  # 定义本地变量 i
  local i

  # 使用 for 循环遍历传递给此函数的所有参数
  for i in $*
  do

    # 如果目录/proc/$i 存在，则执行此函数返回 0
    # 在一般的 Linux 系统中，如果进程正在运行，则在/proc 目录下会存在一个以进程号命名的子目录
    [ -d "/proc/$i" ] && return 0

  done

  # 返回 1
  return 1

}
```

此函数的功能是检查某个进程号是否存在，如果存在则返回 0；不存在则返回 1。

> 注意：在函数中不使用 return 语句的情况下，除非发生语法错误或者一个同名并且为只读的函数已经存在，函数默认的返回值是 0。

8.2.4 实例：函数返回值测试

可以直接在脚本调用函数语句的后面使用 Shell 特殊参数 "?" 来测试函数调用的返回值，通过特殊参数 "?" 可以得到最近一次执行的前台命令的退出状态。例如：

```
# 调用函数 checkpid
checkpid $pid1 $pid2 $pid3
# 如果上述命令执行成功，即$?的值等于 0，则执行 if 中的语句
if [ $? = 0 ]
then
  echo "The one of them is running."
else
  echo "These PIDs are not running!"
if
```

或者也可以使用 if 语句测试函数返回值。建议在 if 语句里用括号将函数调用括起来，以增加可读性。例如：

```
if ( checkpid $pid1 $pid2 $pid3 ); then
  echo "The one of them is running."
else
  echo "These PIDs are not running!"
if
```

8.3 函数的调用

函数的调用方式有多种，可以直接在 Shell 命令行调用函数，或是在脚本内部调用函数，或是从其他函数文件中调用函数，还可以递归地调用函数。接下来学习一下这几种函数调用的方式。

8.3.1 实例：在 Shell 命令行调用函数

在命令行中，可以通过直接输入函数的名字，来调用或引用函数：

```
$ function_name
```

例如，定义一个叫做 yday()的函数来显示昨天的日期：

```
$ yday() { date --date='1 day ago'; }
```

引用函数 yday()：

```
$ yday
```

8.3.2 实例：在脚本中调用函数

在脚本中定义并且调用一个函数的方法如下所示：

```
#!/bin/bash -
#===============================================
#
#        FILE: yesterday.sh
#
#       USAGE: ./yesterday.sh
#
# DESCRIPTION:
#
#     OPTIONS: ---
# REQUIREMENTS: ---
#        BUGS: ---
#       NOTES: ---
#      AUTHOR: Liu Yantao (Tom), yantao.freedom@icloud.com
# ORGANIZATION:
#     CREATED: 11/02/2013 18:47
#    REVISION: ---
#===============================================

# 定义函数 yday
yday(){

  # 显示一天前的系统日期和时间
date --date='1 day ago'

}

# 调用函数 yday
yday
```

要在脚本中调用函数，首先要创建函数，并确保它位于调用此函数的语句之前。例如，如下脚本 dfile.sh 将会执行失败：

```
#!/bin/bash -
#===============================================
#
#        FILE: dfile.sh
#
#       USAGE: ./dfile.sh
#
# DESCRIPTION:
#
#     OPTIONS: ---
# REQUIREMENTS: ---
#        BUGS: ---
#       NOTES: ---
#      AUTHOR: Liu Yantao (Tom), yantao.freedom@icloud.com
# ORGANIZATION:
#     CREATED: 11/02/2013 18:57
#    REVISION: ---
#===============================================

# 定义变量 TEST
```

```
TEST="/tmp/filename"

# 调用 delete_file; 失败
delete_file

# 定义函数 delete_file
delete_file()
{

echo "Deleting $TEST..."

}
```

其执行结果将类似如下所示：

```
./dfile.sh: line 6: delete_file: command not found
```

为了避免出现这样的问题，要在脚本的开头定义和编写函数。同样地，在脚本的开头定义所有变量：

```
#!/bin/bash -
#=====================================================
#
#          FILE: dfile_1.sh
#
#         USAGE: ./dfile_1.sh
#
#   DESCRIPTION:
#
#       OPTIONS: ---
#  REQUIREMENTS: ---
#          BUGS: ---
#         NOTES: ---
#        AUTHOR: Liu Yantao (Tom), yantao.freedom@icloud.com
#  ORGANIZATION:
#       CREATED: 11/02/2013 19:57
#      REVISION: ---
#=====================================================

# 在脚本的开始定义变量，使它可以被函数访问
TEST="/tmp/filename"

# 定义函数 delete_file
delete_file(){

    echo "Deleting $TEST..."

}

# 调用函数 delete_file
delete_file
```

8.3.3 实例：从函数文件中调用函数

❏ 你可以把所有的函数存储在一个函数文件中。
❏ 你可以把所有的函数加载到当前脚本或是命令行。

加载函数文件中所有函数的语法如下：

```
. /path/to/your/functions.sh
```

下面我们创建一个名为 myfunctions.sh 的函数文件：

```bash
#!/bin/bash -
#===============================================================
#
#          FILE: myfunctions.sh
#
#         USAGE: ./myfunctions.sh
#
#   DESCRIPTION:
#
#       OPTIONS: ---
#  REQUIREMENTS: ---
#          BUGS: ---
#         NOTES: ---
#        AUTHOR: Liu Yantao (Tom), yantao.freedom@icloud.com
#  ORGANIZATION:
#       CREATED: 11/02/2013 19:57
#      REVISION: ---
#===============================================================

# 定义变量
declare -r TRUE=0
declare -r FALSE=1
declare -r PASSWD_FILE=/etc/passwd

###################################################################
# 用途：将字符串转换为小写
# 参数：
#     $1 -> 要转换为小写的字符串
###################################################################
function to_lower()
{

  # 定义本地变量 str
  local str="$@"
  # 定义本地变量 output
  local output
  # 将变量 str 的值转换为小写后赋值给变量 output
  output=$(tr '[A-Z]' '[a-z]'<<<"${str}")
  echo $output


}

###################################################################
# 用途：如果脚本由 root 用户执行则返回 true
# 参数：无
# 返回值：True 或 False
###################################################################
function is_root()
{

  # 如果运行此脚本的账号的 uid 等于 0，则返回 0，否则返回 1
  [ $(id -u) -eq 0 ] && return $TRUE || return $FALSE

}

###################################################################
```

```
# 用途：如果用户名存在于文件/etc/passwd 中则返回 true
# 参数：$1 （用户名） -> 要在文件/etc/passwd 中检查的用户名
# 返回值：True 或 False
###############################################################
function is_user_exits()
{
  # 定义本地变量 u
  local u="$1"
  # 如果文件/etc/passwd 中存在以变量$u 的值为开头的行，则返回 0，否则返回 1
  grep -q "^${u}" $PASSWD_FILE && return $TRUE || return $FALSE
}
```

你可以加载函数文件 myfunctions.sh 到当前的 Shell 环境：

```
$ . myfunctions.sh
```

或者

```
$ . /path/to/myfunctions.sh
```

那么我们如何加载一个函数文件到脚本中呢？请看如下例子，创建一个叫做 functionsdemo.sh 的脚本：

```
#!/bin/bash -
#========================================================
#
#          FILE: functionsdemo.sh
#
#         USAGE: ./functionsdemo.sh
#
#   DESCRIPTION:
#
#       OPTIONS: ---
#  REQUIREMENTS: ---
#          BUGS: ---
#         NOTES: ---
#        AUTHOR: Liu Yantao (Tom), yantao.freedom@icloud.com
#  ORGANIZATION:
#       CREATED: 11/02/2013 19:57
#      REVISION: ---
#========================================================

# 加载函数文件 myfunctions.sh
# 这里的路径需要根据你的实际环境做改动
. /home/yantaol/shlibs/myfunctions.sh

# 定义本地变量
# var1 是没有被 myfunctions.sh 使用的
var1="The Mahabharata is the longest and, arguably, one of the greatest epic poems in any language."

# 调用函数 is_root，执行成功或失败，会分别打印不同的信息
is_root && echo "You are logged in as root." || echo "You are not logged in as root."

# 调用函数 is_user_exits
is_user_exits "yantaol" && echo "Account found." || echo "Account not found."
```

```
# 打印变量的值 var1
echo -e "*** Orignal quote: \n${var1}"

# 调用函数 to_lower()
# 将 $var1 作为参数传递给 to_lower()
# 在 echo 内使用命令替换
echo -e "*** Lowercase version: \n$(to_lower ${var1})"
```

此脚本的运行结果将类似如下所示:

```
$ chmod +x functionsdemo.sh
./functionsdemo.sh
You are not logged in as root.
Account found.
*** Orignal quote:
The Mahabharata is the longest and, arguably, one of the greatest epic poems
in any language.
*** Lowercase version:
the mahabharata is the longest and, arguably, one of the greatest epic poems
in any language.
```

source 命令也同样可以用于加载任何函数文件到当前 Shell 脚本或是命令行,它的命令格式如下:

```
source filename [arguments]
```

source 命令会从给定的 filename 中读取和执行命令并返回。$PATH 环境变量中的路径名用于找到包含 filename 的目录。如果指定了任何 arguments,它们就会变为 filename 执行时的位置参数。source 命令的使用语法类似如下:

```
source functions.sh
source /path/to/functions.sh
source functions.sh WWWROOT=/usr/local/apache PHPROOT=/usr/local/php
```

在我们前一个脚本实例 functionsdemo.sh 中可以使用 source 命令替换".",如下所示:

```
# 加载函数文件 myfunctions.sh
# 这里的路径需要根据你的实际环境做改动
source /home/yantaol/shlibs/myfunctions.sh
```

8.3.4 实例: 递归函数调用

递归函数是重复调用其自身的函数,并且没有递归调用次数的限制。
接下来我们通过下面的脚本 fact.sh 来了解一下递归函数及其调用:

```
#!/bin/bash -
#=====================================================
#
#          FILE: fact.sh
#
#         USAGE: ./fact.sh
#
#   DESCRIPTION:
#
#       OPTIONS: ---
```

```
# REQUIREMENTS: ---
#        BUGS: ---
#       NOTES: ---
#      AUTHOR: Liu Yantao (Tom), yantao.freedom@icloud.com
# ORGANIZATION:
#     CREATED: 11/02/2013 19:57
#    REVISION: ---
#=========================================================

# 定义函数 factorial——计算给定命令行参数的阶乘
factorial(){

  # 定义本地变量 i
  local i=$1
  # 定义本地变量 f
  local f
  # 声明变量 i 为整数
  declare -i i
  # 声明变量 f 为整数
  declare -i f

  # factorial 被调用直到$f 的值<=2
  # 开始递归
    [ $i -le 2 ] && echo $i || { f=$(( i - 1 )); f=$(factorial $f); f=$(( f
    * i )); echo $f; }

}

# 显示函数用法
[ $# -eq 0 ] && { echo "Usage: $0 number"; exit 1; }

# 调用函数 factorial
factorial $1
```

此脚本的运行结果将类似如下所示:

```
$ chmod +x fact.sh
$ ./fact.sh
Usage: ./fact.sh number
$ ./fact.sh 2
2
$ ./fact.sh 10
3628800
```

注意: 在 Bash 下, 递归函数执行速度慢, 应尽可能地避免使用递归函数。

8.4 实例: 将函数放在后台运行

"&" 操作符可以将命令放在后台运行并释放你的终端, 同样也可以把函数放在后台运行。

那么如何将一个函数放在后台运行呢? 其语法规则如下:

```
# 定义函数 name
name()
```

```
{
  echo "Do something"
  sleep 1
}

# 将函数放在后台运行
name &

# 继续执行其他命令
...
```

接下来列举一个实例,来了解一下后台运行函数的用法。

当你使用脚本进行磁带备份时可以显示一连串的小圆点(进度条)。显示这样一个进度条对于用户或是操作者来说是有用的。下面我们创建一个叫做 progressdots.sh 的脚本:

```
#!/bin/bash -
#========================================================
#
#         FILE: progressdots.sh
#
#        USAGE: ./progressdots.sh
#
#  DESCRIPTION:
#
#      OPTIONS: ---
# REQUIREMENTS: ---
#         BUGS: ---
#        NOTES: ---
#       AUTHOR: Liu Yantao (Tom), yantao.freedom@icloud.com
# ORGANIZATION:
#      CREATED: 11/02/2013 19:57
#     REVISION: ---
#========================================================


# progressdots.sh——当进行备份时显示进度

# 定义函数 progress,显示进度条
progress()
{

echo -n "$0: Please wait..."
# 执行无限 while 循环
while true
do

  echo -n "."
  # 休眠 5 秒
  sleep 5

  done

}

# 定义函数 dobackup
dobackup(){
```

```
    # 运行备份命令
    tar -zcvf /dev/st0 /home >/dev/null 2>&1

}

# 将函数放在后台运行
progress &

# 保存函数 progress() 运行的进程号
# 需要使用 PID 来结束此函数
MYSELF=$!

# 开始备份
# 转移控制到函数 dobackup
dobackup

# 杀死进程
kill $MYSELF >/dev/null 2>&1
echo -n "...done."
echo
```

此脚本的运行结果将类似如下所示:

```
$ chmod +x progressdots.sh
$ ./progressdots.sh
./progressdots.sh: Please wait...............done.
```

8.5 小　　结

通过本章的学习，想必你对我们在本章开始提出的一些疑问已经有了一个比较清楚的理解。

希望你在今后脚本的编写过程中尽量多使用函数，因为函数可以帮助我们：

- 节省大量时间；
- 避免一次次地重写一样的代码；
- 更容易地编写程序；
- 非常简单地维护程序。

第 9 章　正则表达式

在前一章中，我们学习了 Shell 函数，Shell 函数可以使你的 Shell 脚本模块化，也有助于你编写的代码的重用，可以说 Shell 函数是 Shell 脚本高级编程不可缺少的一部分。

在这一章，我们将学习正则表达式，首先，我们将介绍正则表达式的定义、正则表达式的类型，接下来介绍 POSIX 字符类和 Bash 中的正则表达式比较操作符，最后，我们通过一些实例来了解和学习一些正则表达式的特殊元字符的用法。

9.1　什么是正则表达式

接下来，让我们带着这个问题开始正则表达式的学习。

9.1.1　定义

正则表达式是一个描述一组字符串的模式。与算术表达式类似，正则表达式也是由各种操作符结合小的表达式组成，这些所谓的操作符，即是正则表达式中的特殊元字符。

换句话说，正则表达式是由普通字符和元字符组成的字符集，而这个字符集匹配（或指定）一个模式。其基本结构单元是匹配单个字符的正则表达式。任何带有特殊含义的元字符可以通过在字符前加反斜杠"\"来引用。

正则表达式的主要作用是文本搜索和字符串处理。一个正则表达式匹配单个字符或一个字符串，或字符串的一部分。

9.1.2　正则表达式类型

正则表达式有两种类型，分别是：
- 基本正则表达式；
- 扩展正则表达式。

基本正则表达式具有如下的元字符。
- 星号*：匹配它前面的字符串或正则表达式任意次（包括 0 次）。比如，"1122*"将匹配 11+1 个或多个 2，其可能匹配的字符串将是 112、1122、1122222、11223343 等。
- 句点：匹配除换行符之外的任意一个字符。比如，"112."将匹配 112+至少一个字符，其可能匹配的字符串是 1121、1122、112abc 等，但不匹配 112。
- 插入符号^：匹配一行的开始，但有时依赖于上下文环境，可能表示否定正则表达式中一个字符串的意思。比如，"^abc"将只匹配行首的 abc 字符串。
- 美元符$：在一个正则表达式的末尾，匹配一行的结尾。比如，"123$"将只匹配行尾的 123，"^$"将匹配一个空行。
- 方括号[]：匹配方括号内指定的字符集中的一个字符。比如，"[abc]"将匹配字符 a、b、c 中的任意一个字符，"[a-h]"将匹配从 a~h 的任意一个字符，"[A-Z][a-z]"将匹配任意一个大写或小写字母，"[^a-d]"将匹配除 a~d 之外的所有字符。
- 反斜线符号\：转义一个特殊的字符，使这个字符得到字面意义的解释。比如，"\$"将表示回它的原意"$"，而不是表示行尾的正则表达式含义。类似地，"\\"表示的字意是"\"。
- 转义尖括号\<\>：用于标记单词边界。尖括号必须是转义的，否则它们只有字符的字面含义。比如，"\<the\>"匹配单词"the"，但不匹配"them"、"there"、"other"等等。

扩展正则表达式，在上面的基本正则表达式的元字符的基础上又增加了几个元字符，如下所示。

- 问号?：匹配 0 个或 1 个前面的字符，它通常用于匹配单个字符。比如，"ab?c"将匹配"ac"或"abc"。
- 加号+：匹配 1 个或多个前面的字符，它和星号*的作用相似，但它不匹配 0 个字符的情况。比如，"ab+c"将匹配"abc"、"abbc"、"abbb...c"等。
- 转义波形括号\{\}：指示匹配前面正则表达式的次数。波形括号必须是转义的，否则它们只有字符的字面含义。比如"[0-9]\{5\}"将匹配 5 位数字。
- 圆括号()：包含一组正则表达式。它们与下面要讲的"|"操作符一起使用，或是在使用 expr 提取子字符串时使用。
- 竖线|：正则表达式的"或"操作符匹配一组可选的字符。比如"a(b|c)d"将匹配"abd"或"acd"。

9.1.3 POSIX 字符类

这是一个指定字符范围的替代方法，如表 9-1 所示。

表 9-1　POSIX字符

POSIX 字符	含　　义
[:alnum:]	匹配字母和数字字符。等同于 A~Z, a~z, 0~9
[:alpha:]	匹配字母字符。等同于 A~Z, a~z
[:blank:]	匹配空格或制表符
[:cntrl:]	匹配控制字符
[:digit:]	匹配十进制数字。等同于 0~9
[:graph:]	匹配 ASCII 码值范围在 33~126 的字符。与下面的[:print:]相似，但不包括空格字符
[:lower:]	匹配小写字母。等同于 a~z
[:upper:]	匹配大写字母。等同于 A~Z
[:print:]	匹配 ASCII 码值范围在 32~126 的字符。与上面的[:graph:]相似，但多了个空格字符
[:space:]	匹配空白字符（空格和水平制表符）
[:xdigit:]	匹配十六进制数字。等同于 0~9, A~F, a~f

注意：POSIX 字符类通常需用引号或双方括号（[[]]）括起来。

9.1.4 Bash 正则表达式比较操作符

从 Bash 3.0 版本开始，Bash 有了内部的正则表达式比较操作符，使用 "=~" 表示。大部分使用 grep 或 sed 命令的正则表达式编写脚本的方法，现在可以由带有 "=~" 操作符的 Bash 表达式处理，并且 Bash 表达式可能使你的脚本更容易阅读和维护。

与其他比较操作符（例如，"-lt" 或 "==" 等）相同，如果一个表达式（比如，$digit =~ "[[0-9]]"）左边的变量匹配右边的正则表达式，将返回状态码 0，否则返回 1。

下面这个例子测试$digit 的值是否为一个十进制数字：

```bash
# 如果变量 digit 的值匹配数字 0~9 中的任何一个数字，则执行 if 中的语句
if [[ $digit =~ [0-9] ]]; then
  echo "$digit is a digit."
  else
echo 'Oops!'
fi
```

你同样可以检查输入的内容是否为一个数字：

```bash
#!/bin/bash -
#=====================================================
#
#          FILE: checknumeric.sh
#
#         USAGE: ./checknumeric.sh
#
#   DESCRIPTION:
#
#       OPTIONS: ---
#  REQUIREMENTS: ---
#          BUGS: ---
#         NOTES: ---
#        AUTHOR: Liu Yantao (Tom), yantao.freedom@icloud.com
#  ORGANIZATION:
#       CREATED: 11/09/2013 11:00
#      REVISION: ---
#=====================================================

# 读取用户从键盘的输入，将输入的内容存入变量 num
read -p "Input a number, Please: " num

# 如果变量 num 的值是一串数字，则执行 if 中的语句，否则执行 else 中的语句
if [[ $num =~ ^[0-9]+$ ]]; then
  echo "It's a number."
else
  echo "It's not a number."
```

```
fi
```

Bash 正则表达式可以是十分复杂的。在下面的示例中,我们检查变量$email 的值是否为一个 email 地址:

```
# 如果变量email的值匹配一个标准的邮件地址格式,则执行if中的语句,否则执行else中的语句
if [[ "$email" =~ ^[A-Za-z0-9._%+-]+@[A-Za-z0-9.-]+\.[A-Za-z]{2,4}$ ]]; then

  echo "This email address looks fine: $email"

else

  echo "no"

fi
```

如上述示例所示,为了匹配一个 email 地址,第一个正则表达式(账号名)可以包含字母、数字和一些特殊字符,第一个"]"右边的+表示可以有任意数量的这些字符。接下来是@符号,它在用户名和电子邮件的域名之间,还有字面含义的句点字符(\.)在域名的第一部分和第二部分之间。

类似地,你可以建立一个确定变量值是否为一个正确的 IP 地址格式的测试:

```
#!/bin/bash -
#=====================================================
#
#         FILE: checkIPaddress.sh
#
#        USAGE: ./checkIPaddress.sh
#
#  DESCRIPTION:
#
#      OPTIONS: ---
# REQUIREMENTS: ---
#         BUGS: ---
#        NOTES: ---
#       AUTHOR: Liu Yantao (Tom), yantao.freedom@icloud.com
# ORGANIZATION:
#      CREATED: 11/09/2013 11:00
#     REVISION: ---
#=====================================================

# 如果指定给脚本的参数个数不为1,则执行if中的语句,否则执行else中的语句
if [ $# != 1 ]; then

  #打印脚本的使用方法
  echo "Usage: $0 address"
  # 退出脚本,且退出状态码为1
  exit 1

else

  # 定义变量ip
  ip=$1

fi
```

```
# 如果变量 ip 的值匹配 IPv4 的地址格式，则执行 if 中的语句，否则执行 elif 语句
if [[ "$ip" =~ ^[0-9]{1,3}\.[0-9]{1,3}\.[0-9]{1,3}\.[0-9]{1,3}$ ]]; then

  echo "Looks like an IPv4 IP address."

# 如果变量 ip 的值匹配 Ipv6 的地址格式，则执行 elif 中的语句，否则执行 else 语句
elif [[ $ip =~ ^[A-Fa-f0-9:]+$ ]]; then

  echo "Could be an IPv6 IP address."

else

  echo 'Oops!'

fi
```

9.2 正则应用基础

在此节中，我们通过一些实例来了解和学习正则表达式的使用方法。

9.2.1 实例：使用句点.匹配单字符

比如，我们有一个文件 list.txt，其内容如下所示：

```
$ cat list.txt
1122
112
11222
2211
22111
abdde
abede
bbcde
bbdde
```

现在我们来搜索此文件中，包含字符串"112"且其后至少有一个字符的行：

```
$ grep "112." list.txt
1122
11222
```

查找在字符"d"和"e"之间有一个任意字符的行：

```
$ grep "d.e" list.txt
abdde
bbdde
```

查找在字符"2"后有两个任意字符的行：

```
$ grep "2.." list.txt
11222
2211
22111
```

9.2.2 实例：使用插入符号^匹配

例如，我们要查找/etc/passwd 文件中 root 账号的信息，如果不使用正则表达式，而只使用 root 关键字，可能会得到类似如下结果：

```
$ grep root /etc/passwd
root:x:0:0:root:/root:/bin/bash
operator:x:11:0:operator:/root:/sbin/nologin
```

显然，上述的结果并不完全是我们需要的结果。此时，我们使用插入符号元字符就可以只显示 root 账号的信息：

```
$ grep ^root /etc/passwd
root:x:0:0:root:/root:/bin/bash
```

现在我们想查看 Linux 下的系统日志文件/va/log/message，并且只想看 11 月 1 号的 log，这时就可以使用正则表达式插入符号元字符。类似如下所示：

```
$ grep "^Nov 1" /var/log/messages
```

9.2.3 实例：使用美元符$匹配

将插入符号"^"和美元符"$"单独结合使用，可以查找文件中的空白行：

```
$ grep -v '^$' filename
```

上述示例是打印除空行以外的其他行。

使用美元符"$"匹配，我可以查找/etc/passwd 中用户默认 Shell 是 Bash 的账号：

```
$ grep 'bash$' /etc/passwd
```

上述示例中，查找的即是以"bash"字符串结尾的行。

9.2.4 实例：使用星号*匹配

我们在 Linux 的系统日志文件/va/log/messages 中查找所有匹配"kernel: *"的行：

```
$ grep "kernel: *." /var/log/messages
```

上述示例中，将匹配 kernel 和冒号"："，还有紧跟其后 0 个或多个空格，最后是一个句点"."匹配任意一个字符。

下面的例子是查找文件中，所有包含单词是以字母"i"开头、以字母"l"结尾的行：

```
$ egrep "\<i.*l\>" filename --color
```

或

```
$ grep "\<i.*l\>" filename --color
```

9.2.5 实例：使用方括号[ ]匹配

比如，找出文件中含有至少 11 个连续小写字母的行：

```
$ grep "[a-z]\{11\}" /var/log/setup.log --color
```

或

```
$ egrep "[a-z]{11}" /var/log/setup.log --color
```

查看文件中包含字母"b"或字母"s"的行：

```
$ grep [bs] filename
```

查看系统日志文件中包含"数字+空格+times"的行：

```
$ grep "[0-9]\+ times" /var/log/messages --color
```

或

```
$ egrep "[0-9]+ times" /var/log/messages --color
```

9.2.6 实例：使用问号?匹配

比如，我们有一个内容如下的文件 regexExamp.txt：

```
cat regexExamp.txt
hi hello
hi   hello how are you
hihello
```

我们来查看一下"hi ?hello"的匹配结果：

```
$ egrep "hi ?hello" regexExamp.txt
hi hello
hihello
```

或

```
$ grep "hi \?hello" regexExamp.txt
hi hello
hihello
```

9.2.7 实例：使用加号+匹配

我们仍然使用上一小节中的示例文件 regexExamp.txt，查看"hi +hello"的匹配将是怎样的结果：

```
$ egrep "hi +hello" regexExamp.txt
hi hello
hi   hello how are you
```

或

```
$ grep "hi \+hello" regexExamp.txt
```

```
hi hello
hi    hello how are you
```

9.3 小　　结

下面我们总结一下本章所学的主要知识。

正则表达式是一个描述一组字符串的模式。

正则表达式是由普通字符和元字符组成的字符集，而这个字符集匹配（或指定）一个模式。

正则表达式的主要作用是文本搜索和字符串处理。一个正则表达式匹配单个字符或一个字符串，或字符串的一部分。

正则表达式有两种类型，分别是基本正则表达式和扩展正则表达式。

基本正则表达式的元字符有：*、.、^、$、[]、\和\<\>。

扩展正则表达式在基本正则表达式的元字符的基础上，增加以下元字符：?、+、\{\}、()和|。

POSIX 字符类通常需用引号或双方括号（[[]]）括起来。

从 Bash 的 3.0 版本开始，Bash 有了内部的正则表达式比较操作符，使用 "=~" 表示。

Shell 脚本中大部分使用 grep 或 sed 命令的正则表达式编写的代码，现在可以由带有 "=~" 操作符的 Bash 表达式处理，并且 Bash 表达式可能使你的脚本更容易阅读和维护。

第 10 章　脚本输入处理

在开始本章的学习之前，我们需要先回顾一下本书前面部分章节所学习过内容。比如，我们在第 5 章的 5.4.3 小节中学习的 Bash 的位置参数的概念，以及在第 8 章的 8.2.1 小节中学习的如何向函数传递命令行参数。

其实与向函数传递命令行参数的方法类似，我们也可以使用此方法向 Shell 脚本传递参数。这些传递的命令行参数同样存储在位置参数（$1,$2,…$9,${10},${11},…）中。同样地，特殊变量"$*"和"$@"会存储所有传递的命令行参数，特殊变量"$#"会存储传递的命令行参数的个数。

现在我们已经知道了如何传递命令行参数到 Shell 脚本。那么，我们如何在 Shell 脚本中获取和使用这些变量呢？不要担心，笔者不会让你阅读一个冗长的手册来了解如果获取和使用这些变量。接下来，我们将通过一些实例的学习来找到答案。

10.1　参　数　处　理

通常情况下，我们为了所编写的 Shell 脚本更灵活、应用更广泛，以及具有多种不同的行为，我们编写脚本时都会让脚本可以接收一些命令行参数，使得我们可以通过命令行来指定脚本中变量的值，或根据不同的命令行参数来使脚本执行不同的操作。

这一节我们就来学习如何让 Shell 脚本处理命令行参数。

10.1.1　实例：使用 case 语句处理命令行参数

当我们的脚本只接收一个命令行参数，并且会根据这个命令行参数的不同采取不同行为时，我们通常会使用 case 语句来处理这个命令行参数。这种方法最常见于 Linux 下的应用程序或服务的启动脚本中。

实例 1：我们以 Linux 下 gmond（gmond 是 Ganglia 的运行在你想监控的集群节点上的多线程守护进程，Ganglia 是用于高性能计算系统的，例如集群或网格上的监控系统）的启动脚本为例，这个启动脚本的内容如下所示。

```
-bash-3.2# cat /etc/init.d/gmond
#!/bin/sh
# $Id: gmond.init 180 2003-03-07 20:38:36Z sacerdoti $
#
# chkconfig: 2345 70 40
# description: gmond startup script
#
```

```shell
# 定义变量GMOND，指定gmond守护进程的路径
GMOND=/usr/sbin/gmond

# 在当前Shell环境下读取并执行文件/etc/rc.d/init.d/functions的内容
. /etc/rc.d/init.d/functions

# 定义变量RETVAL
RETVAL=0

# 使用case语句来根据指定的不同参数，执行不同的行为
case "$1" in
    start)
        # 显示启动ganglia gmond的信息
        echo -n "Starting GANGLIA gmond: "
        # 如果gmond守护进程不存在，则退出脚本的执行，退出状态码为1
        [ -f $GMOND ] || exit 1

        # 将gmond守护进程放在后台运行，其中daemon是/etc/rc.d/init.d/functions中
定义的函数
        daemon $GMOND
        # 将上一命令的退出状态码赋值给变量RETVAL
        RETVAL=$?
        echo
        # 若gmond守护进程成功运行，则创建一个lock文件/var/lock/subsys/gmond
        [ $RETVAL -eq 0 ] && touch /var/lock/subsys/gmond
        ;;
    stop)
        # 显示停止ganglia gmond的信息
        echo -n "Shutting down GANGLIA gmond: "
        # 停止gmond守护进程，其中killproc是/etc/rc.d/init.d/functions中定义的函数
        killproc gmond
        # 将上一命令的退出状态码赋值给变量RETVAL
        RETVAL=$?
        echo
        # 若gmond守护进程成功停止，则删除lock文件/var/lock/subsys/gmond
        [ $RETVAL -eq 0 ] && rm -f /var/lock/subsys/gmond
        ;;
    restart|reload)
        # 重新调用此脚本，命令行参数为stop
        $0 stop
        # 重新调用此脚本，命令行参数为start
        $0 start
        RETVAL=$?
        ;;
    status)
        # 显示gmond守护进程的运行状态，其中status是/etc/rc.d/init.d/functions
定义的函数
        status gmond
        RETVAL=$?
        ;;
    *)
        # 显示脚本的使用方法信息到标准输出
        echo "Usage: $0 {start|stop|restart|status}"
        # 退出脚本的运行，退出状态码为1
        exit 1
esac
```

```
# 退出脚本的运行，退出状态码为变量 RETVAL 的值
exit $RETVAL
```

这个启动脚本只接收一个命令行参数，它会根据指定的参数不同，来执行不同的命令。我们从 case 语句中可以看出此启动脚本支持的命令行参数有 start、stop、restart 和 status 这 4 个参数。如果指定了其他参数，此脚本会显示它的使用方法信息并退出脚本的运行。

这个启动脚本在指定不同参数时的运行结果将类似如下所示：

```
# /etc/init.d/gmond
Usage: /etc/init.d/gmond {start|stop|restart|status}

# /etc/init.d/gmond status
gmond (pid 4224) is running...

# /etc/init.d/gmond stop
Shutting down GANGLIA gmond:                               [  OK  ]

# /etc/init.d/gmond start
Starting GANGLIA gmond:                                    [  OK  ]

# /etc/init.d/gmond restart
Shutting down GANGLIA gmond:                               [  OK  ]
Starting GANGLIA gmond:                                    [  OK  ]
```

实例 2：假设我们自己编写了一个脚本，这个脚本用于备份 mysql 数据库、web 服务器配置文件和一些其他文件到 NAS 存储设备。我们想根据指定的命令行参数的不同，来让脚本备份不同的内容。比如指定 sql，此脚本将使用 mysqldump 工具备份 mysql 数据库；指定 sync，此脚本将备份 web 服务器配置文件；指定 snap，此脚本将对放在存储设备上的 mysql 数据库和一些文件做一个快照备份。此脚本 allInOneBackup.sh 的内容类似如下所示。

```
-bash-3.2$ cat allInOneBackup.sh
#!/bin/bash -
#===============================================================
#
#          FILE: allInOneBackup.sh
#
#         USAGE: ./allInOneBackup.sh
#
#   DESCRIPTION:
#
#       OPTIONS: ---
#  REQUIREMENTS: ---
#          BUGS: ---
#         NOTES: ---
#        AUTHOR: Liu Yantao (Tom), yantao.freedom@icloud.com
#  ORGANIZATION:
#       CREATED: 05/17/2014 09:48
#      REVISION: ---
#===============================================================

case $1 in
  sql)

    echo "Running mysql backup using mysqldump tool..."
    # Running the backup command or script.
    ;;
```

```
  sync)
    echo "Running backup using rsync tool..."
    # Running the backup command or script.
    ;;

  snap)
    echo "Running snapshot backup on storage..."
    # Running snapshot backup command.
    ;;

  *)
    echo "Backup utility"
    echo "Usage: `basename $0` {sql|sync|snap}"
    echo "      sql  : Run MySQL backup utility."
    echo "      sync : Run web server backup utility."
    echo "      snap : Run snapshot backup utility."
    ;;
esac
```

此脚本的运行结果将类似如下所示：

```
-bash-3.2$ chmod +x allInOneBackup.sh

-bash-3.2$ ./allInOneBackup.sh
Backup utility
Usage: allInOneBackup.sh {sql|sync|snap}
      sql     : Run MySQL backup utility.
      sync    : Run web server backup utility.
      snap    : Run snapshot backup utility.

-bash-3.2$ ./allInOneBackup.sh sql
Running mysql backup using mysqldump tool...

-bash-3.2$ ./allInOneBackup.sh sync
Running backup using rsync tool...

-bash-3.2$ ./allInOneBackup.sh snap
Running snapshot backup on storage...
```

我们已经学习过在 Linux 下文件名是区分大小写的。例如，sample.txt、SAMPLE.txt 和 Sample.TXT 是 3 个不同的文件。同样地，case 语句中的每个模式匹配也存在大小写敏感的问题。比如，我们上述的脚本按照如下的方法执行：

```
-bash-3.2$ ./allInOneBackup.sh snap
Running snapshot backup on storage...
```

然而，下面的命令就不能执行，因为模式是大小写敏感的。你必须使用命令行参数 snap，而不能使用 SNAP、Snap、SnaP 等等：

```
-bash-3.2$ ./allInOneBackup.sh SNAP
Backup utility
Usage: allInOneBackup.sh {sql|sync|snap}
      sql     : Run MySQL backup utility.
      sync    : Run web server backup utility.
      snap    : Run snapshot backup utility.
```

然而，如果我们想让脚本中的 case 语句对命令行参数的大小写不敏感，我们还是有办法解决这个问题的。一个比较简单的方法是使用如下命令开启 nocasematch 选项（开启此选项后，当执行 case 或 "[[" 条件命令时，Shell 以大小写不敏感的方式匹配模式）：

```
shopt -s nocasematch
```

如果我们想使脚本 allInOneBackup.sh 对命令行参数的大小写不敏感，我们就可以将其内容更新为：

```
-bash-3.2$ cat allInOneBackup.sh
#!/bin/bash -
#=====================================================================
#
#        FILE: allInOneBackup.sh
#
#       USAGE: ./allInOneBackup.sh
#
# DESCRIPTION:
#
#     OPTIONS: ---
# REQUIREMENTS: ---
#        BUGS: ---
#       NOTES: ---
#      AUTHOR: Liu Yantao (Tom), yantao.freedom@icloud.com
# ORGANIZATION:
#     CREATED: 05/17/2014 09:48
#    REVISION: ---
#=====================================================================

# 开启 nocasematch 选项
shopt -s nocasematch

case $1 in
  sql)

    echo "Running mysql backup using mysqldump tool..."
    # Running the backup command or script.
    ;;

  sync)
    echo "Running backup using rsync tool..."
    # Running the backup command or script.
    ;;

  snap)

    echo "Running snapshot backup on storage..."
    # Running snapshot backup command.
    ;;

  *)

    echo "Backup utility"
    echo "Usage: `basename $0` {sql|sync|snap}"
    echo "      sql  : Run MySQL backup utility."
    echo "      sync : Run web server backup utility."
    echo "      snap : Run snapshot backup utility."
    ;;
```

```
esac

# 关闭 nocasematch 选项
shopt -u nocasematch
```

这样，我们给此脚本指定一个大写的命令行参数，脚本也可以正常运行：

```
-bash-3.2$ ./allInOneBackup.sh Snap
Running snapshot backup on storage...
```

当然，我们也可以通过在 case 语句的模式中使用正则表达式的方法，来同时匹配大小写字母。比如将脚本 allInOneBackup.sh 中的"sql)"改为"[sS][qQ][lL])"使其可以匹配 sql、SQL 和 SqL 等命令行参数。但相比较而言，这种方法并不方便。

10.1.2 实例：使用 shift 命令处理命令行参数

如果我们的脚本只有一个命令行参数，使用 case 语句是很方便的。但如果我们的脚本需要多个命令行参数时，使用 case 语句看上去就不太合理了。对于这种情况，我们就可以使用 shift 命令在一个变量中一个接一个地获取多个命令行参数。首先，我们来了解一下关于 shift 命令的一些信息。

shift 是 Bash 的一个内部命令。此命令用于将传递的参数变量向左移。shift 命令的语法如下所示：

```
shift [n]
```

n 必须是一个小于或等于"$#"的非负整数。如果 n 为 0，位置参数将不会改变。如果没有指定 n，那么它将被默认设为 1。如果 n 大于$#,位置参数同样不会改变。如果 n 大于$#或小于 0，此命令的返回状态码将大于 0，否则为 0。

比如，我们使用命令"shift 1"，位置参数将做如下移动：

```
$1 <- $2
$2 <- $3
$3 <- $4
$4 <- $5
..
..
$n-1 <- $n
```

而原来的变量$1 的值将被废弃。

如果我们运行命令"shift 5"，位置参数则会做如下变动：

```
$1 <- $6
$2 <- $7
$3 <- $8
$4 <- $9
$5 <- ${10}
$6 <- ${11}
..
..
$n-5 <- $n
```

原来的变量$1、$2、$3、$4 和$5 的值将被废弃。

同样，在每次移位之后，特殊变量$#的值也会调整。而特殊变量$0并不参与移位操作。

如果我们读取特殊变量$1的值，然后运行命令shift，再次读取特殊变量$1的值，那么我们将得到特殊变量$2的值。然后再次运行命令shift，我们再读取特殊变量$1时，将得到特殊变量$3的值，依次类推。由此，只要$#的值不为0，我们就可以在while循环中进行迭代，获取特殊变量$1的值，运行shift命令，然后再次读取$1的值，来依次获得所有传递的命令行参数的值。下面，我们用一个实例脚本来使用这种方法得到所有命令行参数的值。其脚本getCMLParam.sh的内容如下所示：

```bash
#!/bin/bash -
#===============================================================================
#
#          FILE: getCMLParam.sh
#
#         USAGE: ./getCMLParam.sh
#
#   DESCRIPTION:
#
#       OPTIONS: ---
#  REQUIREMENTS: ---
#          BUGS: ---
#         NOTES: ---
#        AUTHOR: Liu Yantao (Tom), yantao.freedom@icloud.com
#  ORGANIZATION:
#       CREATED: 05/11/2014 14:45
#      REVISION: ---
#===============================================================================

# 如果命令行参数的个数不为0，则继续while循环，否则退出循环
while [ $# -ne 0 ]
do

  # 打印特殊变量$1的值，及特殊变量$#的值
  echo "Current Parameter: $1, Remaining $#."

  # 将$1传递到其他函数或做其他操作
  #Pass $1 to some bash function or do whatever

  # 将位置参数左移一位
  shift

done
```

运行上述脚本后，我们将得到类似如下的结果：

```
-bash-3.2$ chmod +x getCMLParam.sh
-bash-3.2$ ./getCMLParam.sh one two three four five six
Current Parameter: one, Remaining 6.
Current Parameter: two, Remaining 5.
Current Parameter: three, Remaining 4.
Current Parameter: four, Remaining 3.
Current Parameter: five, Remaining 2.
Current Parameter: six, Remaining 1.
```

上述实例脚本中，我们判断循环是否结束的条件是特殊变量$#的值（位置参数的个数）是否为0，我们也可以将判断循环是否结束的条件改为特殊变量$1的值是否为空，那么上述脚本的内容将类似如下所示：

```
# 如果特殊变量$1的值不为空,则继续执行while循环,否则退出循环
while [ -n "$1" ]
do

    # 打印特殊变量$1的值,及特殊变量$#的值
    echo "Current Parameter: $1, Remaining $#."

    # 将$1传递到其他函数或做其他操作
    #Pass $1 to some bash function or do whatever

    # 将位置参数左移一位
    shift

done
```

假如,我们修改上述实例中的脚本,将 shift 命令改为 "shift 5" 并传递一些参数到 Shell 脚本,比如传递的参数个数不能被 5 整除。例如,我们传递 7 个参数 one、two、three、four、five、six 和 seven 到脚本。你将会注意到在第一次左移$1之后,$1的值变为了 six,而$#的值变为了 2。在第一次移位之后,将不会有位移再被执行,并且特殊变量$1的值不会变为空,而特殊变量$#的值也不会变为 0,while 循环将无限地迭代下去。

为了解决这个问题,我们可以使用 shift 命令的退出状态。通过在 shift 命令后添加对变量$?的值是否为 0 的检查来使我们知道 shift 命令是否被执行。如果$?的值为非 0,那么我们就终止循环。其脚本的内容类似如下所示:

```
-bash-3.2$ cat shift5Param.sh
#!/bin/bash -
#===============================================================
#
#          FILE: shift5Param.sh
#
#         USAGE: ./shift5Param.sh
#
#   DESCRIPTION:
#
#       OPTIONS: ---
#  REQUIREMENTS: ---
#          BUGS: ---
#         NOTES: ---
#        AUTHOR: Liu Yantao (Tom), yantao.freedom@icloud.com
#  ORGANIZATION:
#       CREATED: 05/11/2014 14:45
#      REVISION: ---
#===============================================================

# 如果特殊变量$1的值不为空,则继续执行while循环,否则退出循环
while [ -n "$1" ]
do

    # 打印特殊变量$1的值,及特殊变量$#的值
    echo "Current Parameter: $1, Remaining $#."

    # 将$1传递到其他函数或做其他操作
    #Pass $1 to some bash function or do whatever
```

```
# 将位置参数左移一位
shift 5
# 如果上一条命令的返回值不为 0，则执行 if 语句
if [ $? -ne 0 ]
then

    # 终止循环的执行
    break

fi
done
```

上述脚本的运行结果将类似如下所示：

```
-bash-3.2$ chmod +x shift5Param.sh
-bash-3.2$ ./shift5Param.sh one two three four five six seven
Current Parameter: one, Remaining 7.
Current Parameter: six, Remaining 2.
```

10.1.3 实例：使用 for 循环读取多个参数

若传递给脚本的参数只有一两个，我们可以简单地使用特殊变量$1、$2 来获取传递给脚本的命令行参数。但如果命令行参数较多时，在脚本中逐条编写语句对每个位置参数进行处理显然是费时且乏味的，这时我们当然可以使用上一小节讲述的 while 循环结合 shift 命令来处理每个命令行参数。在这里我们还有一个较常用的方法，即使用 for 循环来一个接一个地处理所有命令行参数。

接下来，我们以脚本 listarg.sh 为例，来了解如何使用 for 循环通过特殊变量$*和$@来列出传递给脚本的所有命令行参数。其脚本的内容如下所示：

```
-bash-3.2$ cat listarg.sh
#!/bin/bash -
#=====================================================================
#
#          FILE: listarg.sh
#
#         USAGE: ./listarg.sh
#
#   DESCRIPTION:
#
#       OPTIONS: ---
#  REQUIREMENTS: ---
#          BUGS: ---
#         NOTES: ---
#        AUTHOR: Liu Yantao (Tom), yantao.freedom@icloud.com
#  ORGANIZATION:
#       CREATED: 05/11/2014 19:16
#      REVISION: ---
#=====================================================================

# 定义变量 E_BADARGS
E_BADARGS=65

# 如果特殊变量$1 的值为空，则打印脚本的使用方法，并以退出状态码 65 退出脚本
if [ ! -n "$1" ]
```

```
then

    # 打印脚本的使用方法到标准输出
    echo "Usage: `basename $0` argument1 argument2 ..."

    # 退出脚本，退出状态码为 65
    exit $E_BADARGS

fi

# 定义变量 index
index=1

# 打印双引号中的内容到标准输出
echo "Listing args with \$*:"

# 使用 for 循环遍历特殊变量$*的值
for arg in $*
do

    # 打印输出变量 index 和 arg 的值及相应内容到标准输出
    echo "Arg #$index = $arg"

    # 将变量 index 的值加 1
    let index+=1

done

echo

# 重新将变量 index 的值设为 1
index=1

# 打印双引号中的内容到标准输出
echo "Listing args with \"\$@\":"

# 使用 for 循环遍历特殊变量$@的值
for arg in "$@"
do

    # 打印输出变量 index 和 arg 的值及相应内容到标准输出
    echo "Arg #$index = $arg"

    # 将变量 index 的值加 1
    let index+=1

done
```

> **注意**：上述脚本实例中，两个 for 循环语句中调用的变量分别为$*和"$@"。在这里，$*没有加双引号进行引用，因为如果加了双引号，即"$*"，其值将被扩展为包含所有位置参数的值的单个字符串（请参见 5.4.3 小节），将使 for 循环仅迭代一次。

上述脚本的运行结果将类似如下所示：

```
-bash-3.2$ chmod +x listarg.sh
-bash-3.2$ ./listarg.sh one two three four five six seven
Listing args with $*:
```

```
Arg #1 = one
Arg #2 = two
Arg #3 = three
Arg #4 = four
Arg #5 = five
Arg #6 = six
Arg #7 = seven

Listing args with "$@":
Arg #1 = one
Arg #2 = two
Arg #3 = three
Arg #4 = four
Arg #5 = five
Arg #6 = six
Arg #7 = seven
```

还有一点可能你已经考虑到了。在某些情况下，无论是使用 while 循环与 shift 命令的组合，还是使用 for 循环来处理多个命令行参数，我们都可以将其与 case 语句结合使用。

10.1.4 实例：读取脚本名

我们在 5.4.3 小节中已经学习了，在 Shell 脚本中，特殊变量$0 的值便是此 Shell 脚本的名称，即我们通过$0 便可读取脚本名，那么它具体有什么用途呢？

在编写 Shell 脚本时，我们为了使脚本更加严谨，减少脚本运行时可能产生的异常错误，在脚本的开头部分，我们一般都会编写一段对与脚本相关的环境或变量进行检查的代码。比如，会检查指定给脚本的命令行参数的个数，如果参数的个数不符合脚本的定义，我们会打印一条关于脚本的命令行参数使用方法的信息到标准输出，并退出脚本的执行，这个时候我们一般就会需要读取脚本的名称来显示使用方法的信息。例如，如下所示的一段脚本代码：

```
-bash-3.2$ cat checkNumOfArg.sh
#!/bin/bash

# 定义脚本的参数个数
ARGS=3

# 如果指定给脚本的命令行参数个数不等于 3，则打印脚本的使用方法信息
if [ $# -ne "$ARGS" ]
then

  # 打印脚本的使用方法信息到标准输出
  echo "Usage: `basename $0` param1 param2 param3"

  # 退出脚本，退出状态码为 2
  exit 2

fi
```

上述代码中，定义了脚本接收的参数个数为 3（ARGS=3），如果运行此脚本时指定的命令行参数个数不为 3，那么就会打印此脚本的使用方法信息，然后退出脚本的执行。

比如，我们运行此脚本时没有指定参数，此脚本的运行结果将类似如下所示：

```
-bash-3.2$ chmod +x usage.sh
-bash-3.2$ ./checkNumOfArg.sh
Usage: checkNumOfArg.sh param1 param2 param3
```

在这里，我们在 echo 语句中使用$0 的原因是，一方面它使脚本更简洁，另一方是如果我们更改了脚本的名称，也无需相应地修改脚本的内容，减少了维护操作。使用$0 也使我们将类似于上述脚本的功能封装为一个 Usage 函数成为可能，这样我们就可以在多个 Shell 脚本中都使用这样一个 Usage 函数，从而提高代码的重用。

10.1.5 实例：测试命令行参数

为了使脚本更严谨，防止运行中由于参数错误产生的异常，我们通常除了检查命令行参数的个数外，有时还会检查参数的值，若指定的参数是文件或目录，我们还会检查它是否存在，或是否为可执行等等。

实例 1：比如，有一个脚本 checkParam_1.sh，它只有一个命令行参数，那么我们在脚本的开头可能就会先检查是否为此脚本指定了命令行参数，以避免没有指定参数而直接运行脚本时产生的异常。此脚本的内容类似如下所示。

```
-bash-3.2$ cat testArguments_1.sh
#!/bin/bash -
#===============================================================================
#
#         FILE: testArguments_1.sh
#
#        USAGE: ./testArguments_1.sh
#
#  DESCRIPTION:
#
#      OPTIONS: ---
# REQUIREMENTS: ---
#         BUGS: ---
#        NOTES: ---
#       AUTHOR: Liu Yantao (Tom), yantao.freedom@icloud.com
# ORGANIZATION:
#      CREATED: 05/15/2014 08:15
#     REVISION: ---
#===============================================================================

# 如果第一个命令行参数（位置参数1）不存在，则打印脚本的使用方法信息，然后退出脚本执行
if [ -z "$1" ]
then

  # 打印脚本的使用方法信息到标准输出
  echo "Usage: `basename $0` one-Arg"
  # 退出脚本，退出状态码为1
  exit 1

fi

# Continue to run commands...
```

在上述脚本中，我们在脚本的开始部分先检查第一个命令行参数是否存在，如果存在，则继续脚本的后续内容；如果不存在，就打印脚本的使用方法信息，提示需要指定一个命

令行参数，然后退出脚本的执行。其结果将类似如下所示：

```
-bash-3.2$ ./testArguments_1.sh
Usage: testArguments_1.sh one-Arg
```

> 注意：如果我们在脚本中的测试参数语句之前，加入了设置 bash 选项 nounset（set -o nounset）的语句，那么当我们运行此脚本并且没有指定命令行参数时，它将会报一个未绑定变量的错误"./testArguments_1.sh: line 22: $1: unbound variable"，而不会显示我们期望的使用方法信息。

实例 2：假设有一个脚本 testArguments_2.sh，它可以接收两个命令行参数，并且第二个参数需要指定一个文件，我们一般就需要在脚本的开始部分先检查指定的这个文件是否存在，此脚本的内容类似如下所示。

```
-bash-3.2$ cat testArguments_2.sh
#!/bin/bash -
#===============================================================================
#
#         FILE: testArguments_2.sh
#
#        USAGE: ./testArguments_2.sh
#
#  DESCRIPTION:
#
#      OPTIONS: ---
# REQUIREMENTS: ---
#         BUGS: ---
#        NOTES: ---
#       AUTHOR: Liu Yantao (Tom), yantao.freedom@icloud.com
# ORGANIZATION:
#      CREATED: 05/15/2014 08:15
#     REVISION: ---
#===============================================================================

# 定义脚本的参数个数
ARGS=2

# 如果指定给脚本的命令行参数个数不等于 2，则打印脚本的使用方法信息
if [ $# -ne "$ARGS" ]
then

  # 打印脚本的使用方法信息到标准输出
  echo "Usage: `basename $0` param1 filename"
  # 退出脚本，退出状态码为 2
  exit 2

fi

# 将第一个命令行参数赋值给变量 varStr
varStr=$1

# 如果位置参数 2 所指定的文件存在，则执行 if 语句，否则执行 else 语句
if [ -f "$2" ]
then

  # 将位置参数 2 的值赋值给变量 file_name
```

```
    file_name=$2

else

    # 显示指定的文件不存在的信息到标准输出
    echo "File \"$2\" does not exist."
    # 退出脚本的执行，退出状态码为 3
    exit 3

fi

# 继续运行脚本的后续内容
# Continue to run other commands...
```

上述脚本中，首先检查了指定给脚本的参数个数，然后检查了传递给脚本的第二个命令行参数所指定的文件是否存在，如果文件存在，则将指定的命令行参数赋值给变量 file_name；如果不存在，则显示文件不存在的信息，并退出脚本的执行。

比如，我们运行此脚本时，仅指定一个命令行参数，其结果将类似如下所示：

```
-bash-3.2$ ./testArguments_2.sh one
Usage: testArguments_2.sh param1 filename
```

若我们运行此脚本时，指定了两个命令行参数，但第二命令行参数所指定的文件不存在，其运行结果将类似如下所示：

```
-bash-3.2$ ./testArguments_2.sh one /local/yantaol
File "/local/yantaol" does not exist.
```

10.2　选 项 处 理

在前面一节中我们已经学习了在 Shell 脚本中如何对命令行参数进行处理，不知你是否注意到了这里面存在的一个缺陷，那就是如果 Shell 脚本需要多个命令行参数，那么我们调用这个脚本时所指定的命令行参数的顺序必须是固定的。如果指定的命令行参数的顺序不对，即使参数的个数符合要求，脚本也不能正常运行。比如，有一个脚本 process.sh，它可以接收 3 个命令行参数，它们分别是：脚本的默认配置文件、包含输入数据的文件和脚本的输出文件。例如，此脚本可以使用如下命令行参数调用：

```
$ process.sh defaults.conf input.txt output.txt
```

此脚本将读取配置文件 defaults.conf 的内容，处理 input.txt 文件，然后将输出写入到 output.txt 文件。

现在我们来看一下，如果我们在不知道这 3 个命令行参数分别代指哪个文件的情况下，调用此脚本会发生什么。比如，我们使用如下命令行参数调用了脚本 process.sh：

```
$ process.sh output.txt defaults.conf input.txt
```

现在脚本 process.sh 将读取 output.txt 文件的内容来作为配置文件的内容，并且会将本该作为输入文件的 input.txt 文件的内容重写覆盖掉。

因此，为了避免类似于上述这种情况，也为了使我们的脚本更严谨，或者当我们编写一个功能较为复杂的脚本时,我们通常让脚本具有可以指定选项的功能。就像 Linux 下的许多命令行工具一样,我们调用它们时,可以在命令后面指定不同的选项及命令行参数。比如,对于脚本 process.sh,如果有一个更好的实现,我们可以使用 "-c" 选项表示指定一个配置文件,使用 "-o" 选项表示指定一个输出文件。它的更好的实现将类似于如下所示:

```
$ process.sh -c defaults.conf -o output.txt input.txt
```

那么,接下来我们就来学习如何在 Shell 脚本中实现命令行选项的处理。

10.2.1 实例:使用 case 语句处理命令行选项

当我们编写的 Shell 脚本只接收一个命令行选项时,使用 case 语句对其进行处理还是比较方便的。

比如,有一个脚本 processFile.sh,你可以指定不同的选项来调用其不同的功能,但调用此脚本时只能同时指定一个命令行选项和参数。此脚本的内容如下所示:

```
-bash-3.2$ cat processFile.sh
#
#      USAGE: ./processFile.sh
#
#   DESCRIPTION:
#
#       OPTIONS: ---
#  REQUIREMENTS: ---
#         BUGS: ---
#        NOTES: ---
#       AUTHOR: Liu Yantao (Tom), yantao.freedom@icloud.com
#  ORGANIZATION:
#      CREATED: 05/17/2014 14:46
#     REVISION: ---
#=========================================================================

# 将第一个命令行参数赋值给变量 opt
opt=$1
# 将第二个命令行参数赋值给变量 filename
filename=$2

# 定义函数 checkfile
checkfile()
{
  # 如果没有指定文件名,则显示缺少文件名,并退出脚本的运行
  if [ -z $filename ]
  then

    # 显示缺少文件名的信息到标准输出
echo "File name missing"
# 退出脚本,退出状态码为 1
    exit 1

  # 如果指定的文件不存在,则显示文件不存在,并退出脚本的运行
  elif [ ! -f $filename ]
  then

    # 显示文件不存在的信息到标准输出
```

```
  echo "The file $filename doesn't exist!"
# 退出脚本，退出状态码为 2
    exit 2

  fi
}

case $opt in

  # 匹配-e 或-E 选项
  -e|-E)

    #调用 checkfile 函数
    checkfile
echo "Editing $filename file..."
# 运行编辑文件的命令、函数或脚本
    # Running command or function to edit the file.
    ;;
  # 匹配-p 或-P 选项
  -p|-P)

    # 调用 checkfile 函数
    checkfile
echo "Displaying $filename file..."
# 运行显示文件的命令、函数或脚本
    # Running command or function to display the file.
    ;;

  # 匹配其他选项
  *)

    echo "Bad argument!"
    echo "Usage: `basename $0` -e|-p filename"
    echo "       -e filename : Edit file."
    echo "       -p filename ; Display file."
    ;;

esac
```

调用上述脚本时，我们可以指定一个"-e"（或-E）选项后跟一个文件名，来编辑指定的文件；也是指定一个"-p"（或-P）选项后跟一个文件名，来打印指定的文件。此脚本的运行结果将类似如下所示：

```
-bash-3.2$ ./processFile.sh
Bad argument!
Usage: processFile.sh -e|-p filename
       -e filename : Edit file.
       -p filename ; Display file.

-bash-3.2$ ./processFile.sh /tmp/test
Bad argument!
Usage: processFile.sh -e|-p filename
       -e filename : Edit file.
       -p filename ; Display file.

-bash-3.2$ ./processFile.sh -p
File name missing

-bash-3.2$ ./processFile.sh -p /tmp/test
```

```
The file /tmp/test doesn't exist!

-bash-3.2$ ./processFile.sh -p ./listarg.sh
Displaying ./listarg.sh file...

-bash-3.2$ ./processFile.sh -e ./listarg.sh
Editing ./listarg.sh file...
```

通过上面的实例，你可能想到了，将 case 语句与 shift 命令放在循环中结合使用，也可以处理有多个命令行选项的情况。当然，这样做确实可以，但还是不推荐这样使用，因为使用这种方法编写脚本时不是很方便，也使我们的脚本对选项的处理不够灵活，比如，我们调用脚本时指定"-v -l"选项可以正常工作，但如果指定"-vl"选项（将-v 和-l 选项合并，Linux 下的很多命令行工具是支持选项合并书写的。例如，命令"ls -l -a -i"可以写为"ls -lai"，这样很方便），脚本就不识别了。还好，我们有功能更强大的命令 getopts （或 getopt）可以使用。我们将在接下来的两小节进行介绍。

10.2.2 实例：使用 getopts 处理多命令行选项

当你希望以专业的方式解析命令行选项和参数时，getopts 将是一个很好的工具。它是 Bash 的内部命令。它的优势在于：

- 你不需要通过一个外部程序来处理位置参数。
- getopts 可以很容易地设置你可以用来解析的 Shell 变量（对于一个外部进程是不可能的）。
- getopts 定义在 POSIX 中。

⚠️ 注意：getopts 不能解析 GNU 风格的长选项（--myoption）或 XF86 风格的长选项（-myoptions）！

比如，有这样一个脚本，我们调用此脚本时指定了如下选项参数：

```
$ mybackup.sh -x -f /etc/mybackup.conf -r ./source.txt ./destination.txt
```

我们可以将上述这些选项和参数划分为如下所示的逻辑组：

-x、-r 都是一个单独的选项，后面不跟参数。

-f 也是一个选项，但这个选项有一个附带的参数/etc/mybackup.conf。这个参数通常与选项之间用空格分隔。

./source.txt 和./destination.txt 是不与任何选项关联的两个参数。

如果我们在脚本 mybackup.sh 中使用了 getopts 来处理命令行选项和参数，那么上述命令还可以写为：

```
$ mybackup.sh -xrf /etc/mybackup.conf ./source.txt ./destination.txt
```

getopts 会识别所有这些选项格式，指定的选项可以是大写或小写字母，或是数字。虽然它也能识别其他字符，但是不推荐使用。

通常情况下，在处理命令行选项和参数时，你需要多次调用 getopts。getopts 本身不会更改位置参数的设置，如果你想将位置参数移位，必须仍使用 shift 命令来处理位置参数。

因为当没有内容可解析时，getopts 会设置一个退出状态 FALSE，所以它很容易在 while 循环中使用：

```
while getopts …; do
    …
done
```

getopts 将解析选项和它们可能的参数。它将在第一个非选项参数（不以连字符"-"开头的，且不是它前面的任何选项的参数的字符串）的位置停止解析。当遇到双连字符"--"（表示选项的结束）时，它也将停止解析。

getopts 会使用到以下 3 个变量。

- OPTIND：存放下一个要处理的参数的索引。这是 getopts 在调用过程中记住自己状态的方式。同样可以用于移位使用 getopts 处理后的位置参数。OPTIND 初始被设为 1，并且如果你想再次使用 getopts 解析任何内容，需要将其重置为 1。
- OPTARG：这个变量被设置为由 getopts 找到的选项所对应的参数。
- OPTERR：它的值为 0 或 1。指示 Bash 是否应该显示由 getopts 产生的错误信息。在每个 Shell 启动时，它的值被初始化为 1。如果你不想看烦人的信息，请确保将它设置为 0。

getopts 命令的基本语法是：

```
getopts OPTSTRING VARNAME [ARGS...]
```

- OPTSTRING：告诉 getopts 会有哪些选项和在哪会有参数（用选项后加冒号":"表示，见下面的示例）。
- VARNAME：告诉 getopts 哪个变量用于选项报告。
- ARGS：告诉 getopts 解析这些可选的参数，而不是位置参数。

例如，下面的命令告诉 getopts 查找-f、-A 和-x 选项：

```
$ getopts fAx VARNAME
```

而下面的命令表示告诉 getopts 命令，-A 选项后面会有一个参数：

```
$ getopts fA:x VARNAME
```

默认情况下，getopts 命令是解析当前 Shell 或函数的位置参数。你可以指定你自己的参数让 getopts 来解析。一旦额外的参数指定在了 VARNAME 之后，getopts 将不再尝试解析位置参数，而是解析这些指定的参数。

getopts 命令还支持两种错误报告的模式，分别为：详细错误报告模式和抑制错误报告模式。对于产品中的脚本，推荐使用抑制错误报告模式，因为这样看起来更专业，不会看到恼人的标准信息。同样它也更容易处理，因为我们以更简单的方法显示了失败的情况。

在详细错误报告模式下，如果 getopts 遇到了一个无效的选项，VARNAME 的值会被设置为问号（?），并且变量 OPTARG 不会被设置；如果需要的参数没找到，VARNAME 的值同样会被设置为问号（?），变量 OPTARG 也不会被设置，并且会打印一个错误信息。

在抑制错误报告模式下，如果 getopts 遇到了一个无效的选项，VARNAME 的值会被设置为问号（?），并且变量 OPTARG 会被设置为选项字符；如果需要的参数没找到，VARNAME 的值同样会被设置为冒号（:），并且变量 OPTARG 中会包含选项字符。

到目前为止，你应该已经对 getopts 命令有了一个基本的了解了，接下来我们就通过几个实例来进一步学习 getopts 的使用。

实例 1：一个很简单的脚本 getopts_1.sh，只有一个-a 选项，没有任何参数。此脚本的内容如下所示。

```bash
-bash-3.2$ cat getopts_1.sh
#!/bin/bash -
#===============================================================================
#
#          FILE: getopts_1.sh
#
#         USAGE: ./getopts_1.sh
#
#   DESCRIPTION:
#
#       OPTIONS: ---
#  REQUIREMENTS: ---
#          BUGS: ---
#         NOTES: ---
#        AUTHOR: Liu Yantao (Tom), yantao.freedom@icloud.com
#  ORGANIZATION:
#       CREATED: 05/17/2014 21:13
#      REVISION: ---
#===============================================================================

# 使用 getopts 解析命令行选项，这里仅解析-a 选项，选项字符串中的第一个字符为冒号(:)，
表示抑制错误报告
while getopts ":a" opt
do

  case $opt in
    # 匹配-a 选项
a)

    echo "The option -a was triggered!"
    ;;

    # 匹配其他选项
\?)

    echo "Invalid option: -${OPTARG}"
    ;;

  esac
done
```

在此脚本中的 getopts 语句中，我们将选项字符串的第一个字符设为冒号（:）是为了抑制错误的报告。即调用此脚本时，若指定了无效的选项，或是缺少选项参数，不会报告诊断信息。

当我们直接运行此脚本不指定任何选项时，你会看到没有任何输出，类似如下所示：

```
-bash-3.2$ ./getopts_1.sh
-bash-3.2$
```

这是因为 getopts 没有看到任何有效的或无效的选项，所以它没有被触发。

或者，若我们运行此脚本时指定一个命令行参数，而不是一个选项，将会看到它仍没有任何输出，其结果类似如下所示：

```
-bash-3.2$ ./getopts_1.sh /etc/inittab
-bash-3.2$
```

这和之前的尝试同理，getopts 还是没有找到任何有效的或无效的选项。

现在，我们为此脚本指定一个选项，看看会有什么结果。比如，我们指定选项-b，其结果将类似如下所示：

```
-bash-3.2$ ./getopts_1.sh -b
Invalid option: -b
-bash-3.2$
```

我们看到这次 getopts 被触发了。果然，getopts 没有接收这个选项并如我们前面讲的错误报告模式中所说，它将问号（?）放入变量 opt 中，并将无效的选项字符 b 放入变量 OPTARG 中。

那么，如果我们将选项-a 指定给此脚本，其结果将类似如下所示：

```
-bash-3.2$ ./getopts_1.sh -a
The option -a was triggered!
-bash-3.2$
```

这次脚本运行时，getopts 将 a 放入了变量 OPT 中，然后在 case 语句中被匹配。

当然，调用此脚本时，你还可以指定多个选项，其结果将类似如下所示：

```
-bash-3.2$ ./getopts_1.sh -a -b -x -d
The option -a was triggered!
Invalid option: -b
Invalid option: -x
Invalid option: -d
```

或重复地指定同一个选项多次：

```
-bash-3.2$ ./getopts_1.sh -a -a -a -a
The option -a was triggered!
The option -a was triggered!
The option -a was triggered!
The option -a was triggered!
```

最后这两个尝试让我们可能想到有以下两点需要考虑。

- 无效的选项不会停止处理：如果你希望脚本在这种情况下停止运行，你必须自己做一些完善操作（在正确的位置执行 exit 命令）。
- 多个相同的选项是可能的：如果你想禁止重复的选项，你必须在脚本中做一些检查操作。

实例 2：这个脚本稍微复杂一些，它可以接收多个命令行选项和参数，其内容如下所示：

```
-bash-3.2$ cat ./getopts_2.sh
#!/bin/bash -
#=====================================================================
#
#        FILE: getopts_2.sh
#
#       USAGE: ./getopts_2.sh
#
```

```
#     DESCRIPTION:
#
#         OPTIONS: ---
#    REQUIREMENTS: ---
#            BUGS: ---
#           NOTES: ---
#          AUTHOR: Liu Yantao (Tom), yantao.freedom@icloud.com
#    ORGANIZATION:
#         CREATED: 05/17/2014 23:16
#        REVISION: ---
#===============================================================================

# 定义变量 vflag
vflag=off
# 定义变量 filename
filename=""
# 定义变量 output
output=""

# 定义函数 usage
function usage() {

  echo "USAGE:"
  echo "    myscript [-h] [-v] [-f <filename>] [-o <filename>]"
  exit -1

}

# 在 while 循环中使用 getopts 解析命令行选项
# 要解析的选项有-h、-v、-f 和-o，其中-f 和-o 选项带有参数
# 字符串选项中第一个冒号表示 getopts 使用抑制错误报告模式
while getopts :hvf:o: opt
do

  case "$opt" in

    v)
       vflag=on
       ;;
    f)
       # 将-f 选项的参数赋值给变量 filename
       filename=$OPTARG
       # 如果文件不存在，则显示提示信息，并退出脚本的执行
       if [ ! -f $filename ]
       then

          echo "The source file $filename doesn't exist!"
          exit

       fi
       ;;
    o)
       # 将-o 选项的参数赋值给变量 output
       output=$OPTARG
       # 如果指定的输出文件的目录不存在，则显示提示信息，并退出脚本的执行
       if [ ! -d `dirname $output` ]
       then

          echo "The output path `dirname $output` doesn't exist!"
```

```
         exit
      fi
      ;;
h)
  # 显示脚本的使用信息
      usage
      exit
      ;;
:)
  # 如果没有为需要参数的选项指定参数，则显示提示信息，并退出脚本的运行
      echo "The option -$OPTARG requires an argument."
      exit 1
      ;;
?)
  # 若指定的选项为无效选项，则显示提示信息，及脚本的使用方法信息，并退出脚本的运行
      echo "Invalid option: -$OPTARG"
      usage
      exit 2
      ;;
  esac
done
```

上述脚本的运行结果将类似如下所示：

```
-bash-3.2$ ./getopts_2.sh -h
USAGE:
myscript [-h] [-v] [-f <filename>] [-o <filename>]

-bash-3.2$ ./getopts_2.sh -vf
The option -f requires an argument.

-bash-3.2$ ./getopts_2.sh -vf /tmp/test
The source file /tmp/test doesn't exist!

-bash-3.2$ ./getopts_2.sh -vf /etc/passwd -o /tmp/output.log
-bash-3.2$
```

10.2.3 实例：使用 getopt 处理多命令行选项

getopt 命令与 getopts 的功能很相似，也是用于解析命令行的选项和参数，使其可以被 Shell 程序简单地解析。不同的是，getopt 命令是 Linux 下的命令行工具，并且 getopt 支持命令行的长选项（比如， --some-option）。另外，在脚本中它们的调用方式也不同。

getopt 命令的语法类似如下所示：

```
getopt [options] [--] optstring parameters
getopt [options] -o|--options optstring [options] [--] parameters
```

下面我们来看一个使用 getopt 命令的例子，看看 getopt 怎样解析命令行选项和参数：

```
$ getopt f:vl -vl -f/local/filename.conf param_1
-v -l -f /local/filename.conf -- param_1
```

上例中，"f:vl" 对应 getopt 命令语法中的 optstring（选项字符串），"-vl

"-f/local/filename.conf param_1"对应 getopt 命令语法中的 parameters（getopt 命令的参数）。因此，getopt 会按照 optstring 的设置，将 parameters 解析为相应的选项和参数。

所以，"-vl"被解析为了"-v"和"-l"。与 getopts 类似，因为在选项字符串中"f"后有一个冒号（:），所以"-f/local/filename.conf"被解析为"-f /local/filename.conf"。然后解析后的命令行选项和参数之间使用双连字符（--）分隔。

那么我们在 Shell 脚本中怎样使用 getopt 命令来重写我们的命令行参数呢？

实例1：我们先来看一个例子，假设我们有一个脚本 getopt_1.sh，其内容类似如下所示。

```
-bash-3.2$ cat getopt_1.sh
#!/bin/bash -
#===============================================================
#
#          FILE: getopt_1.sh
#
#         USAGE: ./getopt_1.sh
#
#   DESCRIPTION:
#
#       OPTIONS: ---
#  REQUIREMENTS: ---
#          BUGS: ---
#         NOTES: ---
#        AUTHOR: Liu Yantao (Tom), yantao.freedom@icloud.com
#  ORGANIZATION:
#       CREATED: 05/19/2014 14:18
#      REVISION: ---
#===============================================================

# 将 getopt 命令解析后的内容设置到位置参数
set -- `getopt f:vl "$@"`

# 如果位置参数的个数大于0就执行 while 循环
while [ $# -gt 0 ]
do

  # 打印位置参数1的值
  echo $1
  # 将位置参数左移
  shift

done
```

此脚本的运行结果将类似如下所示：

```
-bash-3.2$ chmod +x getopt_1.sh
-bash-3.2$ ./getopt_1.sh -vl -f/local/filename.conf param_1
-v
-l
-f
/local/filename.conf
--
param_1
```

在此脚本的 set 命令语句中，"getopt f:vl "$@""表示将传递给脚本 getopt_1.sh 的命令行选项和参数作为 getopt 命令的参数，由 getopt 命令解析处理。整个 set 命令语句"set -- `getopt f:vl "$@"`"则表示将 getopt 命令的输出作为值依次（按从左到右的顺序）赋值给位置参数("set – [args]"命令会把指定的参数[args]依次赋值给位置参数)。因此,我们就得到了如上所示的输出信息。

实例 2: 如果我们将上一小节中使用 getops 的脚本 getopts_2.sh 改成使用 getopt 命令处理,那么其内容将类似如下所示。

```
-bash-3.2$ cat getopt_2.sh
#!/bin/bash -
#==============================================================================
#
#          FILE: getopt_2.sh
#
#         USAGE: ./getopt_2.sh
#
#   DESCRIPTION:
#
#       OPTIONS: ---
#  REQUIREMENTS: ---
#          BUGS: ---
#         NOTES: ---
#        AUTHOR: Liu Yantao (Tom), yantao.freedom@icloud.com
#  ORGANIZATION:
#       CREATED: 05/17/2014 23:16
#      REVISION: ---
#==============================================================================

# 定义变量 vflag
vflag=off
# 定义变量 filename
filename=""
# 定义变量 output
output=""

# 使用 getopt 命令处理后的命令行选项和参数重新设置位置参数
set -- `getopt hvf:o: "$@"`

# 定义函数 usage
function usage() {
  echo "USAGE:"
  echo "   myscript [-h] [-v] [-f <filename>] [-o <filename>]"
  exit -1
}

# 如果位置参数的个数大于 0 就执行 while 循环
while [ $# -gt 0 ]
do
  case "$1" in

    -v)
      vflag=on
      ;;
    -f)
      # 如果是-f 选项,那么将指定给-f 选项的参数赋值给变量 filename
      filename=$2

      # 如果指定的作为参数的文件不存在,则显示文件不存在的信息到标准输出,并退出脚本的运行
```

```bash
        #+否则将位置参数左移,移到-f选项的参数的位置
        if [ ! -f $filename ]
        then

          echo "The source file $filename doesn't exist!"
          exit

        else

          shift

        fi
        ;;
  -o)
     # 如果是-o选项,那么将指定给-o选项的参数赋值给变量filename
        output=$2

        # 如果指定的作为参数的文件不存在,则显示文件不存在的信息到标准输出,并退出脚本的运行
        # 否则将位置参数左移,移到-o选项的参数的位置
        if [ ! -d `dirname $output` ]
        then

          echo "The output path `dirname $output` doesn't exist!"
          exit

        else

          shift

        fi
        ;;
    -h)
        usage
        exit
        ;;
   --)
      # 如果是双连字符,则跳过,并退出while循环
        shift
        break
        ;;
    -*)
        echo "Invalid option: $1"
        usage
        exit 2
        ;;
    *)
        break
        ;;

  esac
  shift
done
```

此脚本的运行结果将类似如下所示:

```
-bash-3.2$ ./getopt_2.sh

-bash-3.2$ ./getopt_2.sh -h
USAGE:
myscript [-h] [-v] [-f <filename>] [-o <filename>]
```

```
-bash-3.2$ ./getopt_2.sh -vf
getopt: option requires an argument -- f
-bash-3.2$ ./getopt_2.sh -vf /etc/passwd

-bash-3.2$ ./getopt_2.sh -vf /etc/passwd -o
getopt: option requires an argument - o

-bash-3.2$ ./getopt_2.sh -vf /etc/passwd -o /tmp/output.log
-bash-3.2$
```

实例3：我们在前面提到 getopt 还有一个功能是支持长选项（--long-options），下面我们通过一个脚本 getopt_longopt.sh 来学习如何使用 getopt 来处理命令行的长选项。此脚本的内容如下所示。

```
#!/bin/bash -
#=====================================================================
#
#          FILE: getopt_longopt.sh
#
#         USAGE: ./getopt_longopt.sh
#
#   DESCRIPTION:
#
#       OPTIONS: ---
#  REQUIREMENTS: ---
#          BUGS: ---
#         NOTES: ---
#        AUTHOR: Liu Yantao (Tom), yantao.freedom@icloud.com
#  ORGANIZATION:
#       CREATED: 05/20/2014 11:52
#      REVISION: ---
#=====================================================================

# 定义变量 ARG_B
ARG_B=0

# 使用 getopt 命令来处理脚本的命令行选项和参数，再将处理后的结果重新赋值给位置参数
# eval 命令用于将其后的内容作为单个命令读取和执行，这里用于处理 getopt 命令生成的参数的转义字符
eval set -- `getopt -o a::bc: --long arga::,argb,argc: -n 'getopt_longopt.sh' -- "$@"`

# 执行 while 循环
while true
do
  case "$1" in
    -a|--arga)
      case "$2" in
        "")
          # 当没有给具有可选参数的选项-a（或--arga）指定参数时，使用默认值赋值给变量 ARG_A
          ARG_A='default value'
          shift
          ;;
        *)
          # 当给具有可选参数的选项-a（或--arga）指定了参数时，使用指定的参数赋值给变量 ARG_A
          ARG_A=$2
```

```
            shift
            ;;
        esac
        ;;
-b|--argb)
    # 如果指定了选项-b（或--argb），则将变量 ARG_B 赋值为 1
    ARG_B=1
    ;;
    -c|--argc)
        case "$2" in
        "")
            # 如果为-c（或--argc）选项没有指定参数，则跳过
            shift
            ;;
        *)
            # 如果为-c（或--argc）选项指定了参数，则将指定的参数赋值给变量 ARG_2
            ARG_C=$2
            shift
            ;;
        esac
    ;;
--)
    # 若为双连字符（--）则退出 while 循环，表示选项的结束
    shift
    break
    ;;
*)
    # 若为其他选项，则显示错误信息，并退出脚本的执行
    echo "Internal error!"
    exit 1
    ;;
  esac

  shift
done

# 打印变量 ARG_A、ARG_B 和 ARG_C 的值
echo "ARG_A = $ARG_A"
echo "ARG_B = $ARG_B"
echo "ARG_C = $ARG_C"
```

在上述脚本中，我们使用了 getopt 命令 "getopt -o a::bc: --long arga::,argb,argc: -n 'getopt_longopt.sh' -- "$@"" 来处理指定给脚本的命令行参数。其中，getopt 命令的 "-o" 选项表示告诉 getopt 识别哪些短（一个字符）选项。getopt 命令的 "--long"（或-l）选项表示告诉 getopt 识别哪些长（多个字符）选项。getopt 命令的 "-n" 选项告诉 getopt(3)程序在报告错误时使用什么文件名（或程序名）。

getopt 命令的 "-o" 选项所指定的选项字符串遵循如下规则：

❑ 每一个字符代表一个选项。
❑ 字符后跟一个冒号（:）表示选项需要一个参数。
❑ 字符后跟两个冒号（::）表示选项有个可选参数。

比如，上述脚本中 getopt 命令中的 "-o a::bc:"。"a::"表示识别选项-a，且-a 选项具有一个可选的参数（例如，-aparam1），若在命令行指定了参数给-a 选项，那么选项-a 与参数 param1 之间不能有任何空格。"b"表示识别-b 选项，没有参数。"c:"表示识别-c

选项，且-c 选项需要一个参数（例如，-c param2）。

下面我们指定几个短选项来看一下脚本 getopt_longopt.sh 的运行结果：

```
-bash-3.2$ ./getopt_longopt.sh -a -b -c 456
ARG_A = default value
ARG_B = 1
ARG_C = 456

-bash-3.2$ ./getopt_longopt.sh -a123 -b -c 456
ARG_A = 123
ARG_B = 1
ARG_C = 456

-bash-3.2$ ./getopt_longopt.sh -c 456
ARG_A =
ARG_B = 0
ARG_C = 456
```

getopt 命令的"--long"选项所指定的选项字符串遵循如下规则：

- 每个选项之间由逗号（,）分隔。
- 字符串后跟一个冒号（:）表示选项需要一个参数。
- 字符串后跟两个冒号（::）表示选项有个可选参数。

比如，上述脚本中 getopt 命令中的"--long arga::,argb,argc:"。"arga::"表示识别长选项--arga，且此选项--arga 具有一个可选的参数（例如，--arga='param1'），若在命令行指定了参数给--arga 选项，那么选项--arga 与参数 param1 之间只能用等号（=）连接。"argb"表示识别长选项--argb，没有参数。"argc:"表示识别长选项-- argc，且--argc 选项需要一个参数（例如，--argc param2 或--argc='param2'）。

下面我们指定几个长选项来看一下脚本 getopt_longopt.sh 的运行结果：

```
-bash-3.2$ ./getopt_longopt.sh --arga --argb --argc 456
ARG_A = default value
ARG_B = 1
ARG_C = 456

-bash-3.2$ ./getopt_longopt.sh --arga='123' --argb --argc 456
ARG_A = 123
ARG_B = 1
ARG_C = 456

-bash-3.2$ ./getopt_longopt.sh --argc=456
ARG_A =
ARG_B = 0
ARG_C = 456

-bash-3.2$  ./getopt_longopt.sh --argc 456
ARG_A =
ARG_B = 0
ARG_C = 456

-bash-3.2$  ./getopt_longopt.sh --argc=456
ARG_A =
ARG_B = 0
ARG_C = 456

-bash-3.2$  ./getopt_longopt.sh --arga 456
ARG_A = default value
```

```
ARG_B = 0
ARG_C =

-bash-3.2$ ./getopt_longopt.sh --arga=456
ARG_A = 456
ARG_B = 0
ARG_C =
```

现在你已经知道了如何使用 getopts 和 getopt 命令处理命令行参数。你可能会问，那么我该使用哪一个呢？这个确实还是取决于你的需求。如果你希望你的 Shell 脚本支持长选项，那当然就需要使用 getopt 命令；如果你的 Shell 脚本要考虑跨平台的兼容性，或者你的脚本不需要支持长选项，那么还是推荐你使用 Bash 的内部命令 getopts，因为它跨平台的兼容性较好而且使用起来更简单方便。

10.3 获得用户输入

在 Bash 下你可以通过其内部命令 read 接收用户来自键盘的输入，并可以将输入的内容赋值给一个变量。因此，在一个交互式的 Shell 脚本中我们一般使用 read 命令来获取用户的输入。

你可能已经注意到，在本书前面几章的某些实例脚本中，我们已经使用过 raed 命令，并对其进行了简单的描述，想必你也对 read 命令有了一个基本的了解。接下来，就让我们再通过一些脚本来学习如何使用 read 命令获取用户输入。

10.3.1 实例：基本的读取

read 命令比较常用的语法格式如下所示：

```
read [-p prompt] [variable1 variable2…]
```

-p 选项用于在尝试读取任何输入之前，显示 prompt（提示信息）的内容到标准错误输出。我们一般使用这一选项来指定提示用户输入哪些内容的信息。read 命令会每次从标准输入（或使用-u 选项指定的文件描述符中）读取一行的内容，它会将第一个单词赋值给第一个变量 variable1，第二个单词赋值给第二个变量 variable2，依次类推。如果输入的单词数少于指定的变量数，那么剩下的 name 变量的值会被设为空，环境变量 IFS 中的字符被作为分隔符来将输入的内容分隔为单词。

下面我们通过一个脚本 readUserInput_1.sh 来学习 read 命令的使用，此脚本的内容如下所示：

```
-bash-3.2$ cat readUserInput_1.sh
#!/bin/bash -
#==============================================================
#
#       FILE: readUserInput_1.sh
#
#      USAGE: ./readUserInput_1.sh
#
# DESCRIPTION:
```

```
#         OPTIONS: ---
#    REQUIREMENTS: ---
#            BUGS: ---
#           NOTES: ---
#          AUTHOR: Liu Yantao (Tom), yantao.freedom@icloud.com
#    ORGANIZATION:
#         CREATED: 05/20/2014 22:25
#        REVISION: ---
#===============================================================================

# 提示用户输入用户名，然后将用户输入的内容赋值给变量 username
read -p "Enter your name, please: " username

# 提示用户输入电子邮件地址，然后将用户输入的内容赋值给变量 email
read -p "Enter your email address, please: " email

# 询问用户是否继续，提示输入 y 或 n，然后将用户输入的内容赋值给 input
read -p "Are you sure to continue? [y/n] " input

case $input in
  # 如果用户输入的内容是以字母 y 或 Y 开头，则显示一些信息到标准输出
  [yY]*)
    echo "Your name is $username"
    echo "Your email address is $email"
;;
  # 如果用户输入的内容是以字母 n 或 N 开头，则退出脚本的执行
  [nN]*)
    exit
    ;;
  *)
    echo "Just enter y or n, please."
    exit
    ;;
esac
```

此脚本的运行结果将类似如下所示：

```
-bash-3.2$ chmod +x readUserInput_1.sh
-bash-3.2$ ./readUserInput_1.sh
Enter your name, please: yantao1
Enter your email address, please: yantao.freedom@icloud.com
Are you sure to continue? [y/n] y
Your name is yantao1
Your email address is yantao.freedom@icloud.com
```

10.3.2 实例：输入超时

你可以使用 read 命令的-t 选项来设置 read 命令读取用户输入的超时时间。如果在指定的秒数内没有读入一整行的输入（即没有输入回车键），read 命令就会超时并返回一个失败。我们可以在上一小节的实例脚本 readUserInput_1.sh 中加入读取输入的超时时间，修改后的脚本内容如下所示：

```
-bash-3.2$ cat ./readUserInput_2.sh
#!/bin/bash -
#===============================================================================
```

```
#             FILE: readUserInput_2.sh
#
#            USAGE: ./readUserInput_2.sh
#
#      DESCRIPTION:
#
#          OPTIONS: ---
#     REQUIREMENTS: ---
#             BUGS: ---
#            NOTES: ---
#           AUTHOR: Liu Yantao (Tom), yantao.freedom@icloud.com
#     ORGANIZATION:
#          CREATED: 05/20/2014 22:25
#         REVISION: ---
#===============================================================================

read -t 5 -p "Enter your name, please: " username
read -t 5 -p "Enter your email address, please: " email
read -t 5 -p "Are you sure to continue? [y/n] " input

case $input in
  [yY]*)
    echo "Your name is $username"
    echo "Your email address is $email"
    ;;
  [nN]*)
    exit
    ;;
  *)
    echo "Just enter y or n, please."
    exit
    ;;
esac
```

10.3.3 实例：隐藏方式读取

我们可以使用read命令的-s选项来隐藏用户的输入。如果指定了-s选项，则来自终端的输入不会被显示出来。这对我们的脚本在需要对用户输入的密码进行验证时是很有用的（为了安全，我们当然不会希望输入的密码明文回显在屏幕上）。

下面我们通过脚本readPassword.sh来学习如何使用read命令隐式地读取用户输入的密码。此脚本的内容如下所示：

```
-bash-3.2$ cat ./readPassword.sh
#!/bin/bash -
#===============================================================================
#
#             FILE: readPassword.sh
#
#            USAGE: ./readPassword.sh
#
#      DESCRIPTION:
#
#          OPTIONS: ---
#     REQUIREMENTS: ---
#             BUGS: ---
#            NOTES: ---
```

```bash
#         AUTHOR: Liu Yantao (Tom), yantao.freedom@icloud.com
#   ORGANIZATION:
#        CREATED: 05/21/2014 00:15
#       REVISION: ---
#===============================================================

# 定义变量 password
password=''

# 显示提示输入密码的信息到标准输出
echo -n "Enter password: "

# 使用 while 循环隐式地从标准输入每次读取一个字符,且反斜杠不做转义字符处理
# 然后将读取的字符赋值给变量 char
while IFS= read -r -s -n1 char
do
  # 如果读入的字符为空(直接输出的回车),则退出 while 循环
  if [ -z $char ]
  then
    echo
    break
  fi

  # 如果输入的是退格键(backspace)或删除键(delete),则从变量 password 中移除最后一个字符
  # 并向左删除一个*
  if [[ $char == $'\x08' || $char == $'\x7f' ]]
  then
    # 从变量 password 中移除最后一个字符
    [[ -n $password ]] && password=${password:0:${#password}-1}
    # 并向左删除一个*
    printf '\b \b'
  else
    # 将变量 char 的值累加赋值给变量 password
    password+=$char
    # 打印一个星号*.
    printf '*'
  fi
done

echo "Password is: $password"
```

上述脚本中的 0x08 和 0x7f 分别表示十六进制 ASCII 码中的退格键和删除键。"\b \b" 则是用于删除左侧的字符,只使用"\b"表示向左移动光标,但字符保持不变。

上述脚本的运行结果将类似如下所示:

```
-bash-3.2$ chmod +x readPassword.sh
-bash-3.2$ ./readPassword.sh
Enter password: *******
Password is: yantao1
```

10.3.4 实例:从文件中读取

使用 read 命令从文件读取数据的方法主要有两种,一种是在 while 循环或 until 循环中

使用 read 命令，通过文件描述符一行一行地读取文件的内容，这种方法我们将在第 11 章中讲述文件描述符时再做详细的介绍；另一种方法是在 for 循环中使用命令"cat <filename>"来读取文件中的内容。本小节我们将介绍如何使用第二种方法来从文件读取数据。

在 for 循环中使用命令"cat <filename>"读取文件的语法是：

```
for data in $(cat filename)
do
  command1
  command2
  …
  commandN
done
```

上述语法中，filename 代表一个文本文件，读取的内容会被存入变量 data，此变量会在 for 循环体中使用，来对读入的数据进行处理。

使用这种方法读取文件内容的常见错误是，以为它会逐行地读取文件的内容，其实在默认情况下，它是逐个单词地读取文件内容。因为使用这种方法读取文件内容时，它使用环境变量 IFS 的值作为分隔符，由于$IFS 的默认值是"<space><tab><newline>"，所以它会首先以空格作为分隔符，来读取文件的内容。因此，我们若要想使用这种方法逐行地读取文件内容时，需要在调用 for 循环之前先修改$IFS 的值。当然，如果你确定文件内容的每行都只有一个单词的话，就无需修改$IFS 的默认值。

下面我们以脚本 readFromFilebyfor.sh 为例，来学习如何使用 for 循环逐行地读取文件的内容。

```
-bash-3.2$ cat readFromFilebyfor.sh
#!/bin/bash -
#===============================================================================
#
#          FILE: readFromFilebyfor.sh
#
#         USAGE: ./readFromFilebyfor.sh
#
#   DESCRIPTION:
#
#       OPTIONS: ---
#  REQUIREMENTS: ---
#          BUGS: ---
#         NOTES: ---
#        AUTHOR: Liu Yantao (Tom), yantao.freedom@icloud.com
#  ORGANIZATION:
#       CREATED: 05/21/2014 10:44
#      REVISION:  ---
#===============================================================================

# 使用变量 O_IFS 来保存环境变量 IFS 的值
old_IFS=$IFS

# 如果指定的命令行参数个数不为 1，则显示脚本的使用方法信息，然后退出脚本的执行
if [ $# -ne 1 ]
then

  # 显示脚本的使用方法信息
  echo "Usage: `basename $0` filename"
  # 退出脚本的执行
```

```
    exit

fi

# 如果指定的文件不存在，则显示提示信息，并退出脚本的执行，退出状态码为 1
if [ ! -f $1 ]
then

  echo "The file $1 doesn't exist!"
  exit 1

fi

# 修改环境变量 IFS 的值，使用下面的 for 循环以换行符为分隔符来逐行地读取文件的内容
IFS=$'\n'

# 使用 for 循环来读取文件的内容，将读取的内容存入变量 line
for line in $(cat $1)
do

  echo $line

done

# 恢复环境变量 IFS 原来的值
IFS=$old_IFS
```

此脚本的运行结果将类似如下所示：

```
-bash-3.2$ ./readFromFilebyfor.sh /etc/passwd
root:x:0:0:root:/root:/bin/bash
bin:x:1:1:bin:/bin:/sbin/nologin
daemon:x:2:2:daemon:/sbin:/sbin/nologin
adm:x:3:4:adm:/var/adm:/sbin/nologin
lp:x:4:7:lp:/var/spool/lpd:/sbin/nologin
sync:x:5:0:sync:/sbin:/bin/sync
shutdown:x:6:0:shutdown:/sbin:/sbin/shutdown
halt:x:7:0:halt:/sbin:/sbin/halt
mail:x:8:12:mail:/var/spool/mail:/sbin/nologin
news:x:9:13:news:/etc/news:
uucp:x:10:14:uucp:/var/spool/uucp:/sbin/nologin
operator:x:11:0:operator:/root:/sbin/nologin
games:x:12:100:games:/usr/games:/sbin/nologin
gopher:x:13:30:gopher:/var/gopher:/sbin/nologin
ftp:x:14:50:FTP User:/var/ftp:/sbin/nologin
nobody:x:99:99:Nobody:/:/sbin/nologin
nscd:x:28:28:NSCD Daemon:/:/sbin/nologin
vcsa:x:69:69:virtual console memory owner:/dev:/sbin/nologin
pcap:x:77:77::/var/arpwatch:/sbin/nologin
ntp:x:38:38::/etc/ntp:/sbin/nologin
dbus:x:81:81:System message bus:/:/sbin/nologin
avahi:x:70:70:Avahi daemon:/:/sbin/nologin
rpc:x:32:32:Portmapper RPC user:/:/sbin/nologin
apache:x:48:48:Apache:/var/www:/sbin/nologin
mailnull:x:47:47::/var/spool/mqueue:/sbin/nologin
smmsp:x:51:51::/var/spool/mqueue:/sbin/nologin
sshd:x:74:74:Privilege-separated SSH:/var/empty/sshd:/sbin/nologin
xfs:x:43:43:X Font Server:/etc/X11/fs:/sbin/nologin
rpcuser:x:29:29:RPC Service User:/var/lib/nfs:/sbin/nologin
nfsnobody:x:65534:65534:Anonymous NFS User:/var/lib/nfs:/sbin/nologin
haldaemon:x:68:68:HAL daemon:/:/sbin/nologin
```

```
avahi-autoipd:x:100:101:avahi-autoipd:/var/lib/avahi-autoipd:/sbin/nolo
gin
gdm:x:42:42::/var/gdm:/sbin/nologin
nx:x:101:104::/usr/NX/home/nx:/usr/NX/bin/nxserver
tomcat:x:91:91:Tomcat:/usr/share/tomcat5:/bin/sh
jenkins:x:102:301:Jenkins Continuous Build server:/var/lib/jenkins:/bin/
false
yantaol:x:12345:28: Liu YanTao:/home/yantaol:/bin/bash
```

尽管使用 while 循环读取文件的内容相对比较方便，但它也有副作用，它读取的每行内容会去掉重复的空格和制表符，即会消除每行的原有格式。而将 for 循环结合环境变量 $IFS 使用可以保留每行原有的格式。所以，你可以根据不同的需求来选择使用 while 循环，或是使用 for 循环来读取文件的内容。

10.4 小　　结

下面我们总结一下本章所学的主要知识。

与向函数传递命令行参数的方法类似，我们也可以使用此方法向 Shell 脚本传递参数。这些传递的命令行参数同样存储在位置参数（$1,$2,…$9,${10},${11},…）中。

特殊变量"$*"和"$@"会存储所有传递的命令行参数，特殊变量"$#"会存储传递的命令行参数的个数。

当我们的脚本只接收一个命令行参数，并且会根据这个命令行参数的不同采取不同行为时，我们通常会使用 case 语句来处理这个命令行参数。这种方法最常见于 Linux 下的应用程序或服务的启动脚本中。

case 语句中的每个模式匹配是大小写敏感的。可以使用命令"shopt -s nocasematch"开启 nocasematch 选项。

当我们的脚本需要多个命令行参数时，可以使用 shift 命令在一个变量中一个接一个地获取多个命令行参数。

shift 是 Bash 的一个内部命令。此命令用于将传递的参数变量向左移，在每次移位之后，特殊变量$#的值也会调整。而特殊变量$0 并不参与移位操作。

如果我们读取特殊变量$1 的值，然后运行命令 shift，再次读取特殊变量$1 的值，那么我们将得到特殊变量$2 的值。然后再次运行命令 shift，我们再读取特殊变量$1 时，将得到特殊变量$3 的值，依次类推。由此，只要$#的值不为 0，我们就可以在 while 循环中进行迭代，获取特殊变量$1 的值，运行 shift 命令，然后再次读取$1 的值，来依次获得所有传递的命令行参数。

在编写 Shell 脚本时，我们为了使脚本更加严谨，减少脚本运行时可能产生的异常错误，在脚本的开头部分，我们一般都会编写一段对与脚本相关的环境或变量进行检查的代码。

当我们编写的 Shell 脚本只接收一个命令行选项时，可以使用 case 语句对其进行处理。

当你希望以专业的方式解析命令行选项和参数时，getopts 将是一个很好的工具。它是 Bash 的内部命令。它的优势在于：你不需要通过一个外部程序来处理你的位置参数；getopts 可以很容易地设置你可以用来解析的 Shell 变量（对于一个外部进程是不可能的）；getopts

定义在 POSIX 中。

getopts 将解析选项和它们可能的参数。它将在第一个非选项参数（不以连字符"-"开头的，且不是它前面的任何选项的参数的字符串）的位置停止解析。当遇到双连字符"--"（表示选项的结束）时，它也将停止解析。

getopts 会使用到以下 3 个变量。

- ❑ OPTIND：存放下一个要处理的参数的索引。这是 getopts 在调用过程中记住自己状态的方式。同样可以用于移位使用 getopts 处理后的位置参数。OPTIND 初始被设为 1，并且如果你想再次使用 getopts 解析任何内容，需要将其重置为 1。
- ❑ OPTARG：这个变量被设置为由 getopts 找到的选项所对应的参数。
- ❑ OPTERR：它的值为 0 或 1。指示 Bash 是否应该显示由 getopts 产生的错误信息。在每个 Shell 启动时，它的值被初始化为 1。如果你不想看烦人的信息，请确保将它设置为 0。

getopts 命令的基本语法是：getopts OPTSTRING VARNAME [ARGS...]。

- ❑ 其中 OPTSTRING 告诉 getopts 会有哪些选项和在哪会有参数（用选项后加冒号':'表示）；VARNAME 告诉 getopts 哪个变量用于选项报告；ARGS 告诉 getopts 解析这些可选的参数，而不是位置参数。

getopts 命令支持两种错误报告的模式，分别为：详细错误报告模式和抑制错误报告模式。

在详细错误报告模式下，如果 getopts 遇到了一个无效的选项，VARNAME 的值会被设置为问号（?），并且变量 OPTARG 不会被设置；如果需要的参数没找到，VARNAME 的值同样会被设置为问号（?），变量 OPTARG 也不会被设置，并且会打印一个错误信息。

在抑制错误报告模式下，如果 getopts 遇到了一个无效的选项，VARNAME 的值会被设置为问号（?），并且变量 OPTARG 会被设置为选项字符；如果需要的参数没找到，VARNAME 的值同样会被设置为冒号（:），并且变量 OPTARG 中会包含选项字符。

getopt 命令与 getopts 的功能很相似，也是用于解析命令行的选项和参数，使其可以被 Shell 程序简单地解析。不同的是，getopt 命令是 Linux 下的命令行工具，并且 getopt 支持命令行的长选项（比如， --some-option）。另外，在脚本中它们的调用方式也不同。

getopt 命令的"-o"选项表示告诉 getopt 识别哪些短（一个字符）选项，所指定的选项字符串遵循如下规则：每一个字符代表一个选项；字符后跟一个冒号（:）表示选项需要一个参数；字符后跟两个冒号（::）表示选项有个可选参数。

getopt 命令的"--long"选项表示告诉 getopt 识别哪些长（多个字符）选项，所指定的选项字符串遵循如下规则：每个选项之间由逗号（,）分隔；字符串后跟一个冒号（:）表示选项需要一个参数；字符串后跟两个冒号（::）表示选项有个可选参数。

如果你希望你的 Shell 脚本支持长选项，那当然你就需要使用 getopt 命令；如果你的 Shell 脚本要考虑跨平台的兼容性，或者你的脚本不需要支持长选项，那么还是推荐你使用 Bash 的内部命令 getopts，因为它跨平台的兼容性较好而且使用起来更简单方便。

在 Bash 下你可以通过其内部命令 read 接收用户来自键盘的输入，并可以将输入的内容赋值给一个变量。因此，在一个交互式的 Shell 脚本中我们一般使用 read 命令来获取用户的输入。

read 命令的-p 选项用于在尝试读取任何输入之前，显示 prompt（提示信息）的内容到标准错误输出。我们一般使用这一选项来指定提示用户输入哪些内容的信息。read 命令会每次从标准输入（或使用-u 选项指定的文件描述符中）读取一行的内容，它会将第一个单词赋值给第一个变量 variable1，第二个单词赋值给第二个变量 variable2，依次类推。如果输入的单词数少于指定的变量数，那么剩下的 name 变量的值会被设为空，环境变量 IFS 中的字符被作为分隔符来将输入的内容分隔为单词。

　　read 命令的-t 选项可以用来设置 read 命令读取用户输入的超时时间。如果在指定的秒数内没有读入一整行的输入（即没有输入回车键），read 命令就会超时并返回一个失败。

　　read 命令的-s 选项可以用来隐藏用户的输入。如果指定了-s 选项，则来自终端的输入不会被显示出来。这对我们的脚本在需要对用户输入的密码进行验证时是很有用的（为了安全，我们当然不会希望输入的密码明文回显在屏幕上）。

　　使用 read 命令从文件读取数据的方法主要有两种，一种是在 while 循环或 until 循环中使用 read 命令通过文件描述符一行一行地读取文件的内容；另一种方法是在 for 循环中使用命令"cat <filename>"来读取文件中的内容。

　　使用第二种方法读取文件内容的常见错误是，以为它会逐行地读取文件的内容，其实在默认情况下，它是逐个单词地读取文件内容。因为使用这种方法读取文件内容时，它使用环境变量 IFS 的值作为分隔符，由于$IFS 的默认值是"<space><tab><newline>"，所以它会首先以空格作为分隔符，来读取文件的内容。因此，我们若要想使用这种方法逐行地读取文件内容时，需要在调用 for 循环之前先修改$IFS 的值。

　　尽管使用 while 循环读取文件的内容相对比较方便，但它也有副作用，它读取的每行内容会去掉重复的空格和制表符，即会消除每行的原有格式。而将 for 循环结合环境变量$IFS 使用可以保留每行原有的格式。所以，你可以根据不同的需求来选择使用 while 循环，或是使用 for 循环来读取文件的内容。

第 11 章　Shell 重定向

在这一章，我们将学习 Shell 的重定向。首先，我们先学习 Shell 的输入和输出，然后学习 Shell 的各种重定向，最后，我们将讲述 Shell 文件描述符以及使用 exec 命令指定文件描述符进行重定向。

11.1　输入和输出

几乎所有的命令都会产生到屏幕的输出和从键盘获取输入，而在 Linux 系统中可以将输出发送到指定的文件，或从文件中读取输入。每一个 Shell 命令都有它自己的输入和输出。在一个命令执行之前，它的输入和输出可以使用由 Shell 解释的特殊标记重定向。例如，将 date 命令的输出发送到文件而不是屏幕。改变输入或输出的默认路径就叫做重定向。

在 Linux 中一切皆文件，所以你的硬件在 Linux 系统中同样地表示为文件。
- 0——标准输入——键盘：从文件（默认是键盘）读取输入。
- 1——标准输出——屏幕：发送数据到文件（默认是屏幕）。
- 2——标准错误——屏幕：发送所有错误信息到一个文件（默认是屏幕）。

上述的 3 个数字是标准的 POSIX 字符，也称为文件描述符。每个 Linux 命令都会使用上述的流与用户或其他系统程序进行交互。

11.1.1　标准输入

在 Shell 运行任何命令之前，它先尝试打开文件进行读取。如果打开文件失败，Shell 将以一个错误退出并不运行命令。如果打开文件成功，Shell 使用打开的文件的文件描述符作为命令的标准输入文件描述符。

标准输入具有如下特点：
- 它是默认的输入方法，它被所有命令使用来读取输入。
- 它用数字 0 表示。
- 它也被称作 stdin。
- 默认的标准输入设备是键盘。

操作符"<"是输入重定向操作符，其语法如下所示：

```
$ command < input_filename
```

比如，可以按照如下方式运行 cat 命令，在屏幕上显示 /etc/inittab 的内容：

```
$ cat < /etc/inittab
#
```

```
# inittab       This file describes how the INIT process should set up
#               the system in a certain run-level.
#
# Author:       Miquel van Smoorenburg, <miquels@drinkel.nl.mugnet.org>
#               Modified for RHS Linux by Marc Ewing and Donnie Barnes
#

# Default runlevel. The runlevels used by RHS are:
#   0 - halt (Do NOT set initdefault to this)
#   1 - Single user mode
#   2 - Multiuser, without NFS (The same as 3, if you do not have networking)
#   3 - Full multiuser mode
#   4 - unused
#   5 - X11
#   6 - reboot (Do NOT set initdefault to this)
#
id:5:initdefault:

# System initialization.
si::sysinit:/etc/rc.d/rc.sysinit

l0:0:wait:/etc/rc.d/rc 0
l1:1:wait:/etc/rc.d/rc 1
l2:2:wait:/etc/rc.d/rc 2
l3:3:wait:/etc/rc.d/rc 3
l4:4:wait:/etc/rc.d/rc 4
l5:5:wait:/etc/rc.d/rc 5
l6:6:wait:/etc/rc.d/rc 6

# Trap CTRL-ALT-DELETE
ca::ctrlaltdel:/sbin/shutdown -t3 -r now

# When our UPS tells us power has failed, assume we have a few minutes
# of power left.  Schedule a shutdown for 2 minutes from now.
# This does, of course, assume you have powerd installed and your
# UPS connected and working correctly.
pf::powerfail:/sbin/shutdown -f -h +2 "Power Failure; System Shutting Down"

# If power was restored before the shutdown kicked in, cancel it.
pr:12345:powerokwait:/sbin/shutdown   -c   "Power   Restored;   Shutdown
Cancelled"


# Run gettys in standard runlevels
1:2345:respawn:/sbin/mingetty tty1
2:2345:respawn:/sbin/mingetty tty2
3:2345:respawn:/sbin/mingetty tty3
4:2345:respawn:/sbin/mingetty tty4
5:2345:respawn:/sbin/mingetty tty5
6:2345:respawn:/sbin/mingetty tty6

# Run xdm in runlevel 5
x:5:respawn:/etc/X11/prefdm -nodaemon
```

上例中的标准输入的数据流如图 11.1 所示。

图 11.1 标准输入的数据流

利用标准输入，使用 sort 命令对一个文件的内容进行排序的方法如下所示：

```
$ sort < file_list.txt
```

11.1.2 标准输出

标准输出具有如下特点：
- 它被命令用来写入或显示命令自身的输出。
- 它用数字 1 表示。
- 它也被称作 stdout。
- 默认的标准输出设备是屏幕。

操作符">"是输出重定向操作符，它的语法如下所示：

```
$ command > output_filename
```

上述语法中，Shell 首先尝试打开用于写入的文件 output_filename，如果成功，就将命令的标准输出发送到新打开的文件。如果文件打开失败，整个命令就会失败。

命令 command > output_filenam 与 command 1> output_filename 具有相同的含义。数字 1 表示标准输出。

例如，保留 ls 的输出到名称为 output.txt 的文件：

```
$ ls > /tmp/output.txt
```

注意：如果/tmp/output.txt 文件不存在，则会被自动创建。如果文件/tmp/output.txt 存在，则会被重写。

上例中的标准输出的数据流如图 11.2 所示。

图 11.2 标准输出的数据流

你同样可以保留脚本的输出到文件：

```
$ ./script_name.sh > output_filename
```

11.1.3 标准错误

标准错误具有如下特点：
- 它是默认的错误输出方法，它被用于写入所有系统错误信息。
- 它用数字 2 表示。
- 它也被称为 stderr。
- 默认的标准输出设备是屏幕或显示器。

操作符"2>"是标准错误重定向操作符，其语法如下所示：

```
$ command 2> errors_filename
```

Shell 首先打开文件 errors_filename 用于写入，获得这个文件的文件描述符，并用它替换文件描述符 2。所示现在任何写到标准错误的内容都会被写到文件 errors_filename。

例如，将脚本 script_name.sh 运行时产生的错误信息发送到名称为 errors.txt 的文件，以便你可以稍后复查这些错误信息，其命令类似如下所示：

```
$ ./script_name.sh 2> errors.txt
$ cat errors.txt
```

上例中的标准错误的数据流如图 11.3 所示。

图 11.3　标准错误的数据流

11.2　重　定　向

在 Linux 中，总有 3 个默认的设备文件是打开的，即标准输入 stdin（键盘）、标准输出 stdout（屏幕）和标准错误 stderr（输出到屏幕的错误信息）。这 3 个文件和其他任何打开的文件，都可以被重定向。重定向简单地说就是从文件、命令、程序、脚本，甚至是脚本中的代码块获取输出并把它作为输入发送到另一个文件、命令、程序或脚本。

每个打开的文件被指定一个描述符。比如，标准输入、标准输出和标准错误的文件描述符即分别是 0、1 和 2。对于打开的另外的文件，这里余留了文件描述符 3～9。

11.2.1 文件重定向

文件重定向是更改一个文件描述符以指向一个文件。我们先来看一个输出重定向：

```
$ echo "Today's date is $(date)." > date.txt
$ cat date.txt
Today's date is Sat, Nov 16, 2013 10:53:40 AM.
```

操作符">"开始一个输出重定向。重定向默认只适用于一条命令（在上述示例中，是 echo 命令）。当 Bash 运行命令时，它告诉 Bash，标准输出（stdout）应当指向一个文件（在上述示例中是文件 date.txt），而不是它之前指向的地方。

因此，echo 命令将不会把它的输出发送到终端；而是"> date.txt"重定向更改了标准输出描述符的目标，所以它现在指向了叫做"date.txt"的文件。要注意的是，这个重定向发生在 echo 命令执行之前。默认情况下，Bash 并不首先检查文件 date.txt 是否存在，它只是打开这个文件，如果这个文件已经存在，文件中先前的内容将会丢失。如果文件不存在，则会被创建为一个空文件，以便文件描述符可以指向它。

应该注意的是，这个重定向只对它应用于的单个命令（上述示例中是 echo）有效。再此之后执行的其他命令将继续把它们的输出发送到脚本的标准输出位置。

在上述实例中，我们在 echo 命令之后就使用了 cat 命令打印文件 date.txt 的内容，它将文件的内容写到了标准输出（终端或屏幕）。

> **注意**：在网上有太多的代码实例和 Shell 教程告诉你读取文件的内容时要使用 cat。这并不是必须的。cat 命令只是较好地用于把多个文件连接在一起，或作为 Shell 命令行提示符中查看文件内容的快速工具。在你的脚本中，你不应该使用 cat 命令来管道文件到命令，而应该使用重定向。请注意这一点。无效地使用 cat 命令将导致额外的进程被创建。

当我们不指定任何参数而直接使用 cat 命令时，它显然不知道该读哪个文件。在这种情况下，cat 命令将只从标准输入而不是从文件读取数据。由于标准输入通常不是一个正规的文件，直接不带任何参数地运行 cat 命令将似乎什么都不做：

```
$ cat
```

它甚至也不显示 Shell 命令行提示符。其实此时 cat 仍在从标准输入，即你的终端进行读取。现在你在键盘上输入的任何内容在你输入回车键后都将发送到 cat 命令。你输入的每一行，cat 命令都会像它通常所做的一样：显示它读取的内容到标准输出，和它在前面的示例中显示 date.txt 的内容到标准输出的方法一样。

```
$ cat
hello world
hello world
```

为什么"hello world"显示了两次？首先，终端实际上比它们本身看上去更复杂，它们有不同的工作模式。在上述示例中使用的模式是标准模式，在这一模式中，终端将回显你输入的每一个字符，并允许你对你的输入进行极其简易的编辑（例如，使用退格键）。

你输入的内容并不真正发送到应用程序,直到你按下回车键。

比如,你输入"hello world",你将看到它被终端自身打印到屏幕上。一旦你按下回车键,对于从终端读取数据的应用程序(比如,cat 命令),整行内容将变为可用。cat 命令从标准输入读入行,然后将其显示到同样是你的终端的标准输出。所以,第二行仍是"hello world"。

你可以输入 Ctrl+D 组合键来向你的终端发送文件结束符。这将使 cat 命令认为标准输入已关闭。它将停止读取,并终结。Bash 将会看到 cat 命令已被终结,便把 Shell 命令行提示符返还给你。

现在我们使用输入重定向将一个文件连接到标准输入,以便标准输入不再从我们的键盘读取,而是从文件读取:

```
$ cat < date.txt
Today's date is Sat, Nov 16, 2013 10:53:40 AM.
```

这个结果与我们先前使用"cat date.txt"得到的结果完全一致,除了这次的使用方法稍有不同。在我们的第一个例子中,cat 命令为文件 date.txt 打开了一个文件描述符,并通过这个文件描述符读取文件的内容。在第二个例子中,cat 命令仅从标准输入读取,与它从我们的键盘进行读取相似。然而,这次"< data.txt"操作已经修改了 cat 的标准输入,以使它的数据源变为了文件 date.txt,而不是我们的键盘。

重定向可以使用数字作为先导。数字表示了将要变更的文件描述符。

我们在前面已经学习了,表示标准错误的数字是 2。现在我们来看一个发送标准错误到一个文件的实例:

```
#!/bin/bash
#===============================================================
#
#         FILE: removetmp.sh
#
#        USAGE: ./removetmp.sh
#
#  DESCRIPTION:
#
#      OPTIONS: ---
# REQUIREMENTS: ---
#         BUGS: ---
#        NOTES: ---
#       AUTHOR: Liu Yantao (Tom), yantao.freedom@icloud.com
# ORGANIZATION:
#      CREATED: 11/16/2013 17:19
#     REVISION: ---
#===============================================================

# 如果参数个数小于 1(没有指定参数),则执行
if [ $# -lt 1 ]; then

# 打印脚本的使用方法信息
  echo "Usage: $0 DIRECTORY..."
  #退出脚本
  exit

fi
```

```
# 使用 for 循环遍历在命令行中给脚本指定的所有参数
for dir in $@
do

  # 找到指定目录中以.tmp 为后缀的文件，并将其删除
  find $dir -name "*.tmp" -exec rm -f {} \;

# 将 for 循环产生的错误信息写入到文件 errors.log 中
done 2> errors.log
```

在上述实例中，我们在指定的多个目录中查找并删除以后缀.tmp 结尾的文件。有些.tmp 文件可能没有权限删除掉，此时 rm 操作就会失败并发送一个错误信息到标准错误。

你可能已经注意到，我们的重定向操作符并没有应用于 rm 命令，而是应用在了 done。为什么？因为这样的话，重定向将应用于循环内生成的所有标准错误的输出。严格地说是，Bash 在循环开始之前打开了名为 errors.log 的文件并将标准错误指向它，然后当循环结束时关闭了它。运行在循环内的任何命令（例如，rm）都从 Bash 继承打开的文件描述符。

还有一种重定向，它可以让你保留文件（比如，上例中的 errors.log）先前的内容（比如，先前的错误信息）。但是根据先前提到的，当 Bash 重定向到一个文件时，它会销毁文件中先前已经存在的内容。因此，每次我们运行上例中的脚本时，我们的日志文件（errors.log）在每次向它再次写入新的错误信息之前都将被清空一次。如果我们想保留所有由循环生成的错误信息记录呢？如果我们不想文件在每次运行循环之前被清空呢？解决这些问题的办法就是使用双重重定向操作符 ">>"。">>" 将不会清空文件，它将只是添加新的内容到文件末尾。所以，上例中的 for 循环可以更改为：

```
# 使用 for 循环遍历在命令行中给脚本指定的所有参数
for dir in $@
do

  # 找到指定目录中以.tmp 为后缀的文件，并将其删除
  find $dir -name "*.tmp" -exec rm -f {} \;

# 将 for 循环产生的错误信息追加写入到文件 errors.log 中
done 2>> errors.log
```

> 注意：当一个应用程序需要文件数据并且它的创建是为从标准输入读取数据时，使用重定向是一个好主意。在网上有很多不好的示例都是告诉你将 cat 的输出管道到进程，这是一个很糟糕的主意。
>
> 当设计一个可以从各种不同的源头获取数据的应用程序时，通常最好让你的应用程序从标准输入读取数据。这样，用户就可以使用重定向来获取他想要的数据。

11.2.2 实例：从文件输入

下面我们通过一些实例，来进一步学习使用输入重定向从文件读取内容的一些方法。

比如，在 Shell 脚本中我们针对某一个代码块使用输入重定向，请看下面的实例，我们在脚本中的一个代码块使用重定向读取文件的内容。

```bash
#!/bin/bash -
#===============================================================================
#
#          FILE: readtwolines.sh
#
#         USAGE: ./readtwolines.sh
#
#   DESCRIPTION:
#
#       OPTIONS: ---
#  REQUIREMENTS: ---
#          BUGS: ---
#         NOTES: ---
#        AUTHOR: Liu Yantao (Tom), yantao.freedom@icloud.com
#  ORGANIZATION:
#       CREATED: 11/18/2013 10:55
#      REVISION: ---
#===============================================================================

# 如果参数的数量不为 1，则执行 if 结构中的语句
if [ $# -ne 1 ]; then

    # 打印脚本的使用方法
    echo "Usage: $0 FILEPATH"
    # 退出
    exit

fi

# 定义变量 file，并将指定给脚本的第一个参数赋值给此变量
file=$1

# 定义一段代码块
{

    # 读取一行内容，并将读取的内容存入变量 line1 中
    read line1
    # 读取一行内容，并将读取的内容存入变量 line2 中
    read line2

# 将这个代码块的标准输入指向变量 file 的值所代表的文件
} < $file

# 打印变量 file 的值及一些信息
echo "First line in $file is:"
# 打印变量 line1 的值
echo "$line1"
# 打印变量 file 的值及一些信息
echo "Second line in $file is:"
# 打印变量 line2 的值
echo "$line2"

# 退出脚本，且退出状态码为 0
exit 0
```

上述实例是使用重定向从指定的文件中读取文件头两行的内容。脚本中大括号 "{}" 之间的代码行即为一个代码块，然后我们使用 "< $file" 将这个代码块的标准输入指向文件 "$file"。

上述实例的运行结果将类似如下所示：

```
$ chmod +x readtwolines.sh
$ ./readtwolines.sh /etc/fstab
First line in /etc/fstab is:
LABEL=/                 /                       ext3    defaults        1 1
Second line in /etc/fstab is:
LABEL=/local            /local                  ext3    defaults        1 2
```

有时我们可能需要逐行地读取一个文件中的内容，并对每一行进行特定的处理，这时我们该如何操作呢？当然，最好的解决办法就是将循环语句与重定向结合使用来读取并处理文件的内容。下面的实例，我们就是将 while 循环与重定向结合使用来逐行地读取文件的内容。

```
#!/bin/bash -
#========================================================================
#
#          FILE: redirectedWhileloop.sh
#
#         USAGE: ./redirectedWhileloop.sh
#
#   DESCRIPTION: Process a file line by line with redirected while loop
#
#       OPTIONS: ---
#  REQUIREMENTS: ---
#          BUGS: ---
#         NOTES: ---
#        AUTHOR: Liu Yantao (Tom), yantao.freedom@icloud.com
#  ORGANIZATION:
#       CREATED: 11/18/2013 10:33
#      REVISION: ---
#========================================================================

# 如果指定给脚本的参数个数不为 1，则执行 if 中的语句
if [ $# -ne 1 ]; then

  # 打印脚本的使用方法
  echo "Usage: $0 FILEPATH"
  # 退出脚本
  exit

fi

# 定义变量 filename，并将脚本的第一个参数赋值给此变量
filename=$1
# 定义变量 count，其值为 0
count=0

# 使用 while 循环逐行读取内容，并将读取的内容存入变量 LINE
while read LINE
do

  # 将变量 count 的值加 1
  let count++
  # 打印变量 count 和 LINE 的值
  echo "$count $LINE"

# 将 while 循环的标准输入指向变量 filename 所代表的文件
```

```
done < $filename

echo -e "\nTotal $count linces read."

# 退出脚本，且退出状态码为 0
exit 0
```

上述实例中的 "done < $filename" 即是将整个 while 循环的标准输入指向文件 "$filename"。

上述实例的运行结果将类似如下所示：

```
$ chmod +x readtwolines.sh
$ ./readtwolines.sh /etc/fstab
First line in /etc/fstab is:
LABEL=/                 /                       ext3    defaults        1 1
Second line in /etc/fstab is:
LABEL=/local            /local                  ext3    defaults        1 2
-bash-3.2$ ./redirectedWhileloop.sh /etc/fstab
1 LABEL=/               /                       ext3    defaults        1 1
2 LABEL=/local          /local                  ext3    defaults        1 2
3 tmpfs                 /dev/shm                tmpfs   defaults        0 0
4 devpts                /dev/pts                devpts  gid=5,mode=620  0 0
5 sysfs                 /sys                    sysfs   defaults        0 0
6 proc                  /proc                   proc    defaults        0 0
7 LABEL=SWAP-hda2       swap                    swap    defaults        0 0
8 test.iso    /mnt/iso  udf,iso9660 noauto,loop,owner,user,rw 0 0

Total 8 linces read.
```

当然我们也可以使用 until 循环来实现与上述实例同样的功能，请看如下实例所示：

```
#!/bin/bash -
#===============================================================================
#
#          FILE: redirecteduntilloop.sh
#
#         USAGE: ./redirecteduntilloop.sh
#
#   DESCRIPTION: Process a file line by line with redirected until loop
#
#       OPTIONS: ---
#  REQUIREMENTS: ---
#          BUGS: ---
#         NOTES: ---
#        AUTHOR: Liu Yantao (Tom), yantao.freedom@icloud.com
#  ORGANIZATION:
#       CREATED: 11/18/2013 11:23
#      REVISION: ---
#===============================================================================

# 如果指定给脚本的参数个数不为 1，则执行 if 中的语句
if [ $# -ne 1 ]; then

# 打印脚本的使用方法
echo "Usage: $0 FILEPATH"
# 退出脚本
exit

fi
```

```
# 定义变量 filename，并将脚本的第一个参数赋值给此变量
filename=$1
# 定义变量 count，其值为 0
count=0

# 使用 until 循环逐行读取内容，并将读取的内容存入变量 LINE
until ! read LINE
do

  # 将变量 count 的值加 1
  let count++
# 打印变量 count 和 LINE 的值
echo "$count $LINE"

# 将 until 循环的标准输入指向变量 filename 所代表的文件
done < $filename

echo -e "\nTotal $count linces read."

exit 0
```

上述实例与前一个实例的唯一区别就是语句"until ! read LINE"。

我们再通过一个实例，来看一下使用 if 语句结合重定向读取文件的内容，会得到什么样的结果。请看如下实例所示：

```
#!/bin/bash -
#===============================================================================
#
#          FILE: redirectedif.sh
#
#         USAGE: ./redirectedif.sh
#
#   DESCRIPTION:
#
#       OPTIONS: ---
#  REQUIREMENTS: ---
#          BUGS: ---
#         NOTES: ---
#        AUTHOR: Liu Yantao (Tom), yantao.freedom@icloud.com
#  ORGANIZATION:
#       CREATED: 11/18/2013 14:15
#      REVISION: ---
#===============================================================================

# 如果指定给脚本的参数个数不为 1，则执行 if 中的语句
if [ $# -ne 1 ]; then
  # 打印脚本的使用方法
  echo "Usage: $0 FILEPATH"
  # 退出脚本
  exit

fi

# 定义变量 filename，并将脚本的第一个参数赋值给此变量
filename=$1
# 定义变量 count，其值为 0
count=0
```

```
# 直接将条件的值设为真，所以 if 语句一定会执行
if true; then

    # 读取一行内容，并将读取的内容存入变量 LINE
    read LINE
    # 将变量 count 的值加 1
    let count++
    # 打印变量 count 和变量 LINE 的值
    echo "$count $LINE"

# 将 if 语句的标准输入指向变量 filename 所代表的文件
fi < $filename

echo -e "\nTotal $count linces read."

# 退出脚本，且退出状态码为 0
exit 0
```

上述实例的运行结果将类似如下所示：

```
$ chmod +x redirectedif.sh
$ ./redirectedif.sh /etc/fstab
1 LABEL=/              /                     ext3    defaults        1 1

Total 1 linces read.
```

从上述的运行结果中我们可以看出，使用此种方法只会读取文件第一行的内容。

11.2.3 实例：从文本或字符串输入

Bash 还有一种重定向的类型是 here-documents，here-documents 重定向的操作符是"<<MARKER"。这个操作符指示 Bash 从标准输入读取输入的内容，直到读取到只包含 MARKER 的行为止。here-documents 的语法格式如下所示：

```
$ command <<[-]MARKER
    Here Document
MARKER
```

在 here-documents 中，我们选择一个单词作为一个标志。它可以是任何一个单词，比如，MARKER、END 和 EOF 等等，但要选择一个不会在你的数据集合中出现的单词。在第一个标志（比如，<< MARKER）和第二个标志（MARKER）之间的所有行都会被作为命令的标准输入。而且第二个标志（MARKER）必须独占一行。例如，我们使用 here-documents 将文本传入 tr 命令，然后将文本的内容转换为大写，如下实例所示：

```
$ tr a-z A-Z <<END
> one two three
> four five six
> END
```

上述命令的输出结果将类似如下所示：

```
ONE TWO THREE
FOUR FIVE SIX
```

重定向操作符"<<"和定界标识符"END"之间不需要使用空格分隔，"<<END"和

"<< END"两种写法都可以。

在"<<"后追加减号"-"（即<<-END）将会忽略行首的制表符。这使 Shell 脚本中缩进的 here-documents 的值不会被改变。请看如下实例：

```bash
#!/bin/bash -
#===============================================================================
#
#          FILE: heredocTr.sh
#
#         USAGE: ./heredocTr.sh
#
#   DESCRIPTION:
#
#       OPTIONS: ---
#  REQUIREMENTS: ---
#          BUGS: ---
#         NOTES: ---
#        AUTHOR: Liu Yantao (Tom), yantao.freedom@icloud.com
#  ORGANIZATION:
#       CREATED: 11/18/2013 18:29
#      REVISION: ---
#===============================================================================

# 将 here-documents 中的内容转换为大写
tr a-z A-Z <<END
    one two three
    four five six
END

#将 here-documents 中的内容转换为大写，忽略其中的行首制表符
tr a-z A-Z <<-END
    one two three
    four five six
END
```

注意：终结字符串 END 必须写在行首。

上述实例的运行结果将类似如下所示：

```
$ chmod +x heredocTr.sh
$ ./heredocTr.sh
    ONE TWO THREE
    FOUR FIVE SIX
ONE TWO THREE
FOUR FIVE SIX
```

默认情况下，Bash 替换会在 here-documents 的内容上执行，即 here-documents 内部的变量和命令会被求值或运行。例如，如下所示的命令：

```
$ cat <<EOF
> Working dir is $PWD
> EOF
```

上述命令的运行结果将类似如下所示：

```
Working dir is /home/yantaol
```

你可以使用单引号或双引号括起定界符来使 Bash 替换失效。例如，如下命令所示：

```
$ cat <<"EOF"
> Working dir is $PWD
> EOF
```

上述命令的运行结果将类似如下所示:

```
Working dir is $PWD
```

其实, here-documents 最常用的功能还是用于向用户显示命令或脚本的用法信息。例如, 类似如下所示的函数 usage():

```
usage() {
cat <<-EOF
 usage: command [-x] [-v] [-z] [file ...]
 A short explanation of the operation goes here.
 It might be a few lines long, but shouldn't be excessive.
EOF
}
```

> **注意**: 如果你尝试在脚本嵌入一小块多行数据, 使用 here-documents 是很有用的。使用 here-documents 嵌入很大的数据块是一个不好的习惯。你应该保持你的逻辑(你的代码)与你的输入(你的数据)分离, 最好是在不同的文件中, 除非是输入一个很小的数据集。

here-strings 是 here-documents 的一个变种。它由操作符"<<<"和作为标准输入的字符串构成(是被 Shell 作为一个整体来处理的序列), here-strings 是一个用于输入重定向的普通字符串, 并不是一个特别的字符串, 其语法如下所示:

```
$ command <<<WORD
```

单个单词不需要使用引号引用, 如下实例所示:

```
$ tr a-z A-Z <<< one
```

上述命令的运行结果将类似如下所示:

```
ONE
```

如果操作符"<<<"后面是带有空格的字符串, 则字符串必须使用双引号引用, 如下实例所示:

```
$ tr a-z A-Z <<<"one two thress"
```

上述命令的运行结果将类似如下所示:

```
ONE TWO THRESS
```

上述的实例还可以改写为类似如下所示:

```
$ str="one two three"
$ tr a-z A-Z <<< $str
ONE TWO THREE
```

这对于发送变量中的数据到进程是非常方便的。here-strings 更简短, 总体来说比 here-documents 更方便。

here-strings 还接收多行字符串作为标准输入，如下实例所示：

```
$ tr a-z A-Z <<< "one two three
four five six"
```

上述命令的运行结果将类似如下所示：

```
ONE TWO THREE
FOUR FIVE SIX
```

> **注意**：与 here-documents 相比，here-strings 通常是相当方便的，特别是发送变量内容（而不是文件）到像 grep 或 sed 这样的过滤程序时。

11.2.4 实例：空文件创建

创建一个空文件的语法如下所示：

```
$ >filename
```

操作符 ">" 重定向输出到一个文件。如果没有命令指定并且文件 filename 不存在的话，Bash 将会创建一个空文件。比如，如下的脚本实例：

```
#!/bin/bash -
#===============================================================
#
#          FILE: tarnasbackup.sh
#
#         USAGE: ./tarnasbackup.sh
#
#   DESCRIPTION:
#
#       OPTIONS: ---
#  REQUIREMENTS: ---
#          BUGS: ---
#         NOTES: ---
#        AUTHOR: Liu Yantao (Tom), yantao.freedom@icloud.com
#  ORGANIZATION:
#       CREATED: 11/19/2013 10:59
#      REVISION: ---
#===============================================================

# 定义变量 tarcmd
tarcmd=/bin/tar

# NAS 存储设备上的目录路径
nasstore=/net/nashostname/vol/volname/tarbackup

# 需要备份的目录名
backdirs="/var/www/html /usr/local/nagios /etc"

# 日志文件的名字
errlog=/tmp/tarbackup.error

# 取得今天的日期，格式：YYYYMMDD
today=`date +%Y%m%d`
```

```
# 删除旧的日志文件并创建一个空文件
>$errlog

# 使用 tar 命令将需要备份的目录备份到 NAS 存储设备上,并将错误输出重定向到变量 errlog
# 所指向的文件
$tarcmd -cvf $nasstore/$today.tar $backdirs 2>$errlog
```

上述实例中的语句">$errlog"即是在每次运行 tar 备份之前,先清空错误日志文件的内容。

11.2.5 实例:/dev/null 丢弃不需要的输出

写入到/dev/null 的所有数据都将被系统丢弃。所以我们可以将任何不想要的程序或命令的输出发送到/dev/null。

重定向命令的标准输出信息到/dev/null 的语法如下所示:

```
$ command > /dev/null
```

重定向命令的标准错误信息到/dev/null 的语法如下所示:

```
$ command 2> /dev/null
```

同时重定向命令的标准输出和标准错误的信息到/dev/null 的语法如下所示:

```
$ command &> /dev/null
```

或

```
$ command >& /dev/null
```

或

```
$ command > /dev/null 2>&1
```

例如,我们在/etc/passwd 文件中搜索用户 yantaol,类似如下所示:

```
$ grep "^yantaol" /etc/passwd && echo "That account found." || echo "That account not found."
```

上述命令的输出结果将类似如下所示:

```
yantaol:x:1000:1000:example:/home/yantaol:/bin/bash
That account found.
```

如果我们想忽略 grep 命令的输出,就可以将上述命令修改为类似如下所示:

```
$ grep "^yantaol" /etc/passwd > /dev/null && echo "That account found." || echo "That account not found."
```

上述命令的输出将类似如下所示:

```
That account found.
```

如果你编写一个脚本,并且你预料执行某些命令有时可能会失败,但不希望脚本的用户被这些命令可能会产生的错误信息所困扰,就可以在脚本中将这些错误信息重定向到/dev/null。

11.2.6 实例：标准错误重定向

在 11.1.3 小节中我们已经学习了标准错误，并简单了解了标准错误重定向，符号 "2>" 即为标准错误重定向操作符。此小节我们将通过一些实例来进一步学习标准错误重定向。

例如，我们使用 find 命名命令查找当前目录下以 "core" 为前缀的文件，将其删除，并将删除时产生的错误信息重定向到 error.log 文件：

```
$ find . -name "core.*" -exec rm -f {} \; 2> /tmp/error.log
```

如果我们想忽略这些错误信息，则可以直接将这些错误信息重定向到/dev/null：

```
$ find . -name "core.*" -exec rm -f {} \; 2> /dev/null
```

又例如，我们想在当前目录下的所有文件中，查找包含指定关键字 KEYWORD 的文件，并将所有错误信息保存到 grep.err 文件中：

```
grep KEYWORD * 2> grep.err
```

如果想把另一个 grep 命令的错误信息也追加到 grep.err 文件中，则使用 ">>" 操作符进行追加：

```
grep KEYWORD1 * 2>> grep.err
```

我们也可以将脚本的错误信息进行重定向：

```
./script.sh 2> error.log
/path/to/perl_example.pl 2> error.log
/path/to/python_example.py 2> error.log
```

11.2.7 实例：标准输出重定向

在 11.1.2 小节中我们同样已经学习了标准输出，并简单了解了标准输出重定向，符号 ">" 即为标准输出重定向操作符。此小节我们将通过一些实例来进一步学习标准输出重定向。

例如，我们要获得/etc/passwd 文件中所有账号的列表，并将这些账号按照字母顺序排序，然后将结果保存到 userlist.txt 文件中：

```
$ awk -F: '{print $1}' /etc/passwd | sort > userlist.txt
```

上例中的 awk 命令和符号 "|"（管道操作符）我们将分别在第 14 章和第 12 章中做详细介绍，这里我们只需知道上述命令是将/etc/passwd 文件的内容以冒号 ":" 作为列分隔符分为若干列，并只打印第一列的内容，然后使用 sort 命令对其输出结果进行排序，将最终的结果输出重定向到文件 userlist.txt 中。

例如，将命令 "uname -a" 的信息写入到文件 hostinfo 文件中：

```
$ uname -a > hostinfo
```

例如，生成一个按大小排序的各账号 home 目录大小的列表：

```
# du -s /home/* | sort -rn > usage.txt
```

将脚本的输出进行重定向的语法如下所示:

```
./script.sh > output.log
/path/to/perl_example.pl 1> /dev/null
/path/to/python_example.py > /dev/null
```

11.2.8 实例:标准错误和标准输出同时重定向

同时将标准错误和标准输出进行重定向的语法如下所示:

```
command &> filename
command >& filename
command > filename 2>&1
command 2>&1 > filename
```

比如,我们对一个脚本进行 debug 时,想保留脚本的所有输出信息到一个文件中,以便稍后检查分析时使用:

```
$ sh -x example.sh &> /tmp/debug.log
```

或者,我们在编译安装某个软件包时,可以使用如下命令:

```
$ ( ./configure && make && make install ) > /tmp/make.log 2>&1
```

或

```
$ ( ./configure && make && make install ) 2>&1 > /tmp/make.log
```

11.2.9 实例:追加重定向输出

符号 ">>" 用于追加重定向输出,其语法如下所示:

```
command >> filename
```

例如,追加一个脚本的输出到一个文件:

```
$ ./example.sh >> data.txt
```

将两个文件的内容追加到另一个文件中:

```
$ cat file1 file2 >> file3
```

将命令的标准输出和标准错误输出都追加到一个日志文件中:

```
$ ( ./configure && make && make install ) >> /tmp/make.log 2>&1
```

或

```
$ ( ./configure && make && make install ) 2>&1 >> /tmp/make.log
```

11.2.10 实例:在单命令行进行标准输入输出重定向

我们可以在一条命令行中完成标准输入和标准输出的重定向,其语法如下所示:

```
command < input-file > output-file
```

或

```
< input-file command > output-file
```

例如,我们要将一个文件的内容都转换为小写,并将转换后的内容写入新的文件:

```
$ tr A-Z a-z < filename > new_filename
```

下面我们通过一个实例脚本来进一步学习使用在一个命令中进行标准输入和标准输出的重定向,这个脚本用于解包一个 rpm 归档文件。

```
#!/bin/bash
#=====================================================================
#
#          FILE: derpm.sh
#
#         USAGE: ./derpm.sh
#
#   DESCRIPTION:
#
#       OPTIONS: ---
#  REQUIREMENTS: ---
#          BUGS: ---
#         NOTES: ---
#        AUTHOR: Liu Yantao (Tom), yantao.freedom@icloud.com
#  ORGANIZATION:
#       CREATED: 11/24/2013 19:43
#      REVISION: ---
#=====================================================================

# 如果指定给脚本的参数个数不为 1,则执行 if 语句中的内容
if [ $# -ne 1 ]; then

  # 打印脚本的使用方法
  echo "Usage: $0 target-file"
  # 退出脚本
  exit

fi

# 定义变量 TEMPFILE,并指定一个唯一的临时文件名作为变量的值
TEMPFILE=/tmp/$$.cpio

# 使用 rpm2cpio 命令,将脚本的第一个参数所代表的 rpm 归档文件转换为变量 TEMPFILE 所代
表的 cpio 归档文件
rpm2cpio < $1 > $TEMPFILE
# 使用 cpio 命令,将变量 TEMPFILE 所代表的 cpio 归档文件进行解包
cpio --make-directories -F $TEMPFILE -i
# 删除 cpio 归档文件
rm -f $TEMPFILE

# 退出脚本,且退出状态码为 0
exit 0
```

上述实例脚本是使用 rpm2cpio 命令先将指定的 rpm 归档文件转换为 cpio 归档文件,再使用 cpio 命令进行解包。

11.3 文件描述符

Shell 有时会引用使用文件描述符（fd）的文件。我们一般使用文件描述符（fd）的范围是数字 0~9。重定向时大于 9 的文件描述符要谨慎使用，因为它们可能与 Shell 内部使用的文件描述符冲突。

文件描述符可以包含多个数字位。例如，文件描述符 001 和 01 与文件描述符 1 是相同的。多种操作（例如，exec 命令）都可以将文件描述符与特定的文件联系起来。

有些文件描述符是在 Shell 启动时被建立的，这就是我们前面介绍的标准输入、标准输出和标准错误（0、1、2）文件描述符。

11.3.1 实例：使用 exec 命令

Bash 的内部命令 exec 的功能之一就是允许我们操作文件描述符。如果在 exec 之后没有指定命令，则 exec 命令之后的重定向将更改当前 Shell 的文件描述符。

例如，在命令"exec 2> file"之后运行的所有命令，都会将其产生的错误信息发送到文件 file 中，就像你的命令在脚本 myscript.sh 中，而你运行的是"./myscript.sh >2 file"。

比如，如果你想记录脚本中的命令产生的错误信息，就可以在脚本的开头使用类似如下的命令：

```
exec 2> errors.log
```

下面我们来看一个脚本文件，在这个脚本中我们想顺序地读取文件中的每一行，并在打印每一行之后，等待用户输入任意键后继续。

```bash
#!/bin/bash
#===============================================================
#
#          FILE: readFileAndInput.sh
#
#         USAGE: ./readFileAndInput.sh
#
#   DESCRIPTION:
#
#       OPTIONS: ---
#  REQUIREMENTS: ---
#          BUGS: ---
#         NOTES: ---
#        AUTHOR: Liu Yantao (Tom), yantao.freedom@icloud.com
#  ORGANIZATION:
#       CREATED: 11/25/13 22:56
#      REVISION: ---
#===============================================================

# 如果没有指定参数，则执行 if 语句
if [ $# -lt 1 ]; then

    # 打印脚本的使用方法
```

```
    echo "Usage: $0 FILEPATH"
    # 退出脚本
    exit
fi

# 将指定给脚本的第一个参数赋值给变量 file
file=$1

# 逐行地读取文件的内容，并将读取的内容存入变量 line 中
while read -r line
do

    # 打印读取的行
echo $line
# 等待用户输入任意键
read -p "Press any key" -n 1

# 将 while 循环的标准输入指向变量 file 所代表的文件
done < $file
```

接下来我们执行此脚本：

```
$ chmod +x readFileAndInput.sh
$ ./readFileAndInput.sh /tmp/iplist
#
192.168.0.1
192.168.0.2
192.168.0.3
```

从上面的输出结果你应该已经注意到，read 语句并没有被执行，为什么？因为我们将指定的文件重定向到了 while 循环的标准输入（文件描述符 0），即我们指定的文件将被打开以用于标准输入的读取，而循环中的所有命令包括 read 命令都会继承这个文件描述符（这里是标准输入），因此 read 将从重定向后的标准输入读取，而不是从默认的标准输入设备（键盘）读取。

而此时，我们就可以使用 exec 命令对脚本稍加改动，来实现我们想要的功能，改动后的脚本将类似如下所示：

```
#!/bin/bash
#===============================================================================
#
#
#          FILE: readFileAndInput_1.sh
#
#         USAGE: ./readFileAndInput_1.sh
#
#   DESCRIPTION:
#
#       OPTIONS: ---
#  REQUIREMENTS: ---
#          BUGS: ---
#         NOTES: ---
#        AUTHOR: Liu Yantao (Tom), yantao.freedom@icloud.com
#  ORGANIZATION:
#       CREATED: 11/25/13 22:56
#      REVISION:  ---
#===============================================================================
```

```bash
# 如果没有指定参数，则执行 if 语句
if [ $# -lt 1 ]; then

  # 显示脚本的使用方法
  echo "Usage: $0 FILEPATH"
  # 退出脚本
  exit

fi

# 将脚本的第一个参数作为输入文件，并指定一个文件描述符 3
exec 3< $1

# 逐行地读取文件的内容，并将读取的内容存入变量 line
# read 的-u 选项表示从指定的文件描述符读取内容，替代从标准输入读取
while read -u 3 line
do

  # 打印读取的行
echo $line
# 等待用户输入任意键
read -p "Press any key: " -n 1

done
# 关闭文件描述符 3
exec 3<&-
```

在上述脚本中，你会注意到 while 循环语句中我们使用了命令"read -u 3 line"，我们之前使用的 read 命令都是从标准输入或文件读取数据，而 read 命令的-u 选项就可以让我们从指定的文件描述符上读取数据，在此脚本中就是从文件描述符 3 上读取数据。这对于逐行地读取文件内容或依次读取一个单词是很有用的。

此脚本的运行结果将类似如下所示：

```
$ ./readFileAndInput.sh /tmp/data.txt
#
Press any key: 192.168.0.1
Press any key: 192.168.0.2
Press any key: 192.168.0.3
Press any key:
```

11.3.2 实例：指定用于输入的文件描述符

在前面的章节我们已经了解到，文件描述符 0、1 和 2 是分别为标准输入、标准输出和标准错误保留的。然而，Shell 允许你给一个输入文件或输出文件指定一个文件描述符。这样可以提高文件读取和写入的性能。这类文件描述符被称为用户自定义文件描述符。

给一个输入文件指定一个文件描述符的语法如下所示：

```
$ exec [n]< file
```

其中，[n]即文件描述符，如果不指定 n，则表示标准输入（即文件描述符 0）。
上述的输入重定向会在文件描述符 n 上打开一个用于读取的文件 file。
例如，执行如下命令，将文件描述符 3 指定给文件/etc/passwd 以用于从中读取数据：

```
$ exec 3< /etc/passwd
```

现在我们就可以在文件描述符 3 上读取此文件的内容，比如，使用 grep 命令来查找指定账号的信息：

```
$ grep yantaol <& 3
yantaol:x:12107:25:example:/home/yantaol:/bin/bash
```

在上述命令中，我们使用了操作符"<&"，它也是一种重定向操作符，用于复制输入文件描述符。其语法如下所示：

```
[n]<&word
```

如果 word 是一个数字，则用 n 表示的文件描述符被作为文件描述符 word 的副本。如果数字 word 指定的文件描述符没有打开以用于读取，则会发生重定向错误。如果没有指定 n，则默认为标准输入。

所以，在上述的 grep 命令中，是将文件描述符 3 复制到了标准输入，而文件/etc/passwd 又是在文件描述符 3 上打开以用于被命令读取，因此，grep 命令读取的实际是文件描述符 3 的内容。

在下面的脚本中，我们从指定的文件描述符来读取文件的内容：

```
#!/bin/bash -
#===============================================================
#
#          FILE: readfd.sh
#
#         USAGE: ./readfd.sh
#
#   DESCRIPTION:
#
#       OPTIONS: ---
#  REQUIREMENTS: ---
#          BUGS: ---
#         NOTES: ---
#        AUTHOR: Liu Yantao (Tom), yantao.freedom@icloud.com
#  ORGANIZATION:
#       CREATED: 11/27/2013 19:44
#      REVISION: ---
#===============================================================

# 如果没有指定参数或指定的参数不是一个常规文件，则执行 if 语句
if [ $# -ne 1 ] || [ ! -f $1 ]; then

  # 打印脚本的使用方法
  echo "Usage: $0 <filepath>"
  # 退出脚本，且退出状态码为 1
  exit 1;

fi

# 将脚本的第一个参数作为输入文件，并指定一个文件描述符 3
exec 3< $1

# 将标准输入作为文件描述符 3 的副本
cat <& 3
# 关闭文件描述符 3
exec 3<&-
```

上述脚本的运行结果将类似如下所示:

```
$ chmod -x readfd.sh
$ ./readfd.sh /tmp/data.txt
192.168.0.1
192.168.0.2
192.168.0.3
```

下面,我们再通过一个实例,来进一步学习使用 exec 命令指定用于输入的文件描述符。

```
#!/bin/bash
#=============================================================================
#
#         FILE: execstdin.sh
#
#        USAGE: ./execstdin.sh
#
#  DESCRIPTION:
#
#      OPTIONS: ---
# REQUIREMENTS: ---
#         BUGS: ---
#        NOTES: ---
#       AUTHOR: Liu Yantao (Tom), yantao.freedom@icloud.com
# ORGANIZATION:
#      CREATED: 11/28/2013 22:24
#     REVISION: ---
#=============================================================================

# 将标准输入复制到文件描述符 6,保存标准输入
exec 6<&0

# 将文件/etc/hosts 重定向到标准输入
exec < /etc/hosts

# 读取文件/etc/hosts 的第一行,并将读取的内容存入变量 a1
read a1
# 读取文件/etc/hosts 的第二行,并将读取的内容存入变量 a2
read a2

echo
echo "Following lines read from file."
echo "--------------------------------"
# 打印变量 a1 的值
echo $a1
# 打印变量 a2 的值
echo $a2

echo; echo; echo

# 现在从文件描述符 6 中恢复标准输入,并关闭文件描述符 6 以释放给其他进程使用
exec <&6 6<&-

echo -n "Enter data: "
# 现在,read 命令如我们所期望的从标准输入读取数据,并将读取的内容赋值给变量 b1
read b1
echo "Input read from stdin."
echo "----------------------"
# 打印变量 b1 的值
```

```
echo "b1 = $b1"

echo
```

此脚本的运行结果将类似如下所示：

```
$ chmod +x execstdin.sh
$ ./execstdin.sh

Following lines read from file.
-------------------------------
#
192.168.0.1


Enter data: Cool!
Input read from stdin.
----------------------
b1 = Cool!
```

11.3.3 实例：指定用于输出的文件描述符

给一个输出文件指定一个文件描述符的语法如下所示：

```
$ exec [n]> file
```

其中，[n]即是文件描述符，如果不指定 n，则表示标准输出（即文件描述符 1）。

上述的输出重定向会在文件描述符 n 上打开一个用于写入的文件 file。如果文件 file 不存在，则它将被创建。如果文件已存在，则它被清空为 0 字节。

比如，我们执行如下一条命令：

```
$ exec 4> /tmp/output.txt
```

执行这条命令，Shell 会在文件描述符 4 上打开用于写入的文件/tmp/output.txt。

现在，我们就可以在文件描述符 4 上向文件/tmp/output.txt 写入内容，我们执行类似如下的命令：

```
$ date >&4
$ uname -a >&4
```

在上述的命令中，使用了操作符 ">&"，此时，此操作符并不是我们前面学习过的表示标准输出和标准错误同时重定向的操作符。在这里，它用于复制输出文件描述符。其语法如下所示：

```
[n]>&word
```

如果 n 没有指定，则默认使用的是标准输出。如果数字 word 指定的文件描述符没有打开以用于输出，则会发生重定向错误。

所以，上述实例中的两个命令中，是将标准输出复制到了文件描述符 4，命令的输出实际被发送到了文件描述符 4，而文件/tmp/output.txt 又是在文件描述符 4 上打开以用于被写入。

因此，这时我们再查看文件/tmp/output.txt 的内容，将看到类似如下所示：

```
$ cat /tmp/output.txt
Thu Nov 28 08:33:50 CST 2013
Linux hostname 2.6.18-238.9.1.el5PAE #1 SMP Tue Apr 12 19:28:32 EDT 2011
i686 i686 i386 GNU/Linux
```

下面我们通过一个脚本实例来进一步学习使用 exec 命令指定用于输出的文件描述符：

```
#!/bin/bash
#=============================================================
#
#         FILE: execstdout.sh
#
#        USAGE: ./execstdout.sh
#
#  DESCRIPTION:
#
#      OPTIONS: ---
# REQUIREMENTS: ---
#         BUGS: ---
#        NOTES: ---
#       AUTHOR: Liu Yantao (Tom), yantao.freedom@icloud.com
# ORGANIZATION:
#      CREATED: 11/28/2013 22:24
#     REVISION: ---
#=============================================================

# 定义变量 LOGFILE 并赋值
LOGFILE=/tmp/logfile.txt

# 复制文件描述符 6 到标准输出
exec 6>&1
# 重定向标准输出到变量 LOGFILE 所代表的文件"/tmp/logfile.txt"
exec > $LOGFILE

# ------------------------------------------------------------ #
# 在这一代码块中的所有命令输出都将被发送到文件$LOGFILE

echo -n "Logfile: "
# 显示当前时间
date
echo "-------------------------------------"
echo

echo "Output of \"uname -a\" command"
echo
# 显示系统信息
uname -a
echo; echo
echo "Output of \"df\" command"
echo
# 显示文件系统磁盘空间的使用情况
df

# ------------------------------------------------------------ #

# 恢复标准输出并关闭文件描述符 6
exec 1>&6 6>&-

echo
echo "== stdout now restored to default == "
```

```
echo
# 显示系统信息
uname -a
echo

# 退出脚本，且退出状态码为 0
exit 0
```

此脚本的运行结果将类似如下所示：

```
$ chmod +x ./execstdout.sh

$ ./execstdout.sh

== stdout now restored to default ==

CYGWIN_NT-5.1 hp6460b 1.7.18(0.263/5/3) 2013-04-19 10:39 i686 Cygwin

$ cat /tmp/logfile.txt
Logfile: Fri, Nov 29, 2013 10:53:45 PM
--------------------------------------
Output of "uname -a" command

CYGWIN_NT-5.1 hp6460b 1.7.18(0.263/5/3) 2013-04-19 10:39 i686 Cygwin


Output of "df" command

Filesystem       1K-blocks     Used Available Use% Mounted on
C:/cygwin/bin    61440560  35836736  25603824  59% /usr/bin
C:/cygwin/lib    61440560  35836736  25603824  59% /usr/lib
C:/cygwin        61440560  35836736  25603824  59% /
C:               61440560  35836736  25603824  59% /cygdrive/c
E:              153597432 106066040  47531392  70% /cygdrive/e
F:               97530580  31289340  66241240  33% /cygdrive/f
```

接下来我们再以一个实例脚本为例，看一下如何执行命令并将命令的运行结果发送到指定的文件描述符：

```
#!/bin/bash
#===============================================================================
#
#          FILE: getsysinfo.sh
#
#         USAGE: ./getsysinfo.sh
#
#   DESCRIPTION:
#
#       OPTIONS: ---
#  REQUIREMENTS: ---
#          BUGS: ---
#         NOTES: ---
#        AUTHOR: Liu Yantao (Tom), yantao.freedom@icloud.com
#  ORGANIZATION:
#       CREATED: 11/30/2013 14:54
#      REVISION: ---
#===============================================================================

# 定义变量 NOW，其值为当前的日期，日期的格式是 yyyymmdd
```

```
NOW=$(date +%Y%m%d)
# 定义变量 OUTPUT
OUTPUT="/tmp/sysinfo.$NOW.log"

# 在文件描述符 3 上打开变量 OUTPUT 所代表的文件，以用于写入
exec 3> $OUTPUT

echo "------------------------------------------------------" >&3
echo "System Info run @ $(date) for $(hostname)" >&3
echo "------------------------------------------------------" >&3

echo "***************************" >&3
echo "*** Installed Hard Disks ***" >&3
echo "***************************" >&3
# 显示系统中已安装的磁盘
fdisk -l | egrep "^Disk /dev" >&3

echo "********************************" >&3
echo "*** File System Disk Space Usage ***" >&3
echo "********************************" >&3
# 显示文件系统磁盘空间的使用情况
df -H >&3

echo "**********************" >&3
echo "*** CPU Information ***" >&3
echo "**********************" >&3
# 显示 CPU 的类型
grep 'model name' /proc/cpuinfo | uniq | awk -F: '{ print $2}' >&3

echo "****************************" >&3
echo "*** Operating System Info ***" >&3
echo "****************************" >&3
# 显示系统信息
uname -a >&3

# 如果文件/usr/bin/lsb_release 存在且为可执行的，则打印系统发行版的所有信息，否则显
示此文件不存在
[ -x /usr/bin/lsb_release ] && /usr/bin/lsb_release -a >&3 || echo
"/usr/bin/lsb_release not found." >&3

echo "**************************************" >&3
echo "*** Amount Of Free And Used Memory ***" >&3
echo "**************************************" >&3
# 显示系统中空闲的和使用的内存数量
free -m >&3

echo "**********************************" >&3
echo "*** Top 10 Memory Eating Process ***" >&3
echo "**********************************" >&3
# 显示最消耗内存的 10 个进程
ps -auxf | sort -nr -k 4 | head -10 >&3

echo "*******************************" >&3
echo "*** Top 10 CPU Eating Process ***" >&3
echo "*******************************" >&3
# 显示最消耗 CPU 的 10 个进程
ps -auxf | sort -nr -k 3 | head -10 >&3
```

```
echo "*****************************************" >&3
echo "*** Network Device Information [eth0] ***" >&3
echo "*****************************************" >&3
# 显示第一块网卡的信息
netstat -i | grep -q eth0 && /sbin/ifconfig eth0 >&3 || echo "eth0 is not
installed" >&3

echo "*******************************" >&3
echo "*** Wireless Device [wlan0] ***" >&3
echo "*******************************" >&3
# 显示无线网卡的信息
netstat -i | grep -q wlan0 && /sbin/ifconfig wlan0 >&3 || echo "wlan0 is
not installed" >&3

echo "*************************************" >&3
echo "*** All Network Interfaces Stats ***" >&3
echo "*************************************" >&3
# 显示所有网卡的状态
netstat -i >&3

echo "System info wrote to $OUTPUT file."

# 关闭文件描述符 3
exec 3>&-
```

此脚本的运行结果将类似如下所示:

```
$ chmod +x getsysinfo.sh
$ ./getsysinfo.sh
$ cat /tmp/sysinfo.20131130.log
-----------------------------------------------------
System Info run @ Sat, Nov 30, 2013  2:54:00 PM for localhost
-----------------------------------------------------
***************************
*** Installed Hard Disks ***
***************************
Disk /dev/sda: 1500.3 GB, 1500301910016 bytes
Disk /dev/sdb: 500.1 GB, 500107862016 bytes
Disk /dev/sdc: 500.1 GB, 500107862016 bytes
**********************************
*** File System Disk Space Usage ***
**********************************
Filesystem Size Used Avail Use% Mounted on
/dev/sdb2 99G 29G 65G 31% /
tmpfs 4.3G 0 4.3G 0% /local/init/rw
varrun 4.3G 267k 4.3G 1% /var/run
varlock 4.3G 0 4.3G 0% /var/lock
udev 4.3G 2.9M 4.3G 1% /dev
tmpfs 4.3G 361k 4.3G 1% /dev/shm
/dev/sdb5 294G 282G 12G 96% /share
/dev/sdc2 247G 164G 71G 70% /disk1p2

/dev/sda5 1.4T 444G 861G 34% /1.5
***********************
*** CPU Information ***
***********************
Intel(R) Core(TM) i5-2520M CPU @ 2.50GHz
****************************
*** Operating System Info ***
****************************
```

```
Linux localhost 2.6.27-11-server #1 2013-04-19 10:39 i686 i686 GNU/Linux
Distributor ID: Ubuntu
Description: Ubuntu 8.10
Release: 8.10
Codename: intrepid
***********************************
*** Amount Of Free And Used Memory ***
***********************************
total used free shared buffers cached
Mem: 8105 4178 3926 0 181 3093
-/+ buffers/cache: 903 7201
Swap: 1906 0 1906
***********************************
*** Top 10 Memory Eating Process ***
***********************************
yantaol    8413    5.8    4.1    658020    343488    ?    Rl    Nov    30    29:51    \_
/opt/firefox/firefox-bin
yantaol    18058    1.2    2.3    241724    198904    pts/1    Sl    00:54    1:18    vi
/home/yantaol/output.txt
yantaol 8600 3.9 1.1 175616 93900 ? Sl Nov 30 20:00 /usr/bin/python
/usr/bin/deluge
root 7701 3.0 0.5 314200 41940 tty7 SLs+ Nov 30 15:20 \_ /usr/X11R6/bin/X :0
-br -audit 0 -auth /var/lib/gdm/:0.Xauth -nolisten tcp vt7
tomcat55 7875 0.0 0.4 293688 36460 ? Sl Nov 30 0:17 \_ /usr/bin/jsvc -user
tomcat55                                                                      -cp
/usr/share/java/commons-daemon.jar:/usr/share/tomcat5.5/bin/bootstrap.j
ar  -outfile  SYSLOG  -errfile  SYSLOG  -pidfile  /var/run/tomcat5.5.pid
-Djava.awt.headless=true                                              -Xmx128M
-Djava.endorsed.dirs=/usr/share/tomcat5.5/common/endorsed
-Dcatalina.base=/var/lib/tomcat5.5  -Dcatalina.home=/usr/share/tomcat5.5
-Djava.io.tmpdir=/var/lib/tomcat5.5/temp         -Djava.security.manager
-Djava.security.policy=/var/lib/tomcat5.5/conf/catalina.policy
-Djava.util.logging.manager=org.apache.juli.ClassLoaderLogManager
-Djava.util.logging.config.file=/var/lib/tomcat5.5/conf/logging.propert
ies org.apache.catalina.startup.Bootstrap
yantaol 8283 0.0 0.3 113548 28888 ? Sl Nov 30 0:03 gnome-terminal
yantaol 18341 0.3 0.3 62048 28732 pts/2 S 01:07 0:20 |\_ gedit /tmp/x
yantaol 17561 0.0 0.3 77692 27172 ? S 00:33 0:01 \_ nautilus --no-desktop
--browser
yantaol 8181 0.0 0.2 52844 22180 ? S Nov 30 0:15 \_ gnome-panel
yantaol    8147    0.0    0.2    63868    17652    ?    Ssl    Nov    30    0:02
/usr/lib/gnome-settings-daemon/gnome-settings-daemon
***********************************
*** Top 10 CPU Eating Process ***
***********************************
yantaol    8413    5.8    4.1    658020    343836    ?    Dl    Nov    30    29:51    \_
/opt/firefox/firefox-bin
yantaol 8600 3.9 1.1 175616 93900 ? Sl Nov 30 20:00 /usr/bin/python
/usr/bin/deluge
root 7701 3.0 0.5 314200 41940 tty7 SLs+ Nov 30 15:20 \_ /usr/X11R6/bin/X :0
-br -audit 0 -auth /var/lib/gdm/:0.Xauth -nolisten tcp vt7
yantaol 8097 1.4 0.0 31124 4776 ? Ssl Nov 30 7:18 /usr/bin/pulseaudio -D
--log-target=syslog
yantaol 18058 1.2 2.3 241724 198904 pts/1 Sl 00:54 1:18 vi /tmp/sysinfo.sh
yantaol 18341 0.3 0.3 62048 28732 pts/2 R 01:07 0:20 | \_ gedit /tmp/x
root 8302 0.1 0.0 0 0 ? S< Nov 30 0:53 \_[ntos_wq]
www-data 8064 0.0 0.0 30204 2412 ? S Nov 30 0:00 \_ /usr/bin/php-cgi
www-data 8063 0.0 0.0 30204 2412 ? S Nov 30 0:00 \_ /usr/bin/php-cgi
www-data 8062 0.0 0.0 30204 2412 ? S Nov 30 0:00 \_ /usr/bin/php-cgi
***********************************
*** Network Device Information [eth0] ***
```

```
*****************************************
eth0 is not installed
*******************************
*** Wireless Device [wlan0] ***
*******************************
wlan0 Link encap:Ethernet HWaddr 00:1e:2a:47:42:8d
inet addr:192.168.1.100 Bcast:192.168.1.255
Mask:255.255.255.0
inet6 addr: fe80::21e:2aff:fe47:428d/64 Scope:Link
UP BROADCAST RUNNING MULTICAST MTU:1500 Metric:1
RX packets:648676 errors:0 dropped:0 overruns:0 frame:0
TX packets:622282 errors:0 dropped:0 overruns:0 carrier:0
collisions:0 txqueuelen:1000
RX bytes:465564933 (465.5 MB) TX bytes:310468013 (310.4 MB)
Interrupt:18 Memory:e3000000-e3010000
*****************************************
*** All Network Interfaces Stats ***
*****************************************
Kernel Interface table
Iface MTU Met RX-OK RX-ERR RX-DRP RX-OVR TX-OK TX-ERR TX-DRP
TX-OVR Flg
lo 16436 0 6784 0 0 0 6784 0 0
0 LRU
vmnet1 1500 0 0 0 0 0 60 0 0
0 BMRU
vmnet3 1500 0 0 0 0 0 60 0 0
0 BMRU
vmnet8 1500 0 0 0 0 0 60 0 0
0 BMRU
wlan0 1500 0 648676 0 0 0 622282 0 0
```

11.3.4 实例：关闭文件描述符

细心的你可能已经注意到了，在前两小节的实例脚本中所使用的关闭文件描述符的命令。没错，关闭文件描述符的操作很简单，其语法如下所示：

```
[n]<&-
```

或

```
[n]>&-
```

比如，关闭标准输入就是"<&-"，而关闭标准错误就是 2>&-。

尽管操作系统会把无用垃圾清理掉，但是适时地关闭你自己打开的文件描述符仍然是一个好习惯。例如，你使用命令"exec 5>file"打开了一个文件描述符，此命令之后的所有命令都将继承这个文件描述符。在这里，你做如下的操作可能会更好：

```
$ exec 5>file
…
# 使用文件描述符 5 的命令
…
$ exec 3>&-
# 接下来的命令不再需要使用文件描述符 5
```

但笔者也见过有的用户使用这个方法来丢弃不需要的输出，比如，丢弃标准错误输出，使用类似如下的命令：

```
$ command 2>&-
```

尽管使用这种方法可以将标准错误输出丢弃掉，但不确定所有的应用程序在关闭标准错误的情况下都能正常运行。在不确定的情况下，笔者宁愿使用 2>/dev/null 来丢弃标准错误输出。

11.3.5　实例：打开用于读和写的文件描述符

Bash 支持使用如下语法在文件描述符上打开一个既可读取又可写入的文件：

```
$ exec [n]<>file
```

其中，[n]即是文件描述符，如果不指定 n，则默认表示标准输入。如果文件 file 不存在，则将会被创建。符号"<>"是 Bash 中的菱形操作符，这个操作符就是用于打开一个可读写的文件。

这个语法对更新文件很有用。

例如，我们执行类似如下的一些命令：

```
# 将字符串"one two"写入到文件/tmp/file
$ echo "one two" > /tmp/file

# 在文件描述符 4 上打开用于读写的文件/tmp/file
$ exec 4<> /tmp/file

# 从文件描述符 4 读取前 3 个字符
$ read -n 3 var <& 4

$ echo $var
one
```

我们看到，上述命令最后输出了我们最开始写入的内容的前 3 个字符。现在，我们继续向文件中写入内容：

```
$ echo -n + >& 4
$ exec 4>&-
$ cat /tmp/file
one+two
```

我们看到，文件的内容变为了"one+two"，而并不是我们以为的可能会是"one two+"。产生这个结果的原因是，我们先前用 read 命令读取了前 3 个字符，而操作符"<>"会使后续的读写操作跟随先前读写操作的位置，所以"+"会被写入到第 4 个字符的位置。

11.3.6　实例：在同一脚本中使用 exec 进行输入和输出重定向

在前面的几小节的实例脚本中，我们都是只使用 exec 命令进行了输入重定向或输出重定向。而在这一小节中，我们将通过几个实例脚本来学习，如何在同一脚本中使用 exec 命令既进行输入重定向又进行输出重定向。

我们先来看第一个实例：

```
#!/bin/bash
#==============================================================================
```

```
#
#          FILE: readwritefd.sh
#
#         USAGE: ./readwritefd.sh
#
#   DESCRIPTION:
#
#       OPTIONS: ---
#  REQUIREMENTS: ---
#          BUGS: ---
#         NOTES: ---
#        AUTHOR: Liu Yantao (Tom), yantao.freedom@icloud.com
#  ORGANIZATION:
#       CREATED: 11/30/2013 12:07
#      REVISION: ---
#===============================================================================

# 在文件描述符 3 上打开用于读取的文件 /etc/resolv.conf
exec 3< /etc/resolv.conf

# 在文件描述符 4 上打开用于写入的文件 /tmp/output.txt
exec 4> /tmp/output.txt

# 在文件描述符 3 上读取文件 /etc/resolv.conf 第一行的内容，并将读取的内容分别赋值给变
量 a 和 b
read -u 3 a b

# 在屏幕上输出读取的数据 (标准输出)
echo "Data read from fd # 3:"
# 打印变量 a 和 b 的值
echo $a $b

echo "Wrting data read from fd 3 to fd 4 ... "
# 在文件描述符 4 上向文件 /tmp/output.txt 写入数据
echo "Field #1 - $a " >&4
echo "Field #2 - $b " >&4

# 关闭文件描述符 3
exec 3<&-
# 关闭文件描述符 4
exec 4<&-
```

此脚本的运行结果将类似如下所示：

```
$ chmod +x readwritefd.sh
$ ./readwritefd.sh
Data read from fd # 3:
nameserver 192.168.0.1
Wrting data read from fd 3 to fd 4 ...

$ cat /tmp/output.txt
Field #1 - nameserver
Field #2 - 192.168.0.1
```

下面我们再来看一个实例脚本，此脚本将显示它所使用的文件描述符以及相关联的文件：

```
#!/bin/bash
#===============================================================================
#
```

```
#          FILE: listfds.sh
#
#         USAGE: ./listfds.sh
#
#   DESCRIPTION:
#
#       OPTIONS: ---
#  REQUIREMENTS: ---
#          BUGS: ---
#         NOTES: ---
#        AUTHOR: Liu Yantao (Tom), yantao.freedom@icloud.com
#  ORGANIZATION:
#       CREATED: 11/30/2013 13:46
#      REVISION: ---
#=========================================================================

# 在文件描述符 3 上打开用于读取的文件/etc/resolv.conf
exec 3< /etc/resolv.conf

# 在文件描述符 4 上打开用于写入的文件/tmp/output.txt
exec 4> /tmp/output.txt

# 在文件描述符 3 上读取文件/etc/resolv.conf 第一行的内容,并将读取的内容分别赋值给变量 a 和 b
read -u 3 a b

# 显示此脚本运行时的 PID
echo "*** My pid is $$"
# 定义变量 mypid, 其值为此脚本运行时的 PID
mypid=$$

echo "*** Currently open files by $0 scripts.."
# 列出当前由此脚本所打开的文件描述符和相关联的文件
ls -l /proc/$mypid/fd

# 关闭文件描述符 3
exec 3<&-
# 关闭文件描述符 4
exec 4<&-
```

此脚本的运行结果将类似如下所示:

```
$ ./listfds.sh
*** My pid is 6676
*** Currently open files by ./listfds.sh scripts..
total 0
lrwx------ 1 yantaol None 0 Nov 30 14:05 0 -> /dev/pts/2
lrwx------ 1 yantaol None 0 Nov 30 14:05 1 -> /dev/pts/2
lrwx------ 1 yantaol None 0 Nov 30 14:05 2 -> /dev/pts/2
lr-x------   1   yantaol   None   0   Nov   30   14:05   255   ->
/home/yantaol/shell_example/section11/listfds.sh
lr-x------ 1 yantaol None 0 Nov 30 14:05 3 -> /etc/resolv.conf
l-wx------ 1 yantaol None 0 Nov 30 14:05 4 -> /tmp/output.txt
```

从上述的输出结果中我们可以看到:

文件描述符 3 被指定给了文件/etc/resolv.conf,还有文件描述符 4 被指定给了文件/tmp/output.txt。

文件描述符 0、1 和 2 都被指定给了/dev/pts/2,即我的屏幕。

命令"ls -l /proc/$mypid/fd"列出了所有由此脚本运行时的进程打开的文件描述符。

proc 文件系统（/proc）是一个被作为内核数据结构接口的伪文件系统。

Linux 系统中的每一个运行的进程在/proc 下都有一个对应的以数字命名的子目录，这个数字就是进程的 ID 号（PID）。每个子目录都包含有伪文件和目录。

而/proc/[PID]/fd 就是这些伪目录之一，其中的每一个条目对应一个该进程打开的文件，这些条目用文件描述符命名，并软连接到实际的文件。于是，在上述的输出结果中，3 就指向了/etc/resolv.conf，4 就指向了/tmp/output.txt。

11.4 小　　结

下面我们总结一下本章所学的主要知识。

改变输入或输出的默认路径就叫做重定向。

在 Linux 中一切皆文件，所以你的硬件在 Linux 系统中同样地表示为文件。

- 0——标准输入——键盘：从文件（默认是键盘）读取输入。
- 1——标准输出——屏幕：发送数据到文件（默认是屏幕）。
- 2——标准错误——屏幕：发送所有错误信息到一个文件（默认是屏幕）。

标准输入具有如下特点：它是默认的输入方法，它被所有命令使用来读取输入；它用数字 0 表示；它也被称作 stdin；默认的标准输入设备是键盘。

标准输出具有如下特点：它被命令用来写入或显示命令自身的输出；它用数字 1 表示；它也被称作 stdout；默认的标准输出设备是屏幕。

标准错误具有如下特点：它是默认的错误输出方法，它被用于写入所有系统错误信息；它用数字 2 表示；它也被称为 stderr；默认的标准输出设备是屏幕或显示器。

在 Linux 中，总有 3 个默认的设备文件是打开的，即标准输入 stdin（键盘）、标准输出 stdout（屏幕）和标准错误 stderr（输出到屏幕的错误信息）。

重定向简单地说就是从文件、命令、程序、脚本，甚至是脚本中的代码块获取输出并把它作为输入发送到另一个文件、命令、程序或脚本。

文件重定向是更改一个文件描述符以指向一个文件。

当一个应用程序需要文件数据并且它的创建是为从标准输入读取数据时，使用重定向是一个好主意。在网上有很多不好的示例都是告诉你将 cat 的输出管道到进程，这是一个很糟糕的主意。

当设计一个可以从各种不同的源头获取数据的应用程序时，通常最好让你的应用程序从标准输入读取数据。这样，用户就可以使用重定向来获取他想要的数据。

Bash 还有一种重定向的类型是 here-documents，here-documents 重定向的操作符是"<<MARKER"。这个操作符指示 Bash 从标准输入读取输入的内容，直到读取到只包含 MARKER 的行为止。

重定向操作符"<<"和定界标识符"END"之间不需要使用空格分隔，"<<END"和"<< END"两种写法都可以。

终结字符串 END 必须写在行首。

如果你尝试在你的脚本嵌入一小块多行数据，使用 here-documents 是很有用的。使用

here-documents 嵌入很大的数据块是一个不好的习惯。你应该保持逻辑（你的代码）与输入（你的数据）分离，最好是在不同的文件中，除非是输入一个很小的数据集。

here-strings 是 here-documents 的一个变种。它由操作符"<<<"和作为标准输入的字符串构成（是被 Shell 作为一个整体来处理的序列），here-strings 是一个用于输入重定向的普通字符串，并不是一个特别的字符串。

与 here-documents 相比，here-strings 通常是相当方便的，特别是发送变量内容（而不是文件）到像 grep 或 sed 这样的过滤程序时。

写入到/dev/null 的所有数据都将被系统丢弃。所以我们可以将任何不想要的程序或命令的输出发送到/dev/null。

符号"2>"即为标准错误重定向操作符。

符号">"即为标准输出重定向操作符。

同时将标准错误和标准输出进行重定向的语法有：command &> filename、command >& filename、command > filename 2>&1 或 command 2>&1 > filename。

符号">>"用于追加重定向输出。

我们一般使用文件描述符（fd）的范围是数字 0~9。重定向时大于 9 的文件描述符要谨慎使用，因为它们可能与 Shell 内部使用的文件描述符冲突。

Bash 的内部命令 exec 的功能之一就是允许我们操作文件描述符。如果在 exec 之后没有指定命令，则 exec 命令之后的重定向将更改当前 Shell 的文件描述符。

给一个输入文件指定一个文件描述符的语法是：exec [n]< file。

给一个输出文件指定一个文件描述符的语法是：$ exec [n]> file。

关闭文件描述符的语法是：[n]<&- 或 [n]>&-。

符号"<>"是 Bash 中的菱形操作符，这个操作符用于打开一个可读写的操作符。

proc 文件系统（/proc）是一个被作为内核数据结构接口的伪文件系统。

Linux 系统中的每一个运行的进程在/proc 下都有一个对应的以数字命名的子目录，这个数字就是进程的 ID 号（PID）。每个子目录都包含有伪文件和目录。

而/proc/[PID]/fd 就是这些伪目录之一，其中的每一个条目对应一个该进程打开的文件，这些条目用文件描述符命名，并软连接到实际的文件。

第 12 章 管道和过滤器

在前一章中，我们学习了 Shell 重定向的相关知识，知道了标准输入、标准输出和标准错误，输入和输出的重定向，以及文件描述符的使用。

在这一章，我们将在前一章学习的概念的基础上，来学习和了解 Shell 管道和过滤器的概念，以及如何使用它们。

12.1 管　　道

通过前一章的学习，我们已经知道了怎样从文件重定向输入，以及重定向输出到文件。Shell 还有一种功能，就是可以将两个或多个程序连接到一起，以使一个程序的输出变为下一个程序的输入，以这种方式连接的两个或多个程序就形成了管道。管道通常用于执行一些复杂的数据处理操作。这些命令之间使用控制操作符（管道符）"|"（竖线）连接。管道的语法格式如下所示：

```
$ command1 | command2
$ command1 | command2 [ | commandN… ]
```

当在两个命令之间设置管道时，管道符"|"左边命令的标准输出就变为了管道符"|"右边命令的标准输入。只要第一个命令向标准输出写入，而第二个命令是从标准输入读取，那么这两个命令就可以形成一个管道。大部分的 Linux 命令都可以用来形成管道。

12.1.1 操作符"|"和">"之间的区别

乍看起来，可能很难理解，由管道符"|"执行的重定向与由重定向操作符">"执行的重定向之间有什么不同。简单地说，重定向操作符">"将命令与文件连接，而管道符"|"将第一个命令的输出与第二个命令的输入连接。即，其含义的区别如下所示：

```
$ command1 > file1
$ command1 | command2
```

大部分的人学习管道时会尝试如下命令，我们来看一下会发生什么：

```
$ command1 > command2
```

答案是，有时尝试的结果将会很糟糕。这是一个实际的案例，一个 Linux 系统的管理员以超级用户的身份执行了如下命令：

```
# cd /usr/bin
# ls > less
```

第一个命令是将当前目录切换到了大多数程序所存放的目录,而第二个命令是告诉Shell 用 ls 命令的输出重写文件 less。因为/usr/bin 目录已经包含了名称为 less(less 程序)的文件,第二个命令用 ls 输出的文本重写了 less 程序,因此破坏了文件系统中的 less 程序。

这是使用重定向操作符误操作重写文件的一个教训,所以在使用它时要谨慎。

12.1.2 为什么使用管道

我们先看下面一组命令,使用 mysqldump 这个数据库备份程序来备份一个叫做 wiki 的数据库:

```
$ mysqldump -u root -p 'password' wiki > /tmp/wikidb.backup
$ gzip -9 /tmp/wikidb.backup
$ scp /tmp/wikidb.backup user@backupserver:/backup/mysql/
```

上述这组命令主要做了如下内容:
- mysqldump 命令用于将名称为 wiki 的数据库备份到文件/tmp/wikidb.backup。
- gzip 命令用于压缩大的数据库文件以节省磁盘空间。
- scp 命令用于将数据库备份文件复制到远程的名称为 backupserver 的备份服务器。

上述 3 个命令依次地运行。然而,如果使用管道的话,你就可以将 mysqldump 命令与 gzip 命令和 ssh 命令相连接,这样就避免了创建临时文件/tmp/wikidb.backup,而且可以同时执行这些命令并达到相同的效果。使用管道后的命令如下所示:

```
$ mysqldump -u root -p'password' wiki | gzip -9 | ssh user@backupserver "cat > /home/user/mysql/wikidb.gz"
```

上述使用管道的命令具有如下特点:
- 命令的语法紧凑并且使用简单。
- 通过使用管道,将 3 个命令串联到一起就完成了远程 mysql 备份的复杂任务。
- 从管道输出的标准错误会混合到一起。

上述命令的数据流如图 12.1 所示。

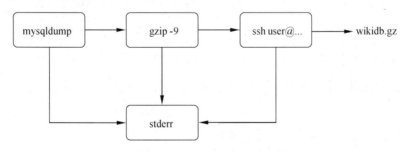

图 12.1 管道命令数据流

12.1.3 实例:使用管道连接程序

通过本章前面内容的学习,我们已经知道了,管道符是竖线"|",使用这一操作符我们就可以将命令连接起来。例如,在下面的例子中,我们将 ls 命令的输出发送到 grep 命令:

```
$ ls | grep data.txt
```

上述命令是查看文件 data.txt 是否存在于当前目录下。

我们可以在命令的后面使用命令的选项或参数。例如，查看当前目录下是否有.bashrc 文件：

```
$ ls -al | grep ".bashrc"
-rwxr-xr-x   1 yantaol group              12 Oct 10 12:52 .bashrc
```

管道符"|"与两侧的命令之间也可以不存在空格。比如，上述命令还可以写为类似如下所示：

```
$ ls -al|grep ".bashrc"
-rwxr-xr-x   1 yantaol group              12 Oct 10 12:52 .bashrc
```

然而，我还是推荐在管道符"|"和两侧的命令之间使用空格，以增加代码的可读性。

我们也可以重定向管道的输出到一个文件。比如，我们将上述管道命令的输出结果发送到文件/tmp/output.log 中：

```
$ ls -al | grep ".bashrc" > /tmp/output.log
```

下面我们再通过一些实例来学习，如何使用管道来连接程序。

实例1：使用管道将 cat 命令的输出作为 less 命令的输入，这样，就可以将 cat 命令的输出每次按照一个屏幕的长度显示，这对于查看长度大于一个屏幕的文件内容很有帮助。

```
$ cat /var/log/messages | less
```

实例2：查看指定程序的进程运行状态，并将输出重定向到文件中。

```
$ ps aux | grep httpd > /tmp/ps.output

$ cat /tmp/ps.output
yantaol   4101 13776  0 10:11 pts/3    00:00:00 grep httpd
root      4578     1  0 Dec09 ?        00:00:00 /usr/sbin/httpd
apache   19984  4578  0 Dec29 ?        00:00:00 /usr/sbin/httpd
apache   19985  4578  0 Dec29 ?        00:00:00 /usr/sbin/httpd
apache   19986  4578  0 Dec29 ?        00:00:00 /usr/sbin/httpd
apache   19987  4578  0 Dec29 ?        00:00:00 /usr/sbin/httpd
apache   19988  4578  0 Dec29 ?        00:00:00 /usr/sbin/httpd
apache   19989  4578  0 Dec29 ?        00:00:00 /usr/sbin/httpd
apache   19990  4578  0 Dec29 ?        00:00:00 /usr/sbin/httpd
apache   19991  4578  0 Dec29 ?        00:00:00 /usr/sbin/httpd
```

实例3：显示按用户名排序后的当前登录系统的用户的信息。

```
$ who | sort
huh     pts/1        2013-12-04 14:08 (host1.domain.com)
huh     pts/2        2013-12-04 15:53 (host1)
root    pts/4        2013-12-04 20:16 (host2.domain.com)
root    pts/5        2013-12-04 21:01 (host2)
yantaol pts/3        2013-12-04 19:00 (host3.domain.com)
```

上述命令中，who 命令的输出将作为 sort 命令的输入，所以，这两个命令通过管道连接后会显示按用户名排序的已登录用户的信息。

实例4：统计系统中当前登录的用户数。

```
$ who | wc -l
5
```

上述命令中，who 命令的输出作为了 wc 命令的输入，所以这两个命令通过管道连接后会统计出当前登录系统的用户数。

实例 5：查看指定的用户当前是否登录。

```
$ who | grep yantaol
yantaol  pts/3        2013-12-04 19:00 (host3.domain.com)
```

实例 6：查看系统中安装的 glibc 包的版本。

```
$ rpm -qa | grep glibc
glibc-common-2.5-49.el5_5.7
glibc-2.5-49.el5_5.7
```

实例 7：以比较易读的格式，显示系统中挂载的文件系统的信息。

```
$ mount | column -t
/dev/hde1                on  /                          type  ext3       (rw)
proc                     on  /proc                      type  proc
    (rw)
sysfs                    on  /sys                       type  sysfs      (rw)
devpts                   on  /dev/pts                   type  devpts
    (rw,gid=5,mode=620)
/dev/hde3                on  /local                     type  ext3
    (rw)
tmpfs                    on  /dev/shm                   type  tmpfs      (rw)
none                     on  /proc/sys/fs/binfmt_misc   type
binfmt_misc (rw)
sunrpc                   on  /var/lib/nfs/rpc_pipefs    type  rpc_pipefs
    (rw)
```

实例 8：将账号的主目录备份到远程的备份服务器。

```
$ tar czvf - /home/yantaol | ssh user@remotebackupsvr "cat > /tmp/home_yantaol.`date +%Y%m%d`.tgz"
```

上述命令是使用 tar 命令先将要备份的目录打包压缩，然后通过管道将压缩后的内容作为输入传给 ssh 命令，再通过 cat 命令将接收到的内容重定向输出到指定的文件。

实例 9：将一个列表文件中的内容转换为一行。

```
$ cat /tmp/ipaddress.list
192.168.1.1
192.168.1.2
192.168.1.3
$ cat /tmp/ipaddress.list | tr '\n' ' ' | xargs
192.168.1.1 192.168.1.2 192.168.1.3
```

实例 10：将一个目录的内容创建为一个光盘镜像文件，然后刻录此镜像文件。

```
mkisofs -V Photos -r /home/yantaol/photos | cdrecord -V dev=/dev/dvdrw -
```

实例 11：生成一个 7 位随机的密码。

```
tr -dc A-Za-z0-9_ < /dev/urandom | head -c7 | xargs
```

12.1.4 实例：管道中的输入重定向

输入重定向操作符 "<" 可以在管道中使用，以用来从文件中获取输入。其语法类似

如下所示：

```
command1 < input.txt | command2
command1 < input.txt | command2 arg1 | command3
```

例如，使用 tr 命令从 os.txt 文件中获取输入，然后通过管道将输出发送给 sort 或 uniq 等命令：

```
$ cat os.txt
redhat
suse
centos
ubuntu
solaris
hp-ux
fedora
centos
suse
redhat

$ tr a-z A-Z < os.txt | sort
CENTOS
CENTOS
FEDORA
HP-UX
REDHAT
REDHAT
SOLARIS
SUSE
SUSE
UBUNTU

$ tr a-z A-Z < os.txt | sort | uniq
CENTOS
FEDORA
HP-UX
REDHAT
SOLARIS
SUSE
UBUNTU
```

12.1.5　实例：管道中的输出重定向

你可以使用重定向操作符 ">" 或 ">>" 将管道中最后一个命令的标准输出进行重定向。其语法类似如下所示：

```
$ command1 | command2 | … | commandN > output.txt
$ command1 < output.txt | command2 | … | commandN > output.txt
```

实例 1：使用 mount 命令显示当前挂载的文件系统的信息，并使用 column 命令格式化列的输出，最后将输出结果保存到一个文件中。

```
$ mount | column -t > mounted.list

$ cat mounted.list
/dev/hde1                on  /                          type  ext3   (rw)
proc                     on  /proc                      type  proc
    (rw)
```

```
sysfs              on /sys                        type sysfs      (rw)
devpts             on /dev/pts                    type devpts
    (rw,gid=5,mode=620)
/dev/hde3          on /local                      type ext3
    (rw)
tmpfs              on /dev/shm                    type tmpfs      (rw)
none               on /proc/sys/fs/binfmt_misc    type
binfmt_misc (rw)
sunrpc             on /var/lib/nfs/rpc_pipefs     type rpc_pipefs
    (rw)
```

实例 2：使用 who 命令查看系统中当前登录的用户，并使用 sort 命令将输出按账户名排序，最后将输出重定向到指定文件中。

```
$ who | sort > user.list

$ cat user.list
huh     pts/1     2013-12-04 14:08 (host1.domain.com)
huh     pts/2     2013-12-04 15:53 (host1)
root    pts/4     2013-12-04 20:16 (host2.domain.com)
root    pts/5     2013-12-04 21:01 (host2)
yantaol pts/3     2013-12-04 19:00 (host3.domain.com)
```

实例 3：使用 tr 命令将 os.txt 文件的内容转化为大写，并使用 sort 命令将内容排序，使用 uniq 命令去除重复的行，最后将输出重定向到文件 os.txt.new。

```
$cat os.txt
redhat
suse
centos
ubuntu
solaris
hp-ux
fedora
centos
suse
redhat

# 转换字母为大写并排序，然后去重
$ tr a-z A-Z < os.txt | sort | uniq > os.txt.new

$ cat os.txt.new
CENTOS
FEDORA
HP-UX
REDHAT
SOLARIS
SUSE
UBUNTU
```

12.2 过 滤 器

我们已经知道，将几个命令通过管道符组合在一起就形成一个管道。通常，通过这种方式使用的命令就被称为过滤器。过滤器会获取输入，通过某种方式修改其内容，然后将其输出。

简单地说，过滤器可以概括为以下两点：
- 如果一个 Linux 命令是从标准输入接收它的输入数据，并在标准输出上产生它的输出数据（结果），那么这个命令就被称为过滤器。
- 过滤器通常与 Linux 管道一起使用。

常用的被作为过滤器使用的命令如下所示：
- awk——用于文本处理的解释性程序设计语言，通常被作为数据提取和报告的工具。
- cut——用于将每个输入文件（如果没有指定文件则为标准输入）的每行的指定部分输出到标准输出。
- grep——用于搜索一个或多个文件中匹配指定模式的行。
- tar——用于归档文件的应用程序。
- head——用于读取文件的开头部分（默认是 10 行）。如果没有指定文件，则从标准输入读取。
- paste——用于合并文件的行。
- sed——用于过滤和转换文本的流编辑器。
- sort——用于对文本文件的行进行排序。
- split——用于将文件分割成块。
- strings——用于打印文件中可打印的字符串。
- tac——与 cat 命令的功能相反，用于倒序地显示文件或连接文件。
- tail——用于显示文件的结尾部分。
- tee——用于从标准输入读取内容并写入到标准输出和文件。
- tr——用于转换或删除字符。
- uniq——用于报告或忽略重复的行。
- wc——用于打印文件中的总行数、单词数或字节数。

接下来，我们来学习如何在管道中使用这些命令。

12.2.1 实例：在管道中使用 awk 命令

我们将在第 14 章详细介绍 awk 命令的使用，在这一小节中，我们仅通过几个简单的实例来了解一下 awk 命令在管道中的使用。

实例 1：查看系统中的所有的账号名称，并按名称的字母顺序排序。

```
$ awk -F: '{print $1}' /etc/passwd | sort
adm
apache
avahi
avahi-autoipd
bin
daemon
dbus
ftp
games
…
```

在上例中，使用冒号":"作为列分隔符，将文件/etc/passwd 的内容分为了多列，并打印了第一列的信息（即，用户名），然后将输出通过管道发送到了 sort 命令。

实例 2：列出当前账号最常使用的 10 个命令。

```
$ history | awk '{print $2}' | sort | uniq -c | sort -rn | head
    140 echo
     75 man
     71 cat
     63 su
     53 ls
     50 vi
     47 cd
     40 date
     26 let
     25 paste
```

在上例中，history 命令将输出通过管道发送到 awk 命令，awk 命令默认使用空格作为列分隔符，将 history 的输出分为了两列，并把第二列内容作为输出通过管道发送到了 sort 命令，使用 sort 命令进行排序后，再将输出通过管道发送到了 uniq 命令，使用 uniq 命令统计了历史命令重复出现的次数，再用 sort 命令将 uniq 命令的输出按照重复次数从高到低排序，最后使用 head 命令默认列出前 10 个的信息。

实例 3：显示当前系统的总内存大小，单位为 KB。

```
$ free | grep Mem | awk '{print $2}'
2029860
```

12.2.2　实例：在管道中使用 cut 命令

cut 命令被用于文本处理。你可以使用这个命令来提取文件中指定列的内容。

实例 1：查看系统中登录 Shell 是 "/bin/bash" 的用户名和对应的用户主目录的信息：

```
$ grep "/bin/bash" /etc/passwd | cut -d: -f1,6
root:/root
yantaol:/home/yantaol
```

如果你对 Linux 系统有所了解，你会知道，/etc/passwd 文件被用来存放用户账号的信息，此文件中的每一行会记录一个账号的信息，每个字段之间用冒号 ":" 分隔，第一个字段即是账号的账户名，而第六个字段就是账号的主目录的路径。

实例 2：查看当前机器的 CPU 类型。

```
$ cat /proc/cpuinfo | grep name | cut -d: -f2 | uniq
 Intel(R) Core(TM) i5-2520M CPU @ 2.50GHz
```

上例中，执行命令 "cat /proc/cpuinfo | grep name" 得到的内容如下所示：

```
-bash-3.2# cat /proc/cpuinfo | grep name
model name      : Intel(R) Core(TM) i5-2520M CPU @ 2.50GHz
model name      : Intel(R) Core(TM) i5-2520M CPU @ 2.50GHz
model name      : Intel(R) Core(TM) i5-2520M CPU @ 2.50GHz
model name      : Intel(R) Core(TM) i5-2520M CPU @ 2.50GHz
```

然后，我们使用 cut 命令将上述输出内容以冒号 ":" 作为分隔符，将内容分为了两列，并显示第二列的内容，最后使用 uniq 命令去掉了重复的行。

实例 3：查看当前目录下的子目录数。

```
$ ls -l | cut -c 1 | grep d | wc -l
5
```

上述管道命令主要做了如下操作：
- 命令"ls -l"输出的内容中，每行的第一个字符表示文件的类型（请参见 3.3.1 小节），如果第一个字符是"d"，就表示文件的类型是目录。
- 命令"cut -c 1"是截取每行的第一个字符。
- 命令"grep d"来获取文件类型是目录的行。
- 命令"wc -l"用来获得 grep 命令输出结果的行数，即目录个数。

12.2.3 实例：在管道中使用 grep 命令

grep 命令是在管道中比较常用的一个命令。

实例 1：查看系统日志文件中的错误信息。

```
$ grep -i "error:" /var/log/messages | less
```

实例 2：查看系统中 HTTP 服务的进程信息。

```
$ ps auxwww | grep httpd
apache   18968  0.0  0.0  26472 10404 ?        S    Dec15   0:01 /usr/sbin/httpd
apache   18969  0.0  0.0  25528  8308 ?        S    Dec15   0:01 /usr/sbin/httpd
apache   18970  0.0  0.0  26596 10524 ?        S    Dec15   0:01 /usr/sbin/httpd
apache   18971  0.0  0.0  26464  9756 ?        S    Dec15   0:01 /usr/sbin/httpd
apache   18972  0.0  0.0  25360  8052 ?        S    Dec15   0:01 /usr/sbin/httpd
apache   18974  0.0  0.0  26620 10568 ?        S    Dec15   0:01 /usr/sbin/httpd
apache   18975  0.0  0.0  26604 10536 ?        S    Dec15   0:01 /usr/sbin/httpd
apache   18976  0.0  0.0  26620 10552 ?        S    Dec15   0:01 /usr/sbin/httpd
```

实例 3：列出当前目录下的第一层子目录的详细信息。

```
$ ls -al /proc | grep "^d"
dr-xr-xr-x   11 yantaol       mkgroup 0 Dec 24 23:13 .
drwxr-xr-x+   1 yantaol       mkgroup 0 Jul 21 16:47 ..
dr-xr-xr-x    3 yantaol       mkgroup 0 Dec 24 23:13 464
dr-xr-xr-x    3 yantaol       mkgroup 0 Dec 24 23:06 5656
dr-xr-xr-x    3 yantaol       mkgroup 0 Dec 24 23:13 6160
dr-xr-xr-x    3 yantaol       mkgroup 0 Dec 24 23:07 6724
dr-xr-xr-x    3 yantaol       mkgroup 0 Dec 24 23:05 7124
dr-xr-xr-x    2 yantaol       mkgroup 0 Dec 24 23:13 net
dr-xr-xr-x    8 yantaol       mkgroup 0 Dec 24 23:13 registry
dr-xr-xr-x    8 yantaol       mkgroup 0 Dec 24 23:13 registry32
dr-xr-xr-x    8 yantaol       mkgroup 0 Dec 24 23:13 registry64
drwxrwx---    1 Administrators SYSTEM 0 Dec 24 23:13 sys
dr-xr-xr-x    2 yantaol       mkgroup 0 Dec 24 23:13 sysvipc
```

实例 4：查找我们的程序列表中所有命令名中包含关键字 zip 的命令。

```
$ ls /bin /usr/bin | sort | uniq | grep zip
bunzip2
bzip2
bzip2recover
gunzip
gzip
```

实例 5：查看系统安装的 kernel 版本及相关的 kernel 软件包。

```
$ rpm -qa | grep kernel
kernel-2.6.18-92.el5
kernel-debuginfo-2.6.18-92.el5
kernel-debuginfo-common-2.6.18-92.el5
kernel-devel-2.6.18-92.el5
```

实例 6：查找/etc 目录下所有包含 IP 地址的文件。

```
$ find /etc -type f -exec grep '[0-9][0-9]*[.][0-9][0-9]*[.][0-9][0-9]*[.][0-9][0-9]*' {} \;
```

12.2.4　实例：在管道中使用 tar 命令

tar 命令是 Linux 系统中最常用的打包文件的程序。

实例 1：你可以使用 tar 命令复制一个目录的整体结构。

```
$ tar cf - /home/yantaol | ( cd /backup/; tar xf - )
```

实例 2：跨网络地复制一个目录的整体结构。

```
$ tar cf - /home/yantaol | ssh remote_host "( cd /backup/; tar xf - )"
```

实例 3：跨网络地压缩复制一个目录的整体结构。

```
$ tar czf - /home/yantaol | ssh remote_host "( cd /backup/; tar xzf - )"
```

实例 4：检查 tar 归档文件的大小，单位为字节。

```
$ cd /; tar cf - etc | wc -c
215040
```

实例 5：检查 tar 归档文件压缩为 tar.gz 归档文件后所占的大小。

```
$ tar czf - etc.tar | wc -c
58006
```

实例 6：检查 tar 归档文件压缩为 tar.bz2 归档文件后所占的大小。

```
$ tar cjf - etc.tar | wc -c
50708
```

12.2.5　实例：在管道中使用 head 命令

有时，你不需要一个命令的全部输出，可能只需要命令的前几行输出。这时，就可以使用 head 命令，它只打印命令的前几行输出。默认的输出行数为 10 行。

实例 1：显示 ls 命令的前 10 行输出。

```
$ ls /usr/bin | head
addftinfo
afmtodit
apropos
arch
ash
```

```
awk
base64
basename
bash
bashbug
```

实例 2：显示 ls 命令的前 5 行内容。

```
$ ls / | head -n 5
bin
cygdrive
Cygwin.bat
Cygwin.ico
Cygwin-Terminal.ico
```

12.2.6 实例：在管道中使用 paste 命令

paste 命令用于合并文件的行，当然，它也可以通过管道接收其他命令的输出，并对其内容进行相应的合并处理。

实例 1：通过管道将文件 file1（或 file2）和 cat 命令输出的行进行合并。

```
# 文件 file1 内容如下
$ cat file1
Linux
Unix
Solaris
HPUX
AIX

# 文件 file2 内容如下
$ cat file2
Suse
Fedora
CentOS
OEL
Ubuntu

# 合并 file1 和 file2 的内容
$ cat file2 | paste -d, file1 -
Linux,Suse
Unix,Fedora
Solaris,CentOS
HPUX,OEL
AIX,Ubuntu

# 合并 file1 和 file2 的内容
$ cat file1 | paste -d, - file2
Linux,Suse
Unix,Fedora
Solaris,CentOS
HPUX,OEL
AIX,Ubuntu
```

实例 2：通过管道使用 paste 命令将 ls 命令的输出分成 4 列显示。

```
$ ls | paste -d@ - - - -
alternatives@bash.bash_logout@bash.bashrc@defaults
DIR_COLORS@fstab@fstab.d@group
```

```
hosts@man.conf@mtab@networks
passwd@postinstall@preremove@profile
profile.d@protocols@rebase.db.i386@services
setup@skel@@
```

12.2.7 实例：在管道中使用 sed 命令

我们将在第 14 章详细介绍 sed 命令的使用，在这一小节中我们将通过几个简单的实例来了解一下 sed 命令在管道中的使用。

sed 命令是流编辑器（stream editor）的简称。

实例 1：替换打印输出的文本中的内容。

```
$ echo front | sed 's/front/back/'
back
```

上述实例中，我们使用 echo 命令产生一个单词的文本流，并将其通过管道发送到 sed 命令，最后使用 sed 命令将内容中的 front 关键字替换为 back。

实例 2：显示/etc/bash.bashrc 文件中除第 3～10 行以外的内容。

```
$ cat -n /etc/bash.bashrc | sed '3,10d'
    1  # To the extent possible under law, the author(s) have dedicated all
    2  # copyright and related and neighboring rights to this software to the
   11
   12  # The latest version as installed by the Cygwin Setup program can
   13  # always be found at /etc/defaults/etc/bash.bashrc
   14
   15  # Modifying /etc/bash.bashrc directly will prevent
   16  # setup from updating it.
   17
   18  # System-wide bashrc file
   19
   20  # Check that we haven't already been sourced.
   21  ([[ -z ${CYG_SYS_BASHRC} ]] && CYG_SYS_BASHRC="1") || return
   22
   23  # If not running interactively, don't do anything
   24  [[ "$-" != *i* ]] && return
   25
   26  # Set a default prompt of: user@host and current_directory
   27  PS1='\[\e]0;\w\a\]\n\[\e[32m\]\u@\h \[\e[33m\]\w\[\e[0m\]\n\$ '
   28
   29  # Uncomment to use the terminal colours set in DIR_COLORS
   30  # eval "$(dircolors -b /etc/DIR_COLORS)"
```

实例 3：只显示文件/etc/bash.bashrc 文件中第 3～10 行的内容。

```
$ cat -n /etc/bash.bashrc | sed -n '3,10p'
    3  # public domain worldwide. This software is distributed without any warranty.
    4  # You should have received a copy of the CC0 Public Domain Dedication along
    5  # with this software.
    6  # If not, see <http://creativecommons.org/publicdomain/zero/1.0/>.
    7
    8  # base-files version 4.1-1
    9
   10  # /etc/bash.bashrc: executed by bash(1) for interactive shells.
```

12.2.8 实例：在管道中使用 sort 命令

sort 命令用于对文本文件的行进行排序，当然，它也可以通过管道对其他命令输出的行进行排序。

实例 1：将 ls 命令列出的文件列表按照文件大小排序。

```
$ ls -al | sort -r -n -k5
-rw-r--r--  1 yantaol mkgroup 6994 Jul 21 16:38 profile
-rw-r--r--  1 yantaol mkgroup 5023 Jul 21 16:38 DIR_COLORS
-rw-r--r--  1 yantaol mkgroup 4769 Jul 21 16:38 man.conf
-rw-rw----  1 yantaol mkgroup 2298 Jul 21 16:38 rebase.db.i386
-rw-r--r--  1 yantaol mkgroup 1116 Jul 21 16:38 bash.bashrc
-rw-r--r--  1 yantaol mkgroup  856 Jul 21 16:38 bash.bash_logout
-rw-r--r--  1 yantaol root     836 Jul 21 16:38 group
-rw-r--r--  1 yantaol root     689 Jul 21 16:38 passwd
-rw-r--r--  1 yantaol mkgroup  192 Jul 21 16:38 fstab
lrwxrwxrwx  1 yantaol mkgroup   49 Jul 21 16:38 services ->
/cygdrive/c/Windows/System32/drivers/etc/services
lrwxrwxrwx  1 yantaol mkgroup   49 Jul 21 16:38 protocols ->
/cygdrive/c/Windows/System32/drivers/etc/protocol
lrwxrwxrwx  1 yantaol mkgroup   49 Jul 21 16:38 networks ->
/cygdrive/c/Windows/System32/drivers/etc/networks
lrwxrwxrwx  1 yantaol mkgroup   46 Jul 21 16:38 hosts ->
/cygdrive/c/Windows/System32/drivers/etc/hosts
lrwxrwxrwx 1 yantaol mkgroup 12 Jul 21 16:38 mtab -> /proc/mounts
total 55
drwxr-xr-x+ 1 yantaol mkgroup    0 Jul 21 16:47 setup
drwxr-xr-x+ 1 yantaol mkgroup    0 Jul 21 16:47 ..
drwxr-xr-x+ 1 yantaol mkgroup    0 Jul 21 16:38 skel
drwxr-xr-x+ 1 yantaol mkgroup    0 Jul 21 16:38 profile.d
drwxr-xr-x+ 1 yantaol mkgroup    0 Jul 21 16:38 postinstall
drwxr-xr-x+ 1 yantaol mkgroup    0 Jul 21 16:38 .
drwxr-xr-x+ 1 yantaol mkgroup    0 Jul 21 16:37 preremove
drwxr-xr-x+ 1 yantaol mkgroup    0 Jul 21 16:37 defaults
drwxr-xr-x+ 1 yantaol mkgroup    0 Jul 21 16:37 alternatives
drwxrwxrwt+ 1 yantaol mkgroup    0 Jul 21 16:38 fstab.d
```

实例 2：将 ps 命令的输出按照 PID 的大小排序。

```
$ ps auxw | sort
    PID    PPID    PGID    WINPID   TTY   UID    STIME COMMAND
   3728    9980    3728      5028  pty2  140581 21:36:32 /usr/bin/ps
   5792    9980    3728      5792  pty2  140581 21:36:32 /usr/bin/bash
   6724    5656    6724      4904  pty1  140581 Dec 24 /usr/bin/bash
   6968       1    6968      6968  ?     140581 Dec 28 /usr/bin/mintty
   7124       1    6372      1316  pty0  140581 Dec 24 /usr/bin/id
   9980    6968    9980      7452  pty2  140581 Dec 28 /usr/bin/bash
```

12.2.9 实例：在管道中使用 split 命令

split 命令用于将文件分割成块，同样，也可以通过管道将其他命令输出的内容分割成指定大小的块，并存入指定前缀的文件中。

实例 1：将 ls 命令的输出按每 5 行为一块，存入文件名前缀为 lsroot 的文件中。

```
$ ls -al | split -l 5 - lsroot

$ ls -l lsroot*
-rw-r--r-- 1 yantaol mkgroup 236 Dec 29 21:55 lsrootaa
-rw-r--r-- 1 yantaol mkgroup 310 Dec 29 21:55 lsrootab
-rw-r--r-- 1 yantaol mkgroup 296 Dec 29 21:55 lsrootac
-rw-r--r-- 1 yantaol mkgroup 286 Dec 29 21:55 lsrootad

$ cat lsrootaa
total 305
drwxr-xr-x+ 1 yantaol mkgroup     0 Dec 29 21:49 .
drwxr-xr-x+ 1 yantaol mkgroup     0 Dec 29 21:49 ..
drwxr-xr-x+ 1 yantaol mkgroup     0 Jul 21 16:37 bin
dr-xr-xr-x  1 yantaol mkgroup     0 Dec 29 21:55 cygdrive
```

实例 2：将 backup 目录按每 5 兆大小进行打包压缩，生成的压缩包文件名前缀为 backup.tar.gz。

```
$ tar czf - bakcup | split -b 5m - backup.tar.gz.
$ ls backup.tar.gz.*
backup.tar.gz.aa    backup.tar.gz.ab    backup.tar.gz.ac    backup.tar.gz.ad
backup.tar.gz.ae
```

12.2.10 实例：在管道中使用 strings 命令

strings 命令用于打印文件中的可打印字符串，常用来与 grep 命令配合使用，在二进制文件中查找字符串。

实例 1：查找 uptime 命令中的 GLIBC 字符串。

```
$ strings /usr/bin/uptime | grep GLIBC
GLIBC_2.0
```

实例 2：打印系统的 BIOS 信息（至少 32 个字符长度的字符序列），需要 root 权限。

```
$ dd if=/dev/mem bs=1k skip=768 count=256 2>/dev/null | strings -n 32 | less
```

12.2.11 实例：在管道中使用 tail 命令

tail 命令用于打印文件的最后几行，同样，也可以通过管道显示其他命令输出的最后几行内容。

实例 1：显示 ls 命令输出的最后 5 行内容。

```
$ ls -al | tail -n 5
lrwxrwxrwx  1 yantaol mkgroup      49 Jul 21 16:38 protocols ->
/cygdrive/c/Windows/System32/drivers/etc/protocol
-rw-rw----  1 yantaol mkgroup    2298 Jul 21 16:38 rebase.db.i386
lrwxrwxrwx  1 yantaol mkgroup      49 Jul 21 16:38 services ->
/cygdrive/c/Windows/System32/drivers/etc/services
drwxr-xr-x+ 1 yantaol mkgroup       0 Jul 21 16:47 setup
drwxr-xr-x+ 1 yantaol mkgroup       0 Jul 21 16:38 skel
```

实例 2：显示/etc/passwd 文件中 UID 最高的用户的信息。

```
$ sort /etc/passwd -t: -k3 -n | tail -n1
```

12.2.12 实例：在管道中使用 tee 命令

tee 命令用于（在同一时间）存储和查看任意其他命令的输出。使用 tee 命令，你可以从一个输入流读取输入，并分隔输出流到两个重定向，所以输出既显示在屏幕（标准输出）上也同样重定向到一个文件中。

实例 1：使用 ls 命令显示目录列表，并同时重定向到文件/tmp/ls.output 中。

```
$ ls /etc/cron.daily | tee /tmp/ls.output
0anacron
0logwatch
cups
logrotate
ls.output
makewhatis.cron
mlocate.cron
mlocate.cron_Sun_Oct_07_Hr17_2012_.cfsaved
prelink
rpm
tetex.cron
tmpwatch
yum.cron

$ cat /tmp/ls.output
0anacron
0logwatch
cups
logrotate
ls.output
makewhatis.cron
mlocate.cron
mlocate.cron_Sun_Oct_07_Hr17_2012_.cfsaved
prelink
rpm
tetex.cron
tmpwatch
yum.cron
```

从上述的实例中可以看到，ls 命令的输出也同样发送到了文件/tmp/ls.output 中。

实例 2：在管道中的不同阶段存储命令的中间结果。

```
$ ls /etc/cron.daily | tee /tmp/stage1.txt | grep ^0 | tee /tmp/stage2.txt | sort -r
0logwatch
0anacron

$ cat /tmp/stage1.txt
0anacron
0logwatch
cups
logrotate
makewhatis.cron
mlocate.cron
mlocate.cron_Sun_Oct_07_Hr17_2012_.cfsaved
prelink
rpm
tetex.cron
```

```
tmpwatch
yum.cron

$ cat /tmp/stage2.txt
0anacron
0logwatch
```

在上述的实例中，首先列出了目录/etc/cron.daily 的内容，然后将输出存储到了文件/tmp/stage1.txt 中。再通过 grep 命令过滤出了以数字 0 开头的行，然后将过滤的输出存储到了文件/tmp/stage2.txt 中。最后，过滤的输出被 sort -r 命令反向排序。

实例 3：将命令的输出存储到多个文件中。

```
$ ls /etc/cron.daily | grep ^0 | tee file1.txt file2.txt | sort -r
0logwatch
0anacron

$ cat file1.txt
0anacron
0logwatch

$ cat file2.txt
0anacron
0logwatch
```

从上述的实例中我们看到，使用 tee 命令将过滤后的输出分别存储到了文件 file1.txt 和 file2.txt 中，并且 file1.txt 和 file2.txt 的文件内容相同。

实例 4：将命令的输出追加到一个文件中。

```
$ ls /etc/cron.daily | grep ^0 | tee file1.txt | sort -r | tee -a file1.txt
0logwatch
0anacron

$ cat file1.txt
0anacron
0logwatch
0logwatch
0anacron
```

tee 命令在默认情况下会重写文件中的内容。但从上述的实例中我们可以看到，使用-a 选项，可以将输出的内容追加到文件的尾部。

实例 5：重复复制标准输出。

```
$ echo abc | tee -
abc
abc

$ echo abc | tee - -
abc
abc
abc

$ echo abc | tee - - -
abc
abc
abc
abc

$ echo abc | tee - - - -
```

```
abc
abc
abc
abc
abc
```

从上述的实例中我们可以看到,每使用一个符号"-",tee 命令就会将管道中前一命令的输出复制到标准输出一次。

12.2.13 实例:在管道中使用 tr 命令

tr 命令用于转换和删除字符。

实例 1:将所有的空白字符转换为制表符。

```
$ echo "This is for    testing" | tr [:space:] '\t'
This    is    for                testing
```

实例 2:删除前一命令输出中的所有数字。

```
$ echo "My uid is 12107" | tr -d [:digit:]
My uid is

$ echo "My uid is 12107" | tr -d '0-9'
My uid is
```

实例 3:将前一命令输出中的所有字符转换为大写。

```
$ echo linux | tr 'a-z' 'A-Z'
LINUX

$ echo linux | tr [:lower:] [:upper:]
LINUX
```

12.2.14 实例:在管道中使用 uniq 命令

uniq 命令用于报告或删除重复的行。

我们将使用一个测试文件进行管道中使用 uniq 命令的实例讲解,其内容如下所示:

```
$ cat testfile
This line occurs only once.
This line occurs twice.
This line occurs twice.
This line occurs three times.
This line occurs three times.
This line occurs three times.
```

实例 1:去掉输出中重复的行。

```
$ sort testfile | uniq
This line occurs only once.
This line occurs three times.
This line occurs twice.
```

实例 2:显示输出中各重复的行出现的次数,并按次数多少倒序显示。

```
$ sort testfile | uniq -c | sort -nr
    3 This line occurs three times.
```

```
      2 This line occurs twice.
      1 This line occurs only once.
```

实例 3：统计测试文件中每个单词出现的次数，并按出现次数的多少反向排序。

```
$ sed -e 's/\.//g' -e 's/\,//g' -e 's/ /\
/g' testfile | tr 'A-Z' 'a-z' | sort | uniq -c | sort -nr
      6 this
      6 occurs
      6 line
      3 times
      3 three
      2 twice
      1 only
      1 once
```

12.2.15　实例：在管道中使用 wc 命令

wc 命令用于统计包含在文本流中的字符数、单词数和行数。

实例 1：统计当前登录到系统的用户数。

```
$ who | wc -l
```

实例 2：统计当前的 Linux 系统中的进程数。

```
$ ps -ef | wc -l
```

12.3　小　　结

下面我们总结一下本章所学的主要知识。

管道：将两个或多个程序连接到一起，以使一个程序的输出可以变为下一个程序的输入，以这种方式连接的两个或多个程序就形成了管道。

重定向操作符 ">" 将命令与文件连接，而管道符将第一个命令的输出与第二个命令的输入连接。

使用管道具有如下特点：命令的语法紧凑并且使用简单；将多个命令串联，可以完成复杂的任务；从管道输出的标准错误会混合到一起。

几个命令可以组合在一起，形成一个管道。通常，通过这种方式使用的命令就被称为过滤器。

如果一个 Linux 命令是从标准输入接收它的输入数据，并在标准输出上产生它的输出数据（结果），这个命令就被称为过滤器。

过滤器通常与 Linux 管道一起使用。

第 13 章 捕 获

在前一章中,我们学习了 Shell 管道和过滤器的概念及它们的使用,能够在命令行或脚本中熟练地使用管道和各种过滤器,将会很大程度地简化我们日常的文本处理工作或脚本的复杂程度。

在这一章,我们将学习 Linux 中的信号处理——捕获。

对于一个相当健壮的脚本来说,理想地应当满足的条件之一是在被强制终结时具有清除任何临时生成的日志或文件的能力。需要考虑的另一个要素是,当脚本收到一个来自用户的中断时,应该采取什么样的行为。接下来,我们就将通过本章的学习来了解应该怎样在脚本中实现这些功能。

13.1 信 号

在 Linux 中,理解信号的概念是非常重要的。这是因为,信号被用于通过 Linux 命令行所做的一些常见活动中。例如,每当你按 Ctrl+C 组合键来从命令行终结一个命令的执行,你就使用了信号。每当你使用如下命令来结束一个进程时,你就使用了信号:

```
$ kill -9 [PID]
```

所以,至少知道信号的基本原理是非常有用的。这也就是本节我们要讨论的内容。

13.1.1 Linux 中的信号

在 Linux 系统(以及其他类 Unix 操作系统)中,信号被用于进程间的通信。信号是一个发送到某个进程或同一进程中的特定线程的异步通知,用于通知发生的一个事件。从 1970 年贝尔实验室的 Unix 面世便有了信号的概念,而现在它已经被定义在了 POSIX 标准中。

对于在 Linux 环境进行编程的用户或系统管理员来说,较好地理解信号的概念和机制是很重要的,在某些情况下可以帮助我们更高效地编写程序。对于一个程序来说,如果每条指令都运行正常的话,它会连续地执行。但如果在程序执行时,出现了一个错误或任何异常,内核就可以使用信号来通知相应的进程。信号同样被用于通信、同步进程和简化进程间通信,在 Linux 中,信号在处理异常和中断方面,扮演了极其重要的角色。信号已经在没有任何较大修改的情况下被使用了将近 30 年。

当一个事件发生时,会产生一个信号,然后内核会将事件传递到接收的进程。有时,进程可以发送一个信号到其他进程。除了进程到进程的信号外,还有很多种情况,内核会产生一个信号，比如文件大小达到限额、一个 I/O 设备就绪或用户发送了一个类似于 Ctrl+C 或 Ctrl+Z 的终端中断等。

运行在用户模式下的进程会接收信号。如果接收的进程正运行在内核模式，那么信号的执行只有在该进程返回到用户模式时才会开始。

发送到非运行进程的信号一定是由内核保存，直到进程重新执行为止。休眠的进程可以是可中断的，也可以是不可中断的。如果一个在可中断休眠状态的进程（例如，等待终端输入的进程）收到了一个信号，那么内核会唤醒这个进程来处理信号。如果一个在不可中断休眠状态的进程收到了一个信号，那么内核会拖延此信号，直到该事件完成为止。

当进程收到一个信号时，可能会发生以下 3 种情况：
- 进程可能会忽略此信号。有些信号不能被忽略，而有些没有默认行为的信号，默认会被忽略。
- 进程可能会捕获此信号，并执行一个被称为信号处理器的特殊函数。
- 进程可能会执行信号的默认行为。例如，信号 15（SIGTERM）的默认行为是结束进程。

当一个进程执行信号处理时，如果还有其他信号到达，那么新的信号会被阻断直到处理器返回为止。

13.1.2　信号的名称和值

每个信号都有以"SIG"开头的名称，并定义为唯一的正整数。在 Shell 命令行提示符下，输入"kill -l"命令，将显示所有信号的信号值和相应的信号名，类似如下所示：

```
$ kill -l
 1) SIGHUP       2) SIGINT       3) SIGQUIT      4) SIGILL
 5) SIGTRAP      6) SIGABRT      7) SIGBUS       8) SIGFPE
 9) SIGKILL     10) SIGUSR1     11) SIGSEGV     12) SIGUSR2
13) SIGPIPE     14) SIGALRM     15) SIGTERM     16) SIGSTKFLT
17) SIGCHLD     18) SIGCONT     19) SIGSTOP     20) SIGTSTP
21) SIGTTIN     22) SIGTTOU     23) SIGURG      24) SIGXCPU
25) SIGXFSZ     26) SIGVTALRM   27) SIGPROF     28) SIGWINCH
29) SIGIO       30) SIGPWR      31) SIGSYS      34) SIGRTMIN
35) SIGRTMIN+1  36) SIGRTMIN+2  37) SIGRTMIN+3  38) SIGRTMIN+4
39) SIGRTMIN+5  40) SIGRTMIN+6  41) SIGRTMIN+7  42) SIGRTMIN+8
43) SIGRTMIN+9  44) SIGRTMIN+10 45) SIGRTMIN+11 46) SIGRTMIN+12
47) SIGRTMIN+13 48) SIGRTMIN+14 49) SIGRTMIN+15 50) SIGRTMAX-14
51) SIGRTMAX-13 52) SIGRTMAX-12 53) SIGRTMAX-11 54) SIGRTMAX-10
55) SIGRTMAX-9  56) SIGRTMAX-8  57) SIGRTMAX-7  58) SIGRTMAX-6
59) SIGRTMAX-5  60) SIGRTMAX-4  61) SIGRTMAX-3  62) SIGRTMAX-2
63) SIGRTMAX-1  64) SIGRTMAX
```

信号值被定义在文件/usr/include/bits/signum.h 中，其源文件是/usr/src/linux/kernel/signal.c。

在 Linux 下，可以查看 signal（7）手册页来查阅信号名列表、信号值、默认的行为和它们是否可以被捕获。其命令如下所示：

```
$ man 7 signal
```

表 13.1 所列出的信号是 POSIX 标准的一部分，它们通常被缩写成不带"SIG"前缀，例如，SIGHUP 通常被简单地称为 HUP。

表 13.1　POSIX标准信号表

信　　号	默 认 行 为	描　　述	信号值
SIGABRT	生成 core 文件然后终止进程	这个信号告诉进程终止操作。ABRT 通常由进程本身发送，即当进程调用 abort()函数发出一个非正常终止信号时	6
SIGALRM	终止	警告时钟	14
SIGBUS	生成 core 文件然后终止进程	当进程引起一个总线错误时，BUS 信号将被发送到进程。例如，访问了一部分未定义的内存对象	10
SIGCHLD	忽略	当子进程结束、被中断或是在被中断之后重新恢复时，CHLD 信号会被发送到进程	20
SIGCONT	继续进程	CONT 信号指示操作系统重新开始先前被 STOP 或 TSTP 暂停的进程	19
SIGFPE	生成 core 文件然后终止进程	当一个进程执行一个错误的算术运算时，FPE 信号会被发送到进程	8
SIGHUP	终止	当进程的控制终端关闭时，HUP 信号会被发送到进程	1
SIGILL	生成 core 文件然后终止进程	当一个进程尝试执行一个非法指令时，ILL 信号会被发送到进程	4
SIGINT	终止	当用户想要中断进程时，INT 信号被进程的控制终端发送到进程	2
SIGKILL	终止	发送到进程的 KILL 信号会使进程立即终止。KILL 信号不能被捕获或忽略	9
SIGPIPE	终止	当一个进程尝试向一个没有连接到其他目标的管道写入时，PIPE 信号会被发送到进程	13
SIGQUIT	终止	当用户要求进程执行 core dump 时，QUIT 信号由进程的控制终端发送到进程	3
SIGSEGV	生成 core 文件然后终止进程	当进程生成了一个无效的内存引用时，SEGV 信号会被发送到进程	11
SIGSTOP	停止进程	STOP 信号指示操作系统停止进程的执行	17
SIGTERM	终止	发送到进程的 TERM 信号用于要求进程终止	15
SIGTSTP	停止进程	TSTP 信号由进程的控制终端发送到进程来要求它立即终止	18
SIGTTIN	停止进程	后台进程尝试读取时，TTIN 信号会被发送到进程	21
SIGTTOU	停止进程	后台进程尝试输出时，TTOU 信号会被发送到进程	22
SIGUSR1	终止	发送到进程的 USR1 信号用于指示用户定义的条件	30
SIGUSR2	终止	同上	31
SIGPOLL	终止	当一个异步输入/输出时间事件发生时，POLL 信号会被发送到进程	23
SIGPROF	终止	当仿形计时器过期时，PROF 信号会被发送到进程	27
SIGSYS	生成 core 文件然后终止进程	发生有错的系统调用时，SYS 信号会被发送到进程	12

续表

信 号	默认行为	描 述	信号值
SIGTRAP	生成 core 文件然后终止进程	追踪捕获/断点捕获时，会产生 TRAP 信号	5
SIGURG	忽略	当有一个 socket 有紧急的或是带外数据可被读取时，URG 信号会被发送到进程	16
SIGVTALRM	终止	当进程使用的虚拟计时器过期时，VTALRM 信号会被发送到进程	26
SIGXCPU	终止	当进程使用的 CPU 时间超出限制时，XCPU 信号会被发送到进程	24
SIGXFSZ	生成 core 文件然后终止进程	当文件大小超过限制时，会产生 XFSZ 信号	25

13.1.3　Bash 中的信号

当没有任何捕获时，一个交互式 Bash Shell 会忽略 SIGTERM 和 SIGQUIT 信号。由 Bash 运行的非内部命令会使用 Shell 从其父进程继承的信号处理程序。如果没有启用作业控制，异步执行的命令会忽略除了有这些信号处理程序之外的 SIGINT 和 SIGQUIT 信号。由于命令替换而运行的命令会忽略键盘产生的作业控制信号 SIGTTIN、SIGTTOU 和 SIGTSTP。

默认情况下，Shell 接收到 SIGHUP 信号后会退出。在退出之前，一个交互式的 Shell 会向所有的作业，不管是正在运行的还是已停止的，重新发送 SIGHUP 信号。对已停止的作业，Shell 还会发送 SIGCONT 信号以确保它能够接收到 SIGHUP 信号。若要阻止 Shell 向某个特定的作业发送 SIGHUP 信号，可以使用内部命令 disown 将它从作业表中移除，或是用 "disown -h" 命令阻止 Shell 向特定的作业发送 SIGHUP 信号，但并不会将特定的作业从作业表中移除。我们通过如下实例，来了解一下 disown 命令的作用：

```
#将sleep命令放在后台执行，休眠30秒
$ sleep 30 &
[1] 8052

#列出当前Shell下所有作业的信息
$ jobs -l
[1]+  8052 Running                 sleep 30 &
#将作业1从作业表中移除
$ disown %1

#再次列出当前Shell下所有作业的信息
$ jobs -l

#查找sleep进程
$ ps -ef | grep sleep
yantaol   8052    8092 cons1   11:28:21 /usr/bin/sleep

#打印当前Shell的进程号
$ echo $$
8092
```

在上述实例中，我们首先将命令 "sleep 30" 放在后台运行，此时，我们使用命令 "jobs -l" 可以看到作业表中有一个正在运行的作业，然后，我们使用命令 "disown %1" 将作业

1 从作业表中移除，再使用命令"jobs -l"会看到作业表中已经没有了作业，但是我们发现其实"sleep 30"这个命令的进程仍然存在。此时，Shell 若接收到 SIGHUP 信号，它就不会向作业 1 重新发送 SIGHUP 信号，此时如果我们退出 Shell，这个作业仍将继续运行，而不会被终止。

我们再来看一下命令"disown -h"的用途：

```
#将 sleep 命令放在后台执行，休眠 30 秒
$ sleep 30 &
[1] 3184

#列出当前 Shell 下所有作业的信息
$ jobs -l
[1]+  3184 Running                 sleep 30 &

#阻止 Shell 向作业 1 发送 SIGHUP 信号
$ disown -h %1

$ jobs -l
[1]+  3184 Running                 sleep 30 &
```

我们看到，在执行了命令"disown -h %1"后，作业 1 并没有从作业表中移除，但它已经被标记，所以即使 Shell 收到 SIGHUP 信号也不会向此作业发送 SIGHUP 信号。因此，如果此时我们退出 Shell，这个作业也仍将继续运行，而不会被终止。

> **注意**：如果使用内部命令 shopt 打开了 Shell 的 huponexit 选项，当一个交互式的登录 Shell 退出时，会向所有的作业发送 SIGHUP 信号。

13.2　进　　程

进程是 Linux 操作系统中最重要的基本概念之一，这一节我们将了解学习 Linux 进程的一些基础知识。

13.2.1　什么是进程

进程是运行在 Linux 中的程序的一个实例。这是一个你之前就可能已经听说过的基本定义。当你在 Linux 系统中执行一个程序时，系统会为这个程序创建特定的环境。这个环境包含系统运行这个程序所需的任何东西。

每当你在 Linux 中执行一个命令，它都会创建，或启动一个新的进程。比如，当你尝试运行命令"ls -l"来列出目录的内容时，你就启动了一个进程。如果有两个终端窗口显示在屏幕上，那么你可能运行了两次同样的终端程序，这时会有两个终端进程。每个终端窗口可能都运行了一个 Shell，每个运行的 Shell 都分别是一个进程。当你从 Shell 调用一个命令时，对应的程序就会在一个新进程中执行，当这个程序的进程执行完成后，Shell 的进程将恢复运行。

操作系统通过被称为 PID 或进程 ID 的数字编码来追踪进程。系统中的每一个进程都

有一个唯一的 PID。

现在我们通过一个实例来了解 Linux 中的进程。我们在 Shell 命令行下执行如下命令：

```
$ sleep 10 &
[1] 3324
```

因为程序会等待 10 秒，所以我们快速地在当前 Shell 上查找任何进程名为 sleep 的进程：

```
$ ps -ef | grep sleep
yantaol    3324    5712 cons1    17:11:46 /usr/bin/sleep
```

我们看到进程名为/usr/bin/sleep 的进程正运行在系统中（其 PID 与我们在上一命令中得到的 PID 相同）。

现在，我们尝试并行地从 3 个不同的终端窗口运行上述的 sleep 命令，上述命令的输出将类似如下所示：

```
$ ps -ef | grep sleep
yantaol     896    5712 cons1    17:16:51 /usr/bin/sleep
yantaol    5924    5712 cons1    17:16:52 /usr/bin/sleep
yantaol    2424    5712 cons1    17:16:50 /usr/bin/sleep
```

我们看到 sleep 程序的每一个实例都创建了一个单独的进程。

每个 Linux 进程还有另一个 ID 号码，即父进程的 ID（ppid）。系统中的每一个用户进程都有一个父进程。

命令"ps -f"就会列出进程的 PID 和 PPID。此命令的输出类似如下所示：

```
$ ps -f
   UID    PID    PPID TTY      STIME    COMMAND
yantaol   4124     228 cons0    21:37:09 /usr/bin/ps
yantaol    228       1 consC    21:32:23 /usr/bin/bash
```

你在 Shell 命令行提示符下运行的命令都把当前 Shell 的进程作为父进程。例如，你在 Shell 命令行提示符下输入 ls 命令，Shell 将执行 ls 命令，此时 Linux 内核会复制 Shell 的内存页，然后执行 ls 命令。

在 Unix 中，每一个进程是使用 fork 和 exec 方法创建的。然而，这种方法会导致系统资源的损耗。

在 Linux 中，fork 方法是使用写时拷贝内存页实现的，所以它导致的仅是时间和复制父进程的内存页表所需的内存的损失，并且会为子进程创建一个唯一的任务结构。写时拷贝模式在创建新进程时避免了创建不必要的结构拷贝。例如，用户在 Shell 命令行提示符下输出 ls 命令，Linux 内核将会创建一个 Shell 的子进程，即 Shell 的进程是父进程，而 ls 命令的进程是子进程，ls 命令的进程会指向与此 Shell 相同的内存页，然后子进程使用写时拷贝技术执行 ls 命令。

13.2.2 前台进程和后台进程

当你启动一个进程时（运行一个命令），可以如下两种方式运行该进程：
- 前台进程；

❑ 后台进程。

默认情况下,你启动的每一个进程都是运行在前台的。它从键盘获取输入并发送它的输出到屏幕。

当一个进程运行在前台时,我们不能在同一命令行提示符下运行任何其他命令(启动任何其他进程),因为在程序结束它的进程之前命令行提示符不可用。

启动一个后台进程最简单的方法是添加一个控制操作符"&"到命令的结尾(关于进程在前台和后台之间切换的内容,请参见 4.3.3 小节)。例如,如下命令将启动一个后台进程:

```
$ sleep 10 &
[1] 5720
$
```

现在 sleep 命令被放在后台运行。当 Bash 在后台启动一个作业时,它会打印一行内容显示作业编号([1])和进程号(PID - 5720)。当作业完成时,作业会发送类似如下的信息到终端程序,来显示此作业已完成,其内容类似如下所示:

```
[1]+  Done                    sleep 10
```

将进程放在后台运行的好处是:你可以继续运行其他命令,而不需要等待此进程运行完成再运行其他命令。

13.2.3 进程的状态

每个 Linux 进程都有它自己的生命周期,比如,创建、执行、结束和清除。每个进程也都有各自的状态,显示进程中当前正发生什么。进程可以有如下几种状态:

❑ D(不可中断休眠状态)——进程正在休眠并且不能恢复,直到一个事件发生为止。
❑ R(运行状态)——进程正在运行。
❑ S(休眠状态)——进程没有在运行,而在等待一个事件或是信号。
❑ T(停止状态)——进程被信号停止,比如,信号 SIGINT 或 SIGSTOP。
❑ Z(僵死状态)——标记为<defunct>的进程是僵死的进程,它们之所以残留是因为它们的父进程适当地销毁它们。如果父进程退出,这些进程将被 init 进程销毁。

若要查看指定进程的状态,可以使用如下命令:

```
$ ps -C processName -o pid=,cmd,stat
```

例如:

```
$ ps -C sleep -o pid=,cmd,stat
      CMD                     STAT
 9434 sleep 20                 S
```

13.2.4 实例:怎样查看进程

通过前面章节的一些实例的学习,想必你已经知道了使用 ps 命令可以查看进程的信息,但除了 ps 命令,我们还可以使用 pstree 命令和 pgrep 命令查看当前进程的信息。

使用 ps 命令，可以查看当前的进程。默认情况下，ps 命令只会输出当前用户并且是当前终端（比如，当前 Shell）下调用的进程的信息。其输出将类似如下所示：

```
$ ps
  PID TTY          TIME CMD
18639 pts/1    00:00:00 bash
19492 pts/1    00:00:00 ps
```

我们从上面的输出中可以看到，默认情况下，ps 命令会显示进程 ID（PID）、与进程关联的终端（TTY）、格式为 "[dd-]hh:mm:ss" 的进程累积 CPU 时间（TIME），以及可执行文件的名称（CMD）。并且，输出内容默认是不排序的。

使用标准语法显示系统中的每个进程：

```
$ ps -ef | head -2
UID        PID  PPID  C STIME TTY          TIME CMD
root         1     0  0 Jan14 ?        00:00:02 init [5]
```

使用 BSD 语法显示系统中的每个进程：

```
$ ps aux | head -2
USER       PID %CPU %MEM    VSZ   RSS TTY      STAT START   TIME COMMAND
root         1  0.0  0.0   2160   648 ?        Ss   Jan14   0:02 init [5]
```

使用 BSD 样式选项会增加进程状态（STAT）等信息作为默认显示，你也可以使用 PS_FORMAT 环境变量重写默认的输出格式。

查看系统中 httpd 进程的信息：

```
$ ps aux | grep httpd
```

使用 pstree 命令，可以显示进程树的信息：

```
-bash-3.2$ pstree
init-+-acpid
     |-albd_server---syncmgr_server
     |-atd
     |-auditd-+-audispd---{audispd}
     |        `-{auditd}
     |-automount---11*[{automount}]
     |-avahi-daemon---avahi-daemon
     |-brcm_iscsiuio---3*[{brcm_iscsiuio}]
     |-crond---crond-+-sendmail
     |               `-sh---python
     |-dbus-daemon
     |-dnsmasq
     |-events/0
     |-events/1
     |-gdm-binary---XKeepsCrashing---gdmopen---XKeepsCrashing---dialog
     |-gdm-rh-security---{gdm-rh-security}
     |-gmond---check_cpu---check_cpu-+-awk
     |                               |-grep
     |                               `-sar---sadc
     |-hald---hald-runner-+-hald-addon-acpi
     |                    |-hald-addon-keyb
     |                    `-hald-addon-stor
     |-hcid
     |-hidd
```

```
        |-hpiod
        |-hpssd.py
        |-2*[iscsid]
        |-khelper
        |-klogd
        |-krfcommd
        |-ksoftirqd/0
        |-ksoftirqd/1
        |-kthread-+-aio/0
        |         |-aio/1
        |         |-ata/0
        |         |-ata/1
        |         |-ata_aux
        |         |-cqueue/0
        |         |-cqueue/1
        |         |-hd-audio0
        |         |-ib_addr
        |         |-ib_cm/0
        |         |-ib_cm/1
        |         |-ib_inform
        |         |-ib_mcast
        |         |-iscsi_eh
        |         |-iw_cm_wq
        |         |-kacpid
        |         |-kauditd
        |         |-kblockd/0
        |         |-kblockd/1
        |         |-khubd
        |         |-khungtaskd
        |         |-2*[kjournald]
        |         |-kmpath_handlerd
        |         |-kmpathd/0
        |         |-kmpathd/1
        |         |-kondemand/0
        |         |-kondemand/1
        |         |-kpsmoused
        |         |-kseriod
        |         |-kstriped
        |         |-kswapd0
        |         |-local_sa
        |         |-nfsiod
        |         |-2*[pdflush]
        |         |-rdma_cm
        |         |-rpciod/0
        |         `-rpciod/1
        |-libvirtd---6*[{libvirtd}]
        |-lockd
        |-migration/0
        |-migration/1
        |-6*[mingetty]
        |-nscd---7*[{nscd}]
        |-ntpd
        |-pcscd---2*[{pcscd}]
        |-portmap
        |-rpc.idmapd
        |-rpc.statd
        |-sdpd
        |-2*[sendmail]
        |-sesman---{sesman}
        |-smartd
        |-socks5
```

```
|-sshd-+-sshd---sshd---csh---csh
|      `-sshd---bash---su---bash---pstree
|-syslogd
|-udevd
|-vsftpd
|-watchdog/0
|-watchdog/1
|-xfs
|-xinetd
|-xrdp
`-ypbind---2*[{ypbind}]
```

pstree 命令以树形结构的形式显示系统中所有当前运行的进程的信息。此树形结构以指定的 PID 为根，若没有指定 PID，则以 init 进程为根。下面，我们看一个显示指定 PID 的进程树的例子：

```
$ pstree 4578
httpd------11*[httpd]
```

上述输出内容的含义是，PID 是 4578 的 httpd 进程下有 11 个 httpd 子进程。在显示时，pstree 命令会将一样的分支合并到一个方括号中，并在方括号前显示重复的次数。

如果 pstree 命令指定的参数是用户名，那么就会显示以此用户的进程为根的所有进程树的信息。其显示内容将类似如下所示：

```
$ pstree yantaol
Xvnc

dbus-daemon

dbus-launch

dcopserver

gconfd-2

kded

kdeinit-+-bt-applet
        |-esc-+-esc---9*[{esc}]
        |     `-esc---6*[{esc}]
        |-2*[kio_file]
        |-kio_media
        |-klauncher
        `-kwin

kdesktop

kicker

klipper

ksmserver

bash---pstree

start_kdeinit

xstartup---startkde---kwrapper
```

使用 pgrep 命令，可以基于名称或其他属性查找进程。

pgrep 命令会检查当前运行的进程，并列出与选择标准相匹配的进程的 ID。例如，查看 root 用户的 sshd 进程的 PID：

```
$ pgrep -u root sshd
2877
6572
18563
```

列出所有者是 root 和 daemon 的进程的 PID：

```
$ pgrep -u root,daemon
```

13.2.5　实例：向进程发送信号

我们可以使用键盘或 pkill 命令、kill 命令和 killall 命令向进程发送各种信号。

在 Bash 下，我们可以使用键盘发送信号，如表 13.2 所示。

表 13.2　组合键

组合键	含义
Ctrl+C	中断信号，发送 SIGINT 信号到运行在前台的进程
Ctrl+Y	延时挂起信号，使运行的进程在尝试从终端读取输入时停止。控制权返回给 Shell，使用户可以将进程放在前台或后台，或杀掉该进程
Ctrl+Z	挂起信号，发送 SIGTSTP 信号到运行的进程，由此将其停止，并将控制权返回给 Shell

大多数主流的 Shell，包括 Bash，都有内置的 kill 命令。Linux 系统中，也有 kill 命令，即 /bin/kill。如果使用 /bin/kill，则系统可能会激活一些额外的选项，比如，杀掉不是你自己的进程，或指定进程名作为参数，类似于 pgrep 和 pkill 命令。不过两种 kill 命令默认都是发送 SIGTERM 信号。

当准备杀掉一个进程或一连串的进程时，我们的常识是从尝试发送最安全的信号开始，即 SIGTERM 信号。以这种方式，关心正常停止运行的程序，当它收到 SIGTERM 信号时，有机会按照已经设计好的流程执行，比如，清理和关闭打开的文件。如果你发送一个 SIGKILL 信号到进程，你将消除进程先清理而后关闭的机会，而这可能会导致不幸的结果。但如果一个有序地终结不管用，那么发送 SIGINT 或 SIGKILL 信号就可能是唯一的方法了。例如，当一个前台进程使用 Ctrl+C 组合键杀不掉时，那最好就使用命令"kill -9 PID"了。

在 13.1.2 小节的学习中，我们已经了解，kill 命令可以发送多种信号到进程。特别有用的信号包括：

- ❑ SIGHUP（1）；
- ❑ SIGINT（2）；
- ❑ SIGKILL（9）；
- ❑ SIGCONT（18）；
- ❑ SIGSTOP（19）。

在 Bash 中，信号名或信号值都可作为 kill 命令的选项，而作业号或进程号则作为 kill 命令的参数。

实例 1：发送 SIGKILL 信号到 PID 是 123 的进程。

```
$ kill -9 123
```

或是：

```
$ kill -KILL 123
```

也可以是：

```
$ kill -SIGKILL 123
```

实例 2：使用 kill 命令终结一个作业。

```
#将 sleep 命令放在后台执行，休眠 30 秒
$ sleep 30 &
[1] 20551

#列出当前 Shell 下所有作业的信息
$ jobs -l
[1]+ 20551 Running                 sleep 30 &

#终结作业 1
$ kill %1

#查看当前 Shell 下的作业的信息
$ jobs -l
[1]+ 20551 Terminated              sleep 30
```

killall 命令会发送信号到运行任何指定命令的所有进程。所以，当一个进程启动了多个实例时，使用 killall 命令来杀掉这些进程会更方便些。

> **注意**：在生产环境中，若没有经验，使用 killall 命令之前请先测试该命令，因为在一些商业 Unix 系统中，它可能不像所期望的那样工作。

如果没有指定信号名，killall 命令会默认发送 SIGTERM 信号。例如，使用 killall 命令杀掉所有 firefox 进程：

```
$ killall firefox
```

发送 KILL 信号到 firefox 的进程：

```
$ killall -s SIGKILL firefox
```

使用 pkill 命令，可以通过指定进程名、用户名、组名、终端、UID、EUID 和 GID 等属性来杀掉相应的进程。pkill 命令默认也是发送 SIGTERM 信号到进程。

实例 1：使用 pkill 命令杀掉所有用户的 firefox 进程。

```
$ pkill firefox
```

实例 2：强制杀掉用户 yantaol 的 firefox 进程。

```
$ pkill -KILL -u yantaol firefox
```

实例 3：让 sshd 守护进程重新加载它的配置文件。

```
$ pkill -HUP sshd
```

13.2.6 关于子 Shell

子 Shell 是由 Shell 或 Shell 脚本运行的子进程。当你在 Shell 命令行提示符下，运行一个 Shell 脚本时，它会创建一个叫做子 Shell 的新进程，你的脚本将会使用这个子 Shell 来运行。

子 Shell 是命令处理程序（提供给你命令行提示符的 Shell 或是一个 xterm 窗口）的一个单独实例。就像你的命令在命令行提示符下被解释，类似地，脚本批处理一连串命令。实际上，每个运行的 Shell 脚本都是父 Shell 的子进程。

Shell 脚本可以自己启动子进程。这些子 Shell 让脚本可以做并行处理，实际上是同时执行多个子任务。

下面，我们来看一个会产生子 Shell 的脚本 subshell_test.sh，此脚本的内容如下：

```
#!/bin/bash -
#===============================================================================
#
#          FILE: subshell_test.sh
#
#         USAGE: ./subshell_test.sh
#
#   DESCRIPTION:
#
#       OPTIONS: ---
#  REQUIREMENTS: ---
#          BUGS: ---
#         NOTES: ---
#        AUTHOR: Liu Yantao (Tom), yantao.freedom@icloud.com
#  ORGANIZATION:
#       CREATED: 01/19/2014 16:41
#      REVISION:  ---
#===============================================================================

(
# 内部圆括号，即是一个 subshell
while [ 1 ]    # Endless loop.
do
  echo "Subshell running . . ."
done
)

# 脚本会一直运行，直到你输入 Ctrl+C 组合键为止

exit $?    # 脚本结束，但永远不会运行到这里
```

接下来，运行该脚本：

```
$ chmod +x subshell_test.sh
$ sh subshell_test.sh
```

当这个脚本运行后，我们在另一个终端窗口，运行如下命令：

```
$ ps -ef | grep subshell_test.sh
    UID       PID      PPID TTY         STIME   COMMAND
 yantaol    2404      3356 pts/4      16:44:57  /usr/bin/sh subshell_test.sh
 yantaol    4572      2404 pts/4      16:44:57  /usr/bin/sh subshell_test.sh
```

从上面命令的输出中我们看到，有两个同名的进程，其中 PID 是 2404 的进程是脚本 subshell_test.sh 自身，而 PID 是 4572 的进程就是其子 Shell。

通常，脚本中的外部命令会分支出一个子进程，而 Bash 的内部命令不会。由此，与外部命令相比，Bash 的内部命令执行得更快，并且使用更少的系统资源。

通过上面的脚本实例你可能已经想到，内嵌在圆括号内的命令列表被作为一个子 Shell 运行。其语法如下所示：

```
( command1; command2; command3; .. )
```

子 Shell 中的变量在子 Shell 的代码块之外是不可见的。它们不能被传到启动这个子 Shell 的 Shell（父进程）。实际上，这些变量是子 Shell 的本地变量。

下面，我们通过一个实例脚本 subshell_var.sh，来进一步了解子 Shell 中的变量的作用范围，此脚本的内容如下：

```
#!/bin/bash -
#==============================================================
=========
#
#          FILE: subshell_var.sh
#
#         USAGE: ./subshell_var.sh
#
#   DESCRIPTION:
#
#       OPTIONS: ---
#  REQUIREMENTS: ---
#          BUGS: ---
#         NOTES: ---
#        AUTHOR: Liu Yantao (Tom), yantao.freedom@icloud.com
#  ORGANIZATION:
#       CREATED: 01/19/2014 17:23
#      REVISION: ---
#==============================================================
=========

echo "We are outside the subshell."
echo "Subshell level OUTSIDE subshell = $BASH_SUBSHELL"
echo; echo

outer_variable=Outer
global_variable=
#  先定义一个变量，看能否存储子 Shell 中变量的值

(
echo "We are inside the subshell."
echo "Subshell level INSIDE subshell = $BASH_SUBSHELL"
inner_variable=Inner

echo "From inside subshell, \"inner_variable\" = $inner_variable"
echo "From inside subshell, \"outer_variable\" = $outer_variable"
```

```
    global_variable="$inner_variable"
    export global_variable
)

echo; echo
echo "We are outside the subshell."
echo "Subshell level OUTSIDE subshell = $BASH_SUBSHELL"
echo

if [ -z "$inner_variable" ]      #如果变量$inner_variable的值的长度为0
then
  echo "inner_variable undefined in main body of shell"
else
  echo "inner_variable defined in main body of shell"
fi

echo "From main body of shell, \"inner_variable\" = $inner_variable"
echo "global_variable = $global_variable"

echo

# ===========================================================================

# 附加部分

echo "------------------"; echo

var=41                                              # Global variable

( let "var+=1"; echo "\$var INSIDE subshell = $var" )

echo "\$var OUTSIDE subshell = $var"

exit 0
```

此脚本的运行结果将类似如下所示：

```
$ chmod +x subshell_var.sh
$ ./subshell_var.sh
We are outside the subshell.
Subshell level OUTSIDE subshell = 0


We are inside the subshell.
Subshell level INSIDE subshell = 1
From inside subshell, "inner_variable" = Inner
From inside subshell, "outer_variable" = Outer


We are outside the subshell.
Subshell level OUTSIDE subshell = 0

inner_variable undefined in main body of shell
From main body of shell, "inner_variable" =
global_variable =

------------------

$var INSIDE subshell = 42
$var OUTSIDE subshell = 41
```

从输出的结果中可以看到，在脚本的主代码块中，变量 inner_variable 被认为是未定义的，因为此变量仅定义在了子 Shell 的代码块中，是子 Shell 的本地变量。还有，在子 Shell 中对变量 global_variable 的赋值也没有被传递到脚本的主代码块。在脚本后面的附加部分中，变量 var 的值在子 Shell 中被加 1，但变量 var 值在脚本的主代码块中并没有被改变。所以，即使对于全局变量，在子 Shell 中操作此变量，也不会改变变量在子 Shell 之外的值。

利用子 Shell 的这个特性，我们可以使用子 Shell 来为一些命令集合设置一个专用环境，比如，下面的示例所示：

```
COMMAND1
COMMAND2
COMMAND3
(
 IFS=:
 PATH=/bin
 unset TERMINFO
 set -C
 shift 5
 COMMAND4
 COMMAND5
 exit 3 # 只是推出这个子 Shell
)
COMMAND6
```

如上所示，我们就可以在子 Shell 内为 COMMAND4 和 COMMAND5 设置一个独立的环境。子 Shell 中的 exit 命令也只会退出它所运行的子 Shell，而不是父 Shell 或脚本。

你可能已经注意到，在前面的脚本 subshell_var.sh 中，我们还使用了变量 BASH_SUBSHELL，它是 Bash 的内部变量，此变量的值会指示子 Shell 的嵌套深度。Bash 还有一个内部变量 SHLVL，此变量的值指示 Bash 的嵌套深度。如果是在命令行下，则 $SHLVL 的值是 1，而在脚本中，$SHLVL 的值将增加为 2。

下面，我们通过一个实例脚本 valueof_bash_subshell.sh 来了解变量 BASH_SUBSHELL 和 SHLVL 的值，其脚本内容如下：

```
#!/bin/bash -
#===============================================================
#
#          FILE: valueof_bash_subshell.sh
#
#         USAGE: ./valueof_bash_subshell.sh
#
#   DESCRIPTION:
#
#       OPTIONS: ---
#  REQUIREMENTS: ---
#          BUGS: ---
#         NOTES: ---
#        AUTHOR: Liu Yantao (Tom), yantao.freedom@icloud.com
#  ORGANIZATION:
#       CREATED: 01/19/2014 18:44
#      REVISION: ---
#===============================================================

echo "\$BASH_SUBSHELL outside subshell = $BASH_SUBSHELL"
```

```
( echo "\$BASH_SUBSHELL inside subshell = $BASH_SUBSHELL" )
( ( echo "\$BASH_SUBSHELL inside nested subshell = $BASH_SUBSHELL" ) )
echo

echo "\$SHLVL outside subshell = $SHLVL"
( echo "\$SHLVL inside subshell = $SHLVL" )
```

此脚本的运行结果将类似如下所示：

```
$BASH_SUBSHELL outside subshell = 0
$BASH_SUBSHELL inside subshell = 1
$BASH_SUBSHELL inside nested subshell = 2

$SHLVL outside subshell = 2
$SHLVL inside subshell = 2
```

13.3 捕 获

到目前为止，我们在本书所见的脚本中还没有需要信号处理功能的，因为它们的内容相对比较简单，执行时间很短，而且不会创建临时文件。而对于较大的或者更复杂的脚本来说，如果脚本具有信号处理机制可能就比较有用了。

当我们设计一个大且复杂的脚本时，考虑到当脚本运行时出现用户退出或系统关机会发生什么是很重要的。当这样的事件发生时，一个信号将会发送到所有受影响的进程。相应地，这些进程的程序可以采取一些措施以确保程序正常有序地终止。比如说，我们编写了一个会在执行时生成临时文件的脚本。在好的设计过程中，我们会让脚本在执行完成时删除这些临时文件。同样聪明的做法是，如果脚本接收到了指示程序将提前结束的信号，也应删除这些临时文件。接下来，就让我们开始学习，如何在脚本中进行这些处理。

13.3.1 trap 语句

Bash 的内部命令 trap，让我们可以在 Shell 脚本内捕获特定的信号并对它们进行处理。trap 命令的语法如下所示：

```
$ trap command signal [ signal … ]
```

上述语法中，command 可以是一个脚本或是一个函数。signal 既可以用信号名，也可以用信号值指定。你可以不指定任何参数，而直接使用 trap 命令，它将会打印与每个要捕获的信号相关联的命令的列表。

当 Shell 收到信号 signal(s)时，command 将被读取和执行。比如，如果 signal 是 0 或 EXIT 时，command 会在 Shell 退出时被执行。如果 signal 是 DEBUG 时，command 会在每个命令后被执行。signal 也可以被指定为 ERR，那么每当一个命令以非 0 状态退出时，command 就会被执行（注意，当非 0 退出状态来自一个 if 语句部分，或来自 while、until 循环时，command 不会被执行）。

下面我们通过几个简单的实例来学习 trap 命令的用法。

首先，我们定义一个变量 FILE：

```
$ FILE=`mktemp -u /tmp/testtrap.$$.XXXXXX`
```

这里使用 mktemp 命令创建一个临时文件；使用-u 选项，表示并不真正创建文件，只是打印生成的文件名；"XXXXXX"表示生成 6 位随机字符。

然后，我们定义捕获错误信号：

```
$ trap "echo There exist some error!" ERR
```

查看已经定义的捕获：

```
$ trap
trap -- 'echo There exist some error!' ERR
```

此时，当我们尝试使用 rm 命令删除变量$FILE 代表的并不存在的文件时，就会显示类似如下的错误信息：

```
$ rm $FILE
rm: cannot remove `/tmp/testtrap.8020.zafuo4': No such file or directory
There exist some error!
```

从上面的输出中我们看到，Shell 捕获到了文件/tmp/testtrap.8020.zafuo4 不存在的这个错误信号，并执行了 echo 命令，显示了我们指定的错误信息。

当调试较大的脚本时，你可能想要赋予某个变量一个踪迹属性，并捕获变量的调试信息。通常，你可能只使用一个简单的赋值语句，比如，VARIABLE=value，来定义一个变量。若使用类似如下的语句替换上述的变量定义，可能会为你提供更有用的调试信息：

```
# 声明变量 VARIABLE，并赋予其踪迹属性
declare -t VARIABLE=value
# 捕获 DEBUG
trap "echo VARIABLE is being used here." DEBUG

#脚本的余下部分
```

现在，我们创建一个名称为 testtrap1.sh 的脚本，其内容如下所示：

```
#!/bin/bash

#捕获退出状态 0
trap 'echo "Exit 0 signal detected..."' 0

# 打印信息
echo "This script is used for testing trap command."

# 以状态（信号）0 退出此 Shell 脚本
exit 0
```

此脚本运行结果将类似如下所示：

```
$ chmod +x testtrap1.sh
$ ./testtrap1.sh
This script is used for testing trap command.
Exit 0 signal detected...
```

在上述的脚本中，trap 命令语句设置了一个当脚本以 0 状态退出时的捕获，所以当脚本以 0 状态退出时，会打印一条信息"Exit 0 signal detected…"。

我们再创建一个名称为 testtrap2.sh 的脚本，其内容类似如下所示：

```bash
#!/bin/bash

#捕获信号SIGINT，然后打印相应信息
trap "echo 'You hit control+C! I am ignoring you.'" SIGINT

#捕获信号SIGTERM，然后打印相应信息
trap "echo 'You tried to kill me! I am ignoring you.'" SIGTERM

#循环5次
for i in {1..5}; do

  echo "Iteration $i of 5"
   #暂停5秒
   sleep 5

#结束for循环
done
```

当你运行上述脚本时，如果敲击 CTRL+C 组合键，将会中断 sleep 命令，进入下一次循环，并看到输出信息"You hit control+C! I am ignoring you."，但脚本 testtrap2.sh 并不会停止运行。此脚本的运行结果将类似如下所示：

```
$ chmod +x ./testtrap2.sh
$ sh ./testtrap2.sh
Iteration 1 of 5
You hit control+C! I am ignoring you.
Iteration 2 of 5
Iteration 3 of 5
Iteration 4 of 5
You hit control+C! I am ignoring you.
Iteration 5 of 5
```

当将上述脚本放在后台运行时，如果我们同时在另一个终端窗口尝试使用 kill 命令终结此脚本，此脚本并不会被终结，而是会显示信息"You tried to kill me! I am ignoring you."，此脚本的运行结果将会类似如下所示：

```
$ sh ./testtrap2.sh &
[1] 2320
$ Iteration 1 of 5
You tried to kill me! I am ignoring you.
Iteration 2 of 5
Iteration 3 of 5
Iteration 4 of 5
You tried to kill me! I am ignoring you.
Iteration 5 of 5
You tried to kill me! I am ignoring you.

[1]+  Done                    sh ./testtrap2.sh
```

有时，接收到一个信号后你可能不想对其做任何处理。比如，当你的脚本处理较大的文件时，你可能希望阻止一些错误地输入 Ctrl+C 或 Ctrl+\组合键的做法，并且希望它能执行完成而不被用户中断。这时就可以使用空字符串（" "或' '）作为 trap 的命令参数，那么 Shell 将忽略这些信号。其用法类似如下所示：

```
$ trap ' ' SIGHUP SIGINT [ signal … ]
```

13.3.2 实例：使用 trap 语句捕获信号

通过前面内容的学习，我们已经知道，信号多用于以友好的方式结束一个进程的执行，即允许进程在退出之前有机会做一些清理工作。然而，信号同样还可用于其他用途。例如，当终端窗口的大小改变时，在此窗口中运行的 Shell 都会接收到信号 SIGWINCH。通常，这个信号是被忽略的，但是，如果一个程序关心窗口大小的变化，它就可以捕获这个信号，并用特定的方式处理它。

🔔 **注意**：除 SIGKILL 信号以外，其他任何信号都可以被捕获并通过调用 C 函数 signal 处理。

接下来，我就以一个脚本为实例演示捕获并处理 SIGWINCH 信号。我们创建名为 sigwinch_handler.sh 的脚本，其内容如下所示：

```bash
#!/bin/bash -
#===============================================================
#
#          FILE: sigwinch_handler.sh
#
#         USAGE: ./sigwinch_handler.sh
#
#   DESCRIPTION:
#
#       OPTIONS: ---
#  REQUIREMENTS: ---
#          BUGS: ---
#         NOTES: ---
#        AUTHOR: Liu Yantao (Tom), yantao.freedom@icloud.com
#  ORGANIZATION:
#       CREATED: 02/06/2014 14:49
#      REVISION: ---
#===============================================================

# 打印信息
echo "Adjust the size of your window now."
# 捕获 SIGWINCH 信号
trap "echo Window size changed." SIGWINCH

# 定义变量 COUNT
COUNT=0

# while 循环 30 次
while [ $COUNT -lt 30 ] ; do

  #将 COUNT 变量的值加 1
  COUNT=$(($COUNT + 1))
  # 休眠 1 秒
  sleep 1

# 结束 while 循环
done
```

当上述的 Shell 脚本运行时，若改变了此脚本运行所在终端窗口的大小，脚本的进程就会收到 SIGWINCH 信号，从而调用 chwinsize 函数，以作出相应的处理。此脚本的运行结果将类似如下所示：

```
$ chmod +x sigwinch_handler.sh
$ ./sigwinch_handler.sh
Adjust the size of your window now.
Window size changed.
Window size changed.
```

我们通过上一小节的学习已经知道，在 trap 命令中可以调用函数来处理相应的信号。下面我们就以脚本 trapbg_clearup.sh 为例，来进一步学习如何使用 trap 语句调用函数来处理信号，其脚本内容如下所示：

```bash
#!/bin/bash -
#===============================================================
#
#          FILE: trapbg_clearup.sh
#
#         USAGE: ./trapbg_clearup.sh
#
#   DESCRIPTION:
#
#       OPTIONS: ---
#  REQUIREMENTS: ---
#          BUGS: ---
#         NOTES: ---
#        AUTHOR: Liu Yantao (Tom), yantao.freedom@icloud.com
#  ORGANIZATION:
#       CREATED: 02/06/2014 21:15
#      REVISION: ---
#===============================================================

# 捕获 INT 和 QUIT 信号，如果收到这两个信号，则执行函数 my_exit 后退出
trap 'my_exit; exit' SIGINT SIGQUIT

# 捕获 HUP 信号
trap 'echo Going down on a SIGHUP - signal 1, no exiting...; exit' SIGHUP

# 定义 count 变量
count=0
# 创建临时文件
tmp_file=`mktemp /tmp/file.$$.XXXXXX`

# 定义函数 my_exit
my_exit()
{
  echo "You hit Ctrl-C/Ctrl-\, now exiting…"
  # 清除临时文件
  rm -f $tmp_file >& /dev/null
}

# 向临时文件写入信息
echo "Do someting..." > $tmp_file

# 执行无限 while 循环
while :
do
```

```
    # 休眠 1 秒
    sleep 1
    # 将 count 变量的值加 1
    count=$(expr $count + 1)
    # 打印 count 变量的值
    echo $count
done
```

当上述脚本运行时,接收到 SIGINT 或 SIGQUIT 信号后会调用 my_exit 函数后退出(trap 命令列表中的 exit 命令),my_exit 函数会做一些清理临时文件的操作。我们运行此脚本,然后在另一个终端窗口中查看此脚本创建的临时文件:

```
$ ls -trl /tmp/ | tail -1
```

将会看到类似如下的文件信息:

```
-rw------- 1 yantaol yantaol   15 Feb  6 22:09 file.6668.RI6669
```

现在,在脚本运行的终端窗口,我们输入 Ctrl+C 或 Ctrl+\组合键来终结或退出此脚本,将会看到类似如下的信息:

```
$ ./trapbg_clearup.sh
1
2
3
4
5
6
7
8
9
You hit Ctrl+C/Ctrl+\, now exiting…
```

然后我们再查看一下脚本创建的临时文件是否已被清理:

```
$ ls -l /tmp/file.6668.RI6669
ls: /tmp/file.6668.RI6669: No such file or directory
```

当脚本运行在后台时,同样可以捕获信号。我们将上例中的脚本 trapbg_clearup.sh 放在后台运行:

```
$ ./trapbg_clearup.sh &
[1] 16957
$ 1
2
3
```

现在从另一个终端窗口,发送 HUP 信号来杀掉这个运行脚本的进程:

```
$ kill -1 16957
```

现在,在脚本运行的终端窗口,将看到类似如下的信息:

```
$ ./trapbg_clearup.sh &
[1] 16957
$ 1
2
3
```

```
4
5
6
7
8
9
10
Going down on a SIGHUP - signal 1, now exiting...
[1]+  Done                    ./trapbg_clearup.sh
```

Bash 中有两个内部变量可以方便地在处理信号时，为我们提供更多的与脚本终结相关的信息。这两个变量分别是 LINENO 和 BASH_COMMAND。BASH_COMMAND 是 Bash 中特有的。这两个变量分别用于报告脚本当前执行的行号和脚本当前运行的命令。

下面，我们以脚本 trap_report.sh 为实例，学习如何在脚本中使用变量 LINENO 和 BASH_COMMAND 在脚本终结时为我们提供更多的错误信息，其脚本内容类似如下所示：

```
#!/bin/bash -
#===============================================================
#
#          FILE: trap_report.sh
#
#         USAGE: ./trap_report.sh
#
#   DESCRIPTION:
#
#       OPTIONS: ---
#  REQUIREMENTS: ---
#          BUGS: ---
#         NOTES: ---
#        AUTHOR: Liu Yantao (Tom), yantao.freedom@icloud.com
#  ORGANIZATION:
#       CREATED: 02/07/2014 15:05
#      REVISION: ---
#===============================================================

# 捕获 SIGHUP、SIGINT 和 SIGQUIT 信号。如果收到这些信号，将执行函数 my_exit 后退出
trap 'my_exit $LINENO $BASH_COMMAND; exit' SIGHUP SIGINT SIGQUIT

# 函数 my_exit
my_exit()
{
  # 打印脚本名称，及信号被捕获时所运行的命令和行号
  echo "$(basename $0)  caught error on line : $1 command was: $2"
  # 将信息记录到系统日志中
  logger -p notice "script: $(basename $0) was terminated: line: $1, command was $2"
  # 其他一些清理命令
}

# 执行无限 while 循环
while :
do

  # 休眠 1 秒
  sleep 1
  # 将变量 count 的值加 1
  count=$(expr $count + 1)
```

```
# 打印 count 变量的值
echo $count

done
```

当上述脚本运行时，向脚本发送 SIGHUP、SIGINT 和 SIGQUIT 信号后，脚本将会调用 my_exit 函数，此函数将解析参数$1(LINENO)和$2(BASH_COMMAND)，显示信号被捕获时脚本所运行的命令及其行号，同样 logger 语句会记录信息到日志文件/var/log/messages 中。如果需要，还可以在此函数中执行一些清理命令，然后脚本将会退出（trap 命令列表中的 exit 命令）。此脚本的运行结果将会类似如下所示：

```
$ ./trap_report.sh
1
2
3
4
5
trap_report.sh caught error on line : 34 command was: sleep
```

在/var/log/messages 文件中，将会看到一条类似如下的记录：

```
Feb  7 16:48:13 localhost yantaol: script: trap_report.sh was terminated:
line: 34, command was sleep
```

我们在上一小节中已经学习了，使用 trap 语句可以忽略信号。你也同样可以在脚本的一部分中忽略某些信号，然后，当你希望捕获这些信号时，可以重新定义它们来采取一些行动。我们以脚本 trapoff_on.sh 为例，在此脚本中我们将忽略信号 SIGINT 和 SIGQUIT，直到 sleep 命令结束运行后为止。然后当下一个 sleep 命令开始时，如果接收到终结信号，trap 语句将采取相应的行动。其脚本的内容如下所示：

```
#!/bin/bash -
#===============================================================
#
#        FILE: trapoff_on.sh
#
#       USAGE: ./trapoff_on.sh
#
#   DESCRIPTION:
#
#     OPTIONS: ---
# REQUIREMENTS: ---
#        BUGS: ---
#       NOTES: ---
#      AUTHOR: Liu Yantao (Tom), yantao.freedom@icloud.com
# ORGANIZATION:
#     CREATED: 02/07/2014 20:34
#    REVISION: ---
#===============================================================

# 忽略 SIGINT 和 SIGQUIT 信号
trap '' SIGINT SIGQUIT
# 打印提示信息
echo "You cannot terminate using ctrl+c or ctrl+\!"
# 休眠 10 秒
sleep 10
```

```
# 重新捕获 SIGINT 和 SIGQUIT 信号。如果捕获到这两个信号，则打印信息后退出
# 现在可以中断脚本了
trap 'echo Terminated!; exit' SIGINT SIGQUIT
# 打印提示信息
echo "OK! You can now terminate me using those keystrokes"
# 休眠 10 秒
sleep 10
```

此脚本的运行结果将类似如下所示：

```
$ chmod +x trapoff_on.sh
$ ./trapoff_on.sh
You cannot terminate using ctrl+c or ctrl+\!
OK! You can now terminate me using those keystrokes.
Terminated!
```

13.3.3 实例：移除捕获

如果我们在脚本中应用了捕获，我们通常会在脚本的结尾处，将接收到信号时的行为处理重置为默认模式。重置（移除）捕获的语法如下所示：

```
$ trap - signal [ signal … ]
```

从上述语法中可以看出，使用破折号作为 trap 语句的命令参数，就可以移除信号的捕获。

下面，我们以脚本 trap_reset.sh 为例，来学习如何在脚本中移除先前定义的捕获。其脚本的内容类似如下所示：

```
#!/bin/bash -
#===============================================================================
#
#          FILE: trap_reset.sh
#
#         USAGE: ./trap_reset.sh
#
#   DESCRIPTION:
#
#       OPTIONS: ---
#  REQUIREMENTS: ---
#          BUGS: ---
#         NOTES: ---
#        AUTHOR: Liu Yantao (Tom), yantao.freedom@icloud.com
#  ORGANIZATION:
#       CREATED: 02/07/2014 21:09
#      REVISION: ---
#===============================================================================

# 定义函数 cleanup
function cleanup {
  # 如果变量 msgfile 所指定的文件存在
  if [[ -e $msgfile ]]; then

    # 将文件重命名（或移除）
    mv $msgfile $msgfile.dead
  fi
```

```
 #退出
 exit
}

# 捕获 INT 和 TERM 信号
trap cleanup INT TERM

# 创建一个临时文件
msgfile=`mktemp /tmp/testtrap.$$.XXXXXX`
# 通过命令行向此临时文件中写入内容
cat > $msgfile

# 接下来,发送临时文件的内容到指定的邮件地址,你自己完善此部分代码
# send the contents of $msgfile to the specified mail address...

# 删除临时文件
rm $msgfile

# 移除信号 INT 和 TERM 的捕获
trap - INT TERM
```

上述脚本中,在用户已经完成了发送邮件的操作之后,临时文件会被删除。这时,因为已经不再需要清理操作,我们可以重置信号的捕获到默认状态,所以我们在脚本的最后一行重置了 INT 和 TERM 信号的捕获。

13.4 小　　结

下面我们总结一下本章所学的主要知识。

在 Linux 系统和其他类 Unix 或 Unix 操作系统中,信号被用于进程间的通信。

信号是一个发送到某个进程或同一进程中的特定线程的异步通知,用于通知发生的一个事件。

在 Linux 中,信号在处理异常和中断方面,扮演了极其重要的角色。

当一个事件发生时,会产生一个信号,然后内核会将事件传递到接收的进程。

运行在用户模式下的进程会接收信号。如果接收的进程正运行在内核模式,那么信号的执行只有在该进程返回到用户模式时才会开始。

当进程收到一个信号时,可能会发生以下 3 种情况:

- ❑ 进程可能会忽略此信号。有些信号不能被忽略,而有些没有默认行为的信号,默认会被忽略。
- ❑ 进程可能会捕获此信号,并执行一个被称为信号处理器的特殊函数。
- ❑ 进程可能会执行信号的默认行为。例如,信号 15(SIGTERM)的默认行为是结束进程。

在 Shell 命令行提示符下,输入 "kill -l" 命令,可以显示所有信号的信号值和相应的信号名。

由 Bash 运行的非内部命令会使用 Shell 从其父进程继承的信号处理程序。

默认情况下,Shell 接收到 SIGHUP 信号后会退出。在退出之前,一个交互式的 Shell

会向所有的作业，不管是正在运行的还是已停止的，重新发送 SIGHUP 信号。

若要阻止 Shell 向某个特定的作业发送 SIGHUP 信号，可以使用内部命令 disown 将它从作业表中移除，或是用"disown -h"命令阻止 Shell 向特定的作业发送 SIGHUP 信号，但并不会将特定的作业从作业表中移除。

进程是运行在 Linux 中的程序的一个实例。

每当你在 Linux 中执行一个命令，它都会创建或启动一个新的进程。

有两种运行方式的进程：前台进程和后台进程。

进程可以有 5 种状态：不可中断休眠状态（D）、运行状态（R）、休眠状态（S）、停止状态（T）和僵死状态（Z）。

使用 ps 命令，可以查看当前的进程；使用 pstree 命令，可以显示进程树的信息；使用 pgrep 命令，可以基于名称或其他属性查找进程。

当准备杀掉一个进程或一连串的进程时，我们的常识是从尝试发送最安全的信号开始，即 SIGTERM 信号。

如果发送一个 SIGKILL 信号到进程，将消除进程先清理而后关闭的机会，这可能导致不幸的结果。但如果一个有序地终结不管用，那么发送 SIGINT 或 SIGKILL 信号就可能是唯一的方法了。

killall 命令会发送信号到运行任何指定命令的所有进程。

使用 pkill 命令，可以通过指定进程名、用户名、组名、终端、UID、EUID 和 GID 等属性来杀掉相应的进程。pkill 命令默认也是发送 SIGTERM 信号到进程。

Bash 的内部命令 trap，让我们可以在 Shell 脚本内捕获特定的信号并对它们进行处理。

使用空字符串（" "或''）作为 trap 的命令参数，可以让 Shell 忽略指定的信号。

除 SIGKILL 信号以外，其他任何信号都可以被捕获并通过调用 C 函数 signal 处理。

Bash 中有两个内部变量 LINENO 和 BASH_COMMAND 可以方便地在处理信号时，分别用于报告脚本当前执行的行号和脚本当前运行的命令。

使用破折号作为 trap 语句的命令参数，就可以移除指定信号的捕获。

第 14 章　sed 和 awk

　　sed 和 awk 是我们处理文本文件的有力工具。它们的功能将带给我们事半功倍的效果。比如，对于某些重复性的编辑工作，我们就可以选择 sed，因为它可以省去我们的一些单调乏味的工作，可以总结一个解决方案来取代重复一系列按键，一旦这样完成了任务，你会为自己的聪明而自豪，因为你省去了一些枯燥的劳动。

　　我们之所以会将 sed 和 awk 放在一章中学习，是因为它们具有很多共同点：
- 它们都使用相似的语法来调用。
- 它们都是面向字符流的，都是从文本文件中每次一行地读取输入，并将输出直接送到标准输出端。
- 它们都使用正则表达式进行模式匹配
- 它们都允许用户将指令放在文件中一起执行。

　　接下来，我们就来开始这两个神奇工具的学习！

14.1　sed 编辑器基础

　　sed 是用来解析和转换文本的工具，它使用简单，是简洁的程序设计语言。sed 是由贝尔实验室的李 E.麦克马洪在 1973~1974 年间开发的，并且目前在大部分操作系统上可用。sed 以交互式编辑器 ed 和早期的 qed（"快速编译器"，1965-66）的脚本特性为基础。sed 是最早的支持正则表达式的工具之一，并且仍用于文本处理，特别是替换命令。接下来就让我们一起来了解 sed 及其基本语法。

14.1.1　sed 简介

　　sed 是非交互式的面向数据流的编辑器。之所以说它是面向数据流的，是因为像很多 Unix 程序一样，输入通过程序被重定向到标准输出。输入通常来自文件，但也可以来自键盘。输出默认是发送到终端屏幕，但也可以重定向到文件。sed 可以通过解释脚本来工作，该脚本中指定了将要执行的动作。

　　sed 提供的功能好像是交互式文本编辑器的自然扩展。例如，它提供可以全局地应用到单个或一组文件的搜索替换功能。尽管你通常不会使用 sed 去修改指定文件中的仅出现一次的条目，但你会发现使用它对许多文件进行一系列修改时是很有用的。考虑一下，几分钟之内在一百多个文件中进行 20 个不同的编辑，你就可以想象 sed 有多强大。

　　使用 sed 类似于编写简单的 Shell 脚本。你可以依次指定将要执行的一系列行为。这些行为中的大部分可以在 vi 中手动地完成，比如：替换文本、删除某行、插入新文本等等。

而sed的优势在于你可以在一处（一个sed脚本中）指定所有的编辑命令，然后逐条执行它们。你不必进入到每个文件中做修改。sed同样可以有效地编辑非常大的、在使用交互式文本编辑器编辑时会很慢的文件。

在创建和维护文档的过程中有很多机会使用sed，尤其是当文档由单独的章节组成，每一章放在分隔的文件中时。特别是，比如一个文件稿本在评审之后，有很多变更可能要应用到所有文件中。例如，在软件文档化项目中，软件的名称或它的组件可能会变更，你需要追查和进行修改，使用sed，就可以很简单地进行处理。

sed可以用于实现整个文档的一致性。你可以查找一个特定条目的所有不同的使用方式并把它们变成完全一致。例如，用ASCII字符码替换前后双引号（弯引号“”而不是直引号""）时，就可以使用sed。

sed具有几个基本的可以用于构建更复杂脚本的编程结构。它同样也有同时只能编辑一行的限制。

总的来说，我们可以使用sed做如下操作：
- ❏ 自动化地编辑一个或多个文件。
- ❏ 简化在多个文件中执行相同编辑的任务。
- ❏ 编写转换程序。

14.1.2　sed的模式空间

sed维护一种模式空间，即一个工作区或临时缓冲区，当使用编辑命令时，将在那里存储单个输入行。图14.1展示了进行模式空间转换的一个两行的sed脚本。它将"The linux system"转换为"The LINUX Operating System"。

图14.1　模式空间转换图

⚠ 注意：sed一次处理一行输入的优点是在读取非常庞大的文件时不会出现问题。一般的文本编辑器必须将整个文件（或者它的一些庞大的部分）读入内存，这将会产生内存溢出或者在处理庞大的文件时速度非常慢。

初始时，模式空间包含单个输入行的备份。在图 14.1 中是 "The linux system" 行。sed 脚本中正常的流程是在这一行上执行每个命令，直到执行到 sed 脚本的末尾。脚本中的第一个命令应用于这一行，将 linux 转换成 LINUX。然后执行第二个命令，将 LINUX system 转换成 LINUX Operating System。注意第二个替换命令的模式不匹配最初的输入行，它匹配模式空间中发生了变化的当前行。

当应用了所有的指令后，当前行被输出并且输入的下一行被读入模式空间。然后 sed 脚本中的所有命令应用于新读入的行。

结果是，任何一个 sed 指令都可以为下一个命令修改模式空间的内容。模式空间的内容是动态的，而且并不总是匹配最初的输入行。

14.2 基本的 sed 编辑命令

像大多数 Linux 程序一样，sed 可以从标准输入获取输入并发送输出到标准输出。如果指定一个文件名作为参数，则可从那个文件中获取输入，而输出中将包含处理后的信息。sed 同样可以通过 Shell 中的重定向将输出重定向到一个文件中，但这个文件必须不能与用于输入的是同一个文件。

调用 sed 命令的语法有两种：在命令行指定你的 sed 指令，或是将 sed 指令放入一个文件中并将其文件名作为参数。所以 sed 命令的两种语法分别如下所示：

```
sed [OPTIONS]… 'COMMAND' [FILE]…
sed [OPTIONS] -f SCRIPTFILE [FILE]…
```

sed 有如下常用的选项：
- -e——它告诉 sed 将下一个参数解释为 sed 指令。只有在命令行上给出多个 sed 指令时才需要使用-e 选项。
- -f——指定由 sed 指令组成的脚本的名称。如果 sed 脚本的第一行为 "#n"，则 sed 的行为与指定-n 选项相同。
- -i——直接修改读取的内容，而不是输出到终端。
- -n——取消默认输出。在一般 sed 的用法中，所有来自标准输入的数据一般都会被显示到终端上。但如果使用-n 参数后，只有经过 sed 处理的行才会被显示输出。

sed 指令的语法形式如下所示：

```
[address[,address]][!]command
```

sed 会将每个输入行复制到一个模式空间。sed 指令由地址和编辑命令组成。如果指令的地址和模式空间中的行匹配，那么编辑命令就被应用于匹配的行。如果一个 sed 指令没有地址，那么它被应用于每个输入行。如果一个编辑命令改变了模式空间的内容，后续的编辑命令的地址将被应用于模式空间中的当前行，而不是原始的输入行。

sed 指令的地址对于任何 sed 的编辑命令都是可选的。它可以是一个模式，被描述为由斜杠、行号或行寻址符号括住的正则表达式。大多数 sed 命令能接收由逗号分隔的两个地址，这两个地址用来标识行的范围。这些指令的语法格式为：

```
[address1, address2]command
```

有一些编辑命令只接收单个地址。它们不能应用于某个范围的行。它们的语法格式为：

```
[line-address]command
```

编辑命令还可以用大括号进行分组以使其作用于同一个地址，其语法格式为：

```
address {
command1
command2
command3
}
```

🔔 注意：上述语法中，第一个命令 command1 可以与左大括号放置在同一行，但是右大括号必须自己单独处于一行。如果命令之间用分号分隔，那么可以将多个 sed 编辑命令放在同一行。但不提倡在同一行放置多个编辑命令。

sed 的编辑命令有 24 个，关于每个编辑命令的用途的详细信息请参考 sed 的 man 参考手册。这一节我们仅介绍其中的几个编辑命令：追加（a）、更改（c）、删除（d）、插入（i）、替换（s）、打印（l）、打印行号（=）和转换（y）。

14.2.1 追加、更改、插入编辑命令

追加（a）、更改（c）、插入（i）编辑命令提供了类似于 vi 交互式编辑器的编辑功能。这些命令的语法在 sed 中并不常用，因为它们必须在多行上来指定。语法如下所示：

```
[line-address]a\
    text

[line-address]i\
    text

[line-address]c\
    text
```

追加命令（a）将文本放置在当前行之后。更改命令（c）用所指定的文本取代模式空间的内容。插入命令（i）将所提供的文本放置在模式空间的当前行之前。这些命令中的每一个都要求后面跟一个反斜杠用于转义第一个行尾，text 必须从下一行开始。如要输入多行文本，每个连续的行都必须用反斜杠结束，最后一行除外。而且，如果文本包含一个字面含义的反斜杠，要再添加一个反斜杠来转义它。例如，下面的 sed 脚本使用追加命令 a 在匹配 "<Tom's info>" 行的地方插入两行文本：

```
# sed 脚本的内容
bash-3.2$ cat sedInsert
/<Tom's info>/a\
Full name: Liu Yantao\
E-mail: yantao.freedom@icloud.com

# 将要处理的文本的内容
bash-3.2$ cat example.txt
<Effy's info>
<Tom's info>

# 使用 sed 命令处理后的文本的内容
```

```
bash-3.2$ sed -f sedInsert example.txt
<Effy's info>
<Tom's info>
Full name: Liu Yantao
E-mail: yantao.freedom@icloud.com
```

我们还可以指定在文件的结尾处使用追加命令（a）添加一行内容。例如，在文件example.txt结尾处添加一行"<End of file>"：

```
bash-3.2$ cat example.txt
<Effy's info>
<Tom's info>

bash-3.2$ sed '$a<End of file>' example.txt
<Effy's info>
<Tom's info>
<End of file>
```

上述命令中的$是行寻址符号，用于匹配文件的最后一行。提供的文本在前行之后输出，所以它成为输出中的最后一行。

追加命令（a）和插入命令（i）只应用于单个行地址，而不是一个范围内的行。然而，更改命令（c）可以处理一个范围内的行。在这种情况下，它用一个文本备份取代所有被寻址的行。换句话说，它删除这个范围内的所有行，但是提供的文本只被输出一次。例如，下面的sed脚本sedchange：

```
bash-3.2$ cat sedchange
/^From /,/^$/c\
<Mail Header Removed>
```

当它在包含邮件信息的文件上运行时，删除整个邮件消息头并用行"< Mail Header Removed >"取代它。类似如下所示：

```
bash-3.2$ cat mail.txt
From : Yantao.freedom@icloud.com

To : Test
Subject : Test

bash-3.2$ sed -f sedchange mail.txt
<Mail Header Removed>
To : Test
Subject : Test
```

更改命令（c）会清除模式空间，它在模式空间中与删除命令有同样的效果。所以，在sed脚本中，变更命令会被放在最后。

插入命令（i）和追加命令（a）不影响模式空间的内容。提供的文本将不匹配脚本中后续命令的任何地址，那些命令也不影响该文本。不管什么更改改变了模式空间，所提供的文本仍然会正确地输出。同样，提供的文本不影响sed的内部行计数器。

下面我们来看插入命令的示例。假设我们要在所有的Shell脚本文件的第一行加入"#!/bin/bash"来指定脚本的解释程序。下面的命令，即是在当前目录下给所有后缀名为".sh"的文件的第一行插入一个新行：

```
bash-3.2$ sed -i 1i\#\!/bin/bash *.sh
```

在 sed 执行这个命令之后,模式空间不会更改。其中的新文本在当前行的前面输出。后续命令不能成功地匹配"#!/bin/bash"。

14.2.2 删除编辑命令

删除编辑命令(d)采用一个地址,如果行匹配这个地址,就删除模式空间的内容。删除命令(d)还是一个可以改变脚本中的控制流的命令。这是因为一旦执行这个命令,那么在"空的"模式空间中就不会再有命令执行。删除命令(d)会导致读取新输入行,而编辑脚本则从头开始新的一轮。重要的是,如果某行匹配这个地址,那么就删除整个行,而不只是删除行中匹配的部分。

我们可以使用指令 '/^$/d' 来删除一个文件中的空行,类似如下所示:

```
bash-3.2$ cat mail.txt
From : Yantao.freedom@icloud.com

To : Test
Subject : Test

bash-3.2$ sed '/^$/d' mail.txt
From : Yantao.freedom@icloud.com
To : Test
Subject : Test
```

删除命令也可以用于删除一个范围内的行。例如,下面的命令删除了文件中从第 50 行到最后一行的所有行:

```
bash-3.2$ sed '50,$d' file
```

14.2.3 替换编辑命令

替换编辑命令(s)的语法如下所示:

```
[address]s/pattern/replacement/flags
```

这里 flags 是替换命令(s)的修饰标志,有如下几个:

- n——1~512 之间的数字,表示对文本模式 pattern 中指定模式第 n 次出现的情况进行替换。
- g——对模式空间的所有出现的情况进行全局更改。而没有 g 时通常只有第一次出现的情况被更改。
- p——打印模式空间的内容。
- w file——将模式空间的内容写入到文件 file 中。

修饰标志(flags)可以组合使用,只要有意义。例如,gp 表示对行进行全局替换并打印这一行。迄今为止,全局标志 g 是比较常用的,没有它,替换只能在行第一次出现的位置执行。打印标志(p)和写标志(w)与打印编辑命令和写编辑命令的功能相同,但有一个重要的区别。这些标志的操作是随替换的成功而发生的。换句话说,如果进行了替换,那么这个行被打印或写到文件中。因为默认的动作是处理所有行,不管是否执行了任何动作,当 sed 取消默认的输出时(-n 选项),通常会使用打印标志(p)和写标志(w)。另外,如果脚本包含匹配同一行的多个替换命令,那么那一行的多个复制就会被打印,或写到文件中。

数字标志仅在很少的情况下使用。比如,正则表达式在一行上重复匹配,而我们又只需对其中某个位置的匹配进行替换。

替换命令(s)应用于与地址(address)匹配的行。如果没有指定地址,那么就应用于模式(pattern)匹配的所有行。如果正则表达式作为地址来提供,并且没有指定模式,那么替换命令匹配由地址匹配的内容。当替换命令是应用于同一个地址上的多个命令之一时,这可能会非常有用。

地址需要一个作为定界符的斜杠"/",和地址不同的是,正则表达式可以用任意字符来分隔,只有换行符除外。因此,如果模式包含斜杠,那么可以选择另一个字符作为定界符,例如感叹号:

```
s!/usr/lib!/usr/lib64!
```

注意:定界符出现了 3 次,而且在替代字符串(replacement)之后是必需的。不管使用哪种定界符,如果它出现在正则表达式中,或者在替换文本中,那么就用反斜杠将它转义。

从前,计算机用固定长度的记录来存储文本。一行在出现一些字符(一般为 80 个)后结束,然后开始下一行,数据中有不可见字符来标记一行的结束和下一行的开始。每一行都有相同(固定)数量的字符。现代的系统则更灵活,它们使用特殊字符(被称为换行符 newline)标记一行的结束。这就允许行为任意长度。因为在内部存储时换行符只是一个字符,所以正则表达式可以使用"\n"来匹配嵌入的换行符。

注意:许多 Unix 程序对自身处理的行的长度都有内部限制。但大多数 GNU 程序没有这样的限制。

replacement 是一个字符串,用来替换与模式(正则表达式)匹配的内容。在 replacement 部分,只有如下字符具有特殊的含义:
- &——由正则表达式匹配的字符串进行替换。
- \n——匹配第 n 个子字符串(n 是一个数字),这个子字符串是先前在模式(pattern)中使用"\("和"\)"指定的。
- \——用于转义符号"&"、反斜线"\"等字符。另外,它用于转义换行符并创建多行 replacement 字符串。

因此,除了正则表达式中的元字符以外,sed 的替换部分(replacement)也有元字符。

假设我们有一个文件 file,其中的每行有 3 个制表符,然后我们使用换行符取代每行上的第二个制表符,其文件的内容和 sed 命令类似如下所示:

```
# 文件 file 的内容
bash-3.2$ cat file
column1 column2 column3 column4

# sed 脚本 sedSubstitution 的内容
bash-3.2$ cat sedSubstitution
```

```
s/\t/\
/2

bash-3.2$ sed -f sedSubstitution file
column1 column2
column3 column4
```

注意：上述 sed 脚本中反斜杠后面不允许有空格。

在下面的例子中，我们使用反斜杠来转义"&"符号，让它作为普通字符出现在替换部分。例如，如下 sed 替换指令：

```
s/ALU/Alcatel \& Lucent/g
```

其用途是将字符串"ALU"替换为"Alcatel & Lucent"。比如我们有一个文件 aboutALU.txt，然后我们使用上述 sed 指令替换此文件中的字符串"ALU"，其内容类似如下所示：

```
bash-3.2$ cat aboutALU.txt
ALU provides mobile and broadband networking services. Its products and
services include access management services, access multiplexer, Carrier
Ethernet, IP/MPLS & ATM networks & consulting services. ALU's Bell Labs is
responsible for countless breakthroughs that have shaped the networking and
communications industry.

# 使用 sed 命令替换文件中的指定字符串
bash-3.2$ sed 's/ALU/Alcatel \& Lucent/g'  aboutALU.txt
Alcatel & Lucent provides mobile and broadband networking services. Its
products and services include access management services, access multiplexer,
Carrier Ethernet, IP/MPLS & ATM networks & consulting services. Alcatel &
Lucent's Bell Labs is responsible for countless breakthroughs that have
shaped the networking and communications industry.
```

然而我们很容易忘记将出现在替换部分的"&"符号作为普通字符转义。如果在这个例子中没有对它进行转义，那么字符串"ALU"被转换成的结果将是"Alcatel ALU Lucent"。

作为元字符，"&"符号表示模式匹配的范围，不是被匹配的行。可以使用"&"符号匹配一个单词或一串字符串。

当正则表达式匹配单词的变化时，"&"符号就特别有用。它允许指定一个可变的替换字符串，该字符串相当于匹配的内容与实际内容匹配的字符串。例如，你想要用圆括号括住文档中任何对已编号章节的引用。换句话说，任意诸如"See Section 14.1"或"See Section 9.2"的引用都要出现在圆括号中，如"（See Section 9.2）"。因为正则表达式可以匹配数字的不同组合，所以在替换字符串中可以使用元字符"&"，并括起所匹配的内容。根据上述的需求，我们可以使用如下 sed 命令来实现：

```
bash-3.2$ cat README
See Section 14.1 for the Key value pairs and See Section 9.2 for the Locale
codes.

# 使用 sed 指令 s/See Section [1-9][0-9]*\.[1-9][0-9]*/( & )/g
bash-3.2$ sed 's/See Section [1-9][0-9]*\.[1-9][0-9]*/( & )/g' README
( See Section 14.1 ) for the Key value pairs and ( See Section 9.2 ) for
the Locale codes.
```

14.2.4　打印编辑命令

打印编辑命令（p）输出模式空间的内容，它既不清除模式空间也不改变脚本中的控制流。然而，它一般会被频繁地用在改变流控制的命令（比如：d、N、b）之前。除非抑制（使用-n 选项）默认的输出，否则打印命令将输出行的重复复制。当抑制默认的输出，或者当通过程序的流控制来避免到达脚本的底部时，也可能会使用它。

下面我们看一个如何使用打印命令来进行调试的 sed 脚本 sedDebug。它用于显示在发生任意改变之前行是什么样的。其脚本的内容如下所示：

```
# sed 脚本 sedDebug 的内容
bash-3.2$ cat sedDebug
/^Index/{
p
s/-//
s/^Index //p
}

# 文件 index 的内容
bash-3.2$ cat index
Index -Shell introduction
Index -Shell beginning
Index -Basic command
Index -Advanced command
Index -Basic of program
Index -Shell condition

# 使用 sed 脚本 sedDebug 处理后的内容
bash-3.2$ sed -nf sedDebug index
Index -Shell introduction
Shell introduction
Index -Shell beginning
Shell beginning
Index -Basic command
Basic command
Index -Advanced command
Advanced command
Index -Basic of program
Basic of program
Index -Shell condition
Shell condition
```

> 注意：打印标志被提供给替换命令。替换命令的打印标志不同于打印命令，因为它是以成功的替换为条件的。

在上例中，每个受影响的行都被打印了两次。sed 脚本 sedDebug 中的大括号用于在同一个地址应用多个命令。

14.2.5　打印行号编辑命令

跟在地址后面的等号"="用来打印被匹配的行的行号。除非抑制行的自动输出，行号和行本身将被打印。它的语法如下所示：

```
[line-address]=
```

🔔 **注意**：这个命令不能对一个范围内的行进行操作。

程序员可能会使用该命令来打印源文件中的某些行。例如，下面的 sed 脚本 sedPrintln 会打印代码中 for 语句的行号和行本身：

```
# sed 脚本 sedPrintln 的内容
bash-3.2$ cat sedPrintln
/ *for (/{
    =
    p
}

# 打印代码中 for 语句的行号和行本身
bash-3.2$ sed -nf sedPrintln /usr/src/kernels/2.6.18-128.el5PAE-i686/
scripts/kallsyms.c
189
        for (i = 0; special_symbols[i]; i++)
278
        for (i = 0; i < table_cnt; i++) {
303
        for (i = 0; i < table_cnt; i++) {
308
            for (k = 0; k < table[i].len; k++)
317
        for (i = 0; i < ((table_cnt + 255) >> 8); i++)
325
        for (i = 0; i < 256; i++) {
334
        for (i = 0; i < 256; i++)
347
        for (i = 0; i < len - 1; i++)
356
        for (i = 0; i < len - 1; i++)
366
        for (i = 0; i < table_cnt; i++) {
384
        for (i = 0; i < table_cnt; i++) {
428
        for (i = 0; i < 0x10000; i++) {
444
        for (i = 255; i >= 0; i--) {
472
        for (i = 0; i < table_cnt; i++) {
473
            for (j = 0; j < table[i].len; j++) {
501
            for (i = 1; i < argc; i++) {
```

在查找由编辑器报告的问题时，行号是非常有用的，编译器通常会列出行号。

14.2.6 读取下一行编辑命令

读取下一行编辑命令（n）用于读取输入的下一行到模式空间。其语法如下所示：

```
[address]n
```

读取下一行命令（n）改变了正常的流控制，它导致输入的下一行取代模式空间中的当前行。脚本中的后续命令应用于替换后的行，而不是当前行。如果没有抑制默认输出，那么在替换发生之前会打印当前行。

下面我们来看一个读取下一行命令的实例，在这个例子中，当空行在一个匹配模式的行之后时，则删除该空行。如在文件 mail.txt 中的 "From :" 行之后插入一个空行。我们想要删除这个空行而不是删除文件中的所有空行。下面是示例文件：

```
bash-3.2$ cat mail.txt
From : Yantao.freedom@icloud.com

To : Test
Subject : Test
```

现在，我们使用脚本 sedNext 删除其中的空行：

```
bash-3.2$ cat sedNext
/From :/{
n
/^$/d
}
bash-3.2$ sed -f sedNext mail.txt
From : Yantao.freedom@icloud.com
To : Test
Subject : Test
```

其脚本 sedNext 的含义是：匹配任何以 "From :" 开始的行，然后读入下一行。如果新读入的行为空，则删除它。

在 sed 脚本中，必须记住出现在读取下一行命令之前的命令不会应用于模式空间中新的输入行，而且出现在其后面的命令也不应用于模式空间中旧的输入行。

14.2.7　读和写文件编辑命令

读文件编辑命令（r）和写文件编辑命令（w）用于直接处理文件。这两个命令都只有一个参数，即文件名。它们的语法如下所示：

```
[line-sddress]r file
[address]w file
```

读文件命令将由参数 file 所指定的文件的内容读入模式空间中匹配的行之后。它不能对一个范围内的行进行操作。写文件编辑命令将模式空间的内容写到参数 file 所指定的文件中。

在读写文件编辑命令和文件名之间必须有空格（空格后到换行符前的每个字符都被当作文件名。因此，前导的和嵌入的空格也是文件名的一部分）。如果文件不存在，读文件命令也不会报错。如果写文件命令中指定的文件不存在，将创建一个文件；如果文件已经存在，那么每次当脚本被调用时其中的写文件命令将改写它。如果一个 sed 脚本中有多个指令会写到同一个文件中，那么每个写文件命令都将内容追加到这个文件中。

读文件命令对于将一个文件的内容插入到另一个文件的特定位置时是很有用的。例如，假设有一组文件并且每个文件都应以相同的一个段落的语句结束。使用 sed 脚本可以在必要时分别单独对结束部分进行维护，例如，使用读文件命令在每个文本文件的尾部插入文件 endOfFile 的内容：

```
# 文件 endOfFile 的内容
bash-3.2$ cat endOfFile
Contact us: yantao.freedom@icloud.com
====================================

# 直接修改后缀为.txt 的文件的内容，将文件 endOfFile 的内容插入到文件的尾部
bash-3.2$ sed -i '$r endOfFile' *.txt

# 使用上述 sed 命令修改后，所有后缀为.txt 的文件的内容
bash-3.2$ cat *.txt
ALU provides mobile and broadband networking services. Its products and
services include access management services, access multiplexer, Carrier
Ethernet, IP/MPLS & ATM networks & consulting services. ALU's Bell Labs is
responsible for countless breakthroughs that have shaped the networking and
communications industry.
Contact us: yantao.freedom@icloud.com
====================================
<Effy's info>
<Tom's info>
Contact us: yantao.freedom@icloud.com
====================================
From : Yantao.freedom@icloud.com

To : Test
Subject : Test

Contact us: yantao.freedom@icloud.com
====================================
bash-3.2$ cat endOfFile
Contact us: yantao.freedom@icloud.com
====================================
```

上述示例 sed 命令中的字符"$"是指定文件最后一行的寻址符号。

你也许想要测试读文件命令的几个方面。那么，现在我们再来看看下面的 sed 指令：

```
/^<tag>/r tagContent
```

上述命令的含义是，当 sed 匹配以字符串"<tag>"开始的行时，它将文件 tagContent 的内容附加在被匹配的行的末尾。例如，有一个 html 文件 first.html，其内容如下所示：

```
bash-3.2$ cat first.html
<html>
<body>
<tag>
</tag>
</body>
</html>
```

使用前面的 sed 指令处理后，其内容将变为类似如下所示：

```
bash-3.2$ sed '/^<tag>/r tagContent' first.html
<html>
<body>
<tag>
This is first html script.
Hello World!
```

```
</tag>
</body>
</html>

# 文件 tagContent 的内容
bash-3.2$ cat tagContent
This is first html script.
Hello World!
```

如果上例中指令"/^<tag>/r tagContent"还有其他指令，那么后续的指令不能对从文件 tagContent 中读取的内容进行任何改变。比如，我们保持文件 tagContent 和 first.html 的内容不变，但改为使用 sed 脚本 sedTestReadFile 处理文件 first.html，看看会得到什么样的结果：

```
bash-3.2$ cat sedTestReadFile
/^<tag>/r tagContent
/Hello World!/d

bash-3.2$ sed -f sedTestReadFile first.html
<html>
<body>
<tag>
This is first html script.
Hello World!
</tag>
</body>
</html>
```

从上述示例的结果可以看出，正如前面所说，/Hello World!/d 指令并没有生效。因为，读文件命令后面的编辑命令不会影响读文件命令从文件中读取的行。

使用-n 选项或#n 脚本语法可以取消抑制自动输出，阻止模式空间的初始行被输出，但是读命令的结果仍然会转到标准输出。

现在我们来看写文件命令的例子。写文件命令的功能之一是从一个文件中提取信息并将它放置在其他文件中。例如，有一个按字母顺序列出的 Unix 和类 Unix 操作系统名称的文件，对于每个名称都指名了它的类型。其文件内容类似如下所示：

```
bash-3.2$ cat trademarkAndOS
AIX Unix
HP-UX Unix
IRIX Unix
RedHat Linux
SUSE Linux
Solaris Unix
Ubuntu Linux
```

假设现在我们想使用一个 sed 脚本将此文件中的内容按照操作系统的类型分类，并将结果分别写入到独立的文件中。使用下面的 sed 脚本 sedWritefile 我们就可以完成此项工作：

```
bash-3.2$ cat sedWritefile
/Unix$/w type.unix
/Linux$/w type.linux
```

将文件 trademarkAndOS 使用 sed 脚本 sedWritefile 处理后的结果将类似如下所示：

```
bash-3.2$ sed -f sedWritefile trademarkAndOS
AIX Unix
```

```
HP-UX Unix
IRIX Unix
RedHat Linux
SUSE Linux
Solaris Unix
Ubuntu Linux

# 经过 sed 脚本 sedWritefile 处理后生成的 type.linux 文件的内容
bash-3.2$ cat type.linux
RedHat Linux
SUSE Linux
Ubuntu Linux

# 经过 sed 脚本 sedWritefile 处理后生成的 type.unix 文件的内容
bash-3.2$ cat type.unix
AIX Unix
HP-UX Unix
IRIX Unix
Solaris Unix
```

写文件命令在被调用时就写出模式空间的内容，而不是等到到达脚本的结尾时才进行写操作。

在上面的例子中，我们也许想在写到文件之前删除操作系统类型的名称。对于这种情况，我们可以对 sed 脚本 sedWritefile 稍微进行一下改动来处理。修改后的内容如下所示：

```
bash-3.2$ cat sedWritefile_ext
/Unix$/{
s///
w type.unix
}
/Linux$/{
s///
w type.linux
}
```

上述脚本中，替换编辑命令（s）匹配与地址相同的模式并删除它。使用上述 sed 脚本对文件 trademarkAndOS 重新处理后的结果将类似如下所示：

```
bash-3.2$ sed -f sedWritefile_ext trademarkAndOS
AIX
HP-UX
IRIX
RedHat
SUSE
Solaris
Ubuntu

bash-3.2$ cat type.unix
AIX
HP-UX
IRIX
Solaris

bash-3.2$ cat type.linux
RedHat
SUSE
Ubuntu
```

写文件编辑命令还有许多不同的应用。例如，可以在脚本中使用它来生成同一源文件的几个自定义版本。

14.2.8 退出编辑命令

退出编辑命令（q）会使 sed 脚本立即退出，停止处理新的输入行。它的语法如下所示：

```
[line-address]q
```

它只适用于单行的地址。一旦找到和 line-address 匹配的行，脚本就结束运行。

> ⚠️ **注意**：在将编辑操作写回到原始文件的任何程序中不要使用退出命令（q），因为在执行退出命令之后，就不会再产生输出。在想要编辑文件的前一部分并保留剩余部分不变时，也不要使用退出命令。在这种情况下使用退出命令是初学者常犯的危险错误。

例如，下面的 sed 命令使用退出编辑命令从文件中打印前 10 行：

```
bash-3.2$ sed '10q' file
```

它从文件的第一行开始打印每一行，直到它到达第 10 行为止并退出。在这一点上，这个命令的功能与 Linux 的 head 命令类似，如下所示：

```
# 使用 sed 命令显示文件的前 10 行
bash-3.2$ sed '10q' /etc/inittab
#
# inittab       This file describes how the INIT process should set up
#               the system in a certain run-level.
#
# Author:       Miquel van Smoorenburg, <miquels@drinkel.nl.mugnet.org>
#               Modified for RHS Linux by Marc Ewing and Donnie Barnes
#

# Default runlevel. The runlevels used by RHS are:
#   0 - halt (Do NOT set initdefault to this)
# 使用 head 命令显示文件的前 10 行
bash-3.2$ head -10 /etc/inittab
#
# inittab       This file describes how the INIT process should set up
#               the system in a certain run-level.
#
# Author:       Miquel van Smoorenburg, <miquels@drinkel.nl.mugnet.org>
#               Modified for RHS Linux by Marc Ewing and Donnie Barnes
#

# Default runlevel. The runlevels used by RHS are:
#   0 - halt (Do NOT set initdefault to this)
```

退出命令（q）的另一个可能的用法是在比较大的文件中提取了想要的内容后退出 sed 脚本。因为，在 sed 已经找到它寻找的东西之后继续扫描庞大的文件是相当低效的。

如果比较下面两个 Shell 脚本，你会发现第一个脚本比第二个脚本运行的效率更高。这两个脚本都是打印当前目录下所有文件的前 50 行，其内容分别如下所示：

```
# 脚本 sedPrint1.sh 的内容
bash-3.2$ cat sedPrint1.sh
```

```
#!/bin/bash

# 使用for循环遍历当前目录下的内容
for file in *
do

    #到达文件的第50行后退出
    sed '50q' $file

done

# 脚本sedPrint2.sh的内容
bash-3.2$ cat sedPrint2.sh
#!/bin/bash

# 使用for循环遍历当前目录下的内容
for file in *
do

    #打印文件的前50行
    sed -n '1,50p' $file

done
```

14.3 sed 命令实例

在这一节中,我们将通过实例来进一步学习 sed 各种编辑命令的使用。

14.3.1 实例:向文件中添加或插入行

实例 1:在文件的指定行之后添加一行内容。
例如,有一个文件 info.txt,其内容如下所示:

```
bash-3.2$ cat info.txt
Linux - Sysadmin
Databases - Oracle, MySQL etc.
Security - Firewall, Network, Online Security etc.
Cool - Websites
Storage - NetApp, EMC etc.
Productivity - Too many technologies to explore, no much time available.
```

使用 sed 的追加编辑命令(a)在上述文件的第 5 行添加一行"Solaris-Sysadmin, Recovery etc."将类似如下所示:

```
bash-3.2$ sed '5a\
> Solaris - Sysadmin, Recovery etc.' info.txt
Linux - Sysadmin
Databases - Oracle, MySQL etc.
Security - Firewall, Network, Online Security etc.
Cool - Websites
Storage - NetApp, EMC etc.
Solaris - Sysadmin, Recovery etc.
Productivity - Too many technologies to explore, no much time available.
```

实例 2：在匹配模式的行之后添加一行内容。

下面的 sed 命令是在匹配模式 "Databases" 的行之后加入一行 "Solaris-Sysadmin, Recovery etc."：

```
bash-3.2$ sed '/Databases/a\
> Solaris - Sysadmin, Recovery etc.' info.txt
Linux - Sysadmin
Databases - Oracle, MySQL etc.
Solaris - Sysadmin, Recovery etc.
Security - Firewall, Network, Online Security etc.
Cool - Websites
Storage - NetApp, EMC etc.
Productivity - Too many technologies to explore, no much time available.
```

实例 3：在文件的最后一行后添加多行内容。

下面的 sed 命令是在文件 info.txt 的最后一行之后添加两行内容：

```
bash-3.2$ sed '$a\
> Solaris - Sysadmin, Recovery etc.\
> Windows - Sysadmin etc.' info.txt
Linux - Sysadmin
Databases - Oracle, MySQL etc.
Security - Firewall, Network, Online Security etc.
Cool - Websites
Storage - NetApp, EMC etc.
Productivity - Too many technologies to explore, no much time available.
Solaris - Sysadmin, Recovery etc.
Windows - Sysadmin etc.
```

实例 4：在文件中的指定行之前插入一行内容。

下面的 sed 命令是在文件 info.txt 的第 3 行之前插入一行 "Solaris - Sysadmin, Recovery etc."：

```
bash-3.2$ sed '3i\
> Solaris - Sysadmin, Recovery etc.' info.txt
Linux - Sysadmin
Databases - Oracle, MySQL etc.
Solaris - Sysadmin, Recovery etc.
Security - Firewall, Network, Online Security etc.
Cool - Websites
Storage - NetApp, EMC etc.
Productivity - Too many technologies to explore, no much time available.
```

实例 5：在匹配指定模式的行之前插入一行内容。

下面的 sed 命令是在文件 info.txt 中匹配模式 /Security/ 的行之前插入两行内容：

```
bash-3.2$ sed '/Security/i\
> Solaris - Sysadmin, Recovery etc.\
> Windows - Sysadmin etc.' info.txt
Linux - Sysadmin
Databases - Oracle, MySQL etc.
Solaris - Sysadmin, Recovery etc.
Windows - Sysadmin etc.
Security - Firewall, Network, Online Security etc.
Cool - Websites
Storage - NetApp, EMC etc.
Productivity - Too many technologies to explore, no much time available.
```

实例 6：在文件的最后一行之前插入一行内容。

下面的 sed 命令将在文件 info.txt 的最后一行之前插入一行 "Solaris-Sysadmin, Recovery etc."：

```
bash-3.2$ sed '$i\
> Solaris - Sysadmin, Recovery etc.' info.txt
Linux - Sysadmin
Databases - Oracle, MySQL etc.
Security - Firewall, Network, Online Security etc.
Cool - Websites
Storage - NetApp, EMC etc.
Solaris - Sysadmin, Recovery etc.
Productivity - Too many technologies to explore, no much time available.
```

14.3.2 实例：更改文件中指定的行

这一小节中，我们仍然使用上一小节的示例文件 info.txt。

实例 1：修改文件的第一行。

下面的 sed 命令是将文件 info.txt 的第一行的内容更改为 "<Change line>"：

```
bash-3.2$ sed '1c<Change line>' info.txt
<Change line>
Databases - Oracle, MySQL etc.
Security - Firewall, Network, Online Security etc.
Cool - Websites
Storage - NetApp, EMC etc.
Productivity - Too many technologies to explore, no much time available.
```

实例 2：修改匹配指定模式的行。

下面的 sed 命令是将文件 info.txt 中匹配模式 "/Cool/" 的行修改为 "<Change line>"：

```
bash-3.2$ sed '/Cool/c<Change line>' info.txt
Linux - Sysadmin
Databases - Oracle, MySQL etc.
Security - Firewall, Network, Online Security etc.
<Change line>
Storage - NetApp, EMC etc.
Productivity - Too many technologies to explore, no much time available.
```

实例 3：更改文件的最后一行。

下面的 sed 命令是将文件 info.txt 的最后一行更改为 "<Change line>"：

```
bash-3.2$ sed '$c<Change line>' info.txt
Linux - Sysadmin
Databases - Oracle, MySQL etc.
Security - Firewall, Network, Online Security etc.
Cool - Websites
Storage - NetApp, EMC etc.
<Change line>
```

14.3.3 实例：删除文件中的行

首先，我们创建一个名为 info_num.txt 的文件，用于接下来我们演示 sed 的删除编辑命令时使用。其文件内容如下所示（此文件最后两行为空行）：

```
bash-3.2$ cat info_num.txt
1.      Linux - Sysadmin
2.      Databases - Oracle, MySQL etc.
3.      Security - Firewall, Network, Online Security etc.
4.      Cool - Websites
5.      Storage - NetApp, EMC etc.
6.      Productivity - Too many technologies to explore, no much time available.
```

实例1：删除文件中指定的行。

下面的sed命令是删除文件info_num.txt中的第4行：

```
bash-3.2$ sed '4d' info_num.txt
1.      Linux - Sysadmin
2.      Databases - Oracle, MySQL etc.
3.      Security - Firewall, Network, Online Security etc.
5.      Storage - NetApp, EMC etc.
6.      Productivity - Too many technologies to explore, no much time available.
```

实例2：从指定的行开始删除，并每隔固定的行数删除一行。

下面的sed命令是从文件info_num.txt的第4行开始删除，并每隔两行就删掉一行。

```
bash-3.2$ sed '4~2d' info_num.txt
1.      Linux - Sysadmin
2.      Databases - Oracle, MySQL etc.
3.      Security - Firewall, Network, Online Security etc.
5.      Storage - NetApp, EMC etc.
```

实例3：删除指定范围内的行。

下面的sed命令是删掉文件info_num.txt中的第3～6行：

```
bash-3.2$ sed '3,6d' info_num.txt
1.      Linux - Sysadmin
2.      Databases - Oracle, MySQL etc.
```

实例4：删除指定范围以外的行。

下面的sed命令是删掉文件info_num.txt中的除第3～6行之外的行：

```
bash-3.2$ sed '3,6!d' info_num.txt
3.      Security - Firewall, Network, Online Security etc.
4.      Cool - Websites
5.      Storage - NetApp, EMC etc.
6.      Productivity - Too many technologies to explore, no much time available.
```

实例5：删除文件中的最后一行。

下面的sed命令是删除文件info_num.txt中的最后一行：

```
bash-3.2$ sed '$d' info_num.txt
1.      Linux - Sysadmin
2.      Databases - Oracle, MySQL etc.
3.      Security - Firewall, Network, Online Security etc.
4.      Cool - Websites
5.      Storage - NetApp, EMC etc.
6.      Productivity - Too many technologies to explore, no much time available.
```

实例6：删除文件中匹配指定模式的行。

下面的 sed 命令是删除文件 info_num.txt 中匹配模式/ Productivity/的行：

```
bash-3.2$ sed '/Productivity/d' info_num.txt
1.      Linux - Sysadmin
2.      Databases - Oracle, MySQL etc.
3.      Security - Firewall, Network, Online Security etc.
4.      Cool - Websites
5.      Storage - NetApp, EMC etc.
```

实例 7：从匹配指定模式的行删到文件的最后一行。

下面的 sed 命令将删除文件 info_num.txt 中从匹配模式/Storage/的行到文件最后一行的内容：

```
bash-3.2$ sed '/Productivity/, $d' info_num.txt
1.      Linux - Sysadmin
2.      Databases - Oracle, MySQL etc.
3.      Security - Firewall, Network, Online Security etc.
4.      Cool - Websites
5.      Storage - NetApp, EMC etc.
```

实例 8：删除文件中匹配指定模式的行及其后面 n 行的内容。

下面的 sed 命令是删除文件 info_num.txt 中匹配模式/Security/的行及其后面的 1 行：

```
bash-3.2$ sed '/Security/, +1d' info_num.txt
1.      Linux - Sysadmin
2.      Databases - Oracle, MySQL etc.
5.      Storage - NetApp, EMC etc.
6.      Productivity - Too many technologies to explore, no much time available.
```

实例 9：删除文件中的空行。

下面的 sed 命令是删除文件 info_num.txt 中的空行：

```
bash-3.2$ sed '/^$/d' info_num.txt
1.      Linux - Sysadmin
2.      Databases - Oracle, MySQL etc.
3.      Security - Firewall, Network, Online Security etc.
4.      Cool - Websites
5.      Storage - NetApp, EMC etc.
6.      Productivity - Too many technologies to explore, no much time available.
```

实例 10：删除文件中不匹配指定模式的行。

下面的 sed 命令是删除文件 info_num.txt 中不匹配模式"/Databases/"或"/Security/"的行：

```
bash-3.2$ sed '/Databases\|Security/!d' info_num.txt
2.      Databases - Oracle, MySQL etc.
3.      Security - Firewall, Network, Online Security etc.
```

实例 11：删除文件的指定范围内的行中匹配指定模式的行。

下面的 sed 命令是删除文件 info_num.txt 的第 1～4 行中匹配模式/etc\./（即含有字符串"etc."）的行：

```
bash-3.2$ sed '1,4{/etc\./d}' info_num.txt
1.      Linux - Sysadmin
4.      Cool - Websites
5.      Storage - NetApp, EMC etc.
6.      Productivity - Too many technologies to explore, no much time available.
```

14.3.4 实例：替换文件中的内容

首先我们创建一个文本文件 techClass.txt，用于本小节中的实例使用。其文件的内容如下所示：

```
bash-3.2$ cat techClass.txt
1.    Network: Route, Switch, Wireless, Communicate, Device
2.    Security: Data Protection, Terminal Security, Cloud Security, WEB Security
3.    Server: Blade, Mini Computer, Mainframes, HPC, Disaster Recovery, Network
4.    Virtualization: Server Virtualization, Storage Virtualization, Desktop
      Virtualization
5.    Database: SQLServer, MySQL, Oracle, DB2
6.    OS: Linux, Unix, Windows
# Additional class
```

实例 1：替换一行中第一个匹配模式的字符串。

下面的 sed 命令是将文件 techClass.txt 中每行第一个匹配模式 "/Virtualization/" 的字符串替换为 "Virt."：

```
bash-3.2$ sed 's/Virtualization/Virt./' techClass.txt
1.    Network: Route, Switch, Wireless, Communicate, Device
2.    Security: Data Protection, Terminal Security, Cloud Security, WEB Security
3.    Server: Blade, Mini Computer, Mainframes, HPC, Disaster Recovery, Network
4.    Virt.: Server Virtualization, Storage Virtualization, Desktop
      Virtualization
5.    Database: SQLServer, MySQL, Oracle, DB2
6.    OS: Linux, Unix, Windows
# Additional class
```

从上述命令的运行结果可以看到文件中的第 4 行，只有第一个出现的字符串"Virtualization"被替换成了"Virt."。

实例 2：替换文件中的匹配指定模式的所有字符串。

下面的 sed 命令是将文件 techClass.txt 中所有的字符串"Virtualization"替换为"Virt."：

```
bash-3.2$ sed 's/Virtualization/Virt./g' techClass.txt
1.    Network: Route, Switch, Wireless, Communicate, Device
2.    Security: Data Protection, Terminal Security, Cloud Security, WEB Security
3.    Server: Blade, Mini Computer, Mainframes, HPC, Disaster Recovery, Network
4.    Virt.: Server Virt., Storage Virt., Desktop Virt.
5.    Database: SQLServer, MySQL, Oracle, DB2
6.    OS: Linux, Unix, Windows
# Additional class
```

运行上述命令后我们看到文件中的第 4 行所有"Virtualization"字符串都被替换成了"Virt."。

实例 3：替换文件中每行第 n 个匹配指定模式的字符串。

下面的 sed 命令是将文件 techClass.txt 中每行第 3 个"Virtualization"字符串替换为"Virt."：

```
bash-3.2$ sed 's/Virtualization/Virt./3' techClass.txt
1.    Network: Route, Switch, Wireless, Communicate, Device
2.    Security: Data Protection, Terminal Security, Cloud Security, WEB Security
3.    Server: Blade, Mini Computer, Mainframes, HPC, Disaster Recovery, Network
```

```
     4.     Virtualization: Server Virtualization, Storage Virt., Desktop
             Virtualization
     5.     Database: SQLServer, MySQL, Oracle, DB2
     6.     OS: Linux, Unix, Windows
# Additional class
```

运行上述命令后我们看到文件中的第 4 行只有第 3 个 "Virtualization" 字符串被替换成了 "Virt."。

实例 4：将发生字符串替换的行写入指定的文件，并只打印发生替换的行。

下面的 sed 命令是将文件中的 "Network" 字符串替换为 "Net."，打印发生替换的行，并将发生替换的行写入文件/tmp/sedOutput 中：

```
bash-3.2$ sed -n 's/Network/Net./gpw /tmp/sedOutput' techClass.txt
     1.     Net.: Route, Switch, Wireless, Communicate, Device
     3.     Sxerver: Blade, Mini Computer, Mainframes, HPC, Disaster Recovery, Net.
bash-3.2$ cat /tmp/sedOutput
     1.     Net.: Route, Switch, Wireless, Communicate, Device
     3.     Server: Blade, Mini Computer, Mainframes, HPC, Disaster Recovery, Net.
```

运行上述命令后我们看到，文件中的所有 "Network" 字符串被替换成了 "Net."，并打印了发生替换的行，还将输出写入了文件/tmp/sedOutput 中。

实例 5：只替换文件中匹配指定模式的行中的字符串。

下面的 sed 命令是将文件 techClass.txt 中匹配模式 "/:/" 的行中的逗号 "," 之后的字符串清空（替换为空）：

```
bash-3.2$ sed '/:/s/,.*//g' techClass.txt
     1.     Network: Route
     2.     Security: Data Protection
     3.     Server: Blade
     4.     Virtualization: Server Virtualization
     5.     Database: SQLServer
     6.     OS: Linux
# Additional class
```

实例 6：删掉每行的最后 n 个字符。

下面的 sed 命令是删掉文件 techClass.txt 中每行最后两个字符：

```
bash-3.2$ sed 's/..$//g' techClass.txt
     1.     Network: Route, Switch, Wireless, Communicate, Devi
     2.     Security: Data Protection, Terminal Security, Cloud Security, WEB Securi
     3.     Server: Blade, Mini Computer, Mainframes, HPC, Disaster Recovery, Netwo
     4.     Virtualization: Server Virtualization, Storage Virtualization,
             Desktop Virtualizati
     5.     Database: SQLServer, MySQL, Oracle, D
     6.     OS: Linux, Unix, Windo
# Additional cla
```

从上面的例子可以看出，删掉字符串的个数由 "s/..$//g" 中的圆点 "." 的个数决定。如果是 3 个点（s/...$//g），那就是删掉每行最后 3 个字符。

实例 7：删除文件中的注释。

下面的 sed 命令是删除文件 techClass.txt 中的注释内容：

```
bash-3.2$ sed 's/^#.*//' techClass.txt
     1.     Network: Route, Switch, Wireless, Communicate, Device
     2.     Security: Data Protection, Terminal Security, Cloud Security, WEB Security
     3.     Server: Blade, Mini Computer, Mainframes, HPC, Disaster Recovery, Network
```

```
4.      Virtualization: Server Virtualization, Storage Virtualization,
        Desktop Virtualization
5.      Database: SQLServer, MySQL, Oracle, DB2
6.      OS: Linux, Unix, Windows
```

实例 8：删除文件中的注释及其空行。

下面的 sed 命令是删除文件 techClass.txt 中以井号"#"开头的注释及其空行：

```
bash-3.2$ sed 's/^#.*//;/^$/d' techClass.txt
1.      Network: Route, Switch, Wireless, Communicate, Device
2.      Security: Data Protection, Terminal Security, Cloud Security, WEB Security
3.      Server: Blade, Mini Computer, Mainframes, HPC, Disaster Recovery, Network
4.      Virtualization: Server Virtualization, Storage Virtualization,
        Desktop Virtualization
5.      Database: SQLServer, MySQL, Oracle, DB2
6.      OS: Linux, Unix, Windows
```

上述的 sed 命令中，有两个 sed 指令，由分号";"分隔。第一个 sed 指令是将以井号"#"开头的行替换为空行；第二个 sed 指令则是删除空行。

实例 9：使用符号"&"获得匹配的字符串。

下面的 sed 命令是给文件 techClass.txt 中每个行数字编号加一个小括号"()"：

```
bash-3.2$ sed 's/^[0-9]\./(&)/' techClass.txt
(1.)    Network: Route, Switch, Wireless, Communicate, Device
(2.)    Security: Data Protection, Terminal Security, Cloud Security, WEB Security
(3.)    Server: Blade, Mini Computer, Mainframes, HPC, Disaster Recovery, Network
(4.)    Virtualization: Server Virtualization, Storage Virtualization,
        Desktop Virtualization
(5.)    Database: SQLServer, MySQL, Oracle, DB2
(6.)    OS: Linux, Unix, Windows
# Additional class
```

使用下面的命令可以实现与上述命令同样的功能：

```
bash-3.2$ sed 's/\(^[0-9]\.\)/(\1)/' techClass.txt
(1.)    Network: Route, Switch, Wireless, Communicate, Device
(2.)    Security: Data Protection, Terminal Security, Cloud Security, WEB Security
(3.)    Server: Blade, Mini Computer, Mainframes, HPC, Disaster Recovery, Network
(4.)    Virtualization: Server Virtualization, Storage Virtualization,
        Desktop Virtualization
(5.)    Database: SQLServer, MySQL, Oracle, DB2
(6.)    OS: Linux, Unix, Windows
# Additional class
```

14.3.5 实例：打印文件中的行

在小本节中，我们仍然使用上一小节中的示例文件 techClass.txt。其内容如下所示：

```
bash-3.2$ cat techClass.txt
1.      Network: Route, Switch, Wireless, Communicate, Device
2.      Security: Data Protection, Terminal Security, Cloud Security, WEB Security
3.      Server: Blade, Mini Computer, Mainframes, HPC, Disaster Recovery, Network
4.      Virtualization: Server Virtualization, Storage Virtualization,
        Desktop Virtualization
5.      Database: SQLServer, MySQL, Oracle, DB2
6.      OS: Linux, Unix, Windows
```

```
# Additional class
```

实例 1：打印文件中的第 n 行。

下面的 sed 命令是打印文件 techClass.txt 中的第 4 行：

```
bash-3.2$ sed -n '4p' techClass.txt
4.      Virtualization: Server Virtualization, Storage Virtualization,
        Desktop Virtualization
```

实例 2：从文件的第 n 行开始打印，并每隔 m-1 行（每 m 行）就打印一行。

下面的 sed 命令是从文件 techClass.txt 的第 3 行开始打印，并且每两个行就打印一行：

```
bash-3.2$ sed -n '3~2p' techClass.txt
3.      Server: Blade, Mini Computer, Mainframes, HPC, Disaster Recovery, Network
5.      Database: SQLServer, MySQL, Oracle, DB2
# Additional class
```

实例 3：打印文件的最后一行。

下面的 sed 命令是打印文件 techClass.txt 的最后一行：

```
bash-3.2$ sed -n '$p' techClass.txt
# Additional class
```

实例 4：打印文件的第 n~m 行。

下面的 sed 命令是打印文件 techClass.txt 中的第 2~6 行：

```
bash-3.2$ sed -n '2,6p' techClass.txt
2.      Security: Data Protection, Terminal Security, Cloud Security, WEB Security
3.      Server: Blade, Mini Computer, Mainframes, HPC, Disaster Recovery, Network
4.      Virtualization: Server Virtualization, Storage Virtualization,
        Desktop Virtualization
5.      Database: SQLServer, MySQL, Oracle, DB2
6.      OS: Linux, Unix, Windows
```

实例 5：打印文件的第 n 行到最后一行。

下面的 sed 命令是打印文件 techClass.txt 的第 3 行到最后一行：

```
bash-3.2$ sed -n '3,$p' techClass.txt
3.      Server: Blade, Mini Computer, Mainframes, HPC, Disaster Recovery, Network
4.      Virtualization: Server Virtualization, Storage Virtualization,
        Desktop Virtualization
5.      Database: SQLServer, MySQL, Oracle, DB2
6.      OS: Linux, Unix, Windows
# Additional class
```

实例 6：打印文件中匹配指定模式的行。

下面的 sed 命令是打印文件 techClass.txt 中匹配模式 "/Network/" 的行：

```
bash-3.2$ sed -n '/Network/p' techClass.txt
1.      Network: Route, Switch, Wireless, Communicate, Device
3.      Server: Blade, Mini Computer, Mainframes, HPC, Disaster Recovery,
        Network
```

实例 7：打印文件中从匹配指定模式的行到第 n 行的内容。

下面的 sed 命令是将文件 techClass.txt 中从匹配模式 "/Security/" 的行到第 6 行的内容打印输出：

```
bash-3.2$ sed -n '/Security/,6p' techClass.txt
2.      Security: Data Protection, Terminal Security, Cloud Security, WEB Security
3.      Server: Blade, Mini Computer, Mainframes, HPC, Disaster Recovery, Network
4.      Virtualization: Server Virtualization, Storage Virtualization,
        Desktop Virtualization
5.      Database: SQLServer, MySQL, Oracle, DB2
6.      OS: Linux, Unix, Windows
```

实例 8：打印文件中从第 n 行到匹配指定模式的行的内容。

下面的 sed 命令是将文件 techClass.txt 中从第 1 行到匹配模式 "/Database/" 的行打印输出：

```
bash-3.2$ sed -n '1,/Database/p' techClass.txt
1.      Network: Route, Switch, Wireless, Communicate, Device
2.      Security: Data Protection, Terminal Security, Cloud Security, WEB Security
3.      Server: Blade, Mini Computer, Mainframes, HPC, Disaster Recovery, Network
4.      Virtualization: Server Virtualization, Storage Virtualization,
        Desktop Virtualization
5.      Database: SQLServer, MySQL, Oracle, DB2
```

实例 9：打印文件中从匹配指定模式的行到最后一行的内容。

下面的 sed 命令是将文件 techClass.txt 中从匹配模式 "/Server/" 的行到最后一行的内容打印输出：

```
bash-3.2$ sed -n '/Server/,$p' techClass.txt
3.      Server: Blade, Mini Computer, Mainframes, HPC, Disaster Recovery, Network
4.      Virtualization: Server Virtualization, Storage Virtualization,
        Desktop Virtualization
5.      Database: SQLServer, MySQL, Oracle, DB2
6.      OS: Linux, Unix, Windows
# Additional class
```

实例 10：打印文件中匹配指定模式的行及其后面的 n 行。

下面的 sed 命令是打印文件 techClass.txt 中匹配模式 "/Network/" 的行及其后面的一行：

```
bash-3.2$ sed -n '/Network/,+1P' techClass.txt
1.      Network: Route, Switch, Wireless, Communicate, Device
2.      Security: Data Protection, Terminal Security, Cloud Security, WEB Security
3.      Server: Blade, Mini Computer, Mainframes, HPC, Disaster Recovery, Network
4.      Virtualization: Server Virtualization, Storage Virtualization,
        Desktop Virtualization
```

我们看到上述 sed 命令输出了 4 行，出现上述结果的原因是，文件 techClass.txt 的第 1 行和第 3 行均含有字符串 "Network"。

我们再来看如果打印文件 techClass.txt 中匹配模式 "/Network/" 的行及其后面的两行会是什么结果：

```
bash-3.2$ sed -n '/Network/,+2P' techClass.txt
1.      Network: Route, Switch, Wireless, Communicate, Device
2.      Security: Data Protection, Terminal Security, Cloud Security, WEB Security
3.      Server: Blade, Mini Computer, Mainframes, HPC, Disaster Recovery, Network
```

实例 11：打印文件中从匹配指定模式的行到匹配另一个指定模式的行的内容。

下面的 sed 命令是打印文件 techClass.txt 中从匹配模式 "/Security/" 的行到匹配模式

"/OS/"的行的内容：

```
bash-3.2$ sed -n '/Security/,/OS/p' techClass.txt
2.      Security: Data Protection, Terminal Security, Cloud Security, WEB Security
3.      Server: Blade, Mini Computer, Mainframes, HPC, Disaster Recovery, Network
4.      Virtualization: Server Virtualization, Storage Virtualization,
        Desktop Virtualization
5.      Database: SQLServer, MySQL, Oracle, DB2
6.      OS: Linux, Unix, Windows
```

14.3.6 实例：打印文件中的行号

实例 1：打印文件的总行数。

下面的 sed 命令是用来显示一个文件的总行数，其得到的结果与命令 "wc -l" 类似：

```
bash-3.2$ sed -n '$=' techClass.txt
7
```

实例 2：打印日志文件中的报错的行号及其内容。

下面的 sed 命令是打印日志文件中出现错误信息的行号及其内容：

```
-bash-3.2# sed -n '/Error/{=;p}' /var/log/messages
944
Mar 10 10:22:09 lablte249 Socks5[3387]: Config: Error opening config file
(/etc/socks5.conf): No such file or directory
```

14.3.7 实例：从文件中读取和向文件中写入

我们分别使用文本文件 info_num.txt 和 techClass.txt 作为本小节的示例文件。它们的内容分别如下所示：

```
bash-3.2$ cat info_num.txt
1.      Linux - Sysadmin
2.      Databases - Oracle, MySQL etc.
3.      Security - Firewall, Network, Online Security etc.
4.      Cool - Websites
5.      Storage - NetApp, EMC etc.
6.      Productivity - Too many technologies to explore, no much time available.

bash-3.2$ cat techClass.txt
1.      Network: Route, Switch, Wireless, Communicate, Device
2.      Security: Data Protection, Terminal Security, Cloud Security, WEB Security
3.      Server: Blade, Mini Computer, Mainframes, HPC, Disaster Recovery, Network
4.      Virtualization: Server Virtualization, Storage Virtualization,
        Desktop Virtualization
5.      Database: SQLServer, MySQL, Oracle, DB2
6.      OS: Linux, Unix, Windows
# Additional class
```

实例 1：在文件 1 的每一行之后都读入一次文件 2 的内容。

下面的 sed 命令是在文件 techClass.txt 的每一行之后都读入一次文件 info_num.txt 的内容：

```
bash-3.2$ sed 'r info_num.txt' techClass.txt
1.      Network: Route, Switch, Wireless, Communicate, Device
1.      Linux - Sysadmin
2.      Databases - Oracle, MySQL etc.
3.      Security - Firewall, Network, Online Security etc.
4.      Cool - Websites
5.      Storage - NetApp, EMC etc.
6.      Productivity - Too many technologies to explore, no much time available.


2.      Security: Data Protection, Terminal Security, Cloud Security, WEB Security
1.      Linux - Sysadmin
2.      Databases - Oracle, MySQL etc.
3.      Security - Firewall, Network, Online Security etc.
4.      Cool - Websites
5.      Storage - NetApp, EMC etc.
6.      Productivity - Too many technologies to explore, no much time available.


3.      Server: Blade, Mini Computer, Mainframes, HPC, Disaster Recovery, Network
1.      Linux - Sysadmin
2.      Databases - Oracle, MySQL etc.
3.      Security - Firewall, Network, Online Security etc.
4.      Cool - Websites
5.      Storage - NetApp, EMC etc.
6.      Productivity - Too many technologies to explore, no much time available.


4.      Virtualization: Server Virtualization, Storage Virtualization,
        Desktop Virtualization
1.      Linux - Sysadmin
2.      Databases - Oracle, MySQL etc.
3.      Security - Firewall, Network, Online Security etc.
4.      Cool - Websites
5.      Storage - NetApp, EMC etc.
6.      Productivity - Too many technologies to explore, no much time available.


5.      Database: SQLServer, MySQL, Oracle, DB2
1.      Linux - Sysadmin
2.      Databases - Oracle, MySQL etc.
3.      Security - Firewall, Network, Online Security etc.
4.      Cool - Websites
5.      Storage - NetApp, EMC etc.
6.      Productivity - Too many technologies to explore, no much time available.


6.      OS: Linux, Unix, Windows
1.      Linux - Sysadmin
2.      Databases - Oracle, MySQL etc.
3.      Security - Firewall, Network, Online Security etc.
4.      Cool - Websites
5.      Storage - NetApp, EMC etc.
6.      Productivity - Too many technologies to explore, no much time available.


# Additional class
1.      Linux - Sysadmin
2.      Databases - Oracle, MySQL etc.
3.      Security - Firewall, Network, Online Security etc.
```

```
4.      Cool - Websites
5.      Storage - NetApp, EMC etc.
6.      Productivity - Too many technologies to explore, no much time available.
```

因为在上述的 sed 命令中,我们在"r"之前没有指定一个数字,所以会在文件 techClass.txt 的每一行之后都读入一次 info_num.txt 的内容。

实例 2:在文件 1 的指定行之后读入文件 2 的内容。

下面的 sed 命令是在文件 techClass.txt 的第 3 行之后读入文件 info_num.txt 的内容:

```
bash-3.2$ sed '3r info_num.txt' techClass.txt
1.      Network: Route, Switch, Wireless, Communicate, Device
2.      Security: Data Protection, Terminal Security, Cloud Security, WEB Security
3.      Server: Blade, Mini Computer, Mainframes, HPC, Disaster Recovery, Network
1.      Linux - Sysadmin
2.      Databases - Oracle, MySQL etc.
3.      Security - Firewall, Network, Online Security etc.
4.      Cool - Websites
5.      Storage - NetApp, EMC etc.
6.      Productivity - Too many technologies to explore, no much time available.

4.      Virtualization: Server Virtualization, Storage Virtualization,
        Desktop Virtualization
5.      Database: SQLServer, MySQL, Oracle, DB2
6.      OS: Linux, Unix, Windows
# Additional class
```

类似于上述的 sed 命令,就可以用于在一个文件中插入一段内容。

实例 3:在文件 1 的匹配指定模式的行之后读入文件 2 的内容。

下面的 sed 命令是在文件 techClass.txt 的匹配模式"/Virtualization/"的行之后读入文件 info_num.txt 的内容:

```
bash-3.2$ sed '/Virtualization/r info_num.txt' techClass.txt
1.      Network: Route, Switch, Wireless, Communicate, Device
2.      Security: Data Protection, Terminal Security, Cloud Security, WEB Security
3.      Server: Blade, Mini Computer, Mainframes, HPC, Disaster Recovery, Network
4.      Virtualization: Server Virtualization, Storage Virtualization,
        Desktop Virtualization
1.      Linux - Sysadmin
2.      Databases - Oracle, MySQL etc.
3.      Security - Firewall, Network, Online Security etc.
4.      Cool - Websites
5.      Storage - NetApp, EMC etc.
6.      Productivity - Too many technologies to explore, no much time available.

5.      Database: SQLServer, MySQL, Oracle, DB2
6.      OS: Linux, Unix, Windows
# Additional class
```

实例 4:在文件 1 的最后一行读入文件 2 的内容。

下面的 sed 命令是在文件 techClass.txt 的最后一行读入文件 info_num.txt 的内容:

```
bash-3.2$ sed '$r info_num.txt' techClass.txt
1.      Network: Route, Switch, Wireless, Communicate, Device
2.      Security: Data Protection, Terminal Security, Cloud Security, WEB Security
```

```
3.      Server: Blade, Mini Computer, Mainframes, HPC, Disaster Recovery, Network
4.      Virtualization: Server Virtualization, Storage Virtualization,
        Desktop Virtualization
5.      Database: SQLServer, MySQL, Oracle, DB2
6.      OS: Linux, Unix, Windows
# Additional class
1.      Linux - Sysadmin
2.      Databases - Oracle, MySQL etc.
3.      Security - Firewall, Network, Online Security etc.
4.      Cool - Websites
5.      Storage - NetApp, EMC etc.
6.      Productivity - Too many technologies to explore, no much time available.
```

实例 5：将文件 1 的第 n 行的内容写入文件 2。

下面的 sed 命令是将文件 techClass.txt 的第 1 行的内容写入文件 output.txt：

```
bash-3.2$ sed -n '1w output.txt' techClass.txt
bash-3.2$ cat output.txt
1.      Network: Route, Switch, Wireless, Communicate, Device
```

实例 6：将文件 1 的指定几行的内容写入文件 2。

下面的 sed 命令是将文件 techClass.txt 的第 1 行和最后一行的内容写入文件 output.txt：

```
bash-3.2$ sed -n -e '1w output.txt' -e '$w output.txt' techClass.txt
bash-3.2$ cat output.txt
1.      Network: Route, Switch, Wireless, Communicate, Device
# Additional class
```

实例 7：将文件 1 的匹配某几个模式的行写入文件 2。

下面的 sed 命令是将文件 techClass.txt 中匹配模式 "/Network/" 和 "/Security/" 的行写入文件 output.txt：

```
bash-3.2$ sed -n '/Network\|Security/w output.txt' techClass.txt
bash-3.2$ cat output.txt
1.      Network: Route, Switch, Wireless, Communicate, Device
2.      Security: Data Protection, Terminal Security, Cloud Security, WEB Security
3.      Server: Blade, Mini Computer, Mainframes, HPC, Disaster Recovery, Network
```

实例 8：将文件 1 中从匹配指定模式的行到最后一行的内容写入文件 2。

下面的 sed 命令是将文件 techClass.txt 中从匹配模式 "/Server/" 的行到最后一行的内容写入文件 output.txt：

```
bash-3.2$ sed -n '/Server/,$w output.txt' techClass.txt
bash-3.2$ cat output.txt
3.      Server: Blade, Mini Computer, Mainframes, HPC, Disaster Recovery, Network
4.      Virtualization: Server Virtualization, Storage Virtualization,
        Desktop Virtualization
5.      Database: SQLServer, MySQL, Oracle, DB2
6.      OS: Linux, Unix, Windows
# Additional class
```

实例 9：将文件 1 中匹配指定模式的行及其后 n 行的内容写入文件 2。

下面的 sed 命令是将文件 techClass.txt 中匹配模式 "/Server/" 的行及其后 4 行的内容写入文件 output.txt：

```
bash-3.2$ sed -n '/Server/,+4w output.txt' techClass.txt
bash-3.2$ cat output.txt
3.      Server: Blade, Mini Computer, Mainframes, HPC, Disaster Recovery, Network
4.      Virtualization: Server Virtualization, Storage Virtualization,
        Desktop Virtualization
5.      Database: SQLServer, MySQL, Oracle, DB2
6.      OS: Linux, Unix, Windows
# Additional class
```

14.4 sed 与 Shell

本节我们将分别学习如何在 sed 中使用 Shell 变量和如何通过 sed 的输出设置 Shell 变量。

14.4.1 实例：在 sed 中使用 Shell 变量

我们已经知道，在 Shell 中环境变量是以美元符号"$"开头，例如$TERM、$PATH、$var 或$i。而在 sed 中，符号"$"用于指示输入文件的最后一行，或是行的末尾（在 LHS 中），或是字面意义的符号（在 RHS 中）。sed 并不能直接访问 Shell 中的变量，所以必须使用双引号来扩展 Shell 的变量。

> **注意**：LHS（left-hand side）和 RHS（right-hand side）分别指 sed 指令中的左侧部分和右侧部分。比如，替换编辑命令 "s/LHS/RHS/"。

若要让 Shell 正确地解释 sed 命令中的 Shell 变量，就要将 sed 指令放在双引号内。类似如下所示：

```
bash-3.2$ sed "s/_terminal-type_./$TERM/g" input.file
```

假如我们有一个文件 input.file，其内容如下所示：

```
bash-3.2$ cat input.file
The name of terminal which you are using is _terminal-type_.
```

$TERM 变量的值为：

```
bash-3.2$ echo $TERM
vt100
```

现在，我们就使用 sed 命令将文件 input.file 中的字符串"_terminal-type_"替换为变量"$TERM"的值：

```
bash-3.2$ sed "s/_terminal-type_/$TERM/g" input.file
The name of terminal which you are using is vt100.
```

而如果你将上述 sed 指令放在单引号内，就会得到类似如下的结果：

```
bash-3.2$ sed 's/_terminal-type_/$TERM/g' input.file
The name of terminal which you are using is $TERM.
```

当在 sed 指令中使用的模式是一个 Shell 变量时，它可能会是任意字符串。那么怎样确保它能安全地在 LHS、RHS 和正则表达式中使用呢？

比如，有一些文件中声明了一些变量，这些变量定义了一些工具的路径及工具的一些配置文件的路径，其中一个文件的内容如下所示：

```
bash-3.2$ cat toolsPath.ini
AQUACHURN_ROOT_DIR=/opt/swe/tools/in/aquachurn-2.5
MANPATH=/usr/share/man:/usr/local/man:/opt/swe/tools/in/nmake-3.9/i686-
linux2.6/man
VOB2MOUNTFILE=/opt/swe/prof/enodeb/.enodebvobs
AQUARIUM_ROOT_DIR=/opt/swe/tools/in/aquarium-2.3
RSU_TEMPLATE2_INI=/opt/swe/tools/ext/rational/PurifyPlus.7.0.0.0-010/
config/templates2.ini
MOTUS_PROFILES=/opt/swe/prof
NTCADHOME=/opt/swe/tools/ext
OBJECTIME_HOME=/opt/swe/tools/ext/rational/objectime-5.2.1
LD_LIBRARY_PATH=/opt/swe/tools/ext/gnu/wxpythonsrc-2.8.9.1/i686-linux2.
6/lib:/opt/swe/tools/ext/gnu/gtk+-2.14.7/i686-linux2.6/lib:/opt/swe/
tools/ext/gnu/wxpythonsrc-2.8.9.1/i686-linux2.6/lib
SWE_ENVIRON=/opt/swe/tools/in/environ-4.3.4
SWE_ROOT=/opt/swe
COVERITY_LICENSE_FILE=/opt/swe/local/licenses/prevent/lte/license.dat
PATH=/opt/swe/tools/ext/scriptics/tcl_tk-8.4.13/i686-linux2.6/bin:/opt/
swe/tools/ext/gnu/cscope-15.7a/i686-linux2.6/bin:/usr/X11R6/bin:/usr/
atria/bin:/opt/swe/bin/in:/opt/swe/bin:/opt/swe/bin/pao:/bin:/usr/bin:/
sbin:/usr/sbin:/opt/swe/tools/in/nmake-3.9/i686-linux2.6/bin
DSP563_IDIR=/opt/swe/tools/ext/motorola/dsp563-1
MAGIC_PATH=/opt/swe/prof/enodeb/magic:/usr/atria/config/magic
JAVA_HOME=/opt/swe/tools/ext/sun/jdk-1.6.0/i686-linux2.6
C_INCLUDE=/opt/swe/tools/ext/iar/icc6811-4.40b-sun4/inc/
ROSERT_HOME=/opt/swe/tools/ext/rational/rosert-7.0.0.1_ifix8/releases/
RoseRT.7.0.0.0
WIS_LTE_PROJECT_DIR=/opt/swe/tools/in/projects/lte_project-1.0
B2BTOOLS_ROOT_DIR=/opt/swe/tools/in/b2btools-2.1
ROGUEWAVE_ROOT=/opt/swe/tools/ext/roguewave/rw-1.0
SWE_PATH=/opt/swe/bin/in:/opt/swe/bin:/opt/swe/bin/pao
XLINK_DFLTDIR=/opt/swe/tools/ext/iar/icc6811-4.40b-sun4/lib/
PYTHONPATH=/opt/swe/tools/ext/gnu/wxpythonsrc-2.8.9.1/i686-linux2.6/
lib/python2.5/site-packages/wx-2.8-gtk2-unicode:/opt/swe/tools/ext/gnu/
numpy-1.2.1/i686-linux2.6/lib/python2.5/site-packages:/opt/swe/tools/
ext/gnu/matplotlib-0.98.5.2/i686-linux2.6/lib/python2.5/site-packages
AQUADOC_ROOT_DIR=/opt/swe/tools/in/aquadoc-2.0
UTS_HOME=/opt/swe/tools/in/uts-current_lte_test
RSU_LICENSE_MAP=/opt/swe/tools/ext/rational/PurifyPlus.7.0.0.0-010/
config/PurifyPlus_License_Map
```

现在，工具的存放路径有所变动，需要将所有这些文件中变量所定义的路径进行修改，其中之一是将路径"/opt/swe"改为"/usr/local"。我们打算用 Shell 脚本批量实现这些更改，在脚本定义了两个变量，分别是 OLDPATH1 和 NEWPATH1，如下所示：

```
OLDPATH1=/opt/swe
NEWPATH1=/usr/local
```

假如脚本的其中一条命令就是：

```
sed -i "s/$OLDPATH1/$NEWPATH1/" toolsPath.ini
```

当运行此脚本时，上述的这条命令就会报类似如下的错误：

```
sed: -e expression #1, char 8: unknown option to 's'
```

为什么会出现上述的错误呢？可能你已经想到，因为两个变量 OLDPATH1 和 NEWPATH1 的值中含有斜线 "/"，上述 sed 命令的实际内容就是：

```
sed "s//opt/swe//usr/local/" toolsPath.ini
```

通过前面章节的学习我们已经知道，这样的 sed 命令一定会执行失败，因为存在语法错误，sed 指令的模式中的字符与定界符相同。这时我们就需要对模式中的斜线 "/" 进行转义，或是使用更简单的方法，直接使用其他不会起冲突的字符作为定界符。那么，为了确保上述 sed 命令的模式中的 Shell 变量能安全地使用，就可以将那个 sed 命令修改为：

```
sed -i "s#$OLDPATH1#$NEWPATH1#" toolsPath.ini
```

文件 toolsPath.ini 的内容就可以被成功替换为如下所示：

```
bash-3.2$ cat toolsPath.ini
AQUACHURN_ROOT_DIR=/usr/local/tools/in/aquachurn-2.5
MANPATH=/usr/share/man:/usr/local/man:/usr/local/tools/in/nmake-3.9/
i686-linux2.6/man
VOB2MOUNTFILE=/usr/local/prof/enodeb/.enodebvobs
AQUARIUM_ROOT_DIR=/usr/local/tools/in/aquarium-2.3
RSU_TEMPLATE2_INI=/usr/local/tools/ext/rational/PurifyPlus.7.0.0.0-010/
config/templates2.ini
MOTUS_PROFILES=/usr/local/prof
NTCADHOME=/usr/local/tools/ext
OBJECTIME_HOME=/usr/local/tools/ext/rational/objectime-5.2.1
LD_LIBRARY_PATH=/usr/local/tools/ext/gnu/wxpythonsrc-2.8.9.1/i686-linux
2.6/lib:/opt/swe/tools/ext/gnu/gtk+-2.14.7/i686-linux2.6/lib:/opt/swe/
tools/ext/gnu/wxpythonsrc-2.8.9.1/i686-linux2.6/lib
SWE_ENVIRON=/usr/local/tools/in/environ-4.3.4
SWE_ROOT=/usr/local
COVERITY_LICENSE_FILE=/usr/local/local/licenses/prevent/lte/license.dat
PATH=/usr/local/tools/ext/scriptics/tcl_tk-8.4.13/i686-linux2.6/bin:/
opt/swe/tools/ext/gnu/cscope-15.7a/i686-linux2.6/bin:/usr/X11R6/bin:/
usr/atria/bin:/opt/swe/bin/in:/opt/swe/bin:/opt/swe/bin/pao:/bin:/usr/
bin:/sbin:/usr/sbin:/opt/swe/tools/in/nmake-3.9/i686-linux2.6/bin
DSP563_IDIR=/usr/local/tools/ext/motorola/dsp563-1
MAGIC_PATH=/usr/local/prof/enodeb/magic:/usr/atria/config/magic
JAVA_HOME=/usr/local/tools/ext/sun/jdk-1.6.0/i686-linux2.6
C_INCLUDE=/usr/local/tools/ext/iar/icc6811-4.40b-sun4/inc/
ROSERT_HOME=/usr/local/tools/ext/rational/rosert-7.0.0.1_ifix8/releases
/RoseRT.7.0.0.0
WIS_LTE_PROJECT_DIR=/usr/local/tools/in/projects/lte_project-1.0
B2BTOOLS_ROOT_DIR=/usr/local/tools/in/b2btools-2.1
ROGUEWAVE_ROOT=/usr/local/tools/ext/roguewave/rw-1.0
SWE_PATH=/usr/local/bin/in:/opt/swe/bin:/opt/swe/bin/pao
XLINK_DFLTDIR=/usr/local/tools/ext/iar/icc6811-4.40b-sun4/lib/
PYTHONPATH=/usr/local/tools/ext/gnu/wxpythonsrc-2.8.9.1/i686-linux2.6/
lib/python2.5/site-packages/wx-2.8-gtk2-unicode:/opt/swe/tools/ext/gnu/
numpy-1.2.1/i686-linux2.6/lib/python2.5/site-packages:/opt/swe/tools/
ext/gnu/matplotlib-0.98.5.2/i686-linux2.6/lib/python2.5/site-packages
AQUADOC_ROOT_DIR=/usr/local/tools/in/aquadoc-2.0
UTS_HOME=/usr/local/tools/in/uts-current_lte_test
RSU_LICENSE_MAP=/usr/local/tools/ext/rational/PurifyPlus.7.0.0.0-010/
config/PurifyPlus_License_Map
```

到目前为止，你已经对如何在 sed 命令中使用 Shell 变量有了基本的了解。接下来我们就通过几个实例脚本，来进一步学习在 sed 中使用 Shell 变量。

实例 1：移除文件中的空白行的 Shell 脚本 removeBlankLines.sh。

```
-bash-3.2$ cat removeBlankLines.sh
#!/bin/bash -
#===============================================================================
#
#         FILE: removeBlankLines.sh
#
#        USAGE: ./removeBlankLines.sh target-file
#
#  DESCRIPTION:
#
#      OPTIONS: ---
# REQUIREMENTS: ---
#         BUGS: ---
#        NOTES: ---
#       AUTHOR: Liu Yantao (Tom), yantao.freedom@icloud.com
# ORGANIZATION:
#      CREATED: 03/15/2014 16:33
#     REVISION: ---
#===============================================================================

# 此脚本用于移除文件中的空行

# 检查传递给脚本的参数。如果没有指定参数，则打印脚本使用方法
if [ -z "$1" ]
then

  echo "Usage: 'basename $0' target-file"
  # 退出脚本，退出状态码为 1
  exit 1

fi

sed -e "/^$/d" "$1"
# "-e" 选项表示后跟一个编辑命令（此项选为可选，在这里可省略）
# "^" 表示一行的开始，"$" 表示一行的结束
# 这个指定配置在行的开始和结束之间没有任何内容的行
# "d" 是删除命令

# 用双引号括起的命令行参数允许文件名中有空格或特殊字符

# 注意：这个脚本并不真正地修改目标文件
# 如需要直接修改目标文件，请重定向此脚本的输出，或在 sed 命令中加入 -i 选项

# 退出脚本，退出状态码为 0
exit 0
```

实例 2：替换文件中的字符串的脚本 substituteStr.sh。

```
-bash-3.2$ cat substStr.sh
#!/bin/bash -
#===============================================================================
#
#         FILE: substStr.sh
#
#        USAGE: ./substStr.sh old-pattern new-pattern filename
#
#  DESCRIPTION:
#
#      OPTIONS: ---
# REQUIREMENTS: ---
```

```
#         BUGS: ---
#        NOTES: ---
#       AUTHOR: Liu Yantao (Tom), yantao.freedom@icloud.com
# ORGANIZATION:
#      CREATED: 03/15/2014 17:01
#     REVISION: ---
#=====================================================================

# 此脚本用于替换文件中的指定字符串
# 例如，"substStr.sh Tom Alex mail.txt"

# 定义参数的个数为 3
ARGS=3

# 测试传递给此脚本的参数个数。如果参数个数不等于 3，则打印脚本的使用方法
if [ $# -ne "$ARGS" ]
then

  echo "Usage: 'basename $0' old-pattern new-pattern filename"
  # 退出脚本，退出状态码为 2
  exit 2

fi

old_pattern=$1
new_pattern=$2

# 检查指定的文件是否存在
if [ -f "$3" ]
then

  file_name=$3

else

  echo "File \"$3\" does not exist."
  # 退出脚本，退出状态码为 3
  exit 3

fi

# ---------------------------------
sed -e "s#$old_pattern#$new_pattern/g" $file_name
# ---------------------------------

# "s" 是 sed 中的替换命令
# 而/pattern/引用地址匹配
# "#" 是 sed 指令的定界符
# "g" 会使命令替换每一行中所有匹配$old_pattern 的字符串，而不只是第一个匹配的字符串

exit 0
```

实例 3：检查目录中所有二进制文件的来源的脚本 checkAuthorship.sh。

```
$ cat checkAuthorship.sh
#!/bin/bash -
#=====================================================================
#
#         FILE: checkAuthorship.sh
#
```

```
#          USAGE: ./checkAuthorship.sh target-dir
#
#    DESCRIPTION:
#
#        OPTIONS: ---
#   REQUIREMENTS: ---
#           BUGS: ---
#          NOTES: ---
#         AUTHOR: Liu Yantao (Tom), yantao.freedom@icloud.com
#   ORGANIZATION:
#        CREATED: 03/15/2014 17:01
#       REVISION: ---
#===============================================================================

# 此脚本用于在指定的目录中找到含有特定字符串的二进制文件

# 检查传递给脚本的参数是否为空。如果没有给脚本指定参数，则打印脚本的使用方法
if [ -z "$1" ]
then

  echo "Usage: 'basename $0' target-dir"
  # 退出脚本，退出状态码为 2
  exit 2

fi

# 检查指定的目录是否存在
if [ -d "$1" ]
then

  # 如果指定的目录存在，则将指定的路径赋值给变量 directory
  directory="$1"

else

  # 如果指定的目录不存在，则显示下面的信息
  echo "Directory \"$1\" does not exist."
  # 退出脚本，退出状态码为 3
  exit 3

fi

# 定义要检查的字符串
fstring="Free Software Foundation"

# 使用 for 循环遍历指定目录下的所有文件
for file in 'find $directory -type f -name '*' | sort'
do

  # 查找文件中含有特定字符串的行
  strings -f $file | grep "$fstring" | sed -e "s#$directory##"

done

# 退出脚本，退出状态码为 0
exit 0
```

实例 4：格式化邮件内容的脚本 formatEmail.sh。

```
$ cat formatEmail.sh
#!/bin/bash -
#===============================================================================
#
#          FILE: formatEmail.sh
#
#         USAGE: ./formatEmail.sh filename
#
#   DESCRIPTION:
#
#       OPTIONS: ---
#  REQUIREMENTS: ---
#          BUGS: ---
#         NOTES: ---
#        AUTHOR: Liu Yantao (Tom), yantao.freedom@icloud.com
#  ORGANIZATION:
#       CREATED: 03/15/2014 17:01
#      REVISION: ---
#===============================================================================

# 定义脚本的退出状态码
E_BADARGS=65
E_NOFILE=66

# 检查传递给脚本的参数是否为空。如果没有给脚本指定参数，则打印脚本的使用方法
if [ -z "$1" ]
then

  echo "Usage: 'basename $0' filename"
  # 退出脚本，退出状态码为 65
  exit $E_BADARGS

fi

# 检查指定的文件是否存在
if [ -f "$1" ]
then

  # 如果指定的文件存在，则将指定的路径赋值给变量 file_name
  file_name="$1"

else

  # 如果指定的文件不存在，则打印下面的信息
  echo "File \"$1\" does not exist."
  # 退出脚本，退出状态码为 66
  exit $E_NOFILE

fi
# ==============================================================================

# 定义每行的最大宽度为 70 个字符
MAXWIDTH=70


# -----------------------------------
# 将 sed 脚本的内容存入变量 sedscript
sedscript='s/^>//
s/^  *>//
s/^  *//
s/         *//'
```

```
# --------------------------------
# 删除每行中以字符">"、空格、制表符开始的内容
# 然后将每行的长度折成最大$MAXWIDTH个字符
sed "$sedscript" $1 | fold -s --width=$MAXWIDTH
# -s 选项表示尽可能在空格处折行

exit 0
```

14.4.2 实例：从 sed 输出中设置 shell 变量

实例 1：批量修改文件名的脚本 rename.sh。

```
-bash-3.2$ cat rename.sh
#!/bin/bash -
#===============================================================
#
#          FILE: rename.sh
#
#         USAGE: ./rename.sh old-pattern new-pattern
#
#   DESCRIPTION:
#
#       OPTIONS: ---
#  REQUIREMENTS: ---
#          BUGS: ---
#         NOTES: ---
#        AUTHOR: Liu Yantao (Tom), yantao.freedom@icloud.com
#  ORGANIZATION:
#       CREATED: 03/15/2014 17:43
#      REVISION: ---
#===============================================================
==========

# 此脚本用于批量重命名当前目录下的所有文件
ARGS=2
ONE=1
# 用于得到正确的单复数（见下面的脚本）

# 检查传递给脚本的参数个数。如果参数个数不等于 2，则打印脚本的使用方法
if [ $# -ne "$ARGS" ]
then

  echo "Usage: 'basenane $0' old-pattern new-pattern"
  # 退出脚本，退出状态码为 2
  exit 2

fi

number=0

# 循环遍历当前目录下所有文件名中包含字符串$1 的文件
for filename in *$1*
do
  # 如果指定的文件存在
  if [ -f "$filename" ]
  then
```

```
    # 去除文件的路径
    fname=`basename "$filename"`
    # 用新的文件名替换旧的文件名
    newname=`echo $fname | sed -e "s/$1/$2/g"`
    # 将文件重命名
    mv "$fname" "$newname"
    let "number += 1"

  fi

done

# 使用正确的语法
if [ "$number" -eq "$ONE" ]
then

  echo "$number file renamed."

else

  echo "$number files renamed."

fi

# 退出脚本,退出状态码为 0
exit 0
```

14.5　awk 基础

我们可以将 awk 的起源追溯到 sed 和 grep,并且经由这两个程序可以再追溯到 ed(最初的 Unix 行编辑器)。这也是在接下来的学习中,你会发现 awk 和 sed 有很多相似之处的原因。在这一节中,我们就先来了解和学习 awk 的命令行语法和一些基本概念及结构。

14.5.1　awk 简介

awk 是被设计用于文本处理,并通常被用作数据提取和报告工具的解释性程序设计语言。它的名称源自于它的三个原作者(Alfred Aho、Peter Weinberger 和 Brian Kernighan)的姓。他们是这样描述 awk 的:awk 是一个方便的且富有表现力的程序语言,它可以应用于各种各样的计算和数据处理任务。

将 awk 称为程序设计语言一定会吓跑一些人。如果你是其中之一,那就不妨把 awk 看作是解决问题的一种不同方法。awk 为处理文件提供了更普遍的计算模型。

awk 中的程序与大部分其他语言的程序不同,因为 awk 程序是数据驱动的。就是说,你描述你要处理的数据以及在你找到它之后要做什么。其他大部分语言是过程化的,你必须详细地描述程序每一步要做什么。当使用过程化语言时,通常会难以清楚地描述程序将处理的数据。因此,awk 程序的容易读写总是令人耳目一新。

awk 程序的典型示例是将数据转换成格式化的报表。这些数据可能是由 Linux(或 Unix,

或类 Unix）程序产生的日志文件，而且格式化后的报表是以一种对系统管理员有用的格式将数据汇总。另一个例子是由独立的数据项和数据检索程序组成的数据处理应用程序。数据项是以结构化方式记录的数据。数据检索是从文件中提取数据并生成报告的过程。

所有这些操作的关键是数据拥有某种结构，即数据要按照一定的分类方式进行归类。因为，当数据拥有某种结构时就能最好地体现 awk 的功能。比如，我们可以使用 awk 脚本来提取文档（文本文件）中各章节的标题并将它们编号以生成一个大纲。或者对于由制表符分隔的列项目所组成的高度结构化的表，我们可以使用 awk 脚本对表中的数据列进行重排序，甚至可以将列变成行，以及将行变成列。awk 不能处理非文本文件，比如，二进制可执行文件等。如果你需要编辑这些文件，需要使用类似 emacs 中的 hexlmode 等二进制编辑器。

和 sed 类似，awk 的基本功能也是搜索文件中包含某些模式的行（或其他文本单元）。当某行匹配一个模式时，awk 就在那一行上执行指定的操作。awk 持续地用这种方式处理输入的行，直到处理到输入文件的结尾处为止。

和 sed 脚本一样，awk 脚本一般是利用 Shell 脚本来调用。即在 Shell 脚本中包含调用 awk 的命令行或 awk 解释的脚本。简单的一行 awk 脚本可以从命令行调用。

下面是 awk 所具有的一些功能：
- 使用变量操作由文本记录和字段组成的文本文件。
- 具有算术和字符串操作符。
- 具有普通的程序设计结构，例如循环和条件。
- 生成格式化报告。
- 定义函数。
- 从 awk 脚本中执行 Linux 命令。
- 处理 Linux 命令的结果。
- 更加巧妙地处理命令行的参数。
- 更容易地处理多个输入流。

用户可以根据 awk 的这些功能和适用范围来处理由 Shell 脚本执行的各种任务。

14.5.2 awk 基本语法

当运行 awk 时，你要指定一个告诉 awk 该做什么的 awk 程序。这个程序由一系列指令组成。每条指令指定一个用于搜索的模式和一个找到模式时要执行的动作。

语法上，一个 awk 指令由一个模式（pattern）后跟一个动作（action）组成。动作被括在花括号内，用来与模式分隔。每个 awk 指令之间通常用换行符来分隔。因此，一个 awk 程序的语法类似如下所示：

```
pattern { action }
pattern { action }
…
```

运行 awk 的方式主要有两种。如果 awk 程序很短，简单的方法就是把它直接写在运行 awk 的命令行中，其语法如下所示：

```
awk [OPTIONS] [--] program-text file …
```

当一个 awk 程序较长时，通常把它放在一个文件中更方便。采用这种方法运行 awk 的语法如下所示：

```
awk [OPTIONS] -f program-file [--] file …
```

在这一节中，我们主要介绍这两种语法格式。

从语法中我们可以看到，一个 awk 命令行是由选项、awk 程序文件或 awk 指令以及输入文件名组成的。输入是从指定的文件中读取的。如果没有指定输入文件名或指定为"-"，那么 awk 命令将从标准输入中读取。

在 awk 命令中，我们常用的选项如下所示：
- -F fs——指定用于输入数据的列分隔符 fs。
- -v var=value——在 awk 程序执行之前指定一个值 value 给变量 var。这些变量值用于 awk 程序的 BEGIN 块。
- -f program-file——指定一个 awk 程序文件，代替在命令行指定 awk 指令。
- "--"选项——根据 POSIX 参数解析约定，此选项表示命令行选项的结束。例如，利用这个选项可以指定以"-"开头的输入文件，否则它将被解析为一个命令行选项。

14.5.3 第一个 awk 命令

一旦你熟悉了 awk，当你想要使用它时，通常可能只会输入一个简单的 awk 指令。那么，你就可以使用 awk 的第一种语法格式，把这个指令作为 awk 命令的第一个参数。

这种命令格式指示 Shell 或命令解释程序来启动 awk，并使用指定的指令（上一小节语法中的 program_text）处理输入文件中的记录。

下面我们就以一个 awk 命令为例，来了解一下 awk 是如何工作的。假设有个文件 info.txt，其内容如下所示：

```
$ cat info.txt
Linux - Sysadmin
Databases - Oracle, MySQL etc.
Security - Firewall, Network, Online Security etc.
Cool - Websites
Storage - NetApp, EMC etc.
Productivity - Too many technologies to explore, no much time available.
```

我们把上述文件作为 awk 命令的输入文件，其 awk 命令如下所示：

```
$ awk '{ print }' info.txt
Linux - Sysadmin
Databases - Oracle, MySQL etc.
Security - Firewall, Network, Online Security etc.
Cool - Websites
Storage - NetApp, EMC etc.
Productivity - Too many technologies to explore, no much time available.
```

你会看到，上述命令显示的是 info.txt 文件的内容。我们来看一下 awk 都做了什么。当我们调用 awk 时，我们指定了文件 info.txt 作为输入文件，然后 awk 会在此文件的每一行上按顺序地执行它的 print 命令，所有的输出都被送到了标准输出，所以我们看到了与命令"cat info.txt"的结果一样的内容。现在再来解释一下代码块"{ print }"。在 awk 中，花括号"{}"用于将代码块集合在一起，类似于 Shell 中的函数。在我们示例中的代码块中，只有一个 print 命令，对于 awk，当 print 命令不带任何参数时，就会打印当前行的所有内容。

下面的命令与上个示例中的 awk 命令稍有不同，但是它们的结果是一样的：

```
$ awk '{ print $0 }' info.txt
Linux - Sysadmin
Databases - Oracle, MySQL etc.
Security - Firewall, Network, Online Security etc.
Cool - Websites
Storage - NetApp, EMC etc.
Productivity - Too many technologies to explore, no much time available.
```

在 awk 中，变量 $0 表示当前的一整行，所以 print 和 print $0 所做的事情是一样的。那么，如果我们将 print 的参数改为一个固定的字符串呢？比如，{ print "hello" }，你觉得会得到什么样的结果呢？答案是，你的输入文件有多少行，它就会打印多少行 hello。

14.5.4 使用 awk 打印指定的列

awk 在处理已经被分隔为多个逻辑列的文本方面非常优异，并让你轻松地在 awk 程序中引用每个单独的列。下面的 awk 命令将打印文件 info.txt 的第一列：

```
$ awk '{print $1}' info.txt
Linux
Databases
Security
Cool
Storage
Productivity
```

上述命令会有这样的输出结果的原因是，在不指定列分隔符的情况下，awk 默认使用空白作为列分隔符。我们已经知道 -F 选项用于指定输入数据的列分隔符。那么，我们现在使用 -F 选项指定符号"-"作为输入文件 info.txt 的列分隔符，我们来看下面的命令会得到什么结果：

```
$ awk -F'-' '{print $2}' info.txt
 Sysadmin
 Oracle, MySQL etc.
 Firewall, Network, Online Security etc.
 Websites
 NetApp, EMC etc.
 Too many technologies to explore, no much time available.
```

从上述命令的输出中我们看到，awk 使用列分隔符"-"将文件 info.txt 的内容分为了两列，然后打印输出了第二列的内容。

14.5.5 从 awk 程序文件读取 awk 指令

通过上一小节的介绍我们已经看到，对于 awk 程序只包含一个或几个指令的情况，我们将其作为命令行参数传递给 awk 命令是非常方便的，但当 awk 程序变得复杂且有很多行时，你一定会想用一个文件来存放 awk 程序。即使用 awk 命令的第二种语法格式，使用-f 选项指示 awk 命令从一个文件中读取 awk 指令：

```
$ awk -f myscript.awk myfile
```

将 awk 程序放在文本文件中还允许你利用额外的 awk 特性。例如，下面这个多行的 awk 程序和我们上一小节示例中的单个 awk 指令做同样的事情，以字符"-"为分隔符打印文件中的第二列内容：

```
$ cat secCol.awk
BEGIN {
  FS="-"
}
{ print $2 }

$ awk -f secCol.awk info.txt
 Sysadmin
 Oracle, MySQL etc.
 Firewall, Network, Online Security etc.
 Websites
 NetApp, EMC etc.
 Too many technologies to explore, no much time available.
```

这两种方法的不同主要在于我们设置列分隔符的方式。在这个 awk 程序文件中，列分隔符指定在代码内部（通过设置 FS 变量），而在我们上一小节的示例中，是通过命令行上 awk 命令的-F 选项来设置列分隔符。

14.5.6 awk 的 BEGIN 和 END 块

正常情况下，awk 对每一个输入行都会执行一次 awk 程序代码。然而，在很多编程情况下，你可能需要在 awk 开始处理输入文件中的文本前执行一些初始化代码。对于这种情况，awk 允许你定义一个 BEGIN 块（在上一小节的示例中我们已经使用了 BEGIN 块）。因为 BEGIN 块是在 awk 开始处理输入文件之前被调用，所以它是用于初始化 FS 变量（列分隔符），打印标题，或是初始化其他你稍后将在程序中调用的全局变量的绝佳位置。

awk 同样还提供另一个特殊的叫做 END 的块。awk 在输入文件中的所有行都被处理之后会执行这一代码块。通常情况下，END 块用于执行最后的运算或是打印要在输出流的结尾处显示的概要。

14.5.7 awk 中使用正则表达式

awk 允许使用正则表达式来有选择地执行一个单独的代码块，它取决于指定的正则表达式是否匹配当前行。比如下面这个 awk 命令，用于打印输出文件中包含字符串"admin"的行：

```
$ awk '/admin/{ print }' info.txt
Linux - Sysadmin
```

我们也可以打印输出匹配字符串"admin"的那一行的第一列：

```
$ awk -F'-' '/admin/{ print $1 }' info.txt
Linux
```

当然，我们也可以使用其他复杂一些的正则表达式，但正则表达式必须被放在斜线内，其用法与 sed 中的类似。我们也可以使用操作符"~"（或"!~"）来指定任意列或变量匹配（或不匹配）一个正则表达式，这就组成了我们下一小节要讲到的表达式。比如，我们打印文件 info.txt 中第二列匹配字符"-"的行的第一列：

```
$ awk '$2 ~ /-/ { print $1 }' info.txt
Linux
Databases
Security
Cool
Storage
Productivity
```

14.5.8　awk 的表达式和块

awk 还有很多其他方法可以有选择地执行代码块。我们可以把任意类型的布尔表达式放在代码块之前来控制特定的块什么时候可以执行，即只有当代码块前面的布尔表达式的值为真时，awk 才会执行此代码块。下面的示例将输出文件/et c/passwd 中第一列等于"root"的所有行的第三列：

```
$ awk 'BEGIN { FS=":" } $1 == "root" { print $3 }' /etc/passwd
0
```

awk 提供了充分的比较操作符供你选择，包括常见的"=="、"<"、">"、"<="、">="和"!="。另外，我们上一小节已经提到了 awk 还提供了操作符"~"和"!~"，分别表示匹配和不匹配。使用这些操作符时，在它们的左边指定一个变量，然后在右边指定一个正则表达式或一个字符串。下面的示例是打印文件 info.txt 中匹配字符串"etc"的所有行的第一列：

```
$ cat info.txt
Linux - Sysadmin
Databases - Oracle, MySQL etc.
Security - Firewall, Network, Online Security etc.
Cool - Websites
Storage - NetApp, EMC etc.
Productivity - Too many technologies to explore, no much time available.

$ awk 'BEGIN { FS="-" } $2 ~ "etc" { print $1 }' info.txt
Databases
Security
Storage
```

表达式是 awk 程序的基本组成部分。一个表达式可以对你打印的、测试的，或传递给一个函数的内容进行求值。另外，一个表达式可以使用一个赋值操作符给一个变量或一列赋予一个新的值。

其他大多数类型的语句都包含一个或多个指定数据在哪处理的表达式。和在其他语言中一样，awk 的表达式包含变量、数组引用、常量和函数调用，此外还有它们与各种操作符的组合。

14.5.9 awk 的条件语句

awk 同样还提供了很好的类似于 C 语言的 if 语句。如果你喜欢的话，你可以把上一小节示例中的 awk 命令改写为使用 if 语句，类似如下所示：

```
$ awk 'BEGIN { FS="-" } { if ( $2 ~ "etc" ) { print $1 } }' info.txt
Databases
Security
Storage
```

它们的功能是一样的。在上一小节的实例中，布尔表达式被放在块的外部，而在这个示例中，块对每一个输入行都执行一次，而我们通过使用 if 语句来有选择地执行 print 命令。两种方法都可以，你可以选择与你 awk 程序的其他部分最匹配的一个。

if-else 语句是 awk 的决策语句。它的语法类似如下所示：

```
if (condition) then-body [else else-body]
```

语法中的 condition（条件）是控制语句的剩余部分要做什么的一个表达式。如果 condition 为真，then-body 就会被执行，否则，else-body 将被执行。语句中的 else 部分是可选的。如果条件的值为 0 或空字符串时，则条件被认为假，否则，条件为真。

awk 同样允许使用布尔操作符"||"（逻辑或）和"&&"（逻辑与）来创建更复杂的布尔表达式，比如，下面的示例是以符号"-"为分隔符打印输出文件 info.txt 中第一列匹配字符串"Linux"或第二列匹配字符串"Network"的行：

```
$ awk 'BEGIN { FS="-"} ( $1 ~ "Linux" || $2 ~ "Network" ) { print }' info.txt
Linux - Sysadmin
Security - Firewall, Network, Online Security etc.
```

14.5.10 awk 中的变量和操作符

到目前为止，我们已经使用 awk 打印了字符串、整行，或是指定的列。然而，awk 同样允许我们执行整数和浮点数运算。使用数学表达式，我们可以很轻松地写一个计算文件中的空白行的 awk 程序，其内容如下所示：

```
$ cat foundBlankline.awk
BEGIN { x=0 }
/^$/ { x=x+1 }
END { print "Found " x " blank lines."}
```

在 BEGIN 块中，我们将整型变量 x 初始化为 0。然后当每次 awk 遇到空白行时，awk 将执行"x=x+1"语句，对变量 x 进行累加。在处理了所有行之后，END 块将执行，awk 将打印输出最后的总结，指示它找到的空白行数。

假设，我们有一个文本文件 mail.txt，其内容如下所示：

```
$ cat mail.txt
From : Yantao.freedom@icloud.com
```

```
To : Test
Subject : Test

Contact us: yantao.freedom@icloud.com
=================================
```

使用 awk 命令调用 awk 程序文件 foundBlankline.awk 来处理文件 mail.txt，得到的结果将类似如下所示：

```
$ awk -f foundBlankline.awk mail.txt
Found 2 blank lines.
```

当你在变量上执行数学运算时，只要变量包含有效的数字串，awk 会自动地处理字符串到数字的转换步骤。就比如下面的例子：

```
x="3.5"
# 我们设置变量 x 包含字符串 3.5
x=x+1
# 我们将变量 x 的值加 1
print x
# 打印 x 的值
```

此 awk 程序的输出将是：

```
4.5
```

尽管我们给变量 x 指定了字符串值 3.5，我们仍然可以用数学运算表达式将其值加 1。但在 Bash 中我们并不能这样做。首先，Bash 不支持浮点运算。其次，Bash 执行任何数学运算时，都需要将我们的算式使用奇怪的结构 "$(( ))" 括起来。而使用 awk，它的操作是全自动的，这使我们的代码好看且整洁。

如果我们想将输入文件 math.txt 的每行第二列平方后再加 1，我们就可以使用如下 awk 命令：

```
$ cat math.txt
a 2
b 13
c 5

$ awk '{ print ( $2^2 ) + 1 }' math.txt
5
170
26
```

如果你做这样一个小实验：指定的变量不包含有效的数字，而你在数学表达式中将它用于计算，你会发现，awk 会把这个变量作为数字 0 处理。

关于 awk 的另一好处是它含有完整的算术运算符。除了标准的加、减、乘和除运算符外，awk 允许我们使用上面示例中使用的指数操作符 "^"、模运算操作符 "%"，以及其他一些方便的赋值运算符。它们包括预增加/减少运算符和后增减/减少运算符（i++，--i），以及加、减、乘、除赋值运算符（a+=1，b-=2，c*=3，d/=4），但这些也并不是全部。

14.5.11 awk 中的特殊变量

awk 有它自己的特殊变量。它们中的一些允许你用来调整 awk 怎样工作，而其他一些可以用于收集与输入相关的有用的信息。我们在前面章节中已经提到了这些特殊变量之一的 FS 变量。如前面提到的，FS 变量允许你设置希望 awk 在列之间查找的字符序列。FS 的值并不限于单个字符，它同样可以被设置为正则表达式，或任意长度的字符模式。如果你处理的那些列是由一个或多个制表符分隔的，那么你将希望将 FS 设置为类似如下所示：

```
FS="\t+"
```

在这里，我们使用了特殊的正则表达式字符"+"，它表示"匹配一个或多个前面的字符"。

如果输入的内容中的列由空白（一个或多个空格，或制表符）分隔，你可以尝试设置 FS 变量为如下正则表达式：

```
FS="[[:space:]+]"
```

而上述的这个设置其实也是没必要的，为什么呢？因为默认情况下，FS 变量的值被设置为一个空格字符，而 awk 会将其解释为"一个或多个空格，或制表符"。

接下来要讲的两个变量，我们通常不会去改写它的值，而通常是读取它们的值来获得与输入内容相关的有用信息。第一个要讲的是 NF 变量，此变量记录的是列的数量。awk 会自动将此变量的值设置为当前记录中列的个数。你可以使用 NF 变量来只显示某些输入行，比如，下面的 awk 命令是只显示文件 info.txt 中列数是 3 的行：

```
$ awk 'NF == 3 { print }' info.txt
Linux - Sysadmin
Cool - Websites
```

当然，你同样可以在条件语句中使用 NF 变量，比如如下所示：

```
{
  if ( NF > 2 ) {
    print $1" "$2":"$3
  }
}
```

另一个特殊变量就是 NR 变量，此变量用于记录当前记录的数量（awk 将第一条记录记录为数字 1）。NR 可以像 NF 变量一样，只打印输入内容的某几行。比如，下面的 awk 命令用于打印输出文件 info.txt 中第三行以后输入的记录：

```
$ awk '{ if ( NR > 3 ) { print NR".\t"$0 } }' info.txt
4.      Cool - Websites
5.      Storage - NetApp, EMC etc.
6.      Productivity - Too many technologies to explore, no much time available.
```

上例中的语句"print NR".\t"$0"是在当前记录编号后面打印字符"."和一个制表符，然后打印当前记录的内容。

14.5.12 awk 中的循环结构

在很多方面，awk 都和 C 语言类似。awk 中也同样存在 for、while 和 do-while 循环结构。

在编程中，循环是可以连续地执行两次以上的程序的一部分。while 循环语句是 awk

中最简单的循环语句。只要条件为真，它就重复地执行。它的语法类似如下所示：

```
while (condition)
  body
```

body 代表任意 awk 语句，condition 是一个控制循环保持运行多久的表达式。while 循环语句所做的第一件事是测试 condition。如果 condition 为真，就执行 body 中的语句。当 body 中的语句全部执行一次后，condition 会再一次被测试，并且如果仍为真，body 会被再一次执行。不断重复这一过程，直到 condition 不再为真时为止；如果 condition 一开始就为假，body 则从不会被执行，awk 会继续处理此循环之后的语句。下面这个例子是在 Shell 命令行提示符下打印输出文件 info.txt 中每行记录的前 3 列，并在输出中每行仅显示一列：

```
$ awk '{
> i = 1
> while ( i <= 3 ) {
>   print $i
>   i++
> }
> }' info.txt
Linux
-
Sysadmin
Databases
-
Oracle,
Security
-
Firewall,
Cool
-
Websites
Storage
-
NetApp,
Productivity
-
Too
```

上述示例中，循环体的正文是括在花括号中的复合语句，它包含两个语句。首先，我们将变量 i 的值设为了 1。然后，while 语句测试 i 的值是否小于或等于 3。当 i 等于 1 时测试为真，所以第 1 列被打印。然后"i++"将 i 的值加 1。最后 while 循环在 i 等于 4 时终结。

> **注意**：在 while 语句的左花括号和正文语句之间的换行不是必需的，然而，使用一个换行可以使程序更清晰，除非正文语句非常简单。

do-while 循环是 while 循环语句的一个变体。其语法类似如下所示：

```
do
  body
while (condition)
```

do 循环先执行 body 一次，然后只要 condition 为真就重复执行 body。即使一开始 condition 为假，body 也会至少被执行一次。

for 循环语句使记录循环的重复次数更方便。for 语句的基本语法格式类似如下所示：

```
for (init; condition; increment)
    body
```

for 语句中的 init、condition 和 increment 部分是任意的 awk 表达式, 而 body 代表任意 awk 语句。

for 循环语句由执行 init 部分开始。然后, 如果 condition 为真, 就重复地执行 body 和 increment。通常情况下, init 设置变量为 0 或 1, increment 每次将变量的值加 1, 然后 condition 将它与期望的循环次数作比较, 例如下面的 awk 命令:

```
$ awk '{
> for (i = 1; i <= 3; i++)
>   print $i
> }' info.txt
Linux
-
Sysadmin
Databases
-
Oracle,
Security
-
Firewall,
Cool
-
Websites
Storage
-
NetApp,
Productivity
-
Too
```

上面示例中的 for 循环的功能与前面示例中的 while 循环的功能相同。

14.5.13　awk 中的数组

awk 也具有数组。然而在 awk 下, 通常数组索引是从 1 开始, 而不是从 0 开始, 我们可以采用如下方式定义一个数组:

```
myarr[1]="one"
myarr[2]="123"
```

当 awk 遇到第一个赋值时, 数组 myarr 被创建并且将 myarr[1]设为 one。在第二个赋值语句被执行后, 数组 myarr 具有两个元素。

awk 具有方便的机制来迭代数组中的元素, 如下所示:

```
for ( x in myarr ) {
  print myarr[x]
}
```

上述 awk 代码将打印输出数组 myarr 中的每一个元素。当你使用 for 循环中这个特殊的 "in" 格式时, awk 将把数组 myarr 的每一个存在的索引赋值给循环控制变量 x, 在每次赋值之后都执行循环中的代码一次。虽然这是一个很方便的 awk 特性, 但它有一个缺陷。那就是, 当 awk 循环数组索引时, 它并不遵循特定的顺序。就是说, 我们没有办法知道上述代码的输出将是：

```
one
123
```

还是：

```
123
one
```

awk 的数组除了支持使用数字索引以外，还支持使用字符串索引，比如：

```
myarr["name"]="Tom"
```

当使用数组时，awk 为我们提供了很多灵活性。我们可以使用字符串索引，并且我们不需要有连续的数字索引序列（比如，我们可以只定义 myarr[1]和 myarr[100]，而不定义索引为 2～99 的数组）。虽然这些特性都很有用，但有时也可能会引起混乱。幸运的是，awk 还提供了几个方便的特性，使数组变得更易于管理。

首先，就们可以删除 awk 数组中的元素。比如，在 awk 中你想删除数组 myarr 中的索引为 1 的那个元素，就可以使用类似如下的 awk 指令：

```
delete myarr[1]
```

并且，如果你想看指定的数组元素是否存在，可以使用特定的"in"布尔操作符，类似如下所示：

```
if ( 1 in myarr ) {
  print "Yes, It's Here."
} else {
  print "No, Can't find it."
}
```

14.6　awk 与 Shell

通常，将 awk 脚本与 Shell 脚本结合使用来执行各种任务是很有用的。我们一般会将信息传入 awk 脚本，再将信息以对 Shell 有用的格式传回。在这一节中，我们就来学习如何将 awk 和 Shell 结合使用。

14.6.1　实例：在 awk 中使用 Shell 变量

awk 程序通常作为大的 Shell 脚本的一个组成部分。例如，使用 Shell 变量来保存 awk 程序搜索用的模式是很常见的。这里有两种方法来在 awk 程序中获取 Shell 变量的值。

最常见的方法是使用 Shell 引用来替换变量的值到 Shell 脚本内部的 awk 程序中。例如下面的 Shell 脚本：

```
$ cat awkSearchpattern.sh
#!/bin/bash

# 从标准输入读取变量 pattern 的值
```

```
read -p "Enter search pattern: " pattern

# 打印输出匹配变量 pattern 的值的行，并记录匹配的次数。在处理完所有行后，打印匹配的总
次数
awk "/$pattern/"'{ nmatches++; print } END { print nmatches, "found." }' info.txt
```

上述脚本的 awk 程序由两块引用文本连接在一起组成。第一部分是用双引号括起来的，这样允许引号内的 Shell 变量的替换。

运行上述脚本后，将得到类似如下的结果：

```
$ chmod +x ./awkSearchpattern.sh
$ ./awkSearchpattern.sh
Enter search pattern: Security
Security - Firewall, Network, Online Security etc.
1 found.
```

变量替换是通过引用实现的，但这可能导致潜在的混乱。它需要对 Shell 的引用规则具有很好的了解，并且在阅读程序时，通常很难正确地匹配引号。

一个更好的方法是使用 awk 的变量赋值功能将 Shell 变量的值指定为 awk 变量的值。然后使用动态正则表达式来匹配模式。下面这个脚本就是使用 awk 的变量赋值功能对上个示例中的脚本的一个改进版本，其内容如下所示：

```
$ cat ./awkSearchpattern_better.sh
#!/bin/bash

# 从标准输入读取变量 pattern 的值
read -p "Enter search pattern: " pattern

# 使用 awk 的 -v 选项指定变量 pat，并将 Shell 变量的值赋值给 pat 变量。在处理完所有行后，
打印匹配的总次数
awk -v pat="$pattern" '$0 ~ pat { nmatches++; print } END { print nmatches, "found." }' info.txt
```

现在，awk 程序只有一个单引号括起来的一串指令。而赋值语句 "-v pat="$pattern"" 仍使用双引号，是以免 $pattern 的值中包含空格。使用 awk 的变量同样提供更好的灵活性，因为它可以使用在 awk 程序中的任何地方，而不需要使用引号。

在 Shell 脚本中，awk 程序还可以访问 Shell 的环境变量。awk 解释器会在以环境变量名为索引的 ENVIRON 数组中存储 Shell 环境变量的一个拷贝。

例如，我们可以在 awk 程序中使用 Shell 的 PATH 环境变量，比如执行类似如下的 awk 命令：

```
$ awk 'path=ENVIRON["PATH"] { print "The PATH is: " path }' /tmp/empty
The PATH is: /usr/lib/qt-3.3/bin:/usr/kerberos/bin:/usr/local/bin:/bin:/usr/bin:/usr/NX/bin
```

14.6.2 实例：从 awk 命令的输出中设置 shell 变量

在上一小节中，我们讨论了怎样访问或传递 Shell 变量到 awk 命令。在这一小节中，我们来一起看一下怎样从 awk 命令的输出来设置 Shell 变量。

我们在 Shell 命令行提示符下定义一个变量 x,并使用如下 awk 命令对其进行赋值:

```
bash-3.2$ x=`awk -F'-' '/Linux/{ print $2 }' info.txt`
```

执行上述命令后,我们使用 echo 命令来查看变量 x 的值:

```
bash-3.2$ echo $x
Sysadmin
```

上述示例就是使用 awk 命令的输出对 Shell 变量进行赋值的简单例子。

那么,如果我们通过 awk 来设置多个 Shell 变量呢?我们来看下面这个例子:

```
bash-3.2$ z=`awk -F " - " '{ if( $1 ~ "Linux" ) print "x="$2; if( $1 ~ "Cool" ) print "y="$2 }' info.txt`

bash-3.2$ echo $z
x=Sysadmin y=Websites

bash-3.2$ eval $z

bash-3.2$ echo $z
x=Sysadmin y=Websites

bash-3.2$ echo $x
Sysadmin

bash-3.2$ echo $y
Websites
```

上述示例中,我们通过 awk 命令的输出将给变量 x 和 y 赋值的语句存放到变量 z 中,然后通过 evel 命令将变量 z 的值作为一条命令被 Shell 执行,这样 x 和 y 就变为了 Shell 变量,并完成了赋值。

将上述示例稍作改动,我们还可以使用 source 命令来从 awk 命令的输出中设置 Shell 变量。比如,我们将上例中的 awk 命令修改为类似如下所示:

```
bash-3.2$ awk -F " - " '{ if( $1 ~ "Linux" ) print "x="$2; if( $1 ~ "Cool" ) print "y="$2 }' info.txt > defVar
```

在这个命令中,我们将 awk 命令的输出重定向到了文件 defVar 中,运行上述命令后,我们可以看到此文件的内容类似如下所示:

```
bash-3.2$ cat defVar
x=Sysadmin
y=Websites
```

然后,我们使用 source 命令在当前 Shell 下读取并执行文件 defVar 中的命令:

```
bash-3.2$ source defVar
```

这样,我们就将 x 和 y 就变成了 Shell 变量,并完成了赋值,查看这两个变量的内容分别如下所示:

```
bash-3.2$ echo $x
Sysadmin

bash-3.2$ echo $y
Websites
```

14.7 awk 命令实例

在本节中，我们将通过一些实例来进一步学习如何将 awk 命令应用在 Shell 脚本中。

14.7.1 实例：使用 awk 编写字符统计工具

下面，我们编写一个统计文件中指定字符出现次数的 Shell 脚本 letter_count.sh，它的字符统计功能主要由 awk 程序实现，其内容如下所示：

```bash
-bash-3.2$ cat letter_count.sh
#!/bin/bash
#==============================================================================
#
#          FILE: letter_count.sh
#
#         USAGE: ./letter_count.sh
#
#   DESCRIPTION:
#
#       OPTIONS: ---
#  REQUIREMENTS: ---
#          BUGS: ---
#         NOTES: ---
#        AUTHOR: Liu Yantao (Tom), yantao.freedom@icloud.com
#  ORGANIZATION:
#       CREATED: 04/01/2014 18:45
#      REVISION: ---
#==============================================================================

# 初始化一个变量，用于存放 awk 脚本
INIT_TAB_AWK=""

count_case=0
FILE_PARSE=$1

# 定义退出状态码为 65
E_PARAMERR=65

usage()
{

  # 显示脚本使用方法，示例:./letter_count.sh filename.txt a b c
  echo "Usage: letter_count.sh file letters" 2>&1

  # 退出脚本，退出状态码为 65
  exit $E_PARAMERR

}
# 如果指定的文件不存在，则显示相关信息，并退出脚本的运行
if [ ! -f "$1" ] ; then

  echo "$1: No such file." 2>&1
```

```
    # 打印脚本使用方法并退出
    usage

fi

# 如果没有指定要统计的字符，则显示相关信息，并退出脚本的运行
if [ -z "$2" ] ; then

    echo "$2: No letters specified." 2>&1
    usage

fi

# 获取指定的字符
shift

# 遍历每个指定的字符
for letter in 'echo $@'
do

    # 定义 awk 脚本的内容，此变量将作为参数传递给后面命令中的 awk 脚本
    INIT_TAB_AWK="$INIT_TAB_AWK tab_search[${count_case}] = \"$letter\";
    final_tab[${count_case}] = 0; "

    count_case='expr $count_case + 1'

done


# 将文件的内容通过管道传递给 awk 命令，并使用 awk 脚本对文件的内容进行处理
cat $FILE_PARSE |
awk \
"BEGIN { $INIT_TAB_AWK } \
# 下面的 split 函数是将一行记录按照单个字符分隔并存放到数组 tab 中
{ split(\$0, tab, \"\"); \
# 循环遍历数组 tab
for (chara in tab) \
# 循环遍历数组 tab_search
{ for (chara2 in tab_search) \
# 如果在记录中找到指定的字符，就将计数加 1
{ if (tab_search[chara2] == tab[chara]) { final_tab[chara2]++ } } } } \
# 分别打印每个字符出现的次数
END { for (chara in final_tab) \
{ print tab_search[chara] \" => \" final_tab[chara] } }"
#
---------------------------------------------------------------------------
-----------
#  Nothing all that complicated, just . . .
#+ for-loops, if-tests, and a couple of specialized functions.

exit $?
```

此脚本的运行结果将类似如下所示：

```
-bash-3.2$ chmod +x ./letter_count.sh

-bash-3.2$ ./letter_count.sh info.txt i s L e
i => 12
s => 6
```

```
L => 2
e => 20
```

14.7.2 实例：使用 awk 程序统计文件的总列数

下面，我们再编写一个 Shell 脚本 column_totaler.sh，其中使用 awk 来统计一个文件的总列数，这个脚本的内容如下所示：

```
-bash-3.2$ cat column_totaler.sh
#!/bin/bash -
#===============================================================================
#
#          FILE: column_totaler.sh
#
#         USAGE: ./column_totaler.sh
#
#   DESCRIPTION:
#
#       OPTIONS: ---
#  REQUIREMENTS: ---
#          BUGS: ---
#         NOTES: ---
#        AUTHOR: Liu Yantao (Tom), yantao.freedom@icloud.com
#  ORGANIZATION:
#       CREATED: 04/01/2014 19:47
#      REVISION: ---
#===============================================================================

# 定义脚本参数的个数
ARGS=2

# 定义错误退出状态码为 65
E_WRONGARGS=65

# 将命令行上指定给脚本的第二个参数赋值给变量 column_number
column_number=$2

usage()
{

   # 显示脚本的使用方法，例如:./column_totaler.sh filename.txt a b c
   echo "Usage: column_totaler.sh file letters" 2>&1

   # 退出脚本，退出状态码为 65
   exit $E_PARAMERR

}

# 检查脚本命令行参数的个数
if [ $# -ne "$ARGS" ]
then

    usage

fi

# 如果指定的文件不存在，则显示相关信息，并退出脚本的运行
```

```
if [ ! -f "$1" ] ; then

  echo "$1: No such file." 2>&1

  # Print usage message and exit.
  usage
fi

# 定义awk程序的内容
awkscript='{ total += col_num }
END { print total }'

# 运行awk命令
awk -v col_num="$column_number" "$awkscript" "$1"


# 退出脚本，退出状态码为0
exit 0
```

此脚本的运行结果将类似如下所示：

```
-bash-3.2$ chmod +x column_totaler.sh

-bash-3.2$ ./column_totaler.sh info.txt 3
18
```

你还可以在此脚本的基础上进行一些改进，看能否在命令中指定一个分隔符而不是指定列数，来让脚本自动统计文件的总列数。

14.7.3 实例：使用 awk 自定义显示文件的属性信息

接下来，我们编写一个显示指定的文件的某些属性信息的 Shell 脚本 **fileinfo.sh**，其中我们使用 awk 来自定义显示 "ls -l <filename>" 的部分内容。此脚本的内容类似如下所示：

```
#!/bin/bash -
#===============================================================
#
#         FILE: fileinfo.sh
#
#        USAGE: ./fileinfo.sh
#
#  DESCRIPTION:
#
#      OPTIONS: ---
# REQUIREMENTS: ---
#         BUGS: ---
#        NOTES: ---
#       AUTHOR: Liu Yantao (Tom), yantao.freedom@icloud.com
# ORGANIZATION:
#      CREATED: 04/01/2014 20:21
#     REVISION: ---
#===============================================================

# 定义退出状态码为65
E_WRONGARGS=65
```

```bash
# 检查命令行的第一个参数是否存在
if [ -z "$1" ]
then

  # 显示脚本的使用方法
  echo "Usage: 'basename $0' file-path"

  # 退出脚本
  exit
fi

file=$1

# 检查指定的文件是否存在
if [ ! -e "$file" ]
then
  echo "$file does not exist."

  # 退出脚本,退出状态码为 65
  exit $E_WRONGARGS
fi

# 打印文件的全路径,分隔两个制表符后再打印文件的大小
ls -l $file | awk '{ print $9 "\t\tfile size: " $5 }'
# 显示文件相关的信息
whatis 'basename $file'    # File info.
# 注意,whatis 数据库需要被设置后才能工作
# 如要设置 whatis 数据库,则使用 root 运行命令/usr/bin/makewhatis
echo

# 退出脚本,退出状态码为 0
exit 0
```

此脚本的运行结果将类似如下所示:

```
-bash-3.2$ chmod +x fileinfo.sh

-bash-3.2$ ./fileinfo.sh /bin/mkdir
/bin/mkdir          file size: 29852
mkdir               (1)  - make directories
mkdir               (1p) - make directories
mkdir               (2)  - create a directory
mkdir               (3p) - make a directory
```

14.7.4 实例:使用 awk 显示 ASCII 字符

下面,我们编写一个用于打印 ASCII 字符表的 Shell 脚本,其中我们使用 awk 打印输出 ASCII 字符,并对其输出进行格式化。此脚本的内容如下所示:

```bash
#!/bin/bash -
#===============================================================
#
#        FILE: printAscII.sh
#
#       USAGE: ./printAscII.sh
#
```

```
#    DESCRIPTION:
#
#        OPTIONS: ---
#   REQUIREMENTS: ---
#           BUGS: ---
#          NOTES: ---
#         AUTHOR: Liu Yantao (Tom), yantao.freedom@icloud.com
#   ORGANIZATION:
#        CREATED: 04/01/2014 20:59
#       REVISION: ---
#=====================================================================

# 定义可打印的ASCII字符的范围,用十进制格式表示
START=33
END=125

# 打印输出头部
echo -e "\tDecimal\tHex\tCharacter"
echo -e "\t-------\t---\t---------"

# 此for循环用于,从变量START的值开始循环,每次加1,直到加到大于变量END的值为止
for ((i=START; i<=END; i++))
do

  # 对于awk中的printf语句,%c 表示一个ASCII字符,%x 表示十六进制格式
  echo $i | awk '{printf("\t%3d\t%2x\t%c\n", $1, $1, $1)}'

done

# 退出脚本,退出状态码为0
exit 0
```

此脚本的运行结果将类似如下所示:

```
-bash-3.2$ chmod +x ./printAscII.sh

-bash-3.2$ ./printAscII.sh
        Decimal Hex     Character
        ------- ---     ---------
        33      21      !
        34      22      "
        35      23      #
        36      24      $
        37      25      %
        38      26      &
        39      27      '
        40      28      (
        41      29      )
        42      2a      *
        43      2b      +
        44      2c      ,
        45      2d      -
        46      2e      .
        47      2f      /
        48      30      0
        49      31      1
        50      32      2
        51      33      3
        52      34      4
        53      35      5
```

54	36	6
55	37	7
56	38	8
57	39	9
58	3a	:
59	3b	;
60	3c	<
61	3d	=
62	3e	>
63	3f	?
64	40	@
65	41	A
66	42	B
67	43	C
68	44	D
69	45	E
70	46	F
71	47	G
72	48	H
73	49	I
74	4a	J
75	4b	K
76	4c	L
77	4d	M
78	4e	N
79	4f	O
80	50	P
81	51	Q
82	52	R
83	53	S
84	54	T
85	55	U
86	56	V
87	57	W
88	58	X
89	59	Y
90	5a	Z
91	5b	[
92	5c	\
93	5d	]
94	5e	^
95	5f	_
96	60	`
97	61	a
98	62	b
99	63	c
100	64	d
101	65	e
102	66	f
103	67	g
104	68	h
105	69	i
106	6a	j
107	6b	k
108	6c	l
109	6d	m
110	6e	n
111	6f	o
112	70	p
113	71	q
114	72	r

```
115     73      s
116     74      t
117     75      u
118     76      v
119     77      w
120     78      x
121     79      y
122     7a      z
123     7b      {
124     7c      |
125     7d      }
125     7d      }
```

14.7.5 实例：使用 awk 来获取进程号

下面，我们编写一个通过 PID 来找到对应的完整进程路径的脚本 findProcess.sh，其中我们使用 awk 来获取进程的 PID 和对应的完整路径。此脚本的内容如下所示：

```
#!/bin/bash -
#===============================================================
#
#          FILE: findProcess.sh
#
#         USAGE: ./findProcess.sh
#
#   DESCRIPTION:
#
#       OPTIONS: ---
#  REQUIREMENTS: ---
#          BUGS: ---
#         NOTES: ---
#        AUTHOR: Liu Yantao (Tom), yantao.freedom@icloud.com
#  ORGANIZATION:
#       CREATED: 04/02/2014 23:31
#      REVISION: ---
#===============================================================

# 定义脚本的参数个数
ARGNO=1

# 定义退出状态码
E_WRONGARGS=65
E_BADPID=66
E_NOSUCHPROCESS=67
E_NOPERMISSION=68

PROCFILE=exe

# 检查传递给脚本的参数个数
if [ $# -ne $ARGNO ]
then
  echo "Usage: `basename $0` PID-number" >&2

  # 退出脚本，退出状态码为 65
  exit $E_WRONGARGS
```

```bash
fi

# 确认指定的PID
pidno=$( ps ax | grep $1 | awk '{ print $1 }' | grep $1 )

# 如果经过上述所有的管道过滤后,得到的字符串长度为0
# 则指定的PID不存在
if [ -z "$pidno" ]
then

  echo "No such process running."

  # 退出脚本,退出状态码为67
  exit $E_NOSUCHPROCESS

fi

# 检查文件的读权限
if [ ! -r "/proc/$1/$PROCFILE" ]
then

  echo "Process $1 running, but..."
  echo "Can't get read permission on /proc/$1/$PROCFILE."

  # 普通用户不能访问/proc目录下的某些文件
  # 退出脚本,退出状态码为68
  exit $E_NOPERMISSION

fi


exe_file=$( ls -l /proc/$1/exe | awk '{ print $11 }' )

# 如果软链接/proc/pid-number/exe存在
# 则显示执行对应的可执行文件的全路径
if [ -e "$exe_file" ]
then

  echo "Process #$1 invoked by $exe_file."

else

  echo "No such process running."

fi

exit 0
```

此脚本的运行结果类似如下所示:

```
-bash-3.2$ ps -ef | grep yantaol
root      21695 21215  0 Apr02 pts/1    00:00:00 su - yantaol
yantaol   21696 21695  0 Apr02 pts/1    00:00:00 -bash
yantaol   22298 21696  0 00:00 pts/1    00:00:00 ps -ef
yantaol   22299 21696  0 00:00 pts/1    00:00:00 grep yantaol

-bash-3.2$ ./findProcess.sh 21696
Process #21696 invoked by /bin/bash.
```

14.8 小　　结

下面我们总结一下本章所学的主要知识。

sed 和 awk 的共同点：
- 它们都使用相似的语法来调用。
- 它们都是面向字符流的，都是从文本文件中每次一行地读取输入，并将输出直接送到标准输出端。
- 它们都使用正则表达式进行模式匹配。
- 它们都允许用户将指令放在文件中一起执行。

sed 是用来解析和转换文本的工具，它使用简单，是简洁的程序设计语言。

sed 是由贝尔实验室的李 E.麦克马洪在 1973～1974 年间开发的，并且目前在大部分操作系统上可用。

sed 是非交互式的面向数据流的编辑器。

我们可以使用 sed 做如下操作：
- 自动化地编辑一个或多个文件。
- 简化在多个文件中执行相同编辑的任务。
- 编写转换程序。

sed 维护一种模式空间，即一个工作区或临时缓冲区，当使用编辑命令时，将在那里存储单个输入行。

sed 一次处理一行输入的优点是在读取非常庞大的文件时不会出现问题。

sed 命令的两种语法分别如下所示：

```
sed [OPTIONS]… 'COMMAND' [FILE]…
sed [OPTIONS] -f SCRIPTFILE [FILE]…
```

sed 常用的选项：
- -e——它告诉 sed 将下一个参数解释为 sed 指令。只有在命令行上给出多个 sed 指令时才需要使用-e 选项。
- -f——指定由 sed 指令组成的脚本的名称。如果 sed 脚本的第一行为"#n"，则 sed 的行为与指定-n 选项相同。
- -i——直接修改读取的内容，而不是输出到终端。
- -n——取消默认输出。在一般 sed 的用法中，所有来自标准输入的数据一般都会被显示到终端上。但如果使用-n 参数，只有经过 sed 处理的行才会被显示输出。

sed 中的追加命令（a）是将文本放置在当前行之后；更改命令（c）是用所指定的文本取代模式空间的内容；插入命令（i）是将所提供的文本放置在模式空间的当前行之前；删除编辑命令（d）采用一个地址，如果行匹配这个地址就删除模式空间的内容；替换编辑命令（s）是使用修饰标志 flag 来替换指定的字符串；打印编辑命令（p）输出模式空间的内容，它既不清除模式空间也不改变脚本中的控制流；读取下一行编辑命令（n）用于读取输入的下一行到模式空间；读文件编辑命令（r）将由参数 file 所指定的文件的内容读入模式空间中匹配的行之后；写文件编辑命令（w）的功能之一是从一个文件中提取信息并将它放置在其他文件中；退出编辑命令（q）会使 sed 脚本立即退出，停止处理新的输入行。

与 Shell 中的符号"$"不同，sed 中的符号"$"用于指示输入文件的最后一行，或是行的末尾（在 LHS 中），或是字面意义的符号（在 RHS 中）。

LHS（left-hand side）和 RHS（right-hand side）分别指 sed 指令中的左侧部分和右侧部分。比如，替换编辑命令"s/LHS/RHS/"。

awk 是一个方便的且富有表现力的程序语言，它可以应用于各种各样的计算和数据处理任务。

和 sed 类似，awk 的基本功能也是搜索文件中包含某些模式的行（或其他文本单元）。当某行匹配一个模式时，awk 就在那一行上执行指定的操作。awk 持续地用这种方式处理输入的行，直到处理到输入文件的结尾处为止。

awk 所具有的一些功能：
- 使用变量操作由文本记录和字段组成的文本文件。
- 具有算术和字符串操作符。
- 具有普通的程序设计结构，例如循环和条件。
- 生成格式化报告。
- 定义函数。
- 从 awk 脚本中执行 Linux 命令。
- 处理 Linux 命令的结果。
- 更加巧妙地处理命令行的参数。
- 更容易地处理多个输入流。

awk 的基本语法：

```
awk [OPTIONS] [--] program-text file …
awk [OPTIONS] -f program-file [--] file …
```

awk 中常用的选项：
- -F fs——指定用于输入数据的列分隔符 fs。
- -v var=value——在 awk 程序执行之前指定一个值 value 给变量 var。这些变量值用于 awk 程序的 BEGIN 块。
- -f program-file——指定一个 awk 程序文件，代替在命令行指定 awk 指令。
- "--"选项——根据 POSIX 参数解析约定，此选项表示命令行选项的结束。例如，利用这个选项你可以指定以"-"开头的输入文件，否则它将被解析为一个命令行选项。

在不指定列分隔符的情况下，awk 默认使用空白作为列分隔符。

awk 的 BEGIN 块是在 awk 开始处理输入文件之前被调用，所以它是用于初始化 FS 变量（列分隔符），打印标题，或是初始化其他你稍后将在程序中调用的全局变量的绝佳位置。

awk 的 END 块是在输入文件中的所有行都被处理之后才执行的代码块。通常情况下，它被用于执行最后的运算或是打印要在输出流的结尾处显示的概要。

awk 也允许使用正则表达式来有选择地执行一个单独的代码块，它取决于指定的正则表达式是否匹配当前行。

在 awk 中，可以把任意类型的布尔表达式放在代码块之前，来控制特定的块什么时候可以执行。这些布尔表达式中的比较操作符包括"=="、"<"、">"、"<="、">="、"!="、"~"和"!~"。

在 awk 中执行算术运算时，awk 会将整数字符串转换为一个整数处理。

awk 的 FS 变量允许你设置希望 awk 在列之间查找的字符序列；NF 变量用于记录的是列的数量，awk 会自动将此变量的值设置为当前记录中列的个数；NR 变量用于记录当前记录的数量（行数）（awk 将第一条记录记录为数字 1）。

在 awk 下，通常数组索引是从 1 开始，而不是从 0 开始。

当 awk 循环数组索引时，它并不遵循特定的顺序。

第 15 章　其他 Linux Shell 种类介绍

到目前为止，我们已经以 Bash 为基础完成了 Shell 的基本概念、常用命令、算术表达式、脚本编程、条件执行、控制结构、函数、正则表达式、重定向、管道和过滤器等内容的学习。想必，你对 Linux Shell 也有了一个系统的概念，并能够着手编写你自己的 Shell 脚本了。

但是，我们知道，Linux（及 Unix 或类 Unix）下的 Shell 有很多种，我们根据环境和编程需求的不同有时可能需要使用不同的 Shell。这就需要我们在掌握最为常用的 Bash 的同时，还要对其他主流的 Shell 有一定的了解，本章就让我们一起来简单学习一下另外两个常用的 Shell：C Shell 和 Korn Shell。

15.1　C Shell

我们在第一章中已经知道了 Linux（Unix 或类 Unix）中的 Shell 有多种类型，而 C Shell 也是其中的一种，它是比 Bourne Shell（sh）更适于编程的 Shell。接下来就让我们一起来学习了解 C Shell。

15.1.1　csh 简介

C Shell（简称 csh）是由 Bill Joy 在 1979 年开发的。他开发 C Shell 的主要意图是想创建一个具有 C 语言类似语法的 Shell。从 BSD Unix 系统的 2BSD 版本发布时开始，C Shell 就已经广泛发布了。

C Shell 是一个通常运行在文本窗口并允许用户输入命令的命令处理程序。C Shell 也同样可以从脚本文件中读取命令。与其他 Linux Shell 类似，它支持文件名统配、管道、here documents、命令替换、变量和用于条件测试和循环的控制结构。C Shell 与其他 Shell 的不同之处在于它的交互式特性和总体风格。它的新特性使它使用起来更简单快速。C Shell 的总体风格看起来更像 C 语言，并且看起来可读性更好。

在很多系统中（例如，Mac OS X 和 RedHat Linux），csh 实际上是 tcsh，tcsh 是 csh 的改进版。在这些系统中，csh 和 tcsh 都链接到包含 tcsh 可执行程序的同一个文件，所以它们都调用同一个 C Shell 的改进版。

而在 Debian、Ubuntu 以及它们的衍生版本中，csh 和 tcsh 是两个不同的包。前者是基于原始 BSD 版本的 csh，而后者是改进的 tcsh。

tcsh 增添了文件名和命令补全功能，以及从 Tenex 系统借鉴来的命令行编辑概念（这便是 tcsh 中"t"的由来）。因为 tcsh 只是增添功能而并没有做更改，所有 tcsh 是向前兼容 C Shell 的。尽管 tcsh 一开始是 Joy 创建的原始代码树的侧枝，但现在它已经是用于持续开发的主要分支了。tcsh 是很稳定的，基本上是每年发布一个新版本，而大部分都是小的漏洞修复。

15.1.2 csh 的特性

C Shell 的主要设计目标是使它看起来更像 C 语言，并更好地用于交互式使用。

我们知道 Unix（以及 Linux 和类 Unix）系统几乎完全由 C 语言写成，所以 C Shell 作为命令语言的首要目标就是在文体上尽量与系统其他部分保持一致。C Shell 的关键字、使用的圆括号、内部表达式语法和对数组的支持都是受 C 语言强烈的影响。

按照今天的标准，相比很多其他流行的脚本语言，csh 可能并不特别像 C 语言。但当它与 Bourne Shell（sh）相比时，它们间的不同就特别明显。下面这个例子说明了 C Shell 常用的表达式操作符和语法。

```
#!/bin/csh
if ( $days > 365 ) then
   echo This is over a year.
endif
```

如果使用 Bourne Shell 其语法将类似如下所示：

```
#!/bin/sh
if [ $days -gt 365 ]
then
   echo This is over a year.
fi
```

Bourne Shell 缺少一个表达式语法。方括号条件需要由运行较慢的外部程序 test 来计算。Bourne Shell 的 if 命令把它的参数当作需要作为子进程运行的新命令处理，如果子进程以返回码 0 退出，Bourne Shell 将查找 then 从句并运行其嵌套的块。否则，它将运行 else 代码块。

相比之下，csh 可以直接计算表达式，这使它更快速。它同样还声称有更好的可读性：它的表达式使用的语法和操作符大部分是从 C 语言复制的。

C Shell 的第二个目标是更好地用于交互式使用。它引入了很多使它更简单快速的新特性，以及更友好地在终端打印的命令。这些特性中的最要的是历史记录、编辑机制、别名、目录堆栈、波浪号、cdpath、作业控制和路径散列法。

❑ 历史记录：内部命令 history 允许用户重调用先前的命令，并通过几个按键就可以返回它们。例如，将两个感叹号"!!"作为命令输入，就会使前一个命令马上运行。还有其他简短的按键组合，例如，"!$"表示前一个命令的最后一个参数。

❑ 编辑操作符：编辑不仅可以在前一个命令的文本中完成，同样可以在变量替换时完成。操作符从单个字符串搜索/替换变化，到解析路径名，到扩展指定的段。

- 别名：内部命令 alias 允许用户定义别名，当用户输入一个别名时，C Shell 将在内部将其解释为用户先前定义的内容。对于很多简单的情况，别名执行得更快速，并且比脚本更方便。
- 目录堆栈：目录堆栈允许用户放入和取出当前的工作目录，使在文件系统中的不同地方之间前后跳转更方便。
- 波浪号：它使用字符"~"为 home 目录提供了一个速记方法。
- cdpath：它将搜索路径的概念扩展到了 cd 命令。如果指定的目录不在当前目录，csh 将尝试在 cdpath 目录中找到它。
- 作业控制：在 80 年代时，大部分用户只有字符模式的终端，所以他们同时只能工作在一个任务上。C Shell 的作业控制允许用户通过输出 Ctrl+Z 组合键来挂起当前活跃的任务，并创建一个 C Shell 新任务。用户可以使用 fg 命令在任务之间前后切换。活跃的任务表示是放在前台的任务。其他的任务要么被认为是挂起的，要么是运行在后台的。
- 路径散列法：路径散列法加速了 C Shell 搜索可执行文件的速度。C Shell 会查阅一个通过扫描 path 的所有目录构建的哈希表。这个表通常可以告诉 C Shell 在哪可以找到文件（如果它存在），而不需要在所有目录中查找。这个表可以使用"rehash"命令来更新。

15.1.3　csh 的内部变量

C Shell 中的某些变量控制着行为，并且这些变量中有些不需要赋值（即，可以使用 set 命令简单地设置变量名自身而不要指定任何值）。unset 命令可以用于消除任何不需要的变量。下面，就让我们来了解几个常用的 csh 内建变量。
- argv：用于 Shell 脚本中存放参数值的特殊变量。
- autologout：包含 Shell 自动退出前 Shell 可以处于空闲状态的分钟数。
- history：设置可以存放多少历史（先前运行的命令）行。
- ignoreeof：阻止使用 Ctrl+D 组合键退出。
- noclobber：使用重定向时阻止文件的覆盖。
- path：包含当运行程序或 Shell 脚本时需要搜索的目录列表。
- prompt：设置命令行提示符字符串。
- term：包含当前终端的类型。

在 C Shell 中使用内建命令 set 来定义一个变量。C Shell 既支持常规的变量也支持数组变量。例如如下所示：

```
set autologout=5

# 设置一个数组变量 var
set var=(a b c)
```

15.1.4　csh 的内部命令

和其他 Shell 的内部命令一样，C Shell 的内部命令就是在 Shell 内部运行的命令。如果一个内部命令作为管道的任意部分出现（除了是管道的最后一条命令外），则这个内部命令将运行在子 Shell 中。

如果你从 C Shell 命令行提示符中输入命令，则系统首先搜索内部命令，若内部命令不存在，则系统会搜索由 path 变量指定的目录。有些 C Shell 内部命令和操作系统命令具有同样的名称。然而，这些命令不必以同样的方式运作。关于命令如何工作的更多信息，可以查看相应的命令描述。

如果你在 Shell 中运行 Shell 脚本，并且 Shell 脚本的第一行以 "#!/ShellPathname" 开头，C Shell 就将运行注释中指定的 Shell 来处理脚本。否则，它将运行默认的 Shell。如果由默认的 Shell 运行，C Shell 的内部命令可能将不会被识别。所以运行 C Shell 命令时，要使脚本的第一行为 "#!/bin/csh"。

下面我们就来了解学习一下 C Shell 的内部命令。

@ 命令，其语法类似如下所示：

```
@ [Name[n] = Expression]
```

当不指定参数时，@命令会显示所有 Shell 变量的值。否则，将把 Name 变量的值设置为表达式 Expression 的值。如果表达式中包含 "<"、">"、"&" 或 "|" 字符，那么这部分表达式必须被放在圆括号中。当语法中的 n 指定时，Name 数组变量的第 n 个元素将被设置为表达式 Expression 的值。而且，Name 数组变量和它的第 n 个元素必须已经存在。

alias 命令，其语法类似如下所示：

```
alias [Name [WordList]]
```

如果不指定任何参数，alias 命令将显示所有别名。否则，命令显示指定 Name 的别名。如果 WordList 被指定，则这个命令将把 WordList 的值指定给 Name。指定的别名 Name 不能被 alias 或 unalias。

bg 命令，其语法类似如下所示：

```
bg [%Job ...]
```

此命令用于将当前任务或由%Job 指定的任务放到后台执行，恢复运行处于停止状态的任务。

break 命令，用于终止 foreach 或 while 循环，继续运行这些循环之后的命令。

breaksw 命令，用于终止 switch 命令，继续运行 endsw 命令之后的命令。

case 命令，其语法如下所示：

```
case Label:
```

此命令用于在 switch 命令中定义一个 Label。

cd 命令，其语法类似如下所示：

```
cd [Name]
```

等同于 chdir 命令（见下面的描述）。

chdir 命令，其语法类似如下所示：

```
chdir [Name]
```

用于变更当前的目录到由 Name 指定的目录。如果没有指定 Name，此命令会将当前目录切换到你的 home 目录。如果指定的 Name 不是当前目录的子目录，并且其路径不是以 "/"、"./" 或 "../" 开头，Shell 将会检查 Shell 变量 cdpath 的每一部分，看是否有子目录匹配 Name。如果 Name 的内容是以 "/" 开头的，那么 Shell 将尝试看它是否为一个目录。

continue 命令，此命令用于跳过 while 或 foreach 的当前循环，直接继续执行它们的下一次循环。

default:命令，标识 switch 语句的默认情况。它出现在所有其他 case 语句之后。

dirs 命令，用于显示目录堆栈。

echo 命令，写字符串到 Shell 的标准输出。

else 命令，当使用语句 if(expr) then ..else ...enif 时，else 语句是 csh 的内部命令。如果（expr）为真，else 语句之前的命令被执行。如果（expr）为假，则在 else 和 endif 语句之间的命令被执行。

end 命令，此命令用于表示 foreach 命令的结束。foreach 和 end 语句必须放在分隔的两行中。

endif 命令，此命令用于表示 if 语句的结束。

endsw 命令，此命令用于表示 switch 语句的结束。

eval 命令，此命令的语法如下所示：

```
eval Parameter ...
```

将参数 Parameter 作为 Shell 的输入，并执行当前 Shell 上下文产生的命令。它通常用于执行作为命令替换或变量替换的结果产生的命令，因为解析发生在这些替换之前。

exec 命令，其命令的语法类似如下所示：

```
exec Command
```

此命令用于运行指定的命令代替运行当前 Shell。

exit 命令，此命令的语法类似如下所示：

```
exit (Expression)
```

以 Shell 变量 status 的值退出 Shell，或是以指定表达式 Expression 的值退出 Shell。

fg 命令，其命令的语法类似如下所示：

```
fg [%Job ...]
```

把当前任务或由%Job 指定的任务放在前台执行，继续运行处于停止状态的任务。

foreach 命令，其命令的语法类似如下所示：

```
foreach Name (List) Command...
```

此命令用于连续地把每 List 中每一个元素的值赋值给 Name 变量，并执行 foreach 与 end 命令之间的一系列命令。

glob 命令，其命令的语法类似如下所示：

```
glob List
```

此命令与 echo 命令类似。

history 命令，其命令的语法类似如下所示：

```
history [-r | -h] [n]
```

显示历史记录列表。旧的记录将被先显示。如果指定了数量 n，只有指定的最新 n 条记录被显示。-r 选项表示倒序，所以在执行-r 选项的情况下，最新的记录将被首先显示。-h 选项表示显示记录时不显示编号。

jobs 命令，其命令的语法类似如下所示：

```
jobs [-l]
```

此命令用于列出活跃的任务。使用-l 选项，除了列出任务编号和名称外，jobs 命令还将列出进程 ID。

kill 命令，其命令的语法类似如下所示：

```
kill -l | [[-Signal] % Job...|PID...]
```

发送 TERM（终结）信号或由 Signal 指定的信号到指定的任务或进程。-l 选项，表示列出信号的名称。

limit 命令，其命令的语法类似如下所示：

```
limit [-h] [Resource [Max-Use]]
```

限制当前进程的指定资源的使用。进程资源限制定义在文件/etc/security/limits 中。可控制的资源是 CPU 时间、文件大小、数据大小、core dump 大小和内存的使用。

logout 命令，此命令用于注销登录 Shell。

nice 命令，其命令的语法类似如下所示：

```
nice [+n] [command]
```

如果没有指定数值，运行在这个 Shell 中的命令的优先级将被设为 24。如果指定了+n，则优先级会加上指定的数值。如果+n 和 command 都被指定，那么命令就会以 24 加上指定的数值为优先级运行。如果你有 root 用户权限，你可以在运行 nice 命令时指定一个负值。

rehash 命令，此命令用于引起 Shell 变量 path 中的目录内容哈希表的重算。只有当用户添加了一个命令到 path 变量中的自己的目录中，或某人修改了一个 path 变量中的系统目录的内容时，才需要运行 rehash 命令。

set 命令，其命令的语法如下所示：

```
set[[Name[n]] [=Word]] | [Name= (List)]
```

当没有参数指定时，set 命令会显示所有变量的值。如果仅指定了变量名 Name，C Shell 将把变量 Name 的值设为空字符串。

setenv 命令，其命令的语法如下所示：

```
setenv Name Value
```

此命令用于将由 Name 指定的环境变量的值设置为 Value。

shift 命令，其命令的语法如下所示：

```
shift [Variable]
```

此命令用于将 Shell 变量 argv 中的元素向左移。如果 Shell 变量 argv 或指定的变量没有设置或其值少于一个单词，则会产生一个错误。

source 命令，其命令的语法类似如下所示：

```
source [-h]Name
```

读取并执行名称为 Name 的文件中的命令。这些命令不会被存放在历史记录列表中。如果使用-h 选项，则把读取的命令存入历史列表中而不执行。

stop 命令，其命令的语法如下所示：

```
stop[%Job...]
```

此命令用于停止当前任务或运行在后台的指定任务。

time 命令，其命令的语法如下所示：

```
time[Command]
```

此命令用于控制命令的自动计时。如果不指定 Command，time 命令会显示当前 Shell 及其子 Shell 使用的时间概况。如果指定 Command，则命令的运行时间将被计时，命令执行完成后，Shell 会显示用时的概况。

umask 命令，其命令的语法如下所示：

```
umask[Value]
```

此命令用于确定文件权限。指定的值 Value 用于确定文件创建时的权限。默认值是 022。如果不指定 Value，则显示当前设置的值。

unalias 命令，其命令的语法如下所示：

```
unalias *|Pattern
```

此命令用于移除指定的别名。如果指定*，则移除所有的别名。unalias 一个不存在的别名不会产生错误。

unlimit 命令，其命令的语法如下所示：

```
unlimit [-h][Resource]
```

此命令用于移除指定资源的限制。如果没有指定资源 Resource，则取消所有资源的限制。

unset 命令，其命令的语法如下所示：

```
unset *|Pattern
```

此命令用于删除指定的变量。如果指定*，则删除所有定义的变量。如果指定的变量没有设置，不会产生一个错误。

while 命令，其命令的语法如下所示：

```
while(Expression) Command... end
```

此命令用于当表达式 Expression 的值为非 0 时，执行 while 和 end 语句之间的所有命令。可以使用 break 命令结束 while 循环，或使用 continue 命令跳过本次循环而直接执行下一次循环。while 和 end 语句必须单独放在分隔的两行中。

15.1.5 tcsh 在 csh 基础上的新特性

这一小节我们主要介绍一下 tcsh 在 csh 基础上的主要增强功能。它们包括：命令行编辑器、编辑指令、补全和列表、拼写校正、目录堆栈替换、自动及定期和定时事件、本地语言系统支持、终端管理和新增的变量。

关于命令行编辑器功能：

命令行输入可以使用类似于在 GNU Emacs 或 vi 中使用的击键序列来编辑。编辑器只有当 C Shell 变量 edit 被设置时才生效，在交互式 C Shell 中此变量默认是设置的。内部命令 bindkey 可以显示和更改键绑定。Emacs 风格键绑定被默认使用，但 bindkey 命令可以更改键绑定为 vi 风格。

内部命令 bindkey 的默认输出类似如下所示：

```
> bindkey
Standard key bindings
"^@"           -> set-mark-command
"^A"           -> beginning-of-line
"^B"           -> backward-char
"^C"           -> tty-sigintr
"^D"           -> delete-char-or-list-or-eof
"^E"           -> end-of-line
"^F"           -> forward-char
"^G"           -> is undefined
"^H"           -> backward-delete-char
"^I"           -> complete-word
"^J"           -> newline
"^K"           -> kill-line
"^L"           -> clear-screen
"^M"           -> newline
"^N"           -> down-history
"^O"           -> tty-flush-output
"^P"           -> up-history
"^Q"           -> tty-start-output
"^R"           -> redisplay
"^S"           -> tty-stop-output
"^T"           -> transpose-chars
"^U"           -> kill-whole-line
"^V"           -> quoted-insert
"^W"           -> kill-region
"^X"           -> sequence-lead-in
"^Y"           -> yank
"^Z"           -> tty-sigtsusp
"^["           -> sequence-lead-in
"^\"           -> tty-sigquit
"^]"           -> tty-dsusp
" " to "/"     ->  self-insert-command
"0" to "9"     ->  digit
":" to "~"     ->  self-insert-command
"^?"           -> backward-delete-char
"^             -> list-choices
"^             -> backward-delete-word
"^             -> complete-word
"^             -> clear-screen
"^             -> run-fg-editor
"^             -> complete-word
```

```
"^_"            -> copy-prev-word
" " to "ÿ"      -> self-insert-command
Alternative key bindings
Multi-character bindings
"^[[A"          -> up-history
"^[[B"          -> down-history
"^[[C"          -> forward-char
"^[[D"          -> backward-char
"^[[H"          -> beginning-of-line
"^[[F"          -> end-of-line
"^[[3~"         -> delete-char
"^[OA"          -> up-history
"^[OB"          -> down-history
"^[OC"          -> forward-char
"^[OD"          -> backward-char
"^[OH"          -> beginning-of-line
"^[OF"          -> end-of-line
"^[^D"          -> list-choices
"^[^H"          -> backward-delete-word
"^[^I"          -> complete-word
"^[^L"          -> clear-screen
"^[^Z"          -> run-fg-editor
"^[^["          -> complete-word
"^[^_"          -> copy-prev-word
"^[ "           -> expand-history
"^[!"           -> expand-history
"^[$"           -> spell-line
"^[/"           -> dabbrev-expand
"^[0"           -> digit-argument
"^[1"           -> digit-argument
"^[2"           -> digit-argument
"^[3"           -> digit-argument
"^[4"           -> digit-argument
"^[5"           -> digit-argument
"^[6"           -> digit-argument
"^[7"           -> digit-argument
"^[8"           -> digit-argument
"^[9"           -> digit-argument
"^[?"           -> which-command
"^[B"           -> backward-word
"^[C"           -> capitalize-word
"^[D"           -> delete-word
"^[F"           -> forward-word
"^[H"           -> run-help
"^[L"           -> downcase-word
"^[N"           -> history-search-forward
"^[P"           -> history-search-backward
"^[R"           -> toggle-literal-history
"^[S"           -> spell-word
"^[U"           -> upcase-word
"^[W"           -> copy-region-as-kill
"^[Y"           -> yank-pop
"^[_"           -> insert-last-word
"^[b"           -> backward-word
"^[c"           -> capitalize-word
"^[d"           -> delete-word
"^[f"           -> forward-word
"^[h"           -> run-help
"^[l"           -> downcase-word
"^[n"           -> history-search-forward
"^[p"           -> history-search-backward
```

```
"^[r"              -> toggle-literal-history
"^[s"              -> spell-word
"^[u"              -> upcase-word
"^[w"              -> copy-region-as-kill
"^[y"              -> yank-pop
"^[^?"             -> backward-delete-word
"^X^X"             -> exchange-point-and-mark
"^X*"              -> expand-glob
"^X$"              -> expand-variables
"^XG"              -> list-glob
"^Xg"              -> list-glob
"^Xn"              -> normalize-path
"^XN"              -> normalize-path
"^X?"              -> normalize-command
"^X^I"             -> complete-word-raw
"^X^D"             -> list-choices-raw
Arrow key bindings
down               -> down-history
up                 -> up-history
left               -> backward-char
right              -> forward-char
home               -> beginning-of-line
end                -> end-of-line
```

tcsh 总是绑定方向键到如下功能。

- 方向键↓：上一个历史命令。
- 方向键↑：下一个历史命令。
- 方向键←：后移一个字符。
- 方向键→：前移一个字符。

除非这样做会改变另一个单字符绑定。可以使用内部命令 settc 将方向键转义序列设置为空字符串来阻止这些绑定。

我们已经学习了 bindkey 命令用于列出键绑定，而"bindkey –l"命令则用于列出和简略地描述编辑器命令。此命令的输出类似如下所示：

```
> bindkey -l
backward-char
        Move back a character
backward-delete-char
        Delete the character behind cursor
backward-delete-word
        Cut from beginning of current word to cursor - saved in cut buffer
backward-kill-line
        Cut from beginning of line to cursor - save in cut buffer
backward-word
        Move to beginning of current word
beginning-of-line
        Move to beginning of line
capitalize-word
        Capitalize the characters from cursor to end of current word
change-case
        Vi change case of character under cursor and advance one character
change-till-end-of-line
        Vi change to end of line
clear-screen
        Clear screen leaving current line on top
complete-word
        Complete current word
```

```
complete-word-fwd
        Tab forward through files
complete-word-back
        Tab backward through files
complete-word-raw
        Complete current word ignoring programmable completions
copy-prev-word
        Copy current word to cursor
copy-region-as-kill
        Copy area between mark and cursor to cut buffer
dabbrev-expand
        Expand to preceding word for which this is a prefix
delete-char
        Delete character under cursor
delete-char-or-eof
        Delete character under cursor or signal end of file on an empty line
delete-char-or-list
        Delete character under cursor or list completions if at end of line
delete-char-or-list-or-eof
        Delete character under cursor, list completions or signal end of file
delete-word
        Cut from cursor to end of current word - save in cut buffer
digit
        Adds to argument if started or enters digit
digit-argument
        Digit that starts argument
down-history
        Move to next history line
downcase-word
        Lowercase the characters from cursor to end of current word
end-of-file
        Indicate end of file
end-of-line
        Move cursor to end of line
exchange-point-and-mark
        Exchange the cursor and mark
expand-glob
        Expand file name wildcards
expand-history
        Expand history escapes
expand-line
        Expand the history escapes in a line
expand-variables
        Expand variables
forward-char
        Move forward one character
forward-word
        Move forward to end of current word
gosmacs-transpose-chars
        Exchange the two characters before the cursor
history-search-backward
        Search in history backward for line beginning as current
history-search-forward
        Search in history forward for line beginning as current
insert-last-word
        Insert last item of previous command
i-search-fwd
        Incremental search forward
i-search-back
        Incremental search backward
keyboard-quit
```

```
                Clear line
kill-line
                Cut to end of line and save in cut buffer
kill-region
                Cut area between mark and cursor and save in cut buffer
kill-whole-line
                Cut the entire line and save in cut buffer
list-choices
                List choices for completion
list-choices-raw
                List choices for completion overriding programmable completion
list-glob
                List file name wildcard matches
list-or-eof
                List choices for completion or indicate end of file if empty line
load-average
                Display load average and current process status
magic-space
                Expand history escapes and insert a space
newline
                Execute command
normalize-path
                Expand pathnames, eliminating leading .'s and ..'s
normalize-command
                Expand commands to the resulting pathname or alias
overwrite-mode
                Switch from insert to overwrite mode or vice versa
prefix-meta
                Add 8th bit to next character typed
quoted-insert
                Add the next character typed to the line verbatim
redisplay
                Redisplay everything
run-fg-editor
                Restart stopped editor
run-help
                Look for help on current command
self-insert-command
                This character is added to the line
sequence-lead-in
                This character is the first in a character sequence
set-mark-command
                Set the mark at cursor
spell-word
                Correct the spelling of current word
spell-line
                Correct the spelling of entire line
stuff-char
                Send character to tty in cooked mode
toggle-literal-history
                Toggle between literal and lexical current history line
transpose-chars
                Exchange the character to the left of the cursor with the one under
transpose-gosling
                Exchange the two characters before the cursor
tty-dsusp
                Tty delayed suspend character
tty-flush-output
                Tty flush output character
tty-sigintr
                Tty interrupt character
```

```
tty-sigquit
        Tty quit character
tty-sigtsusp
        Tty suspend character
tty-start-output
        Tty allow output character
tty-stop-output
        Tty disallow output character
undefined-key
        Indicates unbound character
universal-argument
        Emacs universal argument (argument times 4)
up-history
        Move to previous history line
upcase-word
        Uppercase the characters from cursor to end of current word
vi-beginning-of-next-word
        Vi goto the beginning of next word
vi-add
        Vi enter insert mode after the cursor
vi-add-at-eol
        Vi enter insert mode at end of line
vi-chg-case
        Vi change case of character under cursor and advance one character
vi-chg-meta
        Vi change prefix command
vi-chg-to-eol
        Vi change to end of line
vi-cmd-mode
        Enter vi command mode (use alternative key bindings)
vi-cmd-mode-complete
        Vi command mode complete current word
vi-delprev
        Vi move to previous character (backspace)
vi-delmeta
        Vi delete prefix command
vi-endword
        Vi move to the end of the current space delimited word
vi-eword
        Vi move to the end of the current word
vi-char-back
        Vi move to the character specified backward
vi-char-fwd
        Vi move to the character specified forward
vi-charto-back
        Vi move up to the character specified backward
vi-charto-fwd
        Vi move up to the character specified forward
vi-insert
        Enter vi insert mode
vi-insert-at-bol
        Enter vi insert mode at beginning of line
vi-repeat-char-fwd
        Vi repeat current character search in the same search direction
vi-repeat-char-back
        Vi repeat current character search in the opposite search direction
vi-repeat-search-fwd
        Vi repeat current search in the same search direction
vi-repeat-search-back
        Vi repeat current search in the opposite search direction
vi-replace-char
```

```
                Vi replace character under the cursor with the next character typed
vi-replace-mode
                Vi replace mode
vi-search-back
                Vi search history backward
vi-search-fwd
                Vi search history forward
vi-substitute-char
                Vi replace character under the cursor and enter insert mode
vi-substitute-line
                Vi replace entire line
vi-word-back
                Vi move to the previous word
vi-word-fwd
                Vi move to the next word
vi-undo
                Vi undo last change
vi-zero
                Vi goto the beginning of line
which-command
                Perform which of current command
yank
                Paste cut buffer at cursor position
yank-pop
                Replace just-yanked text with yank from earlier kill
e_copy_to_clipboard
                (WIN32 only) Copy cut buffer to system clipboard
e_paste_from_clipboard
                (WIN32 only) Paste clipboard buffer at cursor position
e_dosify_next
                (WIN32 only) Convert each '/' in next word to '\\'
e_dosify_prev
                (WIN32 only) Convert each '/' in previous word to '\\'
e_page_up
                (WIN32 only) Page visible console window up
e_page_down
                (WIN32 only) Page visible console window down
```

关于补全和列表功能如下所述。

tcsh 可以让用户只输入单词的一部分（例如 ls /usr/lo）并按 Tab 键来运行 complete-word 编辑器命令，这时 tcsh 就会在输入缓冲区中使用完整的单词替换不完整的单词来补全文件名（变为 ls /usr/local/）。如果没有找到匹配的内容，终端响铃就会响起。如果单词已经补全，那么字符"/"（或空格）就会被添加到单词的结尾。

命令或变量的补全方式大致相同。例如，输入 hostn[Tab]，如果 hostname 是系统中以 hostn 开头的唯一命令时，那么 tcsh 会将 hostn 补全为 hostname。命令补全功能可以在 path 变量定义的所有目录中查找命令。输入 echo $SHE[Tab]，如果再没有其他变量以 SHE 开头，那么$SHE 会被补全为$SHELL。

tcsh 会通过解析输入缓冲区来确定你想补全的单词是否应该当作文件名、命令或变量来补全。缓冲区中的第一个单词和后跟字符";"、"|"、"|&"、"&&"或"||"的第一个单词被解析为一个命令。一个以字符"$"开头的单词被解析为变量。其他的则被解析为文件名。

你可以随时通过输入"^D"（Ctrl+D）来运行 delete-char-or-list-or-eof 编辑器命令以列出所有可能的单词补全。例如：

```
> ls /usr/l[^D]
lib/    libexec/ local/
> ls /usr/l
```

如果设置了 Shell 变量 autolist，每当补全失败时，tcsh 都会列出剩下的选择：

```
> set autolist
> ls /usr/l[Tab]
lib/    libexec/ local/
> ls /usr/l
```

关于拼写校正功能如下所述。

tcsh 可以纠正文件名、命令或变量名的拼写。单个单词可以使用 spell-word 编辑器命令来拼写校正，而整个输入缓冲区可以使用 spell-line 编辑器命令。Shell 变量 correct 可以被设置为"cmd"，用来校正命令名，或"all"用来校正每次输入回车后的整行，并且可以设置变量 autocorrect，使在每次尝试补全之前校正被补全的单词。

当拼写校正以这些方法中的任何一种被调用，并且 tcsh 认为命令行的任何部分存在拼写错误时，它会提示正确的行。例如：

```
> set correct=cmd
> hostmame

CORRECT>hostname (y|n|e|a)?
```

此时如果输入"y"或空格会执行正确的行，类似如下所示：

```
CORRECT>hostname (y|n|e|a)? yes
localhost
>
```

输入"e"会输入缓冲区中保留的不正确的命令，类似如下所示：

```
CORRECT>hostname (y|n|e|a)? edit
> hostmame
```

输入"a"会终止命令，就像输入了"Ctrl+C"一样，类似如下所示：

```
CORRECT>hostname (y|n|e|a)? abort
>
```

关于目录堆栈替换如下所述。

目录堆栈是一个目录的列表，从 0 开始编号，被内部命令 pushd、popd 和 dirs 所使用。命令 dirs 可以用于打印、存储、恢复和清除目录堆栈。Shell 变量 savedirs 和 dirsfile 可以设置用于在注销时自动存储目录堆栈，而在登录时自动恢复它。Shell 变量 dirstack 可以用于查看目录堆栈和将任意目录放入目录堆栈。

字符"="后跟一个或多个数字被扩展为一个目录堆栈中的条目。特殊情况"=-"则被扩展为堆栈中的最后一个目录。例如：

```
> dirs -v
0       /tmp
1       /usr/local
2       ~
3       ~

> echo =1
```

```
/usr/local
> echo =-
/home/yantaol
```

关于 tcsh 的自动、定期和定时事件如下所述。

在 Shell 的生命周期的不同时期有多种方式自动地运行命令和采取其他行动。我们这里做了一下总结，详细的描述请参考 tcsh 的 man 手册。

内部命令 sched 用于把命令存入预订事件列表中，以便在给定的时间由 Shell 执行。

特殊的别名 beepcmd、cwdcmd、periodic、precmd、postcmd 和 jobcmd 可以被设置分别用于当 Shell 响铃时、当工作目录变更时、每个定期时间时、在每次提示符打印之前、在每个命令执行之前，或当每个命令变更状态时执行一些命令。

Shell 变量 autologout 可以设置在给定的空闲分钟数后注销或锁住 Shell。

Shell 变量 mail 可以设置定期地检查新邮件。

Shell 变量 rmstar 可以设置当用户输入 "rm *" 命令时，询问用户是否真地要执行删除所有文件的操作。

Shell 变量 time 可以设置当任意命令执行的时间超过指定的 CPU 秒数时，自动执行内部命令 time。

关于 tcsh 的终端管理如下所述。

tcsh 使用 3 种不同的终端模式：编辑、引用和执行。编辑模式在编辑时使用，引用模式在引用文字字符时使用，执行模式在执行命令时使用。tcsh 在每个模式常量中保存了一些设置，所以在混乱状态下离开 tty（终端）的命令不会干扰 Shell。保存在常量中的终端模式的列表可以使用 tcsh 的内部命令 setty 来检查和修改。

其内部命令 echotc、settc 和 telltc 可以用于从命令行操作和调试终端。

在支持 SIGWINCH 或 SIGWINDOW 的系统，tcsh 会自动适应窗口大小的调整并校正环境变量 LINES 和 COLUMNS（如果设置的话）。

15.2　Korn Shell

在上一节中我们已经对 C Shell 有了一个基本的了解，在这一节中我们将学习另一种类型的 Shell-Korn Shell。

15.2.1　ksh 简介

Korn Shell 简称为 ksh，它是由 David Korn 于 20 世纪 80 年代初期在贝尔实验室开发的，并于 1983 年 7 月 14 日在由高级计算机系统协会（USENIX）赞助的 USENIX 年度技术大会上宣布。其他早期的贡献者是贝尔实验室的开发人员 Mike Veach 和 Pat Sullivan，他们分别编写了 Emacs 风格和 vi 风格的行编辑模式的代码。

直到 2000 年，ksh 还仍是 AT&T 的专有软件。从那以后它就是开源软件了，自 2005 年年初的 93q 版本开始，它就已经在通用公共许可证（CPL）之下了。ksh 是 AT&T 软件技术的开源软件集合的一部分。由于 ksh 最初只有通过 AT&T 的专有许可才可以用，所以有一些免费和开源的替代方案在当时被创建，它们包括无版权的版本，如，pdksh、mksh 和 zsh。

最初的 ksh（ksh88）的功能被作为 POSIX.2（Shell 和实用程序）标准中命令解释器的基础。一些厂商仍然发布基于旧的 ksh88 的他们自己的版本，有的是一些扩展。ksh93 仍由它的作者维护，ksh93 的版本命名是通过在它的名字中追加字母，当前的版本是 ksh93u，它的前一个版本是 ksh93t+，一些中间的漏洞修复版本的发布并没有更改这个版本字符串。

下面是 ksh 的几种变体的简介。

- dtksh：ksh93 的分支，它是通用桌面环境（CDE）的一部分。
- tksh：ksh93 的分支，它提供 Tk 部件工具箱的访问。
- oksh：它是 OpenBSD 的 ksh 产品的分支。它仅支持 GNU/Linux，它被作为 DeLi Linux 中的默认 Shell。
- mksh：是来自 MirOS BSD 的 ksh 的免费实现。

15.2.2 ksh 的特性

需要特别说明的是，本小节所讲述的 ksh 的特性是基于 ksh 的 1988 版本。

若要查看你所使用的 ksh 的版本，请先在 ksh 的命令行下执行如下命令：

```
$ set -o emacs
```

然后依次按下按键 Esc+Ctrl+V，你将看到类似如下的信息：

```
$ set -o emacs
$ Version M-11/16/88i
```

或输入命令：

$ set -o vi

然后先按一下 Esc 键进入控制模式，然后再按下按键 Ctrl+V，你同样会看到版本信息：

```
$ set -o vi
$ Version M-11/16/88i
```

ksh 向后兼容 Bourne Shell 并包含了很多 C Shell 的特性，还加入了很多它自己的新特性，其灵感主要来自于贝尔实验室用户的需求。由此在与系统交互和编程方面，ksh 都可以大大地提高你的工作效率和质量。ksh 程序编写简单，并且比由其他低级语言（比如 C 语言）编写的程序更简明和可读。

与其他种类的 Shell 类似，当你准备编写并运行一些 ksh 脚本时，但你的登录 Shell 又没有配置为 ksh，这时你就要确保将下面的一行代码添加到你的 ksh 脚本的第一行，以保证它会被 ksh 执行：

```
#!/bin/ksh
```

> 注意：如果你的 ksh 不是安装在路径/bin/ksh，那么用相应的全路径替换上述语句中的路径。

ksh 从 C Shell 中引入的新特性包括如下所示。

- 作业控制：ksh 的作业控制功能实际上与 csh 的一样。程序可以被停止、重新开始、移到后台和从后台移出。程序可以被使用它们的作业杀掉。
- 别名：程序和 ksh 脚本连同它们的选项可以另外命名为单个名称。
- 函数：类似于其他程序语言，允许代码组织到更小更易管理的单元中，增加了可编程性。函数同样允许 ksh 程序存储在内存中。
- 命令历史：执行过的命令被存储在历史文件中，它可以稍后被修改并重新执行，或就按照原来的内容执行。可以保存多个登录会话的命令，直到达到用户指定的限制为止。

ksh 自身与 Bourne Shell 相比的主要新特性包括。

- 命令行编辑：命令可以在 vi、emacs 或 gmacs 模式下被编辑，而不必回退或重输入。
- 集成编程特性：一些外部的 Linux（Unix 或类 Unix）命令的功能，包括 test、expr、getopt 和 echo，已经集成到了 ksh 自身中，使常见的编程任务能以更清洁的方式完成，而不需要创建额外的进程。
- 控制结构：特别是 select 结构，使菜单的创建变得简单。
- 调试功能：可以使用此功能编写帮助程序调试它们的 Shell 代码的工具。
- 正则表达式：具有更好的变量扩展中的正则表达式支持，而且添加了文件名通配符。
- 增强的 I/O 工具：文件描述符和流可以被指定。多个文件可以被同时打开并读取。
- 新的选项和变量：这些添加提供了更多的环境定制的控制。
- 提高了性能：使用 ksh 编写的程序可以比由 Bourne Shell 或 csh 编写的类似程序运行得更快。
- 安全特性：帮助防止特洛伊木马和其他类型的入侵尝试。

关于命令行编辑功能如下所述。

有两种方法可以进入命令行编辑模式。第一种方法是可以使用环境变量 VISUAL 来设置你的编辑模式。ksh 会检查这个变量的值是否为 vi 或 macs（GNU Emacs 通常被安装为 gmacs 或 gnumacs）。设置环境变量 VISUAL 的一个非常好的方式是把类似如下的一行放入你的主目录下的.profile 或其他环境文件中：

```
VISUAL=$(whence emacs)
```

或

```
VISUAL=$(whence vi)
```

内部命令 whence 用于将另一个命令的名称作为它的参数，然后输出那个命令的全路径到标准输出。在这里使用这个命令是使上述语句具有较好的可移植性，因为其他系统的编辑器可能存储在不同的目录下。

进入命令行编辑模式的第二种方法是使用"set -o"命令，就是我们在本小节开头查看 ksh 的版本所使用的命令：

```
$ set -o emacs
```

或

```
$ set -o vi
```

你会发现 vi 和 emacs 编辑模式擅长模拟这些编辑器的基本命令，而不是它们的高级特性。这是因为它们的主要目的是让你把手指习惯从你最喜欢的编辑器转移到 Shell。

关于控制结构如下所述。

ksh、sh 和 csh 都有的控制结构是 if/else、for、case 和 while。而 select 控制结构是在 ksh 中新加入的。select 允许你方便地生成简单的菜单。它具有简洁的语法，但却做了相当多的工作。它的语法如下所示：

```
select vname [ in word … ]
do
  list
done
```

除了 select 关键字以外，它的语法和 for 语句的语法一样。并且你也可以在 select 中省略 in 列表，它将默认使用 "$@"，即引用命令行参数的列表。

select 所做的工作如下：
（1）生成一个包含列表中的每一项的菜单，并为每个选项编号。
（2）提示用户输入一个编号。
（3）分别将选择的选项存储在变量 vname 中，选择的编号存储在内部变量 REPLY 中。
（4）执行正文中的语句。
（5）然后一直重复执行此过程，除非遇到 break 语句。

关于调试功能如下所述。

ksh 具有几个基本特性提供了调试的功能。其中最基本的是 set 命令中的几个选项，当然这些选项同样可以在命令行上运行脚本时使用。这几个选项的功能如表 15.1 所示。

表 15.1 调试选项表

set-o 选项	命 令 行	选项的功能
noexec	与命令 "set -n" 功能相同	不运行命令，只检查语法错误
verbose	与命令 "set -v" 功能相同	在运行命令之前先打印它们
xtrace	与命令 "set -x" 功能相同	在命令行处理之后打印它们

例如，我们在 ksh 命令行下设置一下 "set -o xtrace" 选项，来看执行命令会有什么样的结果：

```
$ set -o xtrace
$ var1=bob
+ var1=bob
$ print "$var1"
+ print bob
bob
$ ls -l $(whence vim)
+ whence vim
+ ls --color=tty -l /usr/bin/vim
-rwxr-xr-x 1 root root 2731628 Sep  9 2010 /usr/bin/vim
$
```

我们看到，xtrace 选项会在命令行已经通过参数替换、命令替换和其他命令行处理步骤后打印命令行的内容。

ksh 还提供了更复杂的调试辅助工具，即 3 个可以使用在 trap 语句中的 "假信号"，它们可以使 Shell 在特定条件下采取行动。这些假信号就像真的一样，只不过它们是由 Shell 产生（而不是像真信号，由底层的操作系统发出）。这 3 个信号及它们的含义分别如下所示。

- EXIT：当 Shell 从函数或脚本中退出时会发送此信号。
- ERR：当命令返回一个非 0 退出状态时会发送此信号。
- DEBUG：在每个语句执行后都会发送此信号。

当在脚本或函数中设置了捕获 EXIT 信号时，它将在函数或脚本退出时执行指定的操作，下面的脚本 demo_trapEXIT.ksh 是一个捕获 EXIT 信号的例子：

```ksh
$ cat demo_trapEXIT.ksh
#!/bin/ksh

function func {

  print 'Start of the function.'
  trap 'print "Exiting from the function."' EXIT

}

print 'Start of the script.'

trap 'print "Exiting from the script."' EXIT

func
```

此脚本的运行结果将类似如下所示：

```
$ chmod +x demo_trapEXIT.ksh
$ ./demo_trapEXIT.ksh
Start of the script.
Start of the function.
Exiting from the function.
Exiting from the script.
```

不管脚本或函数的退出状态是否正常，一个 EXIT 捕获都会发生。

捕获信号 ERR 的代码可以利用 ksh 的内部变量?（用于存储前一个命令的退出状态），使用此信号的一个简单但有效的方法是把如下一段代码放入你想调试的脚本中：

```ksh
function errtrap {

 status=$?
 print "ERROR: Command exited with status $ status."

}

trap errtrap ERR
```

我们还可以对上述代码做进一步的完善，比如，若能显示出现错误的行的编号的话，显然会对我们调试脚本更有帮助。在捕获 ERR 信号时将 ksh 的内部变量$LINENO 作为参数传入就可以，我们就可以将上面的代码改进为如下所示：

```ksh
function errtrap {

 status =$?
 print "ERROR line $1: Command exited with status $status."
```

```
}
trap 'errtrap $LINENO' ERR
```

而使用 DEBUG 信号的重要一点是作为实现 ksh 调试器的原型。事实上，DEBUG 捕获把在大型软件开发项目中实现有效的 Shell 调试程序的任务变成了可控的运用。

关于 ksh 的安全特性如下所述。

Linux（Unix 或类 Unix）系统的几乎所有方面都有一些与之相关的安全问题，它通常是系统管理员所担心的问题。而 ksh 具有帮助解决这个问题的 3 个特性，它们分别是：受限制的 Shell、跟踪别名功能和特权模式。

受限制的 Shell 是设计用于将用户放到一个他（她）的移动能力和写文件能力被严格限制的环境。它通常被用于访客账户。你可以通过将 rksh 或 ksh –r 放入用户的/etc/passwd 条目中，来把用户的登录 Shell 变为受限制的。

由受限制的 Shell 强加的特定约束将不允许用户执行如下操作。

- 变更工作目录：cd 命令将是无效的。如果你尝试使用此命令，将会得到错误信息 "ksh: cd: restricted"。
- 重定向输出到文件：重定向符>、>|、<>和>>将是不允许的。
- 给环境变量 SHELL、ENV 和 PATH 指定新值。
- 指定任何路径名中带有斜杠 "/" 的路径：Shell 会将当前目录以外的文件视为 "未找到"。

跟踪别名是 ksh 用于防止特洛伊木马攻击的一种方式。首先，它为几乎所有常用工具，如 ls、mv、cp、who、grep 及很多其他工具，都定义了跟踪别名。由于别名优先于可执行文件，所以别名将总是会运行，而特洛伊木马不会被运行。

此外，如果你输入命令 "alias -t" 想查看所有这些跟踪别名，Shell 将不会让你知道这些别名。所以如果你想入侵系统时，你将很难找到一个可以作为你的特洛伊木马的命令。这是一个非常聪明且未公开的安全特性。

特权模式是 ksh 用于防止特洛伊木马攻击的另一种方式。它通过如下命令来实现：

```
$ set -o privileged
```

或

```
$ set -p
```

但每当 Shell 执行一个设置了 suid 位的脚本时，它会自动进入特权模式。

在特权模式下，当一个具有 suid 的 ksh 脚本被调用时，Shell 不会运行用户的环境文件，即它不会扩大用户的 ENV 环境变量，而是运行文件/etc/suid_profile。

配置文件/etc/suid_profile 的编写应该以与受限制的 Shell 差不多的方式限制具有 suid 位的 ksh 脚本。至少，它应该将 PATH 环境变量设为只读，其命令如下所示：

```
typeset -r PATH
```

或

```
readonly PATH
```

并将其设置为一个或多个安全目录。再者，这样可以防止任何诱饵被调用。

由于特权模式是一个选项，所以它可以使用如下命令来关闭：

```
$ set +o privileged
```

或

```
$ set +p
```

这样 Shell 会自动将它的有效用户 ID 改变为与真实用户 ID 相同，即如果你关闭了特权模式，也就关闭了 suid。

特权模式是一个优秀的安全特性。它解决了原来环境文件的概念第一次出现在 C Shell 中时所引入的问题。

15.2.3 ksh 的内部变量

你的环境中有一些特征，你可能想对其进行定制，但它们却又不能表示为一个开/关选项。这种类型的特征是指定在 Shell 变量中的。

ksh 中记录了几个 Shell 内部变量。按照惯例，内部变量的名称都为大写字母。定义变量的语法和别名的语法类似，如下所示：

```
varname=value
```

定义内部变量的语法则为：

```
VARNAME=value
```

在等号"="的两侧都不能有空格，并且如果指定的值超过一个单词，则它必须被等号括起。

ksh 中有几个变量是与我们在上一小节中讲到的命令行编辑模式相关。这些变量分别如下所示：

- COLUMNS：这个变量用于定义你的终端窗口的字符列宽度。它的标准值是 80（有时是 132），尽管如此，如果你使用类似于像 X Window 这样的窗口系统的话，你可以将终端窗口设置为任何你希望的大小。
- LINES：这个变量定义在文本行下你的终端的长度。终端的标准值是 24。同样地，如果你使用窗口系统，你通常可以将其调整为任意大小。
- HISTFILE：命令历史文件的名称。用于编辑模式操作。
- EDITOR：此变量用于定义文本编辑器的路径名。后缀（emacs 或 vi）决定哪个编辑模式被使用。
- VISUAL：与 EDITOR 相似，如果 EDITOR 没有被设置则使用此变量，反之亦然。
- FCEDIT：与 fc 命令结合使用的编辑器的路径名。

上述变量中前两个有时会被文本编辑器和其他屏幕导向程序所使用，它们依赖于这两个变量被正确地设置。尽管 ksh 和大部分窗口系统应该知道怎样正确地设置这两个变量，但如果你的屏幕导向程序有显示问题时，你应该查看一下变量 COLUMNS 和 LINES 的值。

内部变量 TERM 对于使用整个屏幕或窗口的任何程序来说都是极其重要的，比如文本编辑器。这样的还包括所有屏幕编辑器（例如，vi 和 emacs）、more 和无数的第三方应用程序。

因为用户花费越来越多的时间在程序上，而使用 Shell 却越来越少，所以正确地设置 TERM 变量是极其重要的。在大部分情况下确实是系统管理员会帮你设置好它，但在你需要自己设置它的情况下，这里有一些指导方针。

TERM 的值必须是一个由小写字母组成的，看起来像是 terminfo 数据库中的文件名的短字符串。这个 terminfo 数据库是在目录/usr/lib/terminfo 下的两层目录文件。这个目录包含以单个字符命名的子目录，它们依次包含名称以那个字符开头的所有终端的终端信息的文件。每个文件描述怎样告诉有问题的终端做一些常见的事情，比如，把光标移到屏幕上的适当位置、滚动屏幕、插入文本等等。这些描述是二进制格式的。

终端描述符文件的名称和被描述的终端名是一样的，有时会使用一个缩写。例如，DEC VT100 在文件/usr/lib/terminfo/v/vt100 中具有描述，一个 X Window 系统下的 xterm 终端窗口在文件/usr/lib/terminfo/x/xterm 中具有描述。

有时你的 Linux 软件会错误地设置 TERM 变量，这通常发生在 X 终端和基于 PC 的 Unix 系统。所以在做进一步的操作之前，你应该先通过输入命令"print $TERM"来检查变量 TERM 的值。如果你发现你的 Linux 系统没有为你设置正确的值，你就需要自己找到合适的 TERM 的值。如果你不能找到系统管理员来帮你做这件事的话，那么找到 TERM 的值的最好方法就是推测 terminfo 的名称，并在目录/usr/lib/terminfo 下通过 ls 命令查找这个名称的文件。例如，如果你的终端是 Blivitz BL-35A，你可以尝试如下命令：

```
$ cd /usr/lib/terminfo
$ ls b/bl*
```

如果成功的话，你将看到类似如下的内容：

```
bl35a          blivitz35a
```

在这个示例中，这两个名字类似于同一终端描述符的同义词（软链接），所有你可以使用它们中任一个作为 TERM 的值。换句话说，你可以把这两行中的任一个放入你的.profile 中：

```
TERM=bl35a
TERM=blivitz35a
```

如果没执行成功，它不会打印任何内容，你就必须做另一个猜测再试一次。如果你发现 terminfo 不包含任何与你终端类似的内容，那么你需要查阅你的终端手册看看终端是否可以模拟更流行的模型，对于现在的大部分终端来说都是可以的。

相反地，terminfo 可能有多个条目关联到你的终端，分别用于子模型、特定的模式等等。如果你有多个选择可以作为你的 TERM 的值，我们建议你使用文本编辑器或其他任何你使用的屏幕导向程序测试每一个值，来看哪一个最合适。

另一个重要的内部变量是 PATH，但值得注意的是搜索你的 PATH 变量中的目录可能会花费时间，一些 PATH 搜索所涉及的大量磁盘读写操作的时间可能比你调用的命令的运行时间还长。

为此，ksh 提供了一种避免 PATH 搜索的方法：即我们上一小节中讲过的跟踪别名机制。首先请注意，如果你通过给出命令的全路径来指定一个命令，那么 Shell 甚至不会使用你的 PATH 变量，而是会直接执行文件。

如果你开启了跟踪别名，那么你第一次调用一个别名时，Shell 会以正常的方式（通过 PATH）查找可执行文件。然后会把它作为别名来存储命令的全路径名，所以下次你再调用命令时，Shell 将使用全路径名，就不会再搜索 PATH。如果你修改了你的 PATH，Shell 会把跟踪别名标记为未定义，以便当你调用相应的命令时，它会在再次搜索全路径。

事实上，你可以单纯为了避免你经常使用的命令的 PATH 查找而添加跟踪别名。只需将如下命令行放入你的.profile 或环境文件中。Shell 会自己替换命令的全路径。

```
alias -t command = command
```

ksh 的内部变量 CDPATH 的值和 PATH 变量的值类似，是一个由冒号分隔的目录列表。它的目的是增加内部命令 cd 的功能。

默认情况下，CDPATH 变量是不设置的（意味着它为空），并且当你输入命令"cd dirname"时，Shell 将会在当前目录下查找名称为 dirname 的子目录（和 PATH 变量类似，当 dirname 以斜杠"/"开头时是不会进行此查找操作的）。如果你设置变量 CDPATH，你就给 Shell 提供了一个查找 dirname 的位置列表，这个列表可能包含，也可能不包含当前目录。

下面是一个例子，现在假设我们在目录"~/work/projects/devtools/windows/confman"下有几个子目录是我们经常要访问的，它们分别叫做 src、bin 和 doc。定义 CDPATH 变量类似如下：

```
CDPATH=:~/work/projects/devtools/windows/confman
```

根据这个设置，如果你输入命令"cd doc"，那么 Shell 将在当前目录下查找名称为 doc 的子目录。假设它没有找到，它就会在 CDPATH 定义的目录"~/work/projects/devtools/windows/confman"中查找。Shell 在那里找到了 doc 目录，所有就会直接切换到那个目录下。

这个特性在当你需要经常 cd 到你的文件层级较深的目录中时，为你提供了节省输入的另一种方式。

15.2.4 ksh 的内部命令

内部命令有两种类型：特殊内部命令和常规内部命令。特殊内部命令与常规内部命令的区别主要在如下几个方面：
- 特殊内部命令的语法错误可能引起 Shell 执行命令的结束。而常规内部命令的语法错误不会发生这个问题。如果特殊内部命令的语法错误没有结束 Shell 程序，那么它的退出值将是非 0。
- 由特殊内部命令指定的变量赋值在命令结束之后仍然有效。
- 输入输出重定向在参数赋值之后处理。

下面我们就先来了解一下 ksh 的特殊内部命令。

. File [Argument …]：该命令用于读取指定文件中的全部内容，然后将它们作为命令执行。这些命令在当前 Shell 环境中执行。使用 PATH 变量指定的搜索路径来查找包含这些命令的目录。如果此命令后指定了参数，它们将变为位置参数，否则，位置参数不变。此命令的退出状态是指定的 File 中最后一条被执行的命令的退出状态。

> 注意：. File [Argument …]命令是在执行任何命令之前先读取整个文件的内容。因此，指定的文件 File 中的 alias 和 unalias 命令不会应用于定义在此文件中的任何函数。

break [n]：用于从 for、while、until 或 select 循环中退出。如果你指定了参数 n，此命令会中断由参数 n 指定的层级数。参数 n 的值为大于等于 1 的任意整数。

continue [n]：继续 for、while、until 或 select 循环的下一个迭代。如果你指定了参数 n，命令会在循环的第 n 个迭代继续。参数 n 的值是大于等于 1 的任意整数。

eval [Argument …]：读取指定的参数作为 Shell 的参数，并执行生成的命令。

exec [Argument …]：在当前 Shell 下（并不创建新的进程）执行由参数指定的命令。输入输出参数可以出现并影响当前进程。如果你不指定参数，exec 命令会修改由输入输出重定向列表规定的文件描述符。在这种情况下，任何以这种机制打开的大于 2 的文件描述符在调用其他程序时都会关闭。

exit [n]：以由参数 n 指定的退出状态退出 Shell。参数 n 必须是一个范围为 0～255 的无符号十进制整数。如果你省略参数 n，则退出状态是最后一条执行命令的退出状态。除非在特殊内部命令 set 的 ignoreeof 选项开启的情况下，EOF 字符同样也会退出 Shell。

export [-p] [Name[=Value]]：标记指定的变量自动输出到后续执行命令的环境中。-p 选项用于将所有输出的变量的 Name 和 Value 写到标准输出，其格式类似如下所示：

```
export Name= Value
```

newgrp [Group]：相当于如下命令。

```
exec /usr/bin/newgrp [Group]
```

> 注意：这个命令不返回。

readonly [-p] [Name[=Value]] …：将由参数 Name 指定的变量标记为只读。这些变量不能被后续的赋值所修改。

return [n]：使 Shell 函数返回到调用的脚本。返回状态由参数 n 指定。如果你省略参数 n，返回状态为最后一个执行的命令的返回状态。如果你在函数或脚本的外部调用 return 命令，那么它等同于 exit 命令。

set[+|-abCefhkmnostuvx] [+|-o Option]... [+|-AName] [Argument...]：如果不指定任何参数和选项，set 命令会显示当前环境中的所有 Shell 变量的名称和值。当指定了选项时，它们将设置或取消 Shell 的相应属性。

shift [n]：从$n+1 开始到$1，重命名位置参数。参数 n 的默认值是 1。参数 n 可以是任何其值为小于或等于特殊参数$#的非负整数的算术表达式。

times：打印 Shell 的或从 Shell 运行的进程的累积用户和系统时间。

trap [Command] [Signal] …：当 Shell 收到指定的信号时运行指定的命令。参数 Command 在设置捕获时读取一次和当捕获被处理时读取一次。参数 Signal 可以通过数值或信号名指定。设置捕获被当前忽略的信号的任何尝试都将是无效的。如果参数是-，所有的捕获都将被重置为它们的原始值。如果参数 Signal 的值是 ERR，那么每当命令的退出状态为非 0 时，指定的命令 Command 被执行。如果信号是 DEBUG，那么在每个命令执行之后指定的命令 Command 会被执行。如果参数 Signal 的值是 0 或 EXIT 信号，并且 trap 命令是在函数内执行，那么指定的命令 Command 在函数运行完成后执行。如果参数 Signal 的值是 0 或 EXIT 信号，并且 trap 命令设置在任何函数之外，那么指定的命令 Command 在退出 Shell 时执行。不带任何参数的 trap 命令会打印与每个信号关联的命令列表。如果指定的 Command 为空，表示为""（空双引号），那么 ksh 命令将忽略信号。

typeset [+HLRZfilrtux [n]] [Name[=Value]] ...：为 Shell 参数设置属性和值。当此命令在函数内被调用时，参数 Name 的新实例将被创建。当函数执行完成时参数的值和类型会恢复。

unset [-fv] Name ...：注销由 Name 指定的变量或函数的属性和值。如果指定了-v 选项，那么参数 Name 代表变量名，Shell 将把它从环境中注销并移除。只读变量可以被注销。注销 ERRNO、LINENO、MAILCHECK、OPTARG、OPTIND、RANDOM、SECONDS、TMOUT 和下划线（_）变量将移除它们的特殊含义，即使它们是后来被赋值的。如果指定了-f 选项，那么参数 Name 代表函数名，Shell 将注销指定函数的定义。

ksh 还提供了一些常规的内部命令，接下来我们来一起学习了解一下。

alias [-t] [-x] [AliasName[= String]] ...：创建或重新定义别名，或显示现有的别名定义到标准输出。

实例 1：修改 ls 命令使它显示文件的详细信息。

```
$ alias ls='ls -CF'
```

实例 2：使用 1KB 单位的 du 命令。

```
$ alias du=du\ -k
```

实例 3：查看 ls 命令的全路径。

```
$ alias -t ls
ls=/usr/bin/ls
```

bg [JobID...]：把指定的作业放到后台执行。如果没有指定参数 JobID，则把当前的作业放到后台执行。

实例 1：如果 jobs 命令的输出显示有如下停止的作业。

```
[2] + Stopped (SIGSTOP)   sleep 100 &
```

我们可以使用如下命令使作业 sleep 100 &继续运行：

```
$ bg %2
```

屏幕将显示作业 2 的新状态：

```
[2] sleep 100 &
```

fg [JobID]：把指定的作业放到前台运行。如果没有指定任何作业，此命令会把当前作业放到前台运行。

实例 1：比如我们运行了如下命令。

```
$ sleep 100 &
[1]     30140
```

使用命令 jobs -l，我们将看到如下作业在后台运行，其作业 ID 为 1：

```
$ jobs -l
[1] + 30140         Running                sleep 100 &
```

现在我们使用如下命令，将上述作业放到前台运行：

```
$ fg %1
```

这时你在屏幕上将看到如下信息：

```
sleep 100
```

getopts OptionString Name [Argument ...]：处理命令行参数和检查有效的选项。

实例 1：如下的 getopts 命令指定 a、b、c 是有效的选项，并且选项 a 和 c 具有参数。

```
getopts a:bc: OPT
```

实例 2：下面的 getopts 命令指定 a、b、c 是有效选项，选项 a 和 b 有参数，而当遇到一个未定义的命令行选项时，getopts 会将 OPT 的值设为字符 "？"。

```
getopts :a:b:c OPT
```

实例 3：下面是一段解析和显示它的参数的脚本。

```
aflag=
bflag=

while getopts ab: name
do
  case $name in
  a) aflag=1;;
  b) bflag=1
     bval="$OPTARG";;
  ?) printf "Usage: %s: [-a] [-b value] args\n" $0
     exit 2;;
  esac
done

if [ ! -z "$aflag" ]
then
  printf "Option -a specified\n"
fi

if [ ! -z "$bflag" ]
then
        printf 'Option -b "%s" specified\n' "$bval"
fi

shift $(($OPTIND -1))
printf "Remaining arguments are: %s\n" "$*"
```

jobs[-l|-n|-p] [JobID...]：显示在当前 Shell 环境下启动的作业的状态。如果没有指定

JobID,将显示所有活跃的作业的状态信息。如果一个作业被报告为终结,Shell 会将此作业的进程 ID 从当前 Shell 环境已知的列表中移除。

实例 1:显示当前 Shell 环境下所有作业的状态,输入如下命令。

```
$ jobs -l
```

屏幕会显示类似如下的输出信息:

```
+[4] 139 Running     sleep 50 &
-[3] 465 Stopped     mail yantaol
 [2] 687 Done(1)     foo.bar&
```

实例 2:若要显示其名称以字母 s 开头的作业的进程 ID,输入如下命令。

```
$ jobs -p %s
```

我们使用实例 1 中报告的作业,屏幕将显示如下所示的进程 ID:

```
139
```

kill 命令,用于发送一个信号到运行的进程。其语法类似如下所示:

```
kill[-s{SignalName|SignalNumber}]ProcessID...
kill[-SignalName|-SignalNumber]ProcessID...
```

实例 1:终止指定的进程。如要终止 PID 为 1095 的进程,输入类似如下命令。

```
$ kill 1095
```

实例 2:停止忽略默认信号的进程,使用类似如下的命令。

```
$ kill -kill 2098 1569
```

上述命令将发送信号 9,即 SIGKILL 信号,到进程 ID 为 2098 和 1569 的进程。信号 SIGKILL 是通常不能被忽略和覆盖的特殊信号。

实例 3:停止所有你自己的进程并注销你的账号,使用如下命令。

```
$ kill -kill 0
```

上述命令发送信号 9(SIGKILL 信)到进程组 ID 等于发送者的进程组 ID 的所有进程。因为 Shell 不能忽略 SIGKILL 信号,所以这个账号同样会停止登录 Shell。

实例 4:停止你自己的所有进程,使用类似如下命令。

```
$ kill -9 -1
```

上述命令发送信号 9 到由有效用户拥有的所有进程,即使这些进程启动在其他作业区,或是属于其他进程组。

实例 5:发送一个不同的信号代码到一个进程,使用类似如下命令。

```
$ kill -USR1 1103
```

kill 命令的名称很容易给人造成误解,因为很多信号是不终止进程的,比如 SIGUSR1 信号。信号 SIGUSR1 所采取的行为由你运行的特定程序定义。

let Expression...:对算术表达式求值。如果最后一个表达式的值为非 0,那么其退出状态为 0,否则为 1。

实例 1，求一个简单表达式 8*(10-3) 的值，使用类似如下的命令。

```
$ let "y = 8 * (10 - 3)"
$ echo $y
56
```

pwd 命令，相当于命令 print -r - $PWD。ksh 的内部命令 pwd 不支持软链接。

read[-prsu[n]] [Name?Prompt] [Name...]：获取 Shell 输入。读取一行的内容，并使用变量 IFS 变量中的字符将其分为若干列。

实例 1：下面一段脚本代码用于打印文件的内容，将文件中每行第一列的内容移到行尾。

```
while read -r xx yy
do
  printf "%s %s/n" $yy $xx
done < InputFile
```

实例 2：从命令行读取输入并将其分隔为列，并使用"Please enter: "作为提示，其命令类似如下所示。

```
$ read word1?"Please enter: " word2
```

运行上述命令后，系统将显示：

```
Please enter:
```

此时，如果你输入 hello world 后回车，将得到类似如下结果：

```
Please enter: hello world
$ echo $word1
hello
$ echo $word2
world
```

实例 3：保留输入文件的副本作为历史文件中的命令，使用类似如下命令。

```
$ read -s line < InputFile
```

如果文件 InputFile 中包含"echo hello world"，那么"echo hello world"将被保存为历史文件中的一条命令。

setgroups 命令，执行 /usr/bin/setgroups 命令，此命令会作为一个单独的 Shell 运行。ksh 中还存在一个内部命令 setgroups，此命令会调用一个子 Shell，而 /usr/bin/setgroups 与其不同，它会替换当前运行的 Shell。因为此内部命令只是为了兼容性而支持，所以还是建议脚本使用绝对路径 /usr/bin/setgroups 而不是此内部命令。

实例 1：直接使用 setgroups 命令，可以显示你当前的组成员关系和进程组的设置。其输出类似如下所示。

```
$ setgroups
yantaol:

  user groups = staff,payroll
  process groups = staff,payroll
```

实例 2：添加 finance 组到当前会话的进程组，使用类似如下命令。

```
$ setgroups -a finance
```

实例 3：设置你的真实组到为 finance，使用类似如下命令。

```
$ setgroups finance,staff,payroll
```

上述命令设置 finance 为真实组。组 staff 和 payroll 构成补充组列表。

实例 4：从当前进程组设置中删除 payroll 组，使用类似如下命令。

```
$ setgroups -d payroll
```

实例 5：将进程组设置改回你的默认设置，使用类似如下命令。

```
$ setgroups -
```

上述命令将当前会话重置为你登录后的最初状态。

setenv 命令，执行/usr/bin/setenv 命令，此命令的运行将替换当前执行的 Shell。

实例 1：显示当前的环境变量，其命令类似如下所示。

```
$ setenv
```

实例 2：添加 PSEUDO=yantaol 为受保护的环境变量，其命令类似如下所示。

```
$ setenv PSEUDO=yantaol
```

上述命令为受保护环境变量 PSEUDO 设置一个用户名。

test 命令，与[expression]相同。

ulimit[-HSacdfmst] [Limit]：设置或显示定义在文件/etc/security/limits 中的用户进程资源限制。此文件中定义的值被作为用户添加到系统时的默认设置。这些值可以在用户添加到系统时使用 mkuser 命令设置，或使用 chuser 命令修改。限制被分为软限制和硬限制两种。用户可以使用 ulimit 命令修改它们的软限制到硬限制的最大值。你必须有 root 用户权限才能修改资源硬限制。

umask[-S] [Mask]：确定文件权限。它的值与创建进程的权限一起，决定文件创建时的权限。它的默认值是 022。如果没有指定参数 Mask，umask 命令会在标准输出上显示当前 Shell 环境的文件模式创建掩码。

实例 1：设置模式掩码使后续创建的文件具有 775 的权限，其命令类似如下所示。

```
$ umask a=rx,ug+w
```

或

```
$ umask 002
```

实例 2：显示当前模式掩码的值，其命令类似如下所示。

```
$ umask
02
```

实例 3：使用-S 选项产生符号输出，其命令类似如下所示。

```
$ umask -S
u=rwx,g=rwx,o=rx
```

实例 4：设置模式掩码使后续创建的文件清除所有写权限位，其命令如下所示。

```
$ umask -- -w
```

> **注意**：上述实例中，参数 Mask 的值-x、-r、-w 之前必须是双连字符"--"，以防止它们被解释为 umask 命令的一个选项。

unalias{-a|AliasName...}：移除每个指定的 AliasName 或所有的别名定义。

wait[ProcessID...]：等待指定的作业和终端。如果你不指定一个作业，此命令会等待所有当前活跃的子进程。此命令的退出状态是它等待的那个进程的退出状态。

whence[-pv]Name...：指示指定的参数 Name 如果被作为一个命令名将被怎样地解释。如果不指定任何选项，whence 命令将显示指定的参数 Name 对应的绝对路径名（如果存在）。

15.2.5 增强的 ksh-ksh93

ksh93 是 Korn Shell 的最新版本，这个增强版本不仅向前兼容旧版本的 ksh（ksh88），还包括了一些在 ksh88 中不可用的额外特性。一些脚本在 ksh93 下运行与在 ksh88 下相比也会有所不同，因为这两个 ksh 下的变量处理有点不同。

下面就让我们来了解一下，与 ksh88 相比，ksh93 引入了哪些新特性。

（1）算法改进。

你可以在算术表达式中使用 libm 函数库（典型的 C 语言中的函数），例如"value=$((sqrt(9)))"。有更多的算术操作符可用，包括一元操作符+、++、--和?:结构（例如，"x ? y : z"），以及","（逗号）操作符。支持 64 位的算术运算，还支持浮点运算。"typeset -E"可以用于指定有效位的个数，而"typeset -F"可以用于指定一个算术变量小数位的个数。SECONDS 变量现在可以显示精确到百分位的秒数而不是只精确到个位。

（2）支持复合变量。

ksh93 增加了对复合变量的支持。复合变量允许用户在一个变量名内指定多个值。其语句类似如下所示：

```
$ myvar=( x=1 y=2 )
```

若要分别显示 myvar 变量的两个值，则其语法类似如下所示：

```
$ echo ${myvar.x}
1
$ echo ${myvar.y}
2
```

从上述的语法我们可以看出，若要使用每个下标变量的值，需要在父变量与下标变量之间使用句号（.）分隔。

（3）支持复合赋值。

在初始化数组时 ksh93 支持复合赋值，并对索引数组和联合数组都支持。指定的值被放在圆括号中，复合赋值的语句类似如下所示：

```
$ numbers=( zero one two three )
```

下面我们查看数组 numbers 中元素的值，使用类似如下语句：

```
$ echo ${numbers[0]}
zero
```

第 15 章 其他 Linux Shell 种类介绍

```
$ echo ${numbers[2]}
two
```

（4）支持联合数组。

联合数组是使用字符串作为索引的数组。在 ksh93 下，使用 typeset 命令的-A 选项允许你指定一个联合数组。类似如下所示：

```
$ typeset -A studentsnum
$ studentsnum=( [class1]=35 [class2]=29 )
```

若要显示上述联合数组中某个元素的值，使用类似如下语句：

```
$ echo ${studentsnum[class1]}
35
```

（5）支持变量名引用。

ksh93 中，使用 typeset 命令的-n 选项允许你指定一个变量名作为另一个变量的引用。这样，修改一个变量的值就会依次修改引用变量的值。我们通过下面这个例子，来了解一下变量名引用：

```
$ greeting="hello"
$ typeset -n welcome=greeting
$ welcome="hi there"
$ print $greeting
hi there
```

（6）增强的参数扩展。

在 ksh93 下增加了如下参数扩展指令。

${!varname}表示变量 varname 本身的名称。比如我们定义一个名称为 var 的变量，然后使用 echo 查看${!var}的值，其命令结果类似如下所示：

```
$ var=1
$ echo ${!var}
var
```

${!varname[@]} 表示数组 varname 的所有索引。我们通过如下实例来了解${!varname[@]}的含义：

```
$ arrlist=( zero one two three )
$ echo ${!arrlist[@]}
0 1 2 3
```

${param:offset}表示 param 的值的子字符串，此字符串从 offset 所指定的位置开始。我们通过如下实例来了解${param:offset}的含义：

```
$ var="hello world"
$ echo ${var:5}
world
```

${param:offset:num}表示 param 的值的字符串，从 offset 位置开始，长度为 num。以上例中的变量为例：

```
$ echo ${var:0:5}
hello
```

${@:offset}指示所有位置参数，从 offset 开始。

${@:offset:num}指定从 offset 开始的 num 个位置参数。

${param/pattern/repl}用指定的字符串 repl 替换 param 的值中第一个匹配模式 pattern 的字符串，其值为替换后的 param 的值，但 param 本身的值不变。

${param//pattern/repl}用指定的字符串 repl 替换 param 的值中所有匹配模式 pattern 的字符串，其值为替换后的 param 的值，但 param 本身的值不变。

${param/#pattern/repl}，如果 param 的值以模式 pattern 开头，那么它将被 repl 替换，其值为替换后的 param 的值，但 param 本身的值不变。

${param/%pattern/repl}，如果 param 的值以模式 pattern 结尾，那么它将被 repl 替换，其值为替换后的 param 的值，但 param 本身的值不变。

（7）约束函数。

约束函数是与特定的变量关联的函数。它允许你每次定义和调用用于引用、设置或取消变量的函数。这些函数采用 varname.function 的格式，varname 是变量名，而 function 是约束函数。预定义的约束函数有 get、set 和 unset。

varname.get 函数在每次变量 varname 被引用时调用。如果在这个函数中设置了特殊变量.sh.value，那么变量 varname 的值会变为此特殊变量的值。例如，我们在命令行定义了一个函数 time.get：

```
$ function time.get
> {
>   .sh.value=$(date +%r)
> }
```

接下来我们打印变量 time 的值，将得到类似如下的结果：

```
$ echo $time
07:14:49 PM
$ echo $time
07:15:12 PM
```

varname.set 函数在每次变量 varname 被设置时调用。如果在这个函数中设置了特殊变量.sh.value，那么变量 varname 的值被赋值为此特殊变量的值。例如，我们在命令行定义了一个函数 adder.set：

```
$ function adder.set
> {
>   let .sh.value="${.sh.value} + 1"
> }
```

接下来我们在命令行下给变量 adder 赋值，再查看变量 adder 的值，将会得到类似如下的结果：

```
$ adder=0
$ echo $adder
1
$ adder=$adder
$ echo $adder
2
```

varname.unset 函数在每次变量 varname 被取消时调用。

（8）函数环境的不同。

用"function funcname"格式声明的函数运行在一个单独的函数环境并支持本地变量。

用"funcname()"格式声明的函数与父 Shell 运行在同一环境下。

（9）命令返回值。
- 如果执行的命令没找到，返回值是 127。
- 如果执行的命令为不可执行文件，返回值是 126。
- 如果命令是可执行的，但被信号终结，返回值是 256 加信号值。

（10）PATH 搜索规则。

特殊内部命令首先被搜索，然后是所有函数（包括那些在 FPATH 目录中的），然后是其他内部命令。

（11）新增的内部命令。

ksh93 中增加了如下内部命令。
- builtin 命令：列出所有可用的内部命令。
- printf 命令：工作原理与 C 库例程 printf()类似。
- disown 命令：阻止 Shell 发送 SIGHUP 信号到指定的命令。
- getconf 命令：其工作原理与命令/usr/bin/getconf 类似。
- read 命令增加了如下选项：

read -d {char}允许你指定一个字符分隔符替代默认的换行符。

read -t {seconds}允许你指定一个时间限制，在几秒钟之后，read 命令会超时。如果 read 命令超时，它将返回 FALSE。

- exec 命令增加了如下选项：

exec -a {name} {cmd}指定使用 name 替换命令 cmd 的参数 0。

exec -c {cmd}让 exec 在执行 cmd 之前清除环境。

- kill 命令增加了如下选项：

kill -n {signum}用于指定发送到进程的信号值。

kill -s {signame}用于指定发送到进程的信号名。

- whence 命令增加了如下选项：

-a 选项显示所有匹配。

-f 选项跳过函数的搜索。

- 所有常规内部命令都识别-?选项，用于显示指定命令的语法。

（12）ksh93 与 ksh 的其他不同。
- 在 ksh93 中，你不能使用内部命令 typeset -fx 来导出函数。
- 在 ksh93 中，你不能使用 alias -x 内部命令来导出别名。
- 在 ksh93 中，一个美元符号后跟一个单引号（$'）被解释为一个 ANSI C 字符串。你必须用双引号将美元符号括起（\"$\"）来得到旧版本的 ksh 的结果。
- ksh93 内部命令的参数解析逻辑已经被改变。ksh 中可用的内部命令的非法参数组合在 ksh93 中将无法工作。例如，在 ksh 中，typeset -4i 的执行与 typeset -i4 类似，但在 ksh93 中，typeset -4i 就无法工作。
- ksh93 移除了 ERRNO 变量。
- 在 ksh93 中，对于非交互式 Shell，重定向符号后的文件名不会被扩展。
- 在 ksh93 中，你必须使用 alias 内部命令的-t 选项显示跟踪别名。
- 在 ksh93 中的 emacs 编辑模式下，Ctrl+T 组合键会互换当前和前一个字符。而在

ksh 的 emacs 模式下，Ctrl+T 组合键会互换当前和后一个字符。
- 在 ksh93 中，不允许不对称的括号。例如，${name-(}需要一个转义字符${name-\(}。
- 在 ksh93 中，kill -1 命令只显示信号名，不会显示数值。

15.3 小　　结

下面我们总结一下本章所学的主要知识。

C Shell（简称 csh）是由 Bill Joy 在 1979 年开发的。它是一种比 Bourne Shell（sh）更适于编程的 Shell。C Shell 的总体风格看起来更像 C 语言并且看起来可读性更好。

在很多系统中（例如，Mac OS X 和 RedHat Linux），csh 实际上是 tcsh，tcsh 是 csh 的改进版。在这些系统中，csh 和 tcsh 都链接到包含 tcsh 可执行程序的同一个文件，所以它们都调用同一个 C Shell 的改进版。

我们知道 Unix（以及 Linux 和类 Unix）系统几乎完全由 C 语言写成，所以 C Shell 作为命令语言的首要目标就是在文体上尽量与系统其他部分保持一致。C Shell 的关键字、使用的圆括号、内部表达式语法和对数组的支持都是受 C 语言强烈的影响。

C Shell 的主要目标之一是更好地用于交互式使用。它引入了很多使它更简单快速的新特性，以及更友好地在终端打印命令。这些特性中最重要的是历史记录、编辑机制、别名、目录堆栈、波浪号、cdpath、作业控制和路径散列法。

C Shell 脚本的第一行为"#!/bin/csh"（如此路径与你系统中的路径不符，请替换）。

tcsh 在 csh 基础上的主要增强功能包括：命令行编辑器、编辑指令、补全和列表、拼写校正、目录堆栈替换、自动及定期和定时事件、本地语言系统支持、终端管理和新增的变量。

Korn Shell 简称为 ksh，它是由 David Korn 于 20 世纪 80 年代初期在贝尔实验室开发的，并于 1983 年 7 月 14 日在由高级计算机系统协会（USENIX）赞助的 USENIX 年度技术大会上宣布。自 2005 年年初的 93q 版本开始，它便在通用公共许可证（CPL）之下，作为 AT&T 软件技术的开源软件集合的一部分。

最初的 ksh（ksh88）的功能被作为 POSIX.2（Shell 和实用程序）标准中命令解释器的基础。

ksh 从 C Shell 中引入的新特性包括：作业控制、别名、函数和命令历史。

ksh 自身与 Bourne Shell 相比的主要新特性包括：命令行编辑、集成编程特性、控制结构、调试功能、正则表达式、增强的 I/O 工具、新的选项和变量、提高了性能及安全特性。

ksh、sh 和 csh 都有的控制结构是 if/else、for、case 和 while。而 select 控制结构是在 ksh 中新加入的。

ksh 的特权模式是一个优秀的安全特性。它解决了原来环境文件的概念第一次出现在 C Shell 中时所引入的问题。

ksh93 是 Korn Shell 的最新版本，这个增强版本不仅向前兼容旧版本的 ksh（ksh88），还包括了一些在 ksh88 中不可用的额外特性。

与 ksh88 相比，ksh93 引入的新特性包括：算法改进、支持复合变量、支持复合赋值、支持联合数组、支持变量名引用、增强的参数扩展、约束函数、函数环境的不同、命令返回值、PATH 搜索规则及一些新增的内部命令和选项等。